虚拟的帕拉第奥
——埃森曼解读建筑经典

虚拟的帕拉第奥
——埃森曼解读建筑经典
Palladio Virtuel

[美] 彼得 · 埃森曼（Peter Eisenman） 著
马特 · 罗曼（Matt Roman）
罗 旋 周渐佳 译

中国建筑工业出版社

著作权合同登记图字：01-2018-2617号

图书在版编目（CIP）数据

虚拟的帕拉第奥：埃森曼解读建筑经典 /（美）彼得·埃森曼（Peter Eisenman），（美）马特·罗曼（Matt Roman）著；罗旋，周渐佳译．— 北京：中国建筑工业出版社，2021.11

书名原文：Palladio Virtuel

ISBN 978-7-112-26490-2

Ⅰ.①虚… Ⅱ.①彼…②马…③罗…④周… Ⅲ.①安德烈亚·帕拉第奥（1508–1580）—建筑艺术—研究 Ⅳ.①TU-865.46

中国版本图书馆CIP数据核字（2021）第174455号

Palladio Virtuel / Peter Eisenman, Matt Roman

责任编辑：董苏华 孙书妍

责任校对：姜小莲

虚拟的帕拉第奥

——埃森曼解读建筑经典

Palladio Virtuel

[美] 彼得·埃森曼（Peter Eisenman） 马特·罗曼（Matt Roman） 著

罗 旋 周渐佳 译

*

中国建筑工业出版社出版、发行（北京海淀三里河路9号）

各地新华书店、建筑书店经销

北京雅盈中佳图文设计公司制版

北京中科印刷有限公司印刷

*

开本：880毫米 × 1230毫米 1/16 印张：16¾ 字数：468千字

2021年10月第一版 2021年10月第一次印刷

定价：**128.00**元

ISBN 978-7-112-26490-2

（37591）

目　录

Contents

致 谢

本书中提出的想法是十多年前我在库珀联盟（The Cooper Union）举办罗伯特·格瓦斯梅系列讲座（Robert Gwathmey lectures）时成形的，但事实上它们已经沉淀了35年之久，在我与当时的导师柯林·罗（Colin Rowe）一起参观了安德烈亚·帕拉第奥（Andrea Palladio）的许多现存建筑作品之后就已萌生。几年前，在耶鲁大学建筑学院尤其是院长罗伯特·斯特恩（Robert A. M. Stern）的支持下，我决定是时候举办一个关于帕拉第奥的展览并编纂成书，进而对人们认识这位文艺复兴大师提供一些新的思路。2012年的展览和这本书都得到了伊莉斯·杰夫（Elise Jaffe）和杰弗里·布朗（Jeffrey Brown）的慷慨支持。非常感谢耶鲁建筑学院时任展览总监布莱恩·巴特菲尔德（Brian Butterfield）以及帮助制作本书中的图和模型的耶鲁大学学生：Jessica Angel（M. Arch. '16），Miroslava Brooks（M. Arch. '12），Can Vu Bui（M. Arch. '12），Aaron Dresben（M. Arch. '13），Mana Ikebe（Yale College '11），Lauren Rabb（M. Arch. '15），Jonah Rowen（M. Arch. '11），Karl Schmeck（M. Arch. '12），Jeremy Steiner（M. Arch. '12），Justin Trigg（M. Arch. '12）。Ivan Adelson，Batikan Gunday，Le Luo，Madeline Rudnicki，Tilman Schmidt-Foehre，William Smith，特别是迈克尔·温·森·苏（Michael Wen Sen Su）也在不同阶段提供了协助。西尔维亚·博夫斯基（Silvia Kolbowski）"毫不留情"地编辑了本书的文字部分。

马特·罗曼（Matt Roman）监督了图和模型的制作、手稿的书写和设计的执行，如果没有他的贡献，展览和本书都不可能成形。一如既往，辛西娅·戴维森（Cynthia Davidson）是我一路走来的宝贵顾问。最后，我还要感谢耶鲁大学出版社和五角设计联盟（Pentagram）的所有相关人员，感谢他们为本书得以问世所作的努力。

彼得·埃森曼

前　言

本书是由建筑师而非历史学家或批评家撰写的批判性作品。就方法而言，它并不会过多地着墨于安德烈亚·帕拉第奥其人的既定叙事与史实载述；它也不会关注大数据、众包或参数化设计等当下流行的建筑风尚。相反，通过对建筑踪迹的精读（close reading），本书重点关注意大利北部从1520年到1575年间的建筑变迁，并以此揭示我们这个时代的建筑与帕拉第奥时代的建筑之间所存在的多种共通之处。

沃尔特·本雅明（Walter Benjamin）认为，为了理解任何形式的范式转移（paradigm shift），从某种意义上说，重新唤醒历史是必要的。本书尝试去做的，正是要唤醒一个与当下具备多种共通条件的历史时期。许多哲学家通过与历史人物建立话语关系来定义他们自身的作品，例如莫里斯·梅洛－庞蒂（Maurice Merleau–Ponty）之于雅克·德里达（Jacques Derrida）；康德（Immanuel Kant）、斯宾诺莎（Baruch Spinoza）、柏格森（Henri Bergson）等人之于吉尔·德勒兹（Gilles Deleuze）。虽然我不是一个哲学家，但我对帕拉第奥的书写乃是沿袭了他们的传统，并借此阐述我自己的建筑方法。

“范式转移”是本书的重点，已有崇论闳议在前。这其中就包括鲁道夫·维特科尔（Rudolf Wittkower）、柯林·罗、曼弗雷多·塔夫里（Manfredo Tafuri）以及更为晚近的皮埃尔·维托里欧·奥雷利（Pier Vittorio Aureli）。他们都对上述时期加以发掘，从中提出了用以审视建筑学的理论基质（theoretical matrices），但他们所采用的方法均与这里要介绍的方法有所不同。在这些人中，要数柯林·罗对本书的影响最大。从1960年到1963年我在剑桥大学的那段时间里，他做了一个题为《从伯拉孟特到维尼奥拉》（*From Bramante to Vignola*）的系列讲座。他的这些讲座涵盖了多纳托·伯拉孟特（Donato Bramante）、米开朗基罗（Michelangelo）、帕拉第奥、巴尔达萨雷·佩鲁齐（Baldassare Peruzzi）、拉斐尔（Raphael）、朱利奥·罗马诺（Giulio Romano）、朱利亚诺·达·桑迦洛（Giuliano da Sangallo）、米凯莱·桑米凯利（Michele Sanmicheli）、塞巴斯蒂亚诺·塞利奥（Sebastiano Serlio）以及贾科莫·巴罗齐·达·维尼奥拉（Giacomo Barozzi da Vignola）的作品。在此后的两个夏天里，柯林·罗每次都要花上足足三个月的时间充当我的向导，领我造访这些作品——当时要去这些建筑可还没有旅游指南，甚至连路牌都没有。对于柯林·罗来说，伯拉孟特于建筑学而言是转折性人物（柯林·罗的讲座标题也因此而来），但对我而言，是帕拉第奥提供了一种独特且似乎超越了其自身所属时代的理论基质，尽管伯拉孟特和帕拉第奥二人均得益于莱昂·巴蒂斯塔·阿尔伯蒂（Leon Battista Alberti）甚多。

本书的讨论起始于阿尔伯蒂所著《建筑十书》（*De Re Aedificatoria*，1452年）中所暗含的“同质空间”（homogeneous space）的思想，该思想开启了关于空间以及如何将空间概念化的话语讨论。而自伯拉孟特以后，所谓的建筑手法主义（architectural mannerism）——历史学家将其起源追溯至伯拉孟特的后继者们（包括帕拉第奥）的那个时代——事实上在很大程度上即是针对阿尔伯蒂空间原理的质辩。但是，只有仔细研究帕拉第奥的作品才能从这一质辩中发现新的思路，这其中很重要的一点就是从阿尔伯蒂“同质空间”的理念向帕拉第奥作品中所谓的“异质空间”（heterogeneous space）理念的转变，也就是从后来所说的笛卡儿几何到拓扑空间的转变。这一现象是以几种不同的形式出现的。例如，得到明确表述的各建筑元素——也就是在后续分析中以字母（A、B、C）和颜色（白、灰、黑）标记出来的门廊（portico）、过渡空间（transition space）、中央空间（central space）——从它们各自假定的常规位置发生了位移，其意义也发生了变化，进而成为一种非图像性的空间铭写（non-iconic spatial inscriptions）。这些铭写通常会产生两种或多种标识（notations）叠置于同一空间的状态。由此产生的空间将不再具备同质空间中那种简单或单一概念上的意义（conceptual valence），而是具有不确定的特征。在任何单一空间中，这些特征不一定是“可见”的，但是它们的不确定性却可以通过对各种标识之间的关系进行精读而得到揭示。不过，这些标识的叠置使得空间（就其对“阅读”和体验的影响而言）具有了“差异”或“他者”（other）的性质。这种差异——即从同质空间到异质空间的明显的概念转化——在本书中有若干不同的提法：从假定的“理想”（ideal）到“虚拟”（virtual）空间状态之间的消散（dissipation）或解体（disaggregation），以及从几何分析到拓扑分析的转变。

空间状态不再非此即彼，例如，不再有密集空间“或”松散空间之分，而是“既是”密集空间“又是”松散空间，我们提出的介于理想和虚拟之间的拓扑关系对于本书所阐释的标识和分析都是至关重要的。例如，建筑“理想”是指形式的布局——九宫格或双轴对称。而“虚拟”是指暗含于在场条件（condition of presence）之中但是存在于文字或理想之外的建筑关系。这可以看作“虚拟”的第一个定义。通过捕捉帕拉第奥作品中理想状态与虚拟状态之间构成张力的那些瞬间，本书中的分析揭示了——或说发明了——潜藏于这些作品深处的建筑策略、铭写以及标识。

* * *

建筑师与艺术史学者或批评家眼中所见各有不同。建筑师不太追究年代、赞助人、谱系等，而是更在乎如何从建筑中得到启发，透过建造表象看问题。建筑师看建筑，有两个独特之处。这两个独特之处使得“看”（seeing）这一过程既类似于又不同于从事其他创造性学科的人看待他们各自学科的方式——如音乐家对音乐的聆听、作家对文学作品的阅读、艺术家对雕塑和绘画的审视。其中一个独特之处是，不是建筑师的人通常认为他们对建筑的了解程度有别于那些不是音乐家或艺术家的人对音乐和绘画的了解。人们对建筑更加熟悉：他们在其中居住、工作、学习、玩耍和祈祷。这种熟悉使得建筑师更难对建筑开展研究——那种能够为现状、定局以及本书所说的“常态”（normal）带来改变的研究。

第二个不同之处衍生自前者。人们假设所见即事实。通常，特别是在那些将建筑（architecture）区别于建筑物（building）的作品中，所见只是事实的一部分。我真正意义上最早的几堂建筑课之一是在 1961 年夏天和柯林·罗同游意大利时候的事。来到我们造访的帕拉第奥的第一座别墅面前时，他对我说：“看着那个立面，然后跟我讲讲它有什么是不可见的。”我不知如何作答。但是随着时间的推移，我认识到建筑的“看”正需要这种看见“不可见”的能力。这可以被视为精读的一种形式。

这种方式的“看”在某种程度上要求我们——像后结构主义之于语言那样——将能指（signifier）和所指（signified）进行区分。建筑学中的能指和所指一直以来被认为区别不大：一根柱子就是简简单单的一根柱子。但是，柱既可以被视为一个结构元素——物（object），也可以被视为该结构元素的符号。这种符号、意义和物的瓦解导致形式（所指）和空间（能指）之间的区别变得模糊起来。建筑填充空间的同时，它也在墙的内外创造了空间。因此，“看”建筑就意味着真正地看到，例如，把奇耶里卡提宫（Palazzo Chiericati）门廊中的双柱看作是一种空间句法的印迹（imprint）、一种拓扑或关系层面的状态，而非单纯的几何印迹。

空间句法的概念超越了单纯的功能的范畴。尽管没有一座建筑不具有用以遮风挡雨和进行围合的外部表面，但是建筑的“膜”（membrane）——这里指垂直的表面——并不仅只是功能性的，它也是具有再现性的（representational）。虽然水平和垂直的膜都能以某种方式传达信息，但是柯林·罗认为垂直表面彰显的是特性（character），而平面（plan）则是建筑构成（composition）的源头。与之相较，本书认为，垂直表面记录了除特性以外的其他东西，正如平面也记录了除构成以外的其他东西。这一“他者”（other）正是建筑的一个决定性特质：它无关建筑物各组成部分或空间在字面上、物质上的尺度或比例，而是关于同一空间于潜在的、非物质层面上的多重阅读的可能性，而这是通过拓扑状态［如邻接（adjacency）、重叠（overlap）、叠置（superposition）］来达成的——这些都是对建筑关系而不是几何坐标的表现。

勒·柯布西耶就认识到“他者”正是本学科的重要构成部分，因此提出，当一个窗户相对于一个房间来说太大或太小时（也就是说，当它和预期的不一样时），它恰恰指示了建筑的在场。从这一角度来看，建筑的特点正是“过度”（excess）——即相对于在场或不在场的某物而言太多或太少。如果柯布西耶所言非虚，那么“常规”（normative）这一概念就是一个作为基准的定义，它帮助我们组织建筑中的某些元素——开洞、房间、内外部之间的关系，以试图将那些事实上会跟随时间而发生改变的事物进行类型化并使之得以广泛适用。大多数设计都体现了这些规范，因此，它们因循传统，力图使主体（subject）感到“适得其所”（at home）。

如果说“常规”所描述的是建筑学学科外部的诸种状态——即那些已然潜入比例、尺度、对称关系等理念中的文化或社会规范，那么，本书提出的则是一个略为不同的概念，这里将之称为“理想”（ideal），它所描述的是那些属于学科内部的状态或是为学科赋予定义的状态。例如，但凡论及建筑中的“看”，就存在某种可见与不可见之间的关系；不仅存在一种实实在在的物质层面的“在场”（presence），还存在另一种状态，它虽然不在场，但可以通过暗示获知它是不同于或是超出实际在场之物的（other or excessive to that which is literally present）。比如，相对于墙面而言，壁龛是一种实实在在的“在场”。但它也可以被“看”作或读作一种缺席的正元素（absent positive element）*（如圆柱、方柱，又或许是另一面墙）所残留下来的印迹或铭写。因此，一个壁龛或是某种其他元素可以实实在在地“在场”且又同时暗示着某种与之不同的事物。如前文所提，这种超越了字面意义的隐含状态就可以称为“虚拟”，本书的书名《虚拟的帕拉第奥》也由此而来。就某种意义而言，常规本身就是一种“虚拟的”状态，因为它原本就从未真正存在过，而仅

---

* 有关“正”元素的定义，参见彼得·埃森曼《现代建筑的形式基础》（*The Formal Basis of Modern Architecture*）：“我们将假定，所有内部体量皆为‘正’，它们来源于有目的的围合与包纳；而所有外部体量皆为‘负’，它们是两个或者两个以上的正体量并置时被激活的间隔空间。”——译者注

仅是一种假定的“理想”状态，它将差异抹去［也就是说，它使之同质化（it homogenizes）］。另一方面，虚拟则是一种“过度的”状态，因其不是“太大”就是“太小”，无法符合常规标准。因此，虚拟是一种既过度又常规的状态，因为它亦只可被视为事物的一种假想版本。这可以说是“虚拟”的第二种状态。透过帕拉第奥的作品与某种理想类型（此处特指别墅这一类型）之间的迫近与疏离便可窥知，上述矛盾关系正是本书分析的肯綮所在。

“常规”的另一种定义所虑及的是，建筑功能上的思考通常是与围合、舒适感及遮蔽等“在场”的状态联系在一起的。事实上，建筑一向被称为“在场的形而上学”（metaphysics of presence）的一个必要条件（sine qua non）。本书无意对“在场的形而上学”置若罔闻，因为毕竟这一话语将始终在建筑学中占据一席之地。但是，诸多因素——这其中就包括语言中的“能指”和“所指”之间的关系在思想中的转变——都显示了与“在场”相关的主导话语的松动。这也解释了德里达对本书的影响。虽然人们有时候认为建筑的唯一功能是解决和调解社会、政治及经济问题，但事实上，建筑也可以参与撼动符号与所指之间那所谓常规的一对一关系。就此而言，建筑具有一种潜力，可以剖解上述这些问题以使之直面它们自身的内部构造和矛盾。

伯鲁乃列斯基（Brunelleschi）的圣灵教堂（Santo Spirito，约 1430 年）立柱开间的层叠、阿尔伯蒂的圣安德烈教堂圣殿（Sant'Andrea，约 1465 年）的立面，以及伯拉孟特平面中的空间都以各自的方式构成了建筑潜能的不同方面，用以撼动或消散（dissipate）符号与所指之间的关系。伯拉孟特正是此间的关键人物。他看准宇宙观正在发生转变的契机——人的主体被置于他所处的世界的中心，进而创造了以圣彼得大教堂（St. Peter's，约 1506 年）和坦比哀多礼拜堂（Tempietto，约 1510 年）的集中式平面（centralized plan）为典范的一种新式的教堂。尽管此前已有伯鲁乃列斯基将科学理念引入建筑，又有阿尔伯蒂将建筑史中的理念和材料加以拼贴，但伯拉孟特可以说是首位从建筑学自身内部看到一种理念并将其概念化的建筑师——即他将建筑视为一种自成一统的有机体系。

帕拉第奥承袭于伯拉孟特，继续质询阿尔伯蒂式“在场”及“同质空间”的观念。本书认为，论及空间句法的铭写以及与之相应的对直白的象征符号的否定，帕拉第奥乃是第一位探究此种可能性的建筑师。例如，在帕拉第奥的作品中，首次出现了勒·柯布西耶后来所说的“建筑漫步”（promenade architecturale），如建筑史学家詹姆斯·阿克曼（James Ackerman）所言，对空间的理解不再仅仅基于前置的投影面（frontalized picture plane），或是借由空间中一系列约定俗成的几何比例关系，而是以各种不同的方式舒展开来，贯穿空间，在没有走廊、服务与被服务空间的情况下，以循序渐进的方式推进。一种新的类型出现了：在别墅平面中，九宫格图解的抽象几何性逐渐消散，继而由某种拓扑关系所取代；体量间的离散被抛弃，相互叠置的空间或那些转化自某种不稳定的基础状态的空间也开始一一显现——从而不再是柏拉图式或理想化的，而是涉及一系列存在于某种预设的常规状态之中的可能发生脱节和解体的关系（potentially disarticulated and disaggregated relations）。

可以认为，帕拉第奥对于空间句法的觉悟在他于 1570 年（即逝世前第十年）出版的《建筑四书》（*I Quattro Libri dell'Architettura*，英文版书名为 *The Fours Books of Architecture*）中得到了明确的印证。在《建筑四书》中，帕拉第奥重新绘制了他的建筑，但并没有依照它们实际建成的样子，而是按照他所希望这些建筑为人所知的样子。因此，帕拉第奥作品的真实性（reality）是以“虚拟的帕拉第奥”的形式存在于图和建筑物本身这二者之间的；这便是“虚拟”的第三种状态。自 17 世纪以来，包括贝尔托蒂·斯卡莫齐

（Bertotti Scamozzi）、海因里希·沃尔夫林（Heinrich Wölfflin）、保罗·弗兰克尔（Paul Frankl）、维特科尔、柯林·罗以及阿克曼（Ackerman）在内的众多建筑师和历史学家都曾重新绘制帕拉第奥自己重绘过的图并从中汲取灵感。事实的实体（substance of fact）可以说是非常难以捉摸的。帕拉第奥的大多数建筑都被改造或翻新过，有一些则已经被破坏了。很多早前的解读均基于斯卡莫齐所绘的图，而这些图与《建筑四书》中帕拉第奥的初衷关系甚微。倘若帕拉第奥不曾效法维特鲁威和阿尔伯蒂以理论论述（theoretical treatise）的形式撰写和绘制《建筑四书》，很可能只有极少的建筑师会如此热切地研习和参观他的建筑，而不是众多同时代建成的乡村别墅。

很明显，本书也在参与一种修订（revision）。本书是通过对原始资料的英文版本的阅读开始的，因此这一修订并不是对原始资料本身的修订，而是在更大程度上对第二手资料的修订。因而，后文中对帕拉第奥的解读并不完全是对帕拉第奥本身的修订，而是对19世纪和20世纪帕拉第奥作品解读的修订——透过一种演化自19世纪晚期至20世纪初期德国艺术史学传统的英美理论语境的滤镜。

针对后文必须提出两个问题：为什么是今天？以及为何使用这一特定的分析方法？

为了试图回答这些问题，本书认为，历史可以作为对任何反思动态文化的项目进行多重解读和转化的模板。在过去，帕拉第奥的作品被视为第一股现代性浪潮中批判性内省（introspection）的关键范例，那是一个曾经兼具尖锐与明晰特质的历史时期，而这二者是为阐明当代建筑所必需的特质。但是伴随着起于20世纪晚期的对新技术争先恐后的投怀送抱，理念发生了剧变，对历史先例进行转化及此中的潜力几乎被遗忘殆尽。

19世纪晚期的那种将帕拉第奥视为文艺复兴时期理性、比例和数学之楷模的“美术史”（Kunstgeschichte）理念已然在迅猛的技术发展中成了断壁残垣。许多早前的对帕拉第奥的解读都忽视了他本人绘制的图中所出现的细微差别和不一致之处，主流解读对此皆不以为然。帕拉第奥的图纸值得探究，不是因为其中存在的不一致，而是因为它们是一种新模式的佐证，由此出发，或许有助于为帕拉第奥及其历史性计划（historical project）重新注入活力。这项新的研究将把帕拉第奥推向一种与此前英美语境中既有的观念全然不同的解读。前人断言帕拉第奥别墅中存在一种理想化的、静态的几何，本书中的解读则对之予以回避和摒弃。相反，它建立的是一种序列化的三段式类型学（sequential tripartite typology），通过比较以下两种状态的可能性，追踪从单一别墅体量向一系列局部别墅元素的分解以及它们在景观中的重要定位：首先，潜在的理想化布局在空间中的关系；其次，精读每个别墅中微妙之处所带来的虚拟拓扑状态的可能性。正是这种精读激发了每一个别墅的讨论，与此同时产生了一种新的理论轨迹：从以前认为的静态几何体量到局部图形（partial figures）的动态拓扑关系。

本书陈述的分析并不是与技术相矛盾的，也并非要对其予以批驳；相反，它表明技术本身是根植于历史之中的，而精读使其变得更加灵活和充满生机。本书试图将注意力从通常那种根据静态几何来构思的建筑形式成分引向类似于当今数字算法输出的柔性拓扑关系。通过从这个角度来看帕拉第奥，这种阅读引入了一种异质的——而非同质的——关于空间创造的批判性复杂架构，这打破了几个世纪以来的人文主义和启蒙运动的界限。其结果是一系列由内在的而不是外在的运动所产生的过程，它将历史的精读作为一个动态过程进行重现。正是对形式逻辑——而非对静态的形式项目本身——的批判性重估，使之成为我们当今建筑文化中不可或缺的部分。

导 言

威尼斯建筑师安德烈亚·帕拉第奥（1508—1580 年）的作品经由众多解读者［斯卡莫齐、沃尔夫林、伯林顿勋爵（Lord Burlington）、阿克曼、维特科尔、柯林·罗、塔夫里以及无数其他学者］的解读承继至今，重点一直集中在其形式、理想以及局部与整体的关系（即将部分组织成一个综合或统一的整体）。但是，不曾有哪位解读者，也不曾有任何已知的关于帕拉第奥作品的思想史或理论是从概要性地解读卡洛·拉伊纳尔迪（Carlo Rainaldi）的罗马的坎皮泰利圣玛利亚教堂（Church of Santa Maria in Campitelli）（图 0.1）开始的。本书对此有所改变，对拉伊纳尔迪和帕拉第奥之间的关系作出不同的解读，这是本书讨论和分析的关键所在。

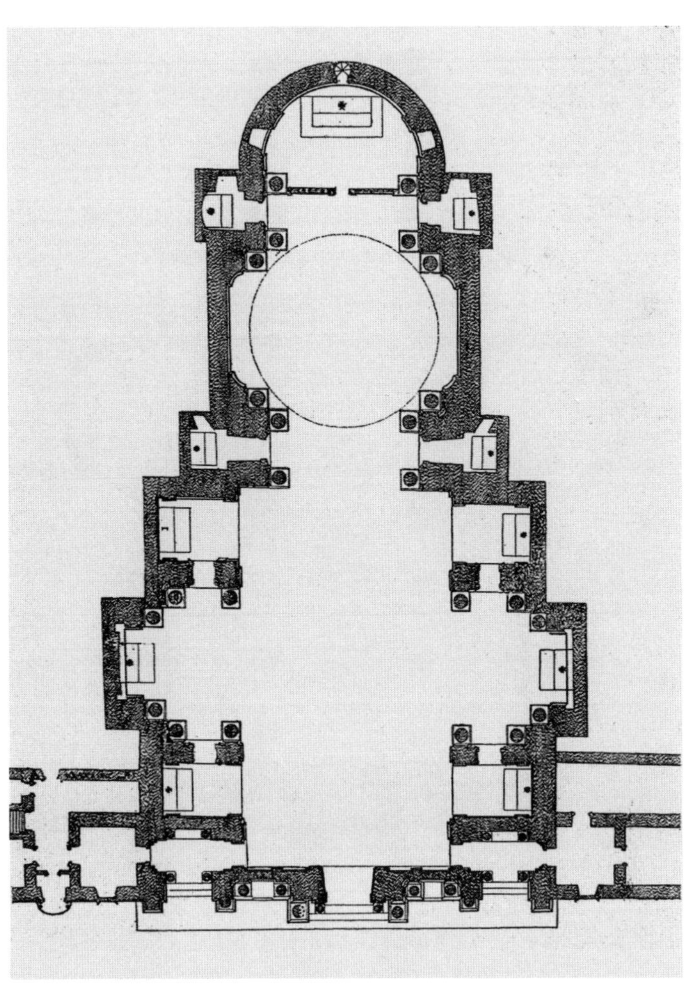

图 0.1
卡洛·拉伊纳尔迪，坎皮泰利圣玛利亚教堂（意大利，罗马，1663—1667 年）平面图

坎皮泰利圣玛利亚教堂于帕拉第奥逝世后近一个世纪建成，关于它，素有许多出色而详尽的研究。许多评论家都曾指出拉伊纳尔迪受到过双重影响，表示他的作品融合了巴洛克建筑师弗朗切斯科·波罗米尼（Francesco Borromini，1599—1667 年）的流畅图形和帕拉第奥网格化的表现。诚然拉伊纳尔迪可能是最早将帕拉第奥的作品与巴洛克综合在一起的建筑师之一，但仅此而已并不足以推动本书中的分析。在拉伊纳尔迪的教堂里——如同在帕拉第奥的作品里一样——还有一些其他的、与众不同的东西是潜藏在这种过于简单的分类之下的。在坎皮泰利圣玛利亚教堂中，额枋（architrave）和壁柱都雕刻得太过精确，表现不出波罗米尼建筑中那种表面的连续性；另外，虽然与帕拉第奥建于威尼斯的圣乔治马焦雷教堂（San Giorgio Maggiore）和救主堂（Il Redentore）（图 0.2，图 0.3）中成对的耳堂（transepts）存在相似之处，但其空间另具一种难以名状的不安感，这种状态将观察者直接拉回帕拉第奥的别墅项目。

关于坎皮泰利圣玛利亚教堂中这种出人意料的状态，最合适的描述是：一种脱节、分离或解体——对概念的［而不是现实的（actual）］整体的分解，由此产生两个解读起来像是由拉丁十字（Latin cross）分解

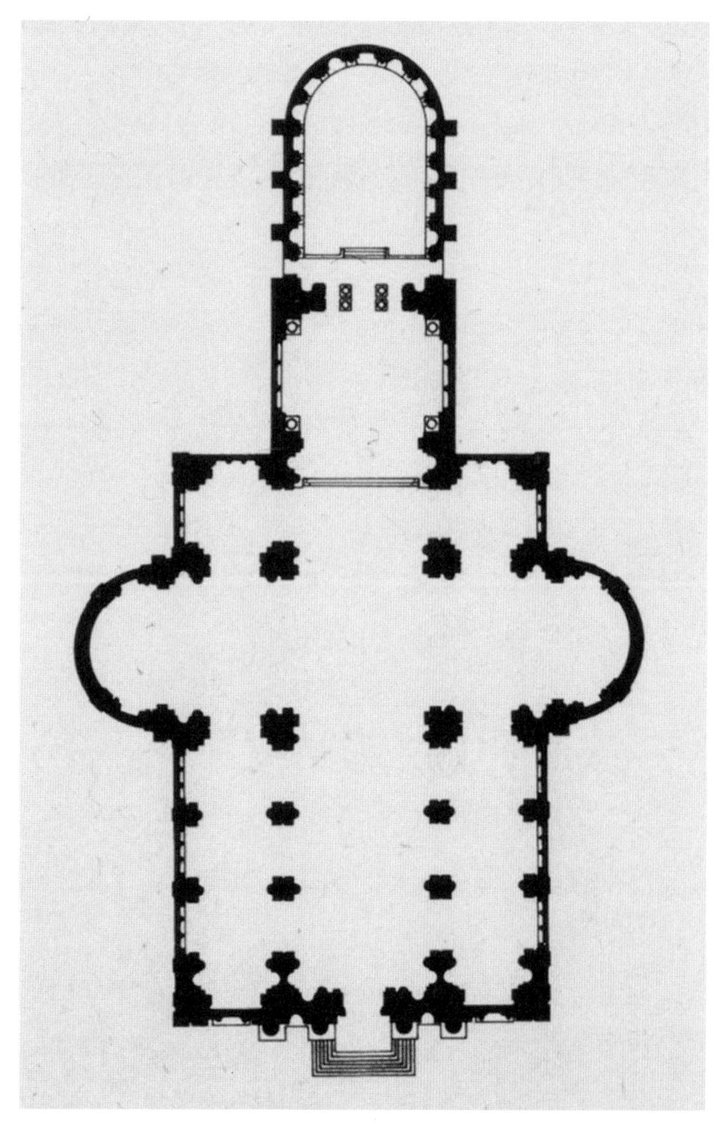

图 0.2

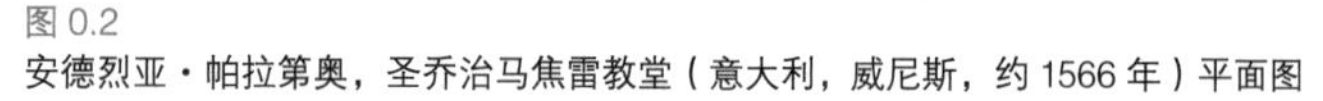

安德烈亚·帕拉第奥，圣乔治马焦雷教堂（意大利，威尼斯，约 1566 年）平面图

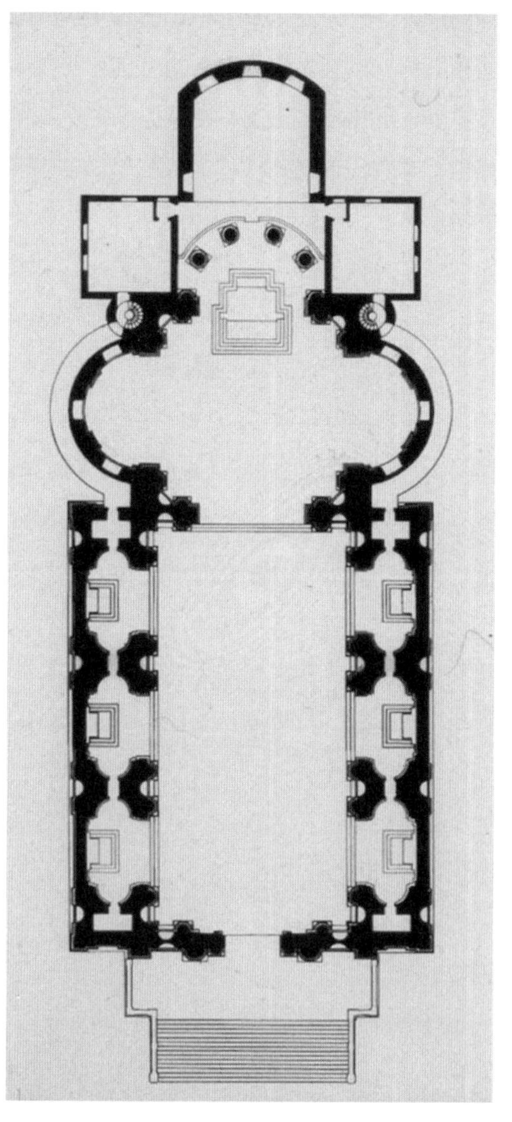

图 0.3

安德烈亚·帕拉第奥，救主堂（意大利，威尼斯，约 1577 年）平面图

而来的碎片。这些碎片看上去像是属于两个完全不同整体的、尺度不同且互不协调的部分：一个是不完整的中殿（nave），另一个是不完整的半圆形后殿（apse）——它看似应属于一个比实际建成版本更小的中殿。这立即让人回想起帕拉第奥是如何将传统建筑组成部分——古典门廊、过渡空间、主中央空间——从它们的传统位置和意义中分解开来的，随着时间的推移，这些组成部分已经成为所谓的“理想别墅”的特征。对部分的解体，物体与其位置、意义或功能的拆离，这正是本分析的一个特征。

虽然拉伊纳尔迪的作品可以看作波罗米尼和帕拉第奥这两个先例的组合，但帕拉第奥的作品不仅尤为明确地否定了众罗马先例的图像性价值（iconic value），而且还一并否定了所有那些在伯鲁乃列斯基、阿尔伯蒂和伯拉孟特的作品中被正式确立起来的学科先例。我们可以在帕拉第奥的作品中找到各种解体手法的踪迹，这些手法的运用可能是无意识的或不成熟的，并且往往是此前从未出现过的。

当我们仔细考量位置（location）和邻接（adjacency）这种关联性及拓扑性概念，而不是对称和比例这种更为绝对的几何概念（即特定建筑元素的单纯的形状和大小）时，就能更好地理解这里所说的“解体”。这种精读的做法揭示了，在帕拉第奥的作品中，原初整体体量被缓慢却未曾间断地分解，最终只剩部分而再无整体。从而，这里要主张的是（也许是有史以来第一次）：我们应将帕拉第奥的作品视为一个不断解体的过程，它拒绝单纯的和谐统一的原则，而是倾向于滑移（slippages）、失调（dissonances）及叠置（superpositions），而这些与同时代的手法主义者们（如朱利奥·罗马诺，或塞巴斯蒂亚诺·塞利奥）乃至当今许多建筑所追求的图形与空间上的夸张表达几乎无关。

本书提出的解读与以往有关帕拉第奥作品的修正有所不同。手法主义的话语皆始于某种稳定的语言，然后由此开始消解；与此相反，本书提出，任何建筑语言的基础状态原本就是不稳定的——它是有待进一步发生断裂的“差异”。尽管罗伯特·文丘里（Robert Venturi）的《建筑的复杂性与矛盾性》（1966 年）和柯林·罗的许多文章都指出，手法主义以及模糊性（ambiguity）均是某个给定统一体所发生的“屈折变化”（inflections），但本书接下来将表明，帕拉第奥在他的建筑计划中就已经认识到，任何给定的建筑统一体总是虚构的，它由西方形而上学编造出来用以支撑“真理”“真实”和“起源”等理念。如同其他实践、学科和文化领域一样，建筑的发展既不是循序渐进（progressive）也不是基于目的论的（teleological）。建筑一时的进程并不能确保进步。柯布西耶并非是一个比帕拉第奥更好的建筑师；他只是一位不同的建筑师，他面对的是不同的时代和不同的可能性——为常规带来转变的可能性。虽然，为了从批判的角度理解帕拉第奥的建筑计划，很重要的一点是要理解建筑学中从伯鲁乃列斯基到伯拉孟特再到帕拉第奥的某种历史轨迹，但是，我们有必要把帕拉第奥的建筑计划从以前的正统化模式（modes of legitimation）中解放出来。例如，帕拉第奥通常因为他那些所谓的发明（inventions）而为人们所铭记。但是“发明”意味着新的东西，而帕拉第奥的贡献更应用“逾矩”（transgression）这个词来描述，表明它是对某种既存事物的移置（displacement）——即对差异的不断重复（a repetition of difference），这在帕拉第奥的作品中表现为针对比例、对称、功能以及叙事和图像性定式等古典理想的逾矩行为，而它能够避免被重新纳入任何一种其他的正统化模式。

继维特科尔对帕拉第奥进行类型学研究之后，柯林·罗又通过比较帕拉第奥和柯布西耶，将文艺复兴与现代建筑联系在一起，向 20 世纪 60 年代和 70 年代的建筑师打开了一个崭新的研究和设计领域。众所周知，在《理想别墅的数学》（*The Mathematics of the Ideal Villa*，1947 年）一书中，柯林·罗将帕拉第奥的圆厅别墅（Villa Rotonda）和福斯卡里别墅（Villa Foscari，亦称“马孔坦塔”）与柯布西耶的萨伏伊别墅

（Villa Savoye）和位于法国加尔什（Garches，或译加歇）的斯坦因别墅（Villa Stein at Garches），以及几个世纪以来别墅类型的关系进行了对比，而不是将它们类比为天堂。对于柯林·罗而言，帕拉第奥的圆厅别墅代表了美好的生活，而柯布西耶的萨伏伊别墅则意味着效率。柯林·罗写道，帕拉第奥关心的是别墅类型的"逻辑布局"（logical disposition），但这既没有在概念上说明密集空间或松散空间的建筑特性，也没有对同质空间和异质空间做出区分——而这一讨论恰恰是本书的活力之所在。在帕拉第奥的作品中，尤其是在《建筑四书》中，存在一种对纯粹抽象的几何或数学规则以外的另一种内部规则的标识。帕拉第奥别墅的复杂性让维特科尔和柯林·罗关于纯粹数学理想的主张受到了质疑。例如，维特科尔将 ABCBA 这一标识视为帕拉第奥作品中纯粹的几何化约（geometric reduction），但在这里，它被认为是最抽象意义上的理想：一种关系的可能性，而不是一种规范；也就是说，没有稳定的价值或道德条件附加于其上。

受维特科尔和柯林·罗倡议的启发，本书中的精读和分析是以一种截然不同的方式去通过帕拉第奥的作品来理解建筑的。书中展示的分析图、模型以及说明性文字所关注的并不是类型学、几何、比例或者历史，而是将帕拉第奥置于一个新的视角之下，在某种意义上标志着与表皮再现（surface representation）、参数投影或者"图 – 底"反转等当代美学理想的分离，进而侧重实与虚在概念和拓扑层面上的布置，而非由几何和功能所描画出来的字面意义上的实和虚。从这个意义上说，本书并非关于帕拉第奥本身，而是关于如何从更普遍的角度看待建筑。帕拉第奥《建筑四书》中的图包含了被维特科尔和柯林·罗轻易忽略掉的"barchesse"——照字面理解就是"大型庄园谷仓"，由此出发，本书的分析提出，建筑平面本身成为自主的实体，我们可以依据它们自身的内部布局和变化，而不是比照着某种历史理想，来进行解读和分析。换言之，本书并没有将帕拉第奥视为一位与文艺复兴理想分道扬镳的手法主义者，而是构想了一个内在关系不明确的复杂的"帕拉第奥"，它并非建立在一种已知的古典语言之上，而是在"假定的虚拟"（而非"理想的常规"）的多种可能解读之间摇摆不定。

若干理论问题支撑着"虚拟"帕拉第奥的概念。归根结底，本书要探询的是，我们从一位建筑作品和著作都已经得到如此详尽分析的建筑师身上还能学到什么？答案取决于从法国哲学家雅克·德里达的词典中借用的一句短语："不可判定性之可能性"（the possibility of undecidability），或者从略为不同的意义上说，就是不确定性（indeterminacy）这一概念，它描述的是脱节、分离或解体等状态。本书开启了关于帕拉第奥的多重解读，提出他的作品具有一种潜在的不稳定性，而与此观点背道而驰的是一种普遍存在的假设，它认为帕拉第奥的建筑在本体论和类型学意义上可以被视为是成整体的、在场的或完整的。一个依据合理的尺度、良好的比例或清晰的对称等传统标准来进行评判的古典式、综合式的（synthetic）计划，还是一个不稳定或脱节的计划，这二者之间的区别是至关重要的。帕拉第奥的建筑遗产可以被视为是对某些恒久的内在建筑学问题的正面诘对，它并不受制于任何有关建筑构成、风格或构造方案的抽象理念（这种理念是向建筑学外部寻求规范与正统性的）。帕拉第奥在他于创作生涯临近结束之时写就的《建筑四书》中，把他的建筑作为"虚拟的"项目重绘成了他想要人们所知晓的样子。在某种意义上，他同时也在重绘当时学科的边界，这是通过提出一系列与过去截然不同的别墅平面——其中每一个都是对双重和三重解读的实践。《建筑四书》中，建筑、图和文字的重叠使得帕拉第奥的建筑项目在概念上呈开放式或未完成状态，因为没有任何一种再现方式是优先于另一种的；这一状态与 20 世纪 60 年代和 70 年代乃至当今建筑所具有的可能性都有着深刻的共鸣。

* * *

建筑作为一门再现的话语（representational discourse）这一想法始于维特鲁威的《建筑十书》。当维特鲁威使用“firmitas”（坚固）一词时，他并不是在说建筑应当立而不倒，因为显然所有建筑都理应做到这一点。他真正要说的其实是建筑应当看上去像是立而不倒的，换言之，它们应当表达（signify）其“立而不倒”的功能。同样，所有建筑都必须能够遮蔽和围合空间才能发挥其正常功能。要做到这一点，所有建筑都必然会牵涉某种物质层面的围合。无论这种围合看上去是什么样的，其物理结构都将难以避免地被拿来与某些视觉指称对象（visual referent）——树、鸟窝、洞穴、蜂巢或是船相比。很多时候这些围合之所以被设计出来，并不仅仅是为了满足功能要求，更是为了有意地“看似”（look like）或“再现”（represent）某些事物。这种相似性（semblance）自阿尔伯蒂之后成为建筑的必要配备。阿尔伯蒂在他于15世纪以维特鲁威著作为范本写成的论述《建筑十书》中重申——实用、坚固、愉悦的维特鲁威式三原则不再足以定义建筑的内涵，建筑的结构不仅需要承重，更是必须看上去在承重（也就是说，“柱”不只是柱，还应被解读为“柱”的符号）。从维特鲁威到阿尔伯蒂再到帕拉第奥，建筑师们在建筑学科中铭写下了这样一个概念：建筑，在其存在（being）之外，还应看似和再现其存在。

所以，一切建筑物在某种意义上都能满足围合、遮蔽、结构、舒适以及含义等必要的功能需求，但并非所有建筑物都能被定义为建筑。建筑，或凡具有建筑性质之物，是存在于上述既定条件之外的，且较之有余，不受其约，并且在一定意义上必能突破这些条件。所指与能指的分离——即将材料作为符号而非真实材料来使用——便是区分建筑与建筑物，特别是区分帕拉第奥的作品与其同时代作品的条件之一。比如说，我们或许可以认为塞利奥对材料的使用，尤其是他对“填充”（poché）的创造性运用挑战了材料在过去的普遍用法，但它并不一定具有符号功能。在帕拉第奥的作品中，材料和结构承担了对建筑的存在和意义进行评论的任务，也就是说，它们具有批判功能。

维特鲁威撰写《建筑十书》之时，建筑被视为一种再现性艺术（representational art）、一种媒体。到了哥特式教堂的时代，建筑就已经成为一种强势媒介，因为它获得了影响思想的力量。也就是说，对于那些无法理解教会拉丁语的普罗大众，教会可以通过绘图、油画、壁画以及教堂建筑本身来呈现礼拜仪式。甚至连阿尔伯蒂也像维特鲁威一样，把建筑视作一种再现，例如，山墙（pediment）所指涉的就是宗教建筑。后来，伯拉孟特和之后的帕拉第奥开始将建筑作为一种不同以往形式的媒介来使用——不再是为了表现它在指涉和再现上的可能性，而是将其内化为建筑本身当中指示（index）这些可能性的过程；直到这时，人们关于建筑学科的观念才发生改变。伯拉孟特首先复兴了集中性（centrality）这一希腊概念，它代表了一种新的人文主义思想，也代表了人体与球体、立方体等纯粹几何形式之间的关系，而坦比哀多礼拜堂以及圣彼得大教堂皆由这些理念演化而来。在此之后，帕拉第奥又于《建筑四书》中写到过几何形式，比如圆形和正方形的纯粹性，以及他对伯拉孟特的兴趣。虽然帕拉第奥熟谙维特鲁威、阿尔伯蒂以及伯拉孟特之道，但在他的作品中，建筑不再只是用于再现几何人造物（artifact），而是一种涉及语言学及关系性的人造物，其中的诸多重要组成部分（如柱和墙）均削弱或质疑了实际作品的物质表象。这种质疑以一种特定的方式出现，不是经由外部关联，而是发生自建筑内部。在此意义上，帕拉第奥的作品用实例演示了那种自阿尔伯蒂和伯拉孟特传续下来的建筑再现以及“可见者的霸权”（hegemony of the visible），与此同时也一并质疑了它们。通过超越传统建筑元素的典型功能以及它们表述空间布局的方式[例如，奇耶里卡提宫（Palazzo Chiericati）门廊中的双柱就并不为结构和几何秩序所需]，帕拉第奥改变了建筑指涉存在（being）的方式。

帕拉第奥的出发点不是将类型视为一种先天（a priori）概念。相反，他的发现就像是通过减法来取得的：通过传统材料的脱节、解体和消散，他第一次“雕凿”出了一种可以称为“别墅类型”的基准状态。在帕拉第奥之前，虽然先有伯拉孟特创作的集中式形式，但无论是就形式还是就功能而言，别墅类型都从未作为一般理想（generic ideal）而存在。别墅类型从集中式形式演化为九宫格的设计方针（parti），这一整个概念对于我们理解虚拟帕拉第奥的阅读是至关重要的。

＊＊＊

有意思的是，有一款精致的玩具也曾试图致力于理解帕拉第奥的话语，虽然这其中不无误解。这款叫作“Gioco della Villa”或“别墅游戏”的玩具可以让游戏者通过使用一套包含三种基本搭建体块的积木动手构造出任意一种一般性质的别墅。正如在理想别墅中那样，这些体块被分别标记为 A、B、C。在理想别墅中，ABA 的情况（比如在一个九宫格图解中）意味着围绕一个中心而形成的对称状态。这些成套的体块相互之间是同质的，观察由它们搭建而成的模型对于我们理解别墅空间或后续分析中出现的那种 ABC 标识体系所带来的复杂可能性其实启发甚微，因为它们无法解释有可能出现的 A/B（或“A 于 B 上”）的情况。后续分析中的标识体系涉及了邻接（adjacency）、位置（position）、叠置（superposition）等拓扑概念。譬如，B 所指示的不是某一体块的具体尺寸、形状或比例（这一点和游戏中的不同），而是 A（门廊或入口处）与 C[主要的或中央的图形化空间（figured space）]之间的间隙区域。当出现“A 于 B 上”或“B 于 C 上”的解读时，就意味着一个虚拟位置和与其对应的邻接位置之间存在着叠置，这其中就暗含着一种异质性。在这种情况中，由于 B 空间的特殊空间布置，我们可以认为它共享了 A 或 C 位置上的某些特性。

借由邻接和叠置，从帕拉第奥的项目中解读出多重布置或重叠，这种可能性从理论层面向其作品注入了活力。进而，这种多重解读又引发了作品中某种程度上的不可判定性。就此而言，可以认为这样的建筑既不是成整体又不是完全在场的，这意味着一座建筑物不可能被化约为简单的关于局部与整体的综合式解读——无论是就图纸中的二维“空间”还是就实物的三维空间而言。在伯拉孟特以前，建筑理论课题所要做的是物化（reify）或求证局部与整体之间综合式关系的可能性（虽然在文艺复兴初期，“局部与整体”到底意味着什么都尚未得到深究）。伯拉孟特的圣彼得大教堂项目是体现这种理念最终成形的典范，此后，塞利奥和帕拉第奥便开始瓦解这一综合的概念。

如前文所述，帕拉第奥引入了一种新的类型——别墅，并通过它创造了一系列新的建筑关系：如同一串珠子一般的串联式空间（en suite spaces）、不复存在的间隙空间或过道（corridor）、再无等级之分的服务与被服务空间（servant and served spaces）。理想别墅的图解可以由九宫格来描述，从左至右呈 ABA 布局（侧开间 A，中央开间 B，另一个侧开间 A），从前至后亦然。与此不同的是，虽然帕拉第奥的别墅所假定的布局从左至右为 ABA，但是从前至后却表现为 ABCBA 的关系（首先，门廊或入口开间 A；其次，过渡开间 B；再次，中央图形化开间 C；最后，后侧的开间 B 和 A）。帕拉第奥更进一步引入重叠和叠置，模糊了相邻空间的界限，从而将重点从个体空间本身的几何转向不同空间之间的关系。

在过去，一个平面可能被解读为由 A、B、C 三种相互独立的部分组成，就像“别墅游戏”中的积木块一样，但是，帕拉第奥使得 A 和 B 两相叠加，使“A/B”的解读成为可能。为了还原 ABCBA 这一常规类型学状态（其中各个空间在物质和概念上都是独特的），那么就必须将帕拉第奥“拆解”开来。我们可以通过两个截然不同的项目来思考这一解体的概念。其一，提耶内宫（Palazzo Thiene）由于其内部对称性，看似应是一栋正方形建筑；但正面上额外添加的门廊开间却打破了这种理想局面。如果将建筑（依照其原样，即连同门廊开间一起来看）设想为基准状态，那么可以认为正方形是从整体构图中减除出来的；相反，如果将建筑内部的正方形视为基准状态，那么门廊就成了附加的。这就产生了关于门廊的两重解读：它要么是被压入了建筑体量之中，要么是附加于另一体量之上的。其二，在维琴察的奇耶里卡提宫中，各个空间被压缩得如此紧密，以至于没有一个空间能保持中性。虽然［平面上］从前至后暗含着 ABCBA 的状态，但与此同时，还存在数处叠置的情况，即 A/B、B/C、C/B、B/C 以及后侧的 B/A。如此多层的重叠和叠置被组织在一起，从而产生了密集空间（dense space）和一种强“间隙性”（strong interstitiality），也就是空间内又包含空间，或空间之间又有空间的状态，此外还产生了异质（而非同质）空间状态。换言之，奇耶里卡提宫的空间并不止于虚实之辨，也非单纯的 A、B 所能详尽，而是“实 – 虚 – 虚”（solid–void–void）或者说是“双重虚体”（double void）。

帕拉第奥的许多别墅都拒绝了对同质空间作单一而明确的解读，事实上，它们借由双重和三重叠加，开始了对空间的解体。本书分析的每一个案例中都存在累加（addition）、减除（subtraction）或压缩（compression）的过程，以及实际几何（literal geometry）与虚拟几何（virtual geometry）之间的相辅相成。就此而言，帕拉第奥可以说是最先触及空间句法的建筑师之一。所谓空间句法就是一种结构，它试图淡化各个局部之间关系的意义；其结构比意义更重要。这种结构所铭写的自身内部构想不再以人体、基督或上帝为参照，而是要分解那些当时为人所知的传统类型学结构。例如，帕拉第奥的两座威尼斯教堂，救主堂（Il Redentore）和圣乔治马焦雷教堂（San Giorgio Maggiore）就是对罗马墙体教堂或希腊十字形教堂的夸张分解。

帕拉第奥对空间句法的发展使得建筑向书面语言迫近，就程度而言超越了与他同时期的手法主义者们。这一发展代表了一种新的建筑话语构想的开始，它通过脱节和分解使得异质概念变为可能，而无须借助建筑构成策略，如对传统的“局部与整体”结构的清晰刻画。通过这种方式，帕拉第奥的平面脱离了阿尔伯蒂项目中那种再现性的特征，个体组成部分不再对应于设计任务（programmatic）或叙事（narrative）结构，进而产生一种非再现性的建筑。在帕拉第奥的作品中，传统建筑元素（即各个局部）所再现的既不是物的整体，也不是简简单单的功能方案。由简单的 A、B、C 局部组合而成的刻画清晰的建筑通常会预设一个设计任务上的功能（programmatic function），与之相反，一个脱节或被解体的建筑则试图重构一种处于设计任务、功能、结构需求之外甚至之上的复杂概念。帕拉第奥的平面是会发生分解的。分解，或内部指涉的过程，即建筑异质性的一个定义。

对帕拉第奥的这种解读不同于严格意义上的历史主义叙述，这一点从帕拉第奥自己所绘的图中亦可见一斑，这些图不依赖于再现或图像学（iconography）的历史来自我正名。相反，之所以帕拉第奥计划（the Palladian project）足以反抗那些将历史予以简化的分析方法（如维特科尔的图解将帕拉第奥的别墅简化为一系列组织性和几何性线条，进而导致其内在建筑性质被忽视），是因为我们有可能从中解读出分解和脱节的特定状态。将这些项目简化为线条就是将建筑定义为纯粹的基于比例关系的几何，然而事实上我们可以说，帕拉第奥计划与比例或几何关系甚微，因为比例和几何是处于建筑之外的，与之更为相关的是关乎关系和差异的拓扑学构想。这些构想能够瓦解局部与整体之间的关系以生成一种新的复杂条件，进而需要一种不同形式的精读。它们共同强调，应将能指和所指之间的常规关系予以瓦解，继而从建筑学科内部激发批判性和政治性。

例如，帕拉第奥从关系而非从纯粹几何入手的策略脱离了集中式、静态、“从局部到整体”的理念，即脱离了伯拉孟特在普雷韦达里版画*中具体表现的那种“理念－形式”(idea-form)，而转向一系列解体的、动态的异质空间叠加。伯拉孟特的集中式平面始于正方形内的一个十字形，两形相叠形成九宫格平面，中央的那个开间正是拉丁教堂传统中的交叉甬道（crossing）。理想的九宫格平面，正是对圆厅别墅集中式对称性的典型解读，因从外部看上去该别墅各入口门廊似无主次之分。但是，这种常规的解读误解了圆厅别墅的内在复杂性。在圆厅别墅出现之后的一系列别墅里，帕拉第奥通过几种不同的策略使九宫格内的空间发生前置（frontalizing），进而开启以全新方式解读和理解物（object）的可能性；比方说，通过创造一系列空间层块，优先考虑从前至后（相对于从一侧至另一侧）方向上的布局。倘若平面［在理想情况下］是完全对称的，那么从前至后的状态和从一侧至另一侧的状态应当是相似的——前提是忽略功能需求不计。换言之，这涉及 ABCBA 标识体系［也就是所谓的方格网（plaid grid）］。这一图解出现在帕拉第奥的提耶内宫当中，又以不同形式的变体反复现身于建筑史之中。例如，朱塞佩·泰拉尼（Giuseppe Terragni）建于意大利科莫的法西斯宫（Casa del Fascio，1936 年）就具有九宫方格或 ABCBA 布局，此处，楼梯被放置于平面上的开间 B。

“理想的”ABCBA 状态在后续分析提到的“理想图解”中将得到展现。此外，如许多评论家所做的那样，这种状态被认为是支撑帕拉第奥计划的基础，此种思路的简单性也将在后续分析中有所体现。帕拉第奥在空间从前至后的渐进过程中通过不寻常的手法运用了串联式的布局。开间 A 通常都被推入建筑的主体量，从而制造出一系列密集的空间层块，向建筑中央和后部迫近。这些对物的操控手法被记录或铭写在建筑内部。比如在提耶内宫中，这种铭写或印迹就在高度清晰的内墙填充（poché）中得到了彰显。

当一个平面（比如说提耶内宫的平面）具有 ABCBA 的前后向布局和 ACA 的左右向或横向（lateral）布局，那么它就不再能解读为一个包含于立方体内的理想十字形，因为它现在具有方向性，或者说垂直于入口主轴线方向上的空间层叠要优先于其他方向上的层叠。在帕拉第奥的作品中，正方形或长方形空间通常具有与运动方向上的轴线相垂直而不是相平行的“纹理”（grain）。就如同一块木材，空间中的纹理也分侧纹（side grain）和端纹（end grain）。因此，帕拉第奥式空间迥异于伯拉孟特式空间，后者没有纹理，空间的层叠也没有优先与否之分。帕拉第奥第一次为虚（void）的空间，或本质上是同质的空间赋予了纹理，将其铭写为本质上是异质的空间。纹理的加入以及可能发生的空间层块的叠置和重叠向建筑中引入了一种虚拟的（而不是实际的）空间状态。

* * *

大多数普遍意义上的建筑分析乃至关于帕拉第奥的具体建筑分析都是从一个假设出发的，即存在一种

---

* 普雷韦达里版画（Prevedari etching）是版刻师和金匠贝尔纳多·普雷韦达里（Bernardo Prevedari）于 1481 年根据伯拉孟特原稿刻制的铜版画。画上刻有铭文“伯拉孟特作于米兰”（BRAMANTUS FECIT IN MLO），图中所绘可能是一座正在被改造为基督教教堂的异教神庙。——译者注

原初的形式综合，或者说，一种关于局部如何与整体相关联的古典概念。但是，让我们试想通过另外一种方式来分析他的作品——以揭示被压制于综合模式之下的潜在的不稳定性。这些潜在的不稳定性构成了我们所说的帕拉第奥作品中的异质建筑潜质，这继而可以定义为可能生成的实与虚的拓扑学分布，而不是由几何和功能的物理表象所描述的字面意义上的实与虚。

当我们考虑实际以外的状态时，一个问题油然而生：如果说建筑之存在（或简而言之，其功能）不仅仅是关于围合、遮蔽或意义的表达，那么什么才算是呢？一栋建筑物当中即使没有任何“建筑”的迹象，也可以做到相当实用。但是建筑，我们可以说它如同某些形式的美术、文学和音乐一样，能够质询关于常规、现状及综合性的各种假设。正是通过这种内在的质询，建筑得以保持其批判力，且在本质上是具有政治性和意识形态的。与其思考帕拉第奥建筑遗产中形式策略的抽象化概念（比如，透过维特科尔和柯林·罗那种建筑构成、风格或历史的滤镜来看），或是考量其意识形态和政治意义，向建筑外部寻求规范和正统性[如奥雷利（Aureli）的作品]，帕拉第奥的建筑或许应该被视为是对某些固化的建筑状态的正面诘对，这在他的作品中呈现为由内而发的“修辞手法”（rhetorical devices）。

从语言学意义上讲，这些“修辞手法”通过重复（repetition）和循环（recurrence）的方式来疏离它们的常规意义，进而将建筑与建筑物区分开来。例如，帕拉第奥将转角（corner）作为重点清晰表述（或者说标记）了出来：在巴尼奥洛的皮萨尼别墅（Villa Pisani Bagnolo）中，谷仓部分的敞廊（loggia）转角处原本完全可以使用圆柱，这样一来整个敞廊就全部由圆柱围合而成，但帕拉第奥却在转角处选用了方柱。转角处使用方柱对于结构或建筑物围合来说都不是必须的[伯鲁乃列斯基和伯拉孟特分别在佛罗伦萨的育婴堂（Ospedale degli Innocenti）和罗马的和平圣玛利亚教堂（Santa Maria della Pace）中使用了不同的方式来实现转角]，但通过将其功能和结构目的置换为概念性目的，它便能成为建筑中的一种批判性元素。皮萨尼别墅转角处的方柱涵括了一系列不可判定的，或者说双重的解读；它可以同时被解读为三个有所区别的平面（planes）或一整个连续的拱廊式围合。

此外，帕拉第奥作品中还存在某些反复出现的情形，使其脱离古典罗马建筑的传统解读。例如，他在一个小尺度乡村别墅中对门廊的运用将象征和图像内涵从门廊本身抽离开来。虽然门廊在不同的语境中自有不同的功用，但对于帕拉第奥的作品而言，这并不取决于语境。比如，在奇耶里卡提宫中，门廊或入口空间被压入建筑物主体，这是反复出现于多个别墅项目中的帕拉第奥式状态，而这与罗马式古典主义成规是相悖的。这种压缩进而创造了“AB 叠置”（A/B）的情况，或者说创造了一种异质空间状态。

这类异质空间状态开始逐渐削弱比例、尺度、功能和含义作为绝对法则的地位。在接下来的分析中，我们坚持，帕拉第奥所运用的某些修辞或概念手法（对转角的清晰表述、前后关系、ABCBA 布局、填充等）未必会以当时既定的建筑常规或传统含义为参照，而是会涉及建筑中一些其他的可能性。建筑元素（实物——如门廊或柱，或概念手法——如压缩、扩张、图与底）在帕拉第奥的作品中反复出现，使得脱离其传统功能成为可能。通过叠置或重叠，它们开始催生不可判定性以及促成局部从整体的解体，无论是在建筑的三维空间还是在图纸的二维空间中都获得表达和理解。这种可能出现的关于踪迹、标识或印迹的双重（有时甚至三重）解读正是所谓的“精读”的结果。这些反复出现的元素并非比例、尺度或材料上的传统转变，而是能够被视为从其象征和语义学含义上——进而从其所指（signifieds）上——脱离开来的不稳定的能指（signifiers）。这种脱离（分离、解体）清晰地表述了“虚拟”（由存在于实际状态以外的暗含状态所构成）

和“理想”（纯粹形式的状态）之间的差别。

在所有的帕拉第奥作品中，除了正立面具有明显的对称性以外，在平面上它们也都具有前后向的ABCBA对称布局。如前文所述，别墅中的虚拟元素是由位置和邻接关系等一系列概念关系，而不是比例、尺度或材料等形式分析中的传统决定因素所确定的。在帕拉第奥的作品中，填充的不同运用方式通常也揭示了这些虚拟元素的存在。例如，通过不同形式的填充，分别刻画主要的图形化空间和边缘的中性空间。与和谐表象中理想与古典的状态相对立，这些元素所创造的正是本书所说的建筑，它与建造（building）或者设计是不同的。

传统的建造和设计所涵盖的可以说是象征符号（symbols）的创造，象征符号通过能指与所指之间一一对应的关系来解析和辨明功能与含义，其最终目的乃是延续始于阿尔伯蒂的形而上计划。继阿尔伯蒂以后，建筑的潜力恰恰在于质询这一课题，以及发展符号与所指之间关系的新的可能性。这种方式的质询将导向我们所说的“学科特例”（disciplinary exceptions），帕拉第奥可以说就是一个典范。在任何学科之内，都存在综合性和整体性的常规状态，但此学科历史中同时也一定存在破碎或断裂，即打破成规的情况。

在帕拉第奥的作品中，最鲜活的特例莫过于那些开始从整体构成中脱离出来的部分，如门廊和填充。比方说，在塔宫（Palazzo della Torre）中，帕拉第奥在建筑外部的墙体上将壁龛和嵌壁柱（engaged columns）清晰刻画出来，却让建筑内部的墙面保持平展。这种将填充内外翻转的做法绝不是对传统技法的重复。相反，这是对那种依靠壁龛和壁柱等物来区分内外的古典主义一定之法的反转。这样的特例孕生于一种批判性的差异基质（critical matrix of differences），它不仅将建筑与建筑物区分开来，也让帕拉第奥的建筑计划在他的时代乃至今日依然卓尔不群。我们在其后的分析中要看到的正是这些差异的本质。可以说，数字化技术本已允诺异质空间的到来，却止于对同质空间的复刻，尽管其复杂程度不一而足。若说“精读”在今日仍有引人共鸣之处，其一必在于重思帕拉第奥。

* * *

九宫格是建筑史上影响深远的图解之一，或许可以称得上具有开创性，它通过对称与比例将局部和整体联系起来。与之辩证对立的，是四宫格图解。但四宫格在建筑中较为少见，因为它的中心是一个点，即相互垂直的两轴之交点，而不是像九宫格图解那样有一个空间居于中央（图 0.4）。人文主义时代以来，人们普遍认为人应占据中央，因此九宫格作为基础图解在建筑中被广为传播，一直延续到现代主义时期。由于九宫格内所有空间的大小相等，它们微妙的复杂性只能通过内外边线位置所标示出来的差异来体现。我们可以为这些方格赋予一个简单的标识系统来标记其位置（切记不是形状或大小）：四个外角记为“A”；四边中央的方格记为“B”；中央的方格记为“C”。

普遍认为，圆厅别墅是别墅之典范，尽显建筑的统一与和谐——这正是潜藏于九宫格中的品质。但是，当我们更进一步研究帕拉第奥的作品时，纯粹的九宫格几何便开始消解。若对别墅的分析仅停留于理想化的、基于比例法则的几何局部，便难以从理论角度深入作品精髓。比如，在一个理想的九宫格别墅中，ACA 或 BCB 的标识所代表的是围绕中央 C 的对称关系。在对建筑构成部分的典型分析中，A、B、C 这三个标识代表三组在比例上得到清晰表述的体量，它们分别对应别墅中的不同房间。在这种分析中，对称和比例并未提供实质的理论基础，虽然它们可以被认为是帕拉第奥用以作为参照的常规状态。例如，在本书

A	B	A
B	C	B
A	B	A

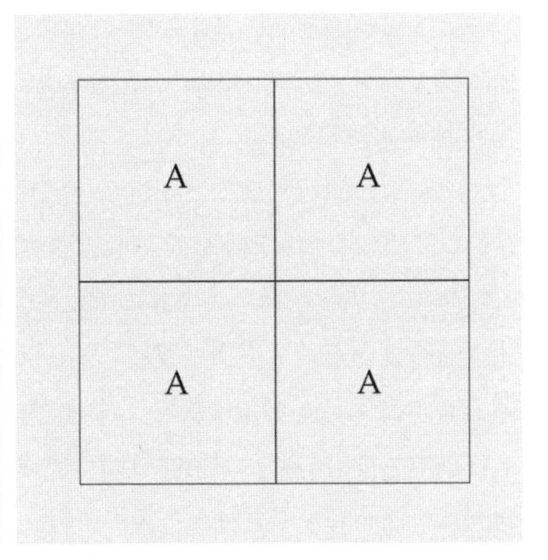

图 0.4
九宫格图解与四宫格图解

的分析中，标识 B 并不指涉某一特定空间的具体形状、大小或比例，而是标记为 A 的门廊或入口与标记为 C 的中央图形化空间之间的间隙或过渡区域。

本书展示了三类信息——图、模型和文本，它们共同构成了对帕拉第奥作品的新的理论批判。第一组图为几何图解，它们的连续性建立了后续分析的基本前提，即不存在任何稳定的基底（ground）以供解读帕拉第奥的作品。在这些图解中，一系列理想方格的尺度和位置变化以及它们与别墅主体、周围庭院、敞廊和花园围墙的关系，暗示了空间的多重性与异质性。本系列中每个别墅项目的图解都以一个简单的方形开始，用于尽可能准确地定义平面的实际边界。随后，从前至后以及从一侧至另一侧的移动以及初始方块的缩放将揭示，建筑平面是不能被化约为单一而综合化的几何图解的。这正是对维特科尔的“平均化”（average）或理想化几何构型的质疑。

以完全二维的几何图解的不稳定性为基础，第二组图开始逐个定义 20 个别墅项目中更为具体的特征。在这些轴测图中，我们通过分析帕拉第奥的平面以确定其组成部分中“理想”和“虚拟”之间的差异。这些组成部分以三维体量的形式呈现，用 A、B、C 编码，并加以着色——白、灰或黑。标识体系为：A 对应门廊或入口空间，绘制为白色体量（A' 用于标示门廊的“虚拟”位置，换言之，实际不在那里，但在概念上是存在的）；B 对应过渡或流线空间，绘制为灰色体量；最后，C 对应中央或主要空间，绘制为黑色体量。

这一标识体系主要有两个特点。第一，配合说明性文字，通过图来阐明别墅实际构成部分与以下二者的关系：1）“理想的”基准状态（以帕拉第奥的作品及别墅类型为参照）；2）对空间中邻接和重叠的若干种可能的“虚拟”解读之一。其中，“理想”状态表现为 ABCBA 前后向布局的最直观展现，描绘为 A、B、C 三个体量的累加，但互不重叠。第二，通过图来记录虚拟状态中两个组成部分相互叠置而产生的空间密度，例如奇耶里卡提宫中的门廊空间被压入敞廊之中。当各个局部叠合在同一个轴测图中时（即虚拟状态），A 与 B、A 与 C、B 与 C 之间的重叠部分以及 A、B、C 都会分别用不同密度的线条来表现。但是，这些标识所生发的各种解读之间并无优劣轻重之分，也没有哪一种解读在概念上更为稳定；它们只是包含不同的信息。事实上，这些解读是波动变化的，没有哪一个是主导的，正是这一点创造了空间异质性的条件。

随着别墅复杂度和解体程度的增加，理想和虚拟之间的界限也开始变得模糊。由于理想图解描述的是一种无法实现的基准状态，我们会看到它们转化为“不可见的”或虚拟的状态；虽然虚拟图解所描述的是理想状态的形变（distortions），但它们也最为接近帕拉第奥原图的实际体量表达（本书通过编码来表现潜在的重叠和空间密度）。

通过这些图所得来的发现将在20个图解体量模型（分别对应20个不同的别墅）中得到进一步说明，它们以静物的形式表现了邻接与叠置的多重空间可能性。与图一样，这些模型的各个部分也均以颜色编码：门廊为A，白色；过渡空间为B，灰色；中央体量为C，黑色。在这些模型中，概念上能被视为“活跃”（active）的空间与概念上能被视为“被动”（passive）的空间之间是有所区分的。例如，当我们认为A空间被挤压进了B空间（见奇耶里卡提宫），由此产生的A/B空间在概念上可以被解读为是“活跃”的，也就是说，A和B的解读同时存在。这在模型中表现为“空”（void），以涂有相应颜色的线框来标示其体量，以此强调两种标识没有主次之分。当我们认为A空间与B空间发生了重叠[但并没有暗示压缩的发生，参见瓦尔马拉纳别墅（Villa Valmarana）]，由此产生的A/B重叠空间在概念上可以被视为是“被动”的。这在模型中表现为实体体块，着以占主导地位的标识（A或者B）的颜色。A/B/C三者重叠的情况在概念上既能解读为“活跃”的，也能解读为“被动”的，视哪一种标识占主导地位而定，这一状态在模型中表现为或实或虚[见福斯卡里别墅（Villa Foscari）]。“空”的标识——线框体量——同时还用来标示某一局部（即“虚拟”元素）的“缺席”或“踪迹”。

在模型中，根据C（即中央）体量的处理方式，也对图形化的“实”（figural solid）和图形化的“空”（figural void）做了区分。图形化的“实”（即当体量由空间定义时）以实心体块的形式呈现，而图形化的“空”（即当体量由墙体填充定义时）则呈现为敞开的体量，在模型中表现为垂直拉伸而成的墙体（extruded wall）。有的空间在概念上被视为是“不活跃”的，它们不用体量来表述，而只用浅浮雕标记出来。最后，某些空间被认为是中性的，也就是说，它们既不“活跃”，也不“被动”，但又比“不活跃”的空间更为重要；它们或许能够辅助定义某些内部布局，但本身又并不产生任何正负含义。这些空间被表现为简单的拉伸体量或线框体量，并对应不同的颜色和类型（A、B或C）。

这种语言，或者说“模型语法”（modeling grammar）（图0.5），在每个项目的分析中都得到了运用。通过颜色的使用，以及将空间的表现形式限于“实”或“虚”两种（而不是平添诸多不同的颜色或材质作为代码），这些模型显示了帕拉第奥作品中的内在复杂性，同时避免了将它们简化为——或付之于——纯粹的几何关系。虽然每个别墅都是由同样的几个部分组成的，但它们的构成方式——也就是它们的句法规则（syntactic rules）却各不相同，因此每一个别墅都是帕拉第奥作品的独特范例，而不是一系列理想别墅变体中的一个。虽然模型侧重于对最主要的一种解读作分析，但它们还会在图所能表达的范围以外铭写或暗示第二层和第三层的解读。通过将概念上的“活跃”和“被动”表达为实物中的实和虚，这些模型在某种程度上展示了在单个平面或建筑对象中解读多重空间状态的可能性。换言之，这些模型并不是A、B、C三种标识之间各种可能组合的简单再现；它们本身就是空间命题（spatial propositions）。

本书中的20个项目被分为三大类。值得注意的是，与《建筑四书》中一样，这些别墅没有按照时间顺序、赞助人或地点排列。它们是按照类型排列的，以此演示由最“理想”的别墅（从圆厅别墅开始）到最“虚拟”的别墅[圣索菲亚的萨雷戈别墅（Villa Sarego at Santa Sophia），其构成部分的消散和解体最为极致]的一系列转变过程。这三大类是：1）古典别墅：综合论危机的迫近（The Classical Villas：The Impending Crisis of

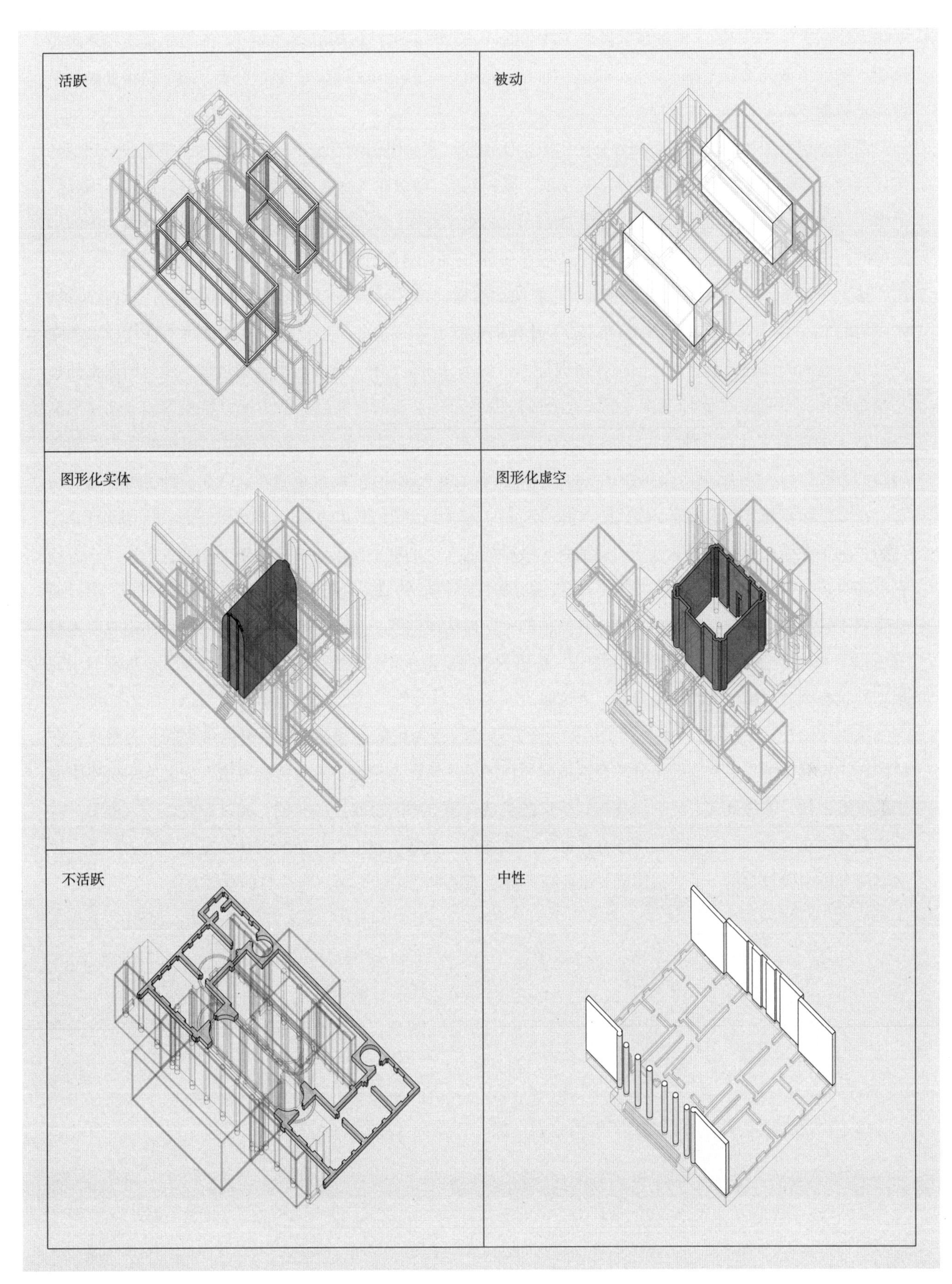

图 0.5　“模型语法”的图解

Synthesis）；2）谷仓项目：向景观的延伸（The Barchessa Projects：Extensions into the Landscape）；3）虚拟别墅：别墅类型的消散（The Virtual Villa：The Dissipation of the Villa Type）。通过分类，可以认识到帕拉第奥作品中重要的批判性发展过程。

前七个别墅主要由不带花园和谷仓的别墅主体构成。这一组别墅涵盖了从外部对称、带有四个门廊的圆厅别墅，到科尔纳罗别墅（Villa Cornaro）的一系列案例，并以非常微妙的方式暗示了后续项目中“解体”的潜力。例如，瓦尔马拉纳别墅的正面柱廊暗示了谷仓的存在，又例如，科尔纳罗别墅是对建筑主体向外延伸的初步尝试，这些通通指向了第一个“谷仓项目”——马孔坦塔（Malcontenta）。

接下来的七个别墅由马孔坦塔开始。它被锚固在横向的花园墙之间，不具备真正的谷仓。在埃莫别墅（Villa Emo）、波亚纳别墅（Villa Poiana）及泽诺别墅（Villa Zeno）中，这些花园墙进而演化成了清晰完整的谷仓和附属建筑物；而在安加拉诺别墅（Villa Angarano）中，将前院像罗马浴场一样封闭起来的这一简单举措，为别墅主体与谷仓乃至景观之间的关系开辟了新的可能性。一方面，特里西诺别墅（Villa Trissino）的建筑主体在一种较为复杂的层面上让人回想起圆厅别墅中那种条带式的（striated）、带有四个门廊的布局；另一方面，其门廊和谷仓中的平台和拱廊的复合运用将“向景观中外延”这一理念推向了极致。

在第三组别墅中，从提耶内别墅（Villa Thiene）和戈迪别墅（Villa Godi）这两个最早的“虚拟别墅”开始，别墅主体与谷仓的关系近乎完全消解。最后的这六个别墅不仅仅是别墅与谷仓相结合的设计，而且它们还见证了别墅主体向别墅“残迹”的缓慢分解或解体。例如，在巴巴罗别墅（Villa Barbaro）中，谷仓凌驾于别墅本体之上，且谷仓自身以其简洁的十字形构成回溯了马孔坦塔的形制。最终，在雷佩塔别墅（Villa Repeta）和圣索菲亚的萨雷戈别墅中，别墅主体完全消失，只剩下“虚拟”别墅。至此，从看似“理想”的状态到“虚拟”的状态完成了一个轮回。

接下来的20个案例分析将以前文中的历史及理论讨论为框架，详述本书中最为重要的一个观点，即试图在帕拉第奥的作品中探明某种综合性或同质性的单一解读本是近乎不可能的事情，加之这一做法所带来的重重误解，若循此道，只会弱化帕拉第奥的成就在历史中的重要性。相反，帕拉第奥在今日依旧具有一如既往的重要意义，这应当归因于其作品中涉及先例、类型以及深度分析的精妙和复杂之处。同时，后文案例分析中所包含的一系列精读既关乎帕拉第奥，也关乎“精读”本身于今日的重要性。

第一部分

古典别墅：综合论危机的迫近

The Classical Villas：The Impending Crisis of Synthesis

圆厅别墅

1566 年

坐落在维琴察郊外的阿尔梅里科别墅（Villa Almerico）又称“圆厅别墅”（图 1.1），因其四个门廊和双向对称的外观而被视为帕拉第奥别墅中最“理想”的一个。它也是在大众层面最为人熟知的别墅，因此被认为是“最容易”理解的。这些易懂的外部特质掩盖了这样一个事实——室内是由两种不同的策略组织的，与外部的关系微乎其微。第一种是沿着主轴线的空间分层；第二种与前者互补，创造出一种与横轴平行的空间纹理。这些轴线甚至宽度不一，在转换空间内创造出不连续的尺度。

图 1.1　圆厅别墅的分析模型

第 1 章

圆厅别墅，维琴察，1566 年

Villa Rotonda，Vicenza

阿尔梅里科·卡普拉别墅（Villa Almerico Capra），又称“圆厅别墅”，是“古典别墅：综合论危机的迫近”系列中的第一个项目。本系列以对门廊（一种从希腊异教神庙传承至罗马公共建筑的乡土元素）的含义及象征的挪用（appropriation）和解构（deconstruction）为起点（图 1.2）。帕拉第奥对罗马万神庙有过深入研究，他本人所绘的万神庙图稿与前述象征符号的挪用密切相关。在万神庙的门廊中，最重要的元素是八根科林斯式立柱及双重山墙；后者反复出现于帕拉第奥的作品中——从若干别墅到威尼斯的教堂（圣乔治马焦雷教堂和救主堂）。帕拉第奥将门廊作为一种通用的形式构件（generic formal component）来运用，以弱化其作为门脸（frontispiece）的图像价值（iconic value），并强调其体现于各构成部分中的标识性属性（notational properties）。通过剥除万神庙门廊的图像性，帕拉第奥摆脱了古典形制和布置的桎梏，同时为重新诠释柱子、山墙以及它们的位置所具有的建筑上的可能性开辟了空间。

万神庙门廊与圆厅别墅门廊之间的关系体现了帕拉第奥如何将建筑元素转化为标识符号（notational signs）以及这些符号在创造异质空间状态中起到了怎样的作用。例如，万神庙的下方山墙大小与圆厅别墅中的山墙大小相似（图 1.3）；但是，圆厅别墅的门廊由六根多立克式立柱而非八根科林斯式立柱构成。因此，立柱的实际尺寸或柱宽并未发生任何转变，而是柱子与柱子之间的空间产生了变化。另一个对先例的微妙改变在门廊与建筑主体量之间的关系中得到了明确体现。在万神庙中，建筑主体上高度较低的束带层（string course）被下移至与柱头底面齐平的位置；而在圆厅别墅中，束带层与额枋（architrave）及山墙的底边齐平。这是另一个重要的帕拉第奥式手法：使束带层横贯建筑主体及门廊，以此否定建筑体块与门廊元素之间古典式的划分和接合。通过这种方式，帕拉第奥操纵一系列静态的、同质的历史关系和比例，进而创造出动态的、异质的空间。在帕拉第奥的所有项目中，仅圆厅别墅一例具有四个与万神庙门廊尺度和尺寸有所相关的门廊，因此可以确认万神庙即圆厅别墅的先例。以这一先例为参照的同时，帕拉第奥重组了一系列局部——柱和山墙，它们在对齐与错位之间来回转换，最终强调了别墅形制的不稳定性。

分析模型

圆厅别墅的分析模型揭示了帕拉第奥所绘制的内容与通常认为存在于平面中的内容之间的重要差异。在这第一个项目中，若干模型技巧帮助建立起前文所说的“模型语法”（见“导言”），这些手法在后续模型中均清晰可见。例如，虽然圆厅别墅的四个门廊大小相同，所有构成部分（台阶、柱、山墙等）也都一样，但它们被表现为两种不同的形式。在概念上，前后门廊的台阶被认为是不活跃的，因此在物理层面上它们

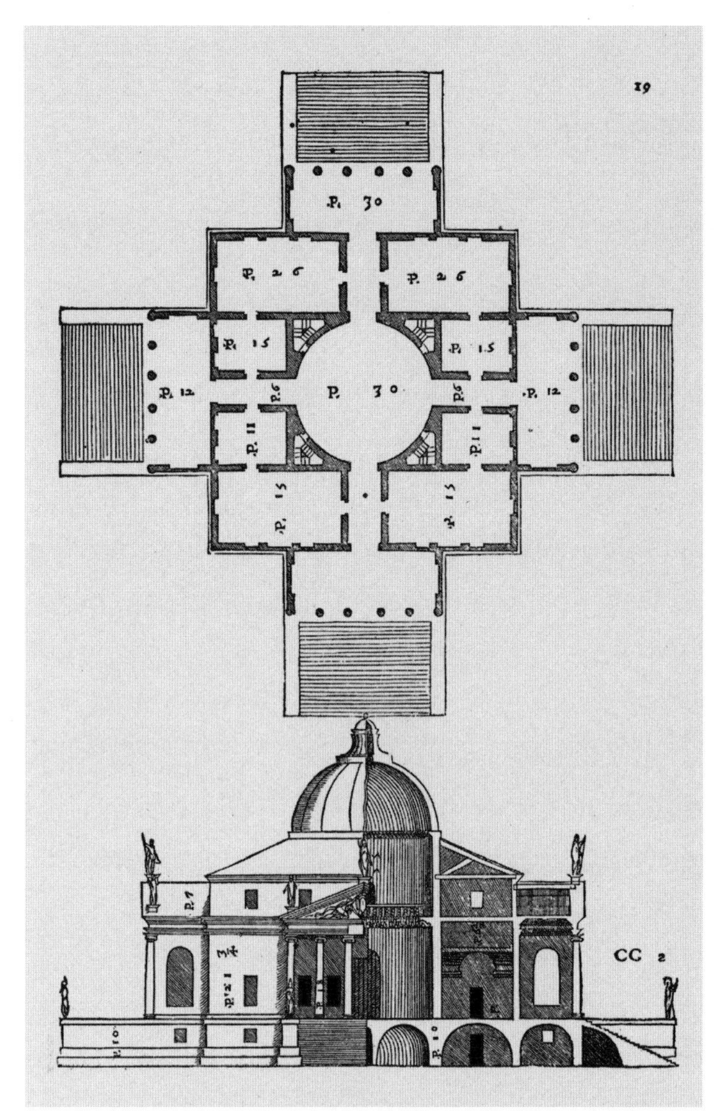

图 1.3
万神庙立面和圆厅别墅立面相叠加

图 1.2
帕拉第奥，圆厅别墅的平面图和立面图，《建筑四书》，1570 年

被直白地表示为实心物体。门廊本身被遮盖的部分表示为实心白色 A 体量，它们紧贴灰色 B 体量，即中央鼓形大厅（drum）两侧的第一个内部过渡开间。实心 A 体量构成了从前至后的五段式 ABCBA 布局中的第一层。另一方面，两个侧门廊中的台阶被表示为白色线框 A 体量，示意它们在概念上是中性的，即它们不算作内部布局的一部分。侧门廊本身没有任何体量上的表述；它们在概念上是不活跃的，并被用于区分两侧的台阶和别墅主体。在模型中，平面的内部布局被同时表示为三段式和五段式。主要的体量——前后两个灰色 B 过渡开间以及黑色 C 中央鼓形大厅——构成了总平面上的 BCB 内部层级。C 空间周围的两个较次要开间被表示为灰色线框 B 体量；在看似简单的平面中，它们强调了空间层叠中的内部复杂性。最后，中央空间的十字形图形体现为黑色实心体量从中央向四个门廊的延伸。

几何图解

将圆厅别墅作一次几何抽象化，得到的是一个叠加于轴对称十字形上的单一正方形，它将别墅主体（至其外墙的外缘）及四个门廊考虑在内（图 1.4）。再次抽象化之后，由门廊定义的大十字形被替换为由中央鼓形大厅及与其相邻的过道构成的十字形图形（图 1.5）。第三个图解建立起从一个门廊至另一个门廊之间的双正方形比例关系。由于总平面是对称的，这一图解同时表现了从一侧至另一侧（即横向）和从前至后的两组尺寸（图 1.6）。在接下来的几个图解中，最初的正方形向前后位移，以便与建筑内部若干边缘对齐。比如，在第四个圆厅别墅的图解中，两正方形分别向前后位移一个内部开间的距离并与一边对齐，此时虽然别墅看似对称，但存在细微的错位（图 1.7）。在第五个图解中，中央正方形移至两个新的位置，其边缘与狭窄的中央横向过道对齐，这一空间由这两个新正方形的重叠区域所定义。在第六个图解中，两正方形之间的距离被拉开，新的间距等于横向开口 [即过道] 的宽度（图 1.8，图 1.9）。在这两种情况中，发生滑移的正方形看似具有几何规整性，但其外侧边缘并不与门廊台阶外缘对齐。这种错位意味着，狭窄过道并非被简单地从别墅主体块中切去（虽然它的实际状态确是如此），而是相对于门廊的空间维度而言，成为一个兼具压力和张力的空间。

当我们调整发生滑移的正方形，使它们与门廊台阶外缘对齐，便会出现另外两种前后矛盾之处。滑移的程度定义了两横向过道墙体的中线（而非边缘）以及别墅外墙内缘（而非外缘）（图 1.10）。当把滑移正方形的同种手法运用于横向轴线上时，正方形的边与门廊台阶以及墙体内缘对齐，两正方形之间的距离等于纵向过道的净宽，这显示了横向与纵向过道之间的不对称性——虽然它们相对于中央部分和门廊而言是看似对称的（图 1.11）。当相同大小的两个正方形分别与两侧的门廊立柱对齐，两正方形相叠区域划定了前后门廊开间的宽度（图 1.12）。当与门廊开间等宽的正方形在横轴和纵轴上铺展开来时，它们再一次描述了横向与纵向开口（即过道）宽度之间的差异，不过这些正方形中几乎不存在其他对齐的情况（图 1.13，图 1.14）。

理想图解与虚拟图解

基于其四个门廊和双轴对称的外观，圆厅别墅经常被认为是帕拉第奥别墅中最为“理想”的一个。它也是最为大众所熟知的，因此被认为是“最容易”理解的。但是这些显而易见的外部特征掩盖了一个事实：建筑内部是通过两种不同的手段组织起来的，它们与建筑外部几乎没有关联。第一种是跨越纵向主轴的空间层叠。第二种与之相对应，它生成的是平行于横轴的空间纹理。从前后门廊到中央空间的衔接部分比两侧门廊 [到中央空间] 的类似衔接部分略宽。虽然圆厅别墅通常被认为是双向对称（bilateral symmetry）的典范，但“理想”图解的其中一种可能的表述形式强化了从前至后的层叠式解读。相关的虚拟图解更阐明了圆厅别墅的微妙之处：占主导地位的中央图形 C 连同其通向门廊的延伸部分与前后两个过渡空间 B 略有重叠（图 1.15）。另一个虚拟图解优先考虑横向解读；在这个图解中，过渡空间及中央图形更具主导性（图 1.16）。这两个图解共同演示了“圆厅别墅的平面为双向对称”这一假设的问题所在。

最初可将圆厅别墅的平面解读为一个位于正方形设计方针（parti）中的十字形，它与一个位于正方形布局中的圆形相叠合。别墅看似具有一个常规的四宫格布局，但事实上它并非属于四宫格别墅类型。四个相同的门廊暗示了四宫格的存在——尽管它们在宽度和比例上与内部房间及中央鼓形大厅几乎没有任何关联。但是，在前门廊与中央鼓形大厅之间的过渡开间的表述中存在与纯粹类型的偏差。建筑两侧壁龛与门道之间的关系确立了次级横向轴线或纹理——又或者说空间切片，它垂直于纵向主轴（图 1.17）。从这个意义上讲，此建筑并非只是一系列相互穿插的体量——十字形、圆形、穹顶或正方形——而是一系列相邻

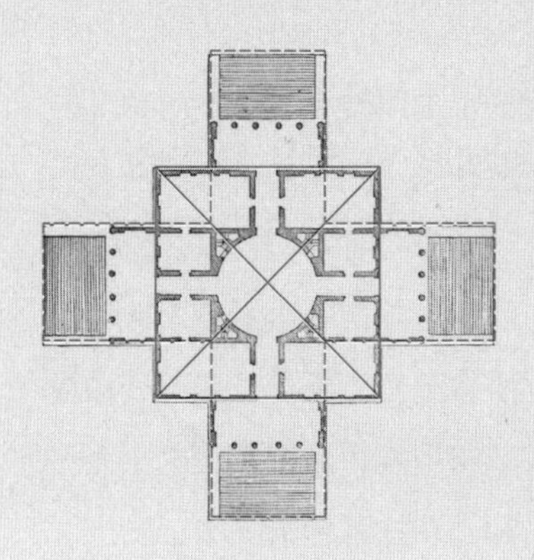

图 1.4　圆厅别墅的几何图解。单一正方形叠加于轴对称十字形上

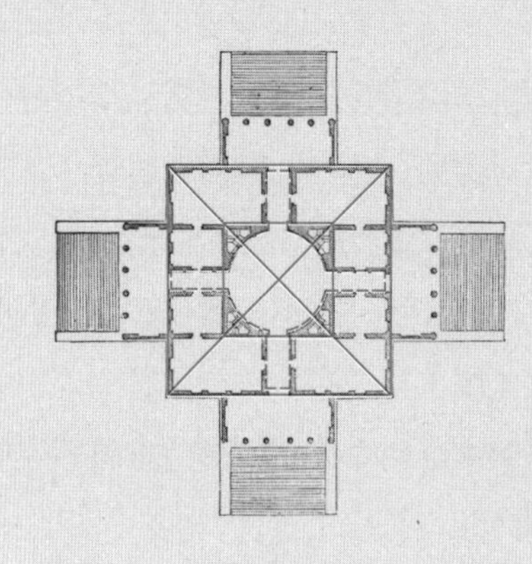

图 1.5　圆厅别墅的几何图解。由门廊定义的大十字形被替换为由中央鼓形大厅及与其相邻的过道构成的十字形图形

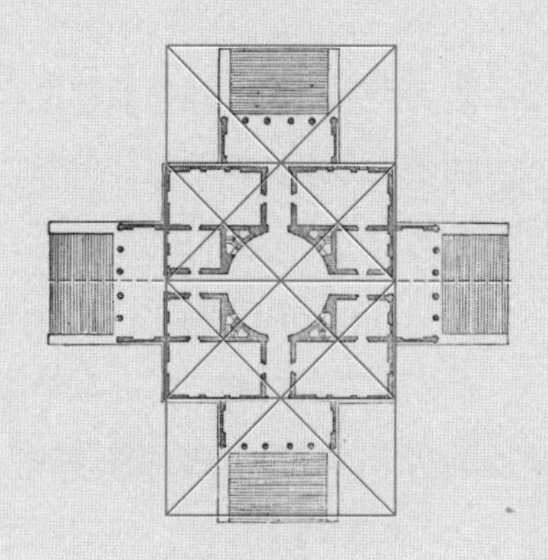

图 1.6　圆厅别墅的几何图解。从一个门廊至另一个门廊之间的双正方形比例关系

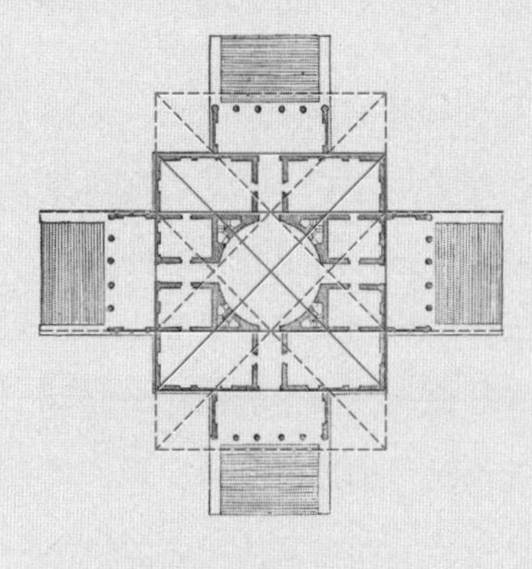

图 1.7　圆厅别墅的几何图解。正方形向前后位移，揭示平面中的细微错位

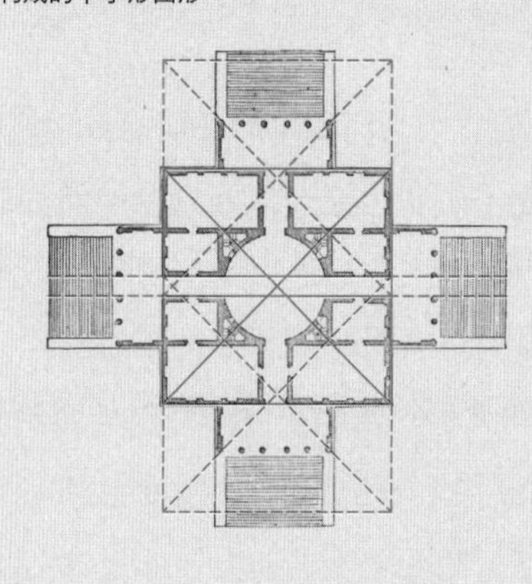

图 1.8　圆厅别墅的几何图解。两正方形定义中央过道

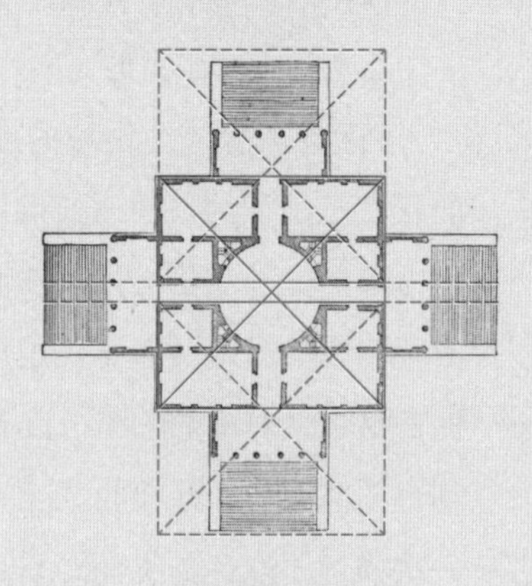

图 1.9　圆厅别墅的几何图解。两正方形之间的距离被拉开，新的间距等于横向开口的宽度

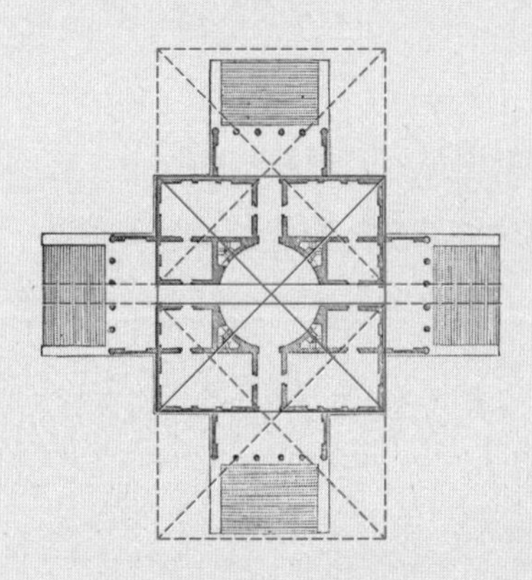

图 1.10　圆厅别墅的几何图解。滑移的矩形定义了两横向过道墙体的中线而非边缘

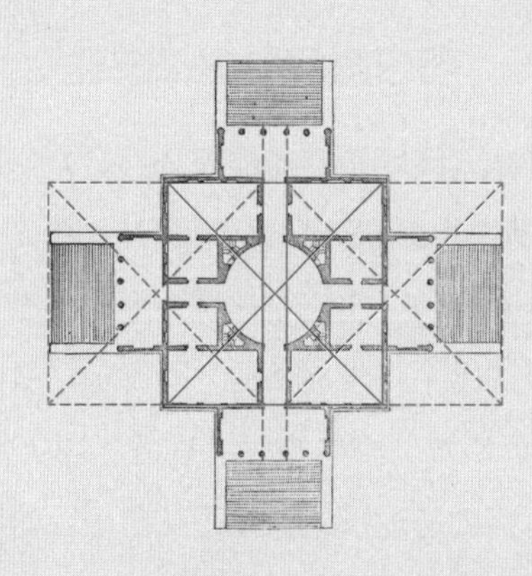

图 1.11　圆厅别墅的几何图解。两正方形之间的距离等于纵向过道的净宽

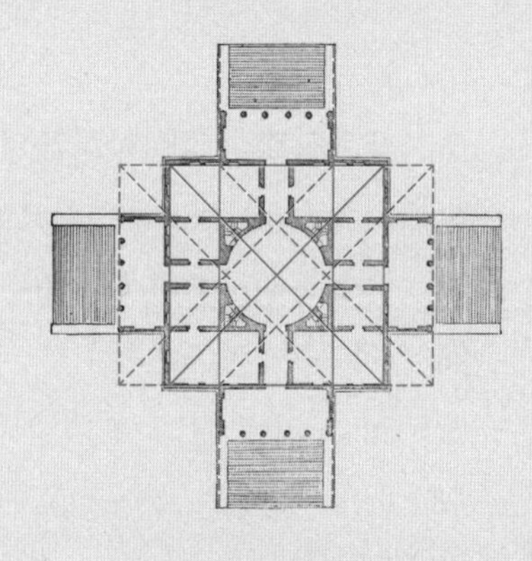

图 1.12　圆厅别墅的几何图解。两正方形相叠区域划定了前后门廊开间的宽度

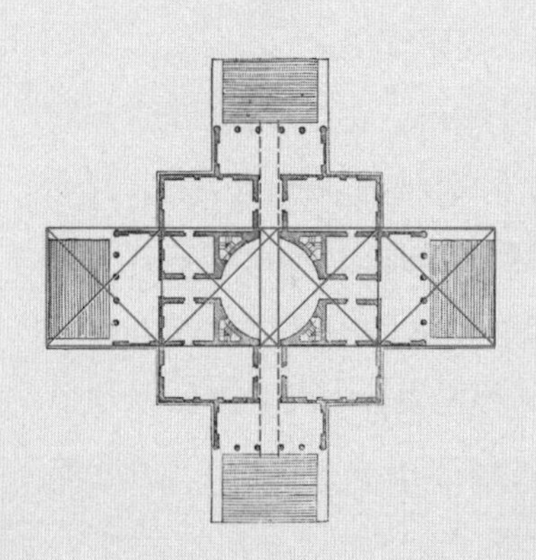

图 1.13　圆厅别墅的几何图解。从一侧至另一侧铺展开来的正方形描述了中央纵向开口的宽

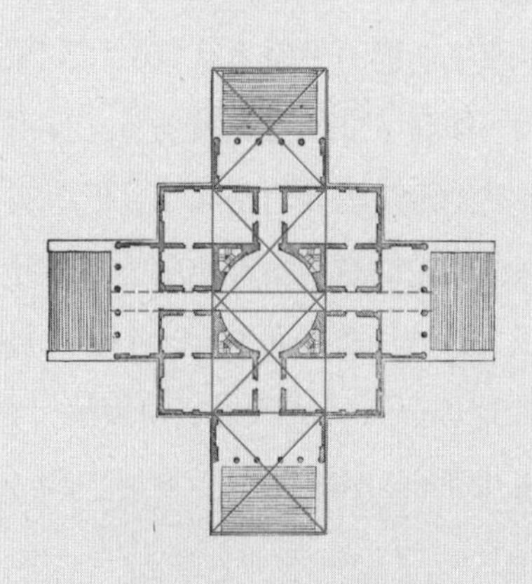

图 1.14　圆厅别墅的几何图解。从前至后铺展开来的正方形描述了中央横向开口的宽

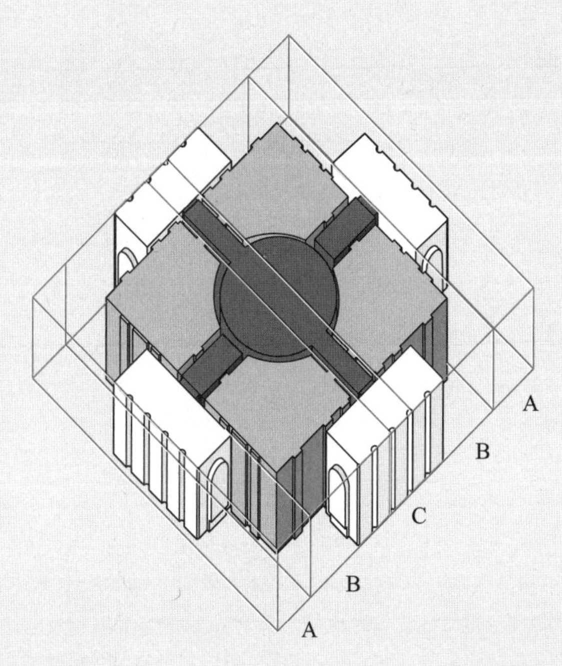

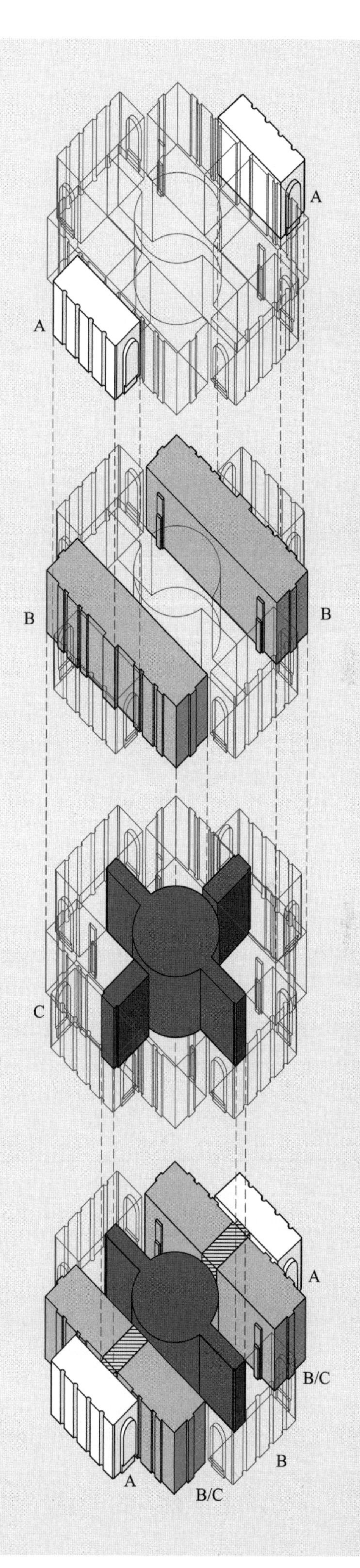

图 1.15　**圆厅别墅的理想图解和虚拟图解。从前至后的空间层叠**

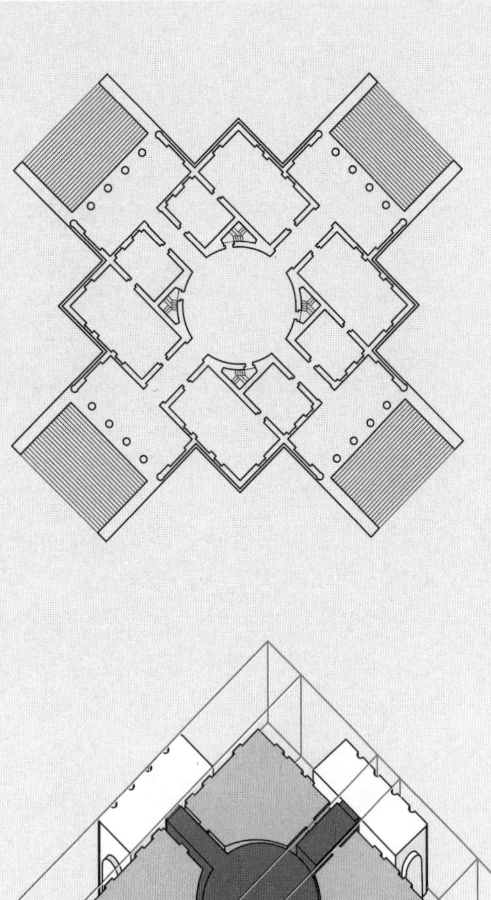

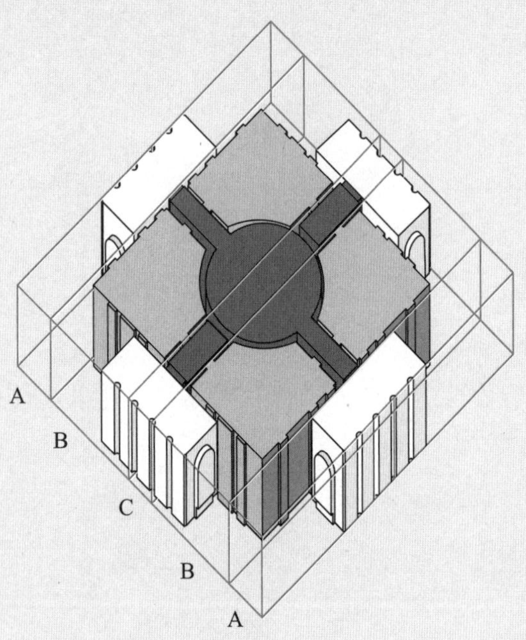

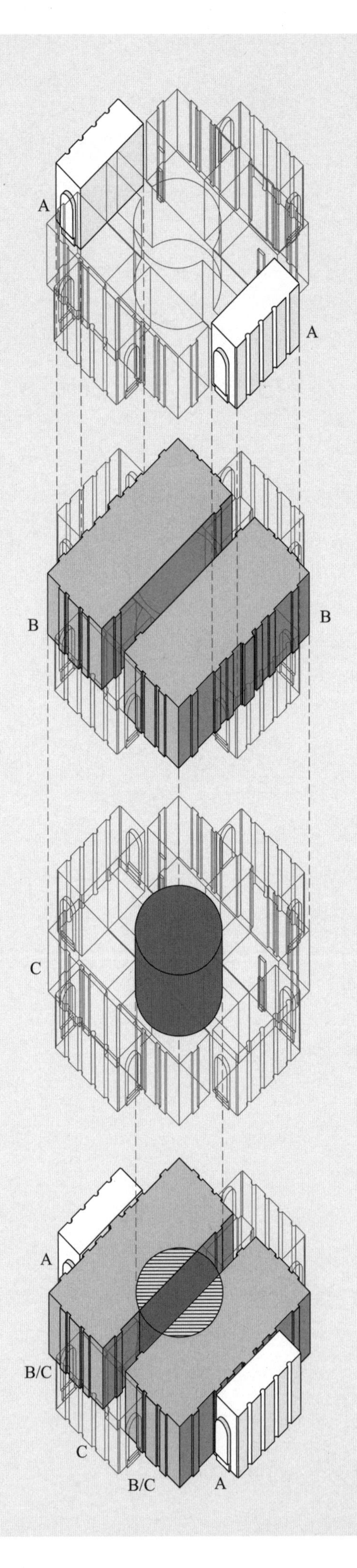

图 1.16　圆厅别墅的理想图解和虚拟图解。从一侧至另一侧的空间层叠

的横向层块。

前后门廊与两侧门廊之间最首要的区别就是它们与中央鼓形大厅之间不同的衔接方式。可以通过两种方式来解读这一关系。首先，前后门廊看似位于正方形别墅主体量之外，而两侧门廊却看似嵌入一个与中央鼓形大厅等宽的横向内部体量之中（图 1.18）。也就是说，尽管前后门廊实际上是绕中央鼓形大厅对称的，但是相对于整体布局而言，它们可以被解读为附加要素（additive elements）；而相对于横向主轴的隐含内部连续性而言，两侧门廊则可被解读为减除要素（subtractive elements）。

其次，前后衔接部分宽于左右衔接部分，但是由于中央鼓形大厅的“颈口”（neck）墙壁处设有壁柱，因此从中央鼓形大厅的内部望去，两个衔接部分看似是等宽的（图 1.19）。这便在横轴（无壁柱）的隐含空间连续性以及从前门廊经过过渡空间至中央鼓形大厅的递进中所隐含的不连续性之间产生了干扰，这一状态在中央鼓形大厅以及相邻过道在理想图解中的表现方式中显而易见。这一过渡空间的表述方式将横轴与纵轴区分开来。这是最重要的帕拉第奥式状态之一：在看似对称的布局中存在虚拟的不对称的可能性。这一状态造成了关于门廊与内部空间之间关系的整体不稳定性，并清楚地描绘了帕拉第奥计划中概念与功能之间的差异。纵轴上四组附加的壁柱几乎不具有任何结构、设计任务或象征上的功能，但是横轴上这一细节的缺失使得我们开始理解，在外部双轴向四宫格对称性的框架内，别墅是分层的（layered）、差异化的（differentiated），或者说，是解体（disaggregated）的。

虽然圆厅别墅也可以被归类为九宫格平面（图 1.20），但是建筑内部却并非对称，而是跨主轴呈分层状。经过门廊大门（帕拉第奥所绘图中靠下方的入口）时，A、B、C 发生挤压。造成分层的正是如同垫圈（gasket）一般的 B 空间。它一方面沿主轴方向受到拉伸，另一方面在垂直于横轴的方向上受到挤压。这一安排揭示了中央 C 开间中包含的两个层块。中央空间两侧的空间并不完全相同且并非正方空间，若别墅果真是双向对称就不应该如此。沿横轴方向排列的房间看上去像是受到了挤压或是被扁平化。这些次级空间被转至水平方向，从而使得一系列层块从外部看去像是对称的（这是基于四个门廊在正方形平面中的排列方式），但内部其实并不对称。中央横轴上的房间与第一层房间的比例相似，但实际上前者进深较浅。若从平面内部解读，这种挤压使得十字形布局既不稳定又不对称，虽然从外部看去它是稳定和对称的。这种不稳定性是由于十字形图形相对于外部而言是对称的，但与此同时相对于内部而言又是不对称的。因此，其理想状态和虚拟状态是同时保持活跃的。

分层平面图解带来了另一种解读，为建筑赋予了全新意义。如果由侧面进入圆厅别墅，入口轴线将会与横向层块或者说建筑纹理相平行，而不是与之相逆。当观察主体（subject）横跨纹理进入建筑时，由于这一朝向的缘故，将能体验到贯穿空间的递进，并能对距离和维度有所理解；而如果动势是顺着纹理的，那么就会较难获得这种体验。圆厅别墅被认为是非常简单明了的，但它明确包含了介于以下二者之间的双重解读：其一是表述清晰（articulated）的古典柱式所代表的外部中立性；其二是内部的空间挤压、一种与理想类型的脱节（disarticulation）。

从别墅外部望去，第一层房间的侧窗看似位于门廊两侧边缘空间的中部。然而从内部望去，很明显这个窗户实际上偏向一个三段式构成的一侧——这个三段式构成包含了壁龛和窗户，以房间的中线对称。这一内部构成与别墅外部或下一层房间几乎没有关联（图 1.21）。仅有一条横向轴线贯穿第一组内室，内室中没有其他填充空间（poché）的表述，因此横向层块的解读占据主导地位。与这种横向解读相对立的是

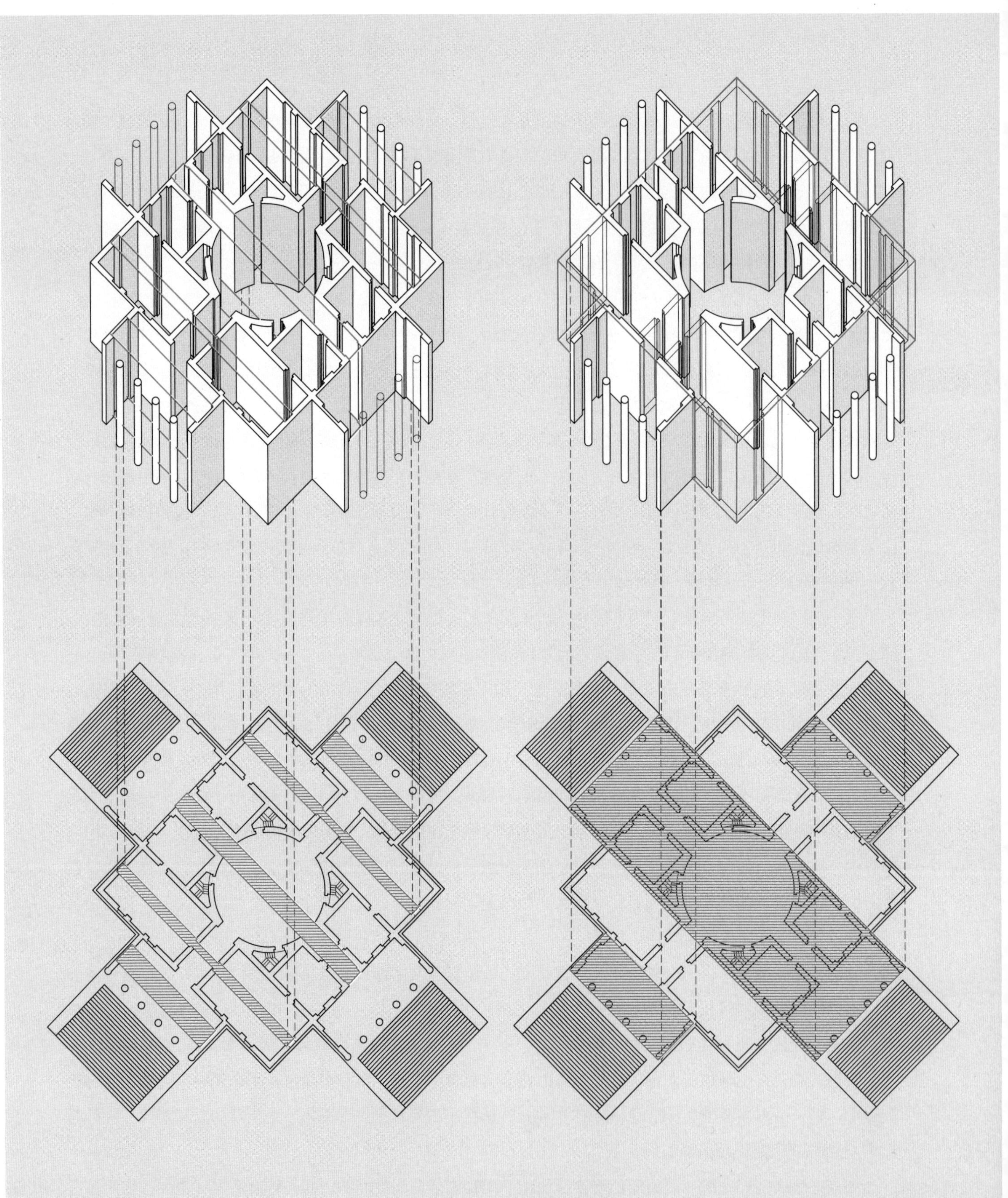

图 1.17　圆厅别墅的图解。连续的横向层

图 1.18　圆厅别墅的图解。前后门廊看似位于正方形别墅主体量之外，而两侧门廊却看似嵌入内部体量之中

图 1.19 **圆厅别墅的图解。前后衔接部分宽于左右衔接部分，扁平壁柱的添加使得二者等宽**

图 1.20 **圆厅别墅的图解。九宫格平面**

一系列弱化的（blunted）轴线，它们垂直于上述主导横轴。这些轴线包括：一条从前至后贯穿别墅的主轴，以及另外两条较短的轴线。这两条轴线是三段式填充空间布局的一部分，它们是房间中的对称轴，与连续的纵轴相错开。值得注意的是，帕拉第奥别墅中只存在不包含实际走廊（literal corridors）的隐含轴线，它们暗含于房间与房间之间的串联式邻接关系（en suite adjacencies）当中。短轴是通过填充空间内部壁龛的布置来定义的。构成别墅四个“象限”（quadrants）的房间并非整体中的局部，它们仅仅暗示一个中央空间的存在，而没有直白地将其定义为一个封闭的房间。这一状态将重现于塔宫之中；通常来说围合是由填充空间以某种方式整合起来的，但在塔宫中，围合实际上却并不是通过任何填充空间的连接而达成的。

另外值得注意的是，造成平面中出现条带（striation）的原因是填充空间，这使得中央鼓形大厅得以完全对称。因此，中央部分不再能够被解读为任何层块的一部分。对称性的解读和分层的消失都在中央部分得到重现。建筑的外部状态（伯拉孟特式的理想十字形）正如其内部状态（伯鲁乃列斯基式的理想穹顶）一般，皆看似对称。存在于这两种状态之间的便可被称为帕拉第奥的“间隙”空间（intersitial space），它被叠加于一组朝向正面的横向层块之上。从某种意义上说，圆厅别墅跟“圆内十字形”（cruciform in the circle）的理想性是相关的。只有通过分层，这种状态才得以与集中式别墅类型中的理想概念区分开来。虽然圆厅别墅可以被视作最为理想的帕拉第奥别墅之一，但一系列微妙的状态开始使得别墅偏离一切理想状态（图 1.22）。

这种情况在立面和剖面中尤为明显。除了带山墙的门廊，侧窗看上去也位于空白外墙的中央，而不是被推至边缘——虽然在建筑内部，窗口被设置在房间中央壁龛的一侧。窗口在立面上的居中处理加强了别墅的对称概念，但也造成了门廊与别墅内部壁龛及开洞排齐方式之间产生尴尬的关系。同样，底层小窗和阁楼窗户的尺寸强化了二者之间的空间中所隐含的空白感。所谓的理想形式或局部与整体的关系，以及建筑与这种理想状态的脱节，这二者之间的差异正是帕拉第奥计划的关键所在。压力、挤压、张力及拉伸等状态帮助定义了帕拉第奥作品中的“虚拟”概念，正是在这种虚拟性中，活跃空间的异质潜能得以显现。

图 1.21　**圆厅别墅的图解。窗、壁龛及门的布置所体现的内外之间的断裂**

图 1.22　**圆厅别墅的图解。不在其中的墙体对内部布局的影响**

塔宫

1555 年

维罗纳塔宫（图 2.1）的填充可能是所有帕拉第奥别墅中概念上最为活跃的。以背立面为例，用填充来标明一个虚拟的门廊尚属首次。与其说是压入建筑，倒不如说是一种翻转；填充被由内向外翻转出来。某种程度上说，留在外面的是六根柱子的虚部，门廊通常由它们构成。塔宫有着与圆厅别墅类似的双向对称，前后之间的割裂还有外部体量向中心方向的压入与庭院中的八根柱子创造出一种反转关系。

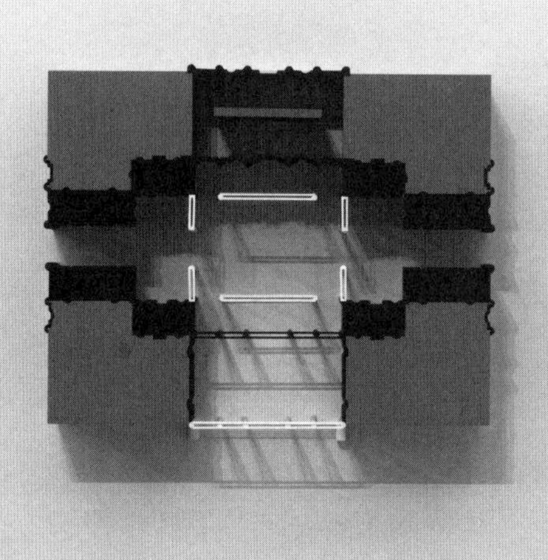

图 2.1 塔宫的分析模型

第 2 章

塔宫，维罗纳，1555 年

Palazzo della Torre，Verona

“古典别墅”系列中的第二个别墅是为维罗纳城设计却终未建成的宫殿项目——塔宫。正如圆厅别墅，塔宫也是帕拉第奥最为古典的项目之一，其特征在于建筑师对他从罗马万神庙中汲取的古典希腊元素——门廊的运用。帕拉第奥在别墅中将门廊的概念从神圣的公共建筑中一个可变的符号转化为了世俗的私人住宅的一个构成部分。如此一来，门廊的图像性价值被颠覆了，转而变成一种标识。因其具有各式各样的尺寸、位置和比例，门廊成为帕拉第奥语汇（lexicon）中重要的一部分。自帕拉第奥以后，门廊作为一种组织原则（organizing principle）可以被视为是对任何“部分 - 整体”统一体（part-to-whole totality）的增补，因为它已然失去了其传统的图像性价值。类似地，帕拉第奥在其辑录的建筑中有意违背了传统的尺寸标注定式，未在《建筑四书》中使用任何具体的比例尺；他在图中标注的“尺寸”实际上是没有数值的标识。平面和立面图都是根据书本页面的大小而绘制的。这有助于阅读例如万神庙和帕拉第奥立面之间的尺度关系。二者之间共通的元素是科林斯柱式的比例，也就是说，即便柱子本身尺寸不同，柱头与柱身、柱础以及柱宽之间的比例总保持不变。

我们可以从一系列为帕拉第奥所知的先例以及他本人的别墅设计中来追溯塔宫中心化的四分设计方针的渊源。而与其最为相似的还属圆厅别墅，因为两者在外部都有四个古典式门廊，在内部则具有条带式空间的差异化布局。古典文艺复兴建筑中，从伯拉孟特的坦比哀多礼拜堂以及他于 16 世纪 20 年代设计的圣彼得大教堂，到帕拉第奥圆厅别墅的集中式平面（其集中式布局不同于前两者），再到塔宫，最后再到 16 世纪 60 年代圣索菲亚的萨雷戈别墅，都体现了中央圆厅空间的消解。因此，集中式平面的概念构思在四十年间发生了根本性的改变，从“局部 - 整体”的稳定布局转变为另一种格局，即局部几乎不再聚拢成一个清晰可辨的整体。相较之下，现代主义的四十年——从 20 世纪 10 年代至 50 年代，又或是从 1955 年到 1995 年这段时间内，构成某些现代类型的关系几乎不曾发生过什么大的改变。在这一背景下，很有意思的一点就是，对集中式平面的偏离是建筑学中最早期的“激进化”之一步，因为它削弱了维特鲁威提出的实际结构与图像性结构之间以及符号与其所指（the sign and its signified）之间传统的综合论关系。它是建筑语言中最早出现的、有意识的概念性“销蚀”（erosions）的一种。这种销蚀去除了常规化的图像性预期，取而代之的是留下一种物质的、类型学上的存在，它不再具有阿尔伯蒂式先例中的同质空间布局，也不再承载其古典前身中的含义。从这种“零状态”（zero-state）中便诞生出一种新的类型，而它则有可能创造出含义（meaning）。在帕拉第奥的作品中，门廊成了古典建筑语言消解的符号。

一旦被“销蚀”或消解了，符号与所指之间的关系就变得愈发不稳定。作为能指的建筑元素的不稳定性激活了塔宫与圆厅别墅之间的差异。虽然塔宫在名义上拥有四个门廊或入口空间（正面有一个真正的门廊，背面有一个压入主体的门廊，另外两边各有一个“虚拟”的门廊）以及一个中央庭院，但其空间不仅是条带式的，还是分离的。如帕拉第奥所绘，建筑并没有被完全围合起来，而是表现为由同一别墅分割而成的两个 U 形半边（图 2.2）。相较于其他带有中庭的项目，这两个分开的部分在底层平面图中的表现方式非常特殊。由于帕拉第奥极少绘制侧立面和背立面，因此平面中侧立面［开口处的］标识具体代表什么——是起连接作用的拱门，还是完全的隔断——就难以确切知晓了。

分析模型

上述若干模糊状态在塔宫的模型中得到了综合体现。正面门廊及中央庭院的柱子被表现为线框式的白色体量或平面，属于 A 空间。由于门廊看上去像是被压入了建筑主体，因而建筑内部的柱子可以被视为入口的一部分。位于四角的体量表现为灰色的 B 空间，进一步强调了建筑一分为二的解读。中央庭院 C 表现为一个“图形化的虚空”而不是实心体量。也就是说，它被一层垂直拉伸而成的“表面”包裹起来，这层表面强调了刻画精细的填充部分，它由里及外，好似作了里外翻转。

几何图解

我们可以从建筑平面图本身得出若干包含隐含几何关系的解读。很明显，塔宫的边界形成了一个长方形，因而没有一种理想几何形可以将其完整地包围在内。第一种基于理想形式的解读方式为，一个平面内部的正方形构成了别墅中后部的组织形式，前部和两侧不计入其中（图 2.3）。第二个图解与第一种解读同理，但只考虑到别墅的中前部，后部和两侧开间不计入其中（图 2.4）。第三个图解综合了前两种，形成两个相互叠加的正方形，将别墅的中央部分整个囊括在内（图 2.5）。在第四个图解中，通过平移形成的三个大小相同的正方形界定了建筑的宽，但前后各有部分开间未被纳入其中（图 2.6）。在第五个图解中，两个正方形相互叠加，将前后两个门廊中填充的厚度包含在内；此时［正方形一边］与第一列纵向内墙齐平，两侧的嵌墙柱（engaged columns）不被包含在正方形之内（图 2.7）。一方面，很明显这些精巧的填充部分共同构成了一层连续的围裹面，但另一方面，相对于施加其上的理想化正方几何图形而言，前端与两侧填充之间的关系却是模棱两可的。即使将虚拟对称状态叠加于平面之上，前后也会各有一个隐含的门廊被排除在图解框架之外。因此，没有一种理想的几何图形可以解释平面的实际状态。

与奇耶里卡提宫和瓦尔马拉纳别墅中的情况相似，塔宫中双层楼高的前门廊被“压”入建筑主体。因此，入口空间可以被视为是通过填充部分中的壁龛与中央空间达成连通的。紧接着入口空间的是一个容纳主要建筑流线以及更多填充部分细节的过渡层，其后是中央空间，后部过渡空间，以及另一个 A 空间（此标识“A”乃根据其位置而非功能而定）。这一 A 空间中容有另一个流线元素，即一个尺度宏大的阶梯。大阶梯的方位与中轴线相互垂直，且被设置于一个可能出现后门廊的位置，［这在帕拉第奥的别墅中］只此塔宫一例。

IN VERONA à' portoni detti volgarmente della Brà, ſito notabiliſsimo, il Conte Gio. Battiſta dalla Torre diſegnò già di fare la ſottopoſta fabrica: la quale haurebbe hauuto, e giardino, e tutte quelle parti, che ſi ricercano à luogo commodo, e diletteuole. Le prime ſtanze ſarebbono ſtate in uolto, e ſopra tutte le picciole ui ſarebbono ſtati mezati, à' quali hauerebbono ſeruito le Sale picciole. Le ſeconde ſtanze, cioè quelle di ſopra ſarebbono ſtate in ſolaro. L'altezza della Sala ſarebbe aggiunta fin ſotto il tetto, & al pari del piano della ſoffitta ui ſarebbe ſtato vn corrittore, ò poggiuolo, e dalla loggia, e dalle fineſtre meſſe ne i fianchi haurebbe preſo il lume.

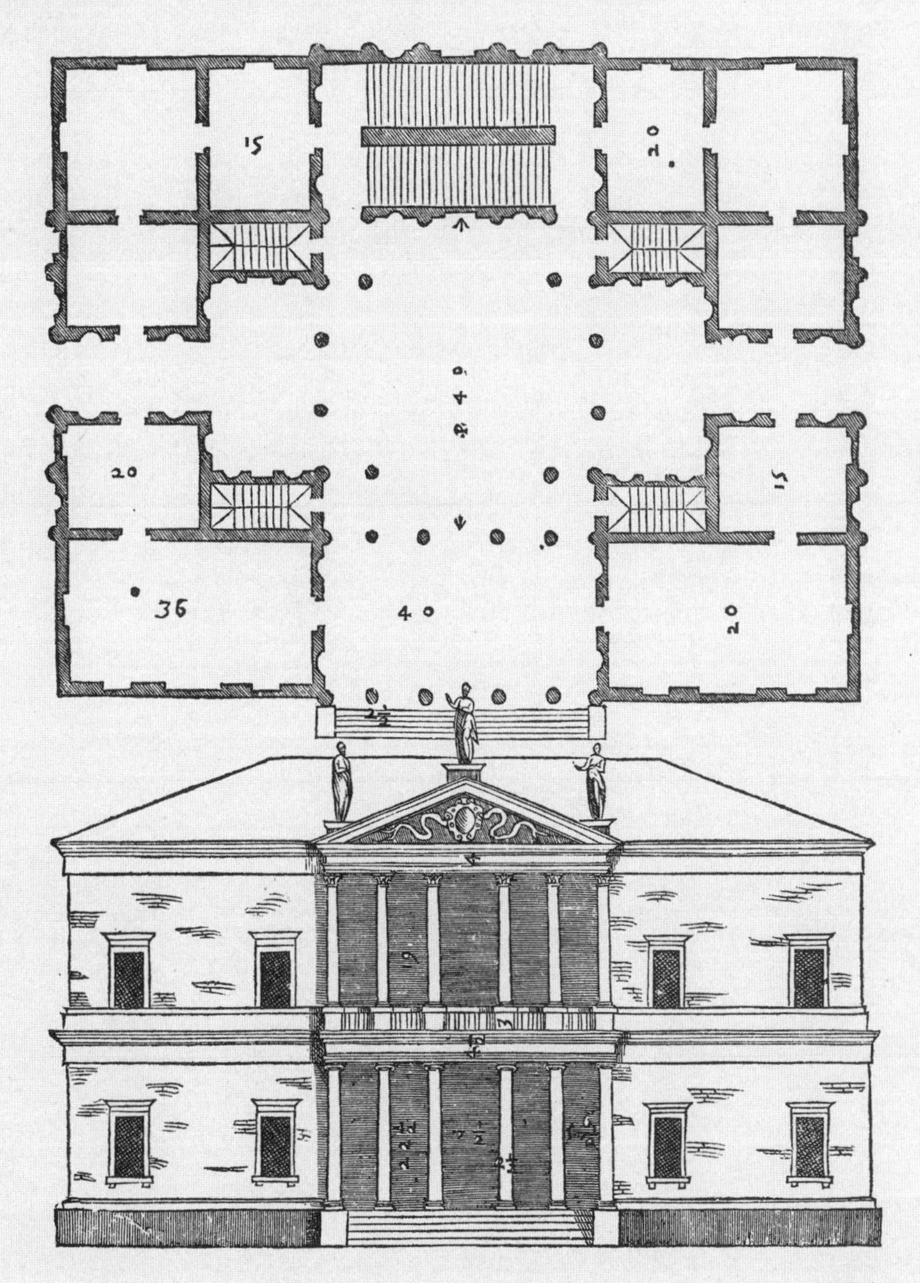

FECI

图 2.2 帕拉第奥，塔宫平面图和立面图，《建筑四书》，1570 年

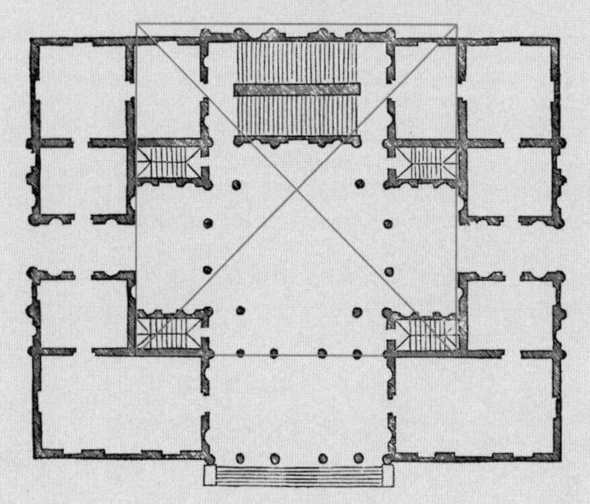

图 2.3　塔宫几何图解。一个正方形组织了别墅的中后部，但前部和两侧不计入其中

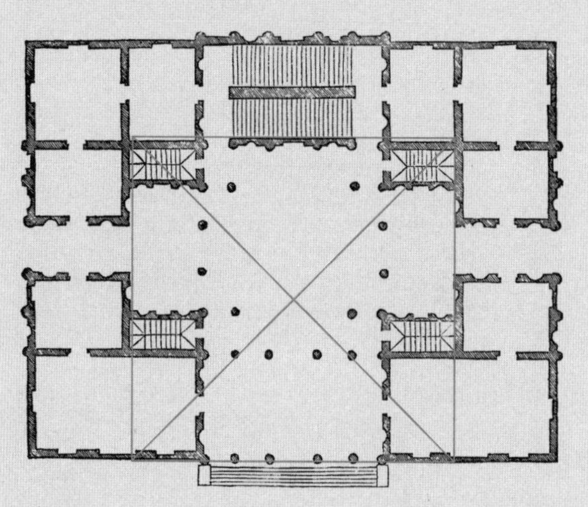

图 2.4　塔宫几何图解。一个正方形组织了别墅的中前部，但后部和两侧不计入其中

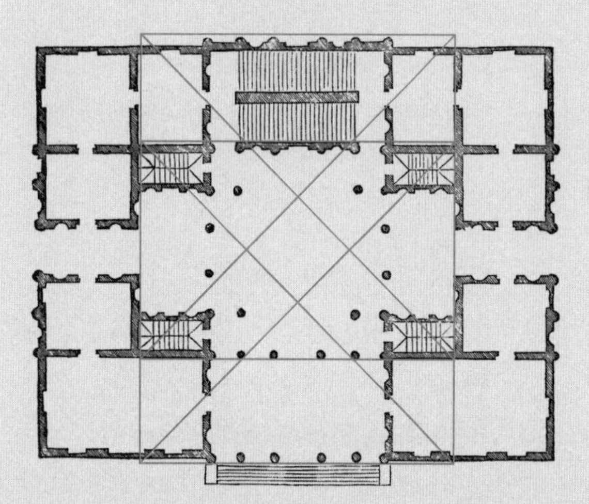

图 2.5　塔宫几何图解。两正方形相叠，定义宫殿的中央部分

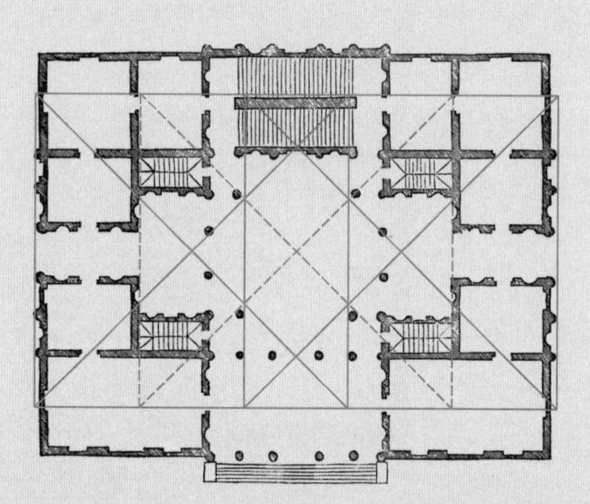

图 2.6　塔宫几何图解。三个正方形定义了建筑的宽，但前后开间各有不计入的部分

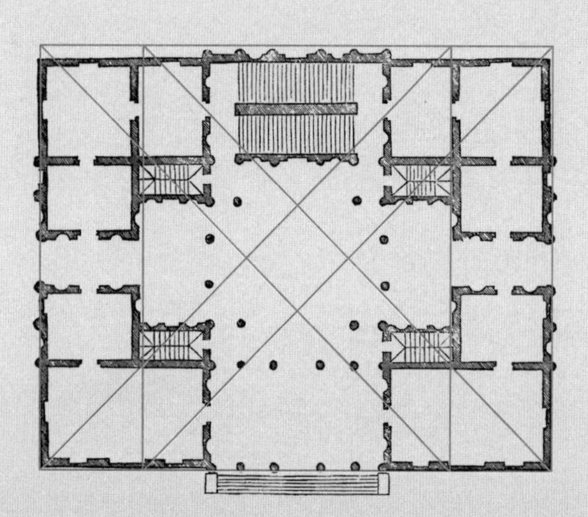

图 2.7　塔宫几何图解。两正方形相叠，将前后而非两侧的填充空间包围在内

理想图解与虚拟图解

如果我们假定中央的虚部为主要的 C 空间，那么不难得出一种可能的理想图解。而虚拟图解虽然较为复杂，亦不外乎一系列叠置（图 2.8，图 2.9）。但不管是哪种图解，都不能体现以下这样一个涉及中部八根柱子排布方式的重要反转。横向两对柱子的柱距较窄，而前后两对柱子的柱距较宽。由于别墅主体的前后两半可被视为中部相连而又相互独立的两个部分，基于它们各自的体量构成，前后两对柱子本应具有更窄的柱距，但实际情况却并非如此。同时，由于别墅的前半部分和后半部分看上去如同是被拉扯开来的，因而横向上的两对柱子也本应被拉扯得更开，然而实际情况也并非如此。因此，该建筑平面的布局包含一对意料之外的、相互抵消的力，它们之间的关系悬而未决（图 2.10）。

四根圆柱（以及两根 3/4 圆形嵌壁柱）构成了正立面的中央开间。四根同样的柱子及两根嵌壁柱又重复出现在入口门廊的后侧。六根柱子中的四根（两根圆柱、两根嵌壁柱）界定了中央空间的边缘，且自身位于中央空间之内。独立柱占据中央空间，这在帕拉第奥的项目中实属为数不多的一例（此外只有科尔纳罗别墅）。假如在一种解读中，我们认为别墅沿横向轴线断裂或剪切成两半，那么这些柱子在某种意义上将建筑的两半合拢了起来。在另一种解读中，建筑沿前后轴线断裂或剪切开来。此时门廊和入口空间将左半部和右半部的前端“攥紧”在一起，而两个半部的后端则由大阶梯联结。作为标识的柱在强化“分裂”这一解读的同时又对其进行了否定。

归根结底，塔宫中的填充空间是其最为特殊，或许可以说是所有帕拉第奥别墅中在概念上最为活跃的元素。例如，背立面上的填充部分首开先河，标记出一个“虚拟”的门廊，犹如有物体嵌进墙体，发生了反转：在某种意义上，填充可谓内外倒置（图 2.11）；外部所剩是本应构成门廊的六根柱子所残留下来的“虚”的印痕。常规的帕拉第奥式填充部分在建筑外表皮上是扁平的，而在内表皮上则是立体的。但在此例中，背立面外侧中段上的填充空间却并非像预期的那样呈扁平状，而是向外翻卷且刻画清晰。两侧的情况与之相同。侧立面内侧上开有小壁龛的扁平填充空间与外侧刻画清晰的填充空间形成了对比（图 2.12）。但是，帕拉第奥对建筑外部填充空间的特意用法并非一以贯之，因为外部的铺展点到为止，并未覆盖别墅的四个转角部位，从而使得建筑转角能被明确地解读为建筑转角。填充部分就像是裹在建筑中部空腔周围的一层薄膜，只将建筑的四个外角展露无遗。我们可以观察到两条由填充空间组成的“条带”（striations）：一条横穿左右，一条贯通前后（图 2.13）。随着这一解读而出现的是一个由填充空间叠合而成的十字形结构。两组条带之间的差别在于，横向条带的中段是断开的，并由此形成中间的 C 空间；而纵向条带由于建筑后侧的柱列而更具连续性。

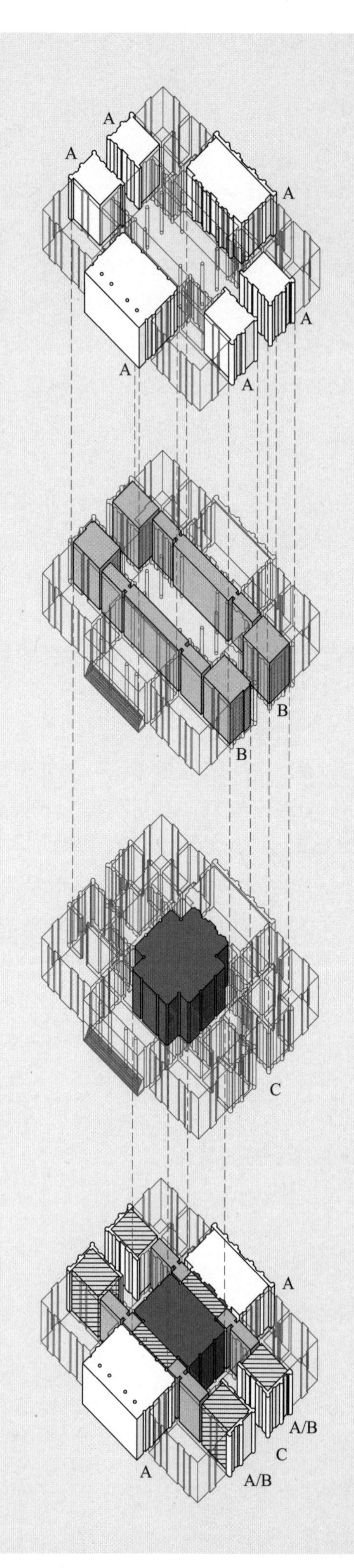

图 2.8　塔宫的理想图解和虚拟图解。中部十字形图形周围的空间层叠

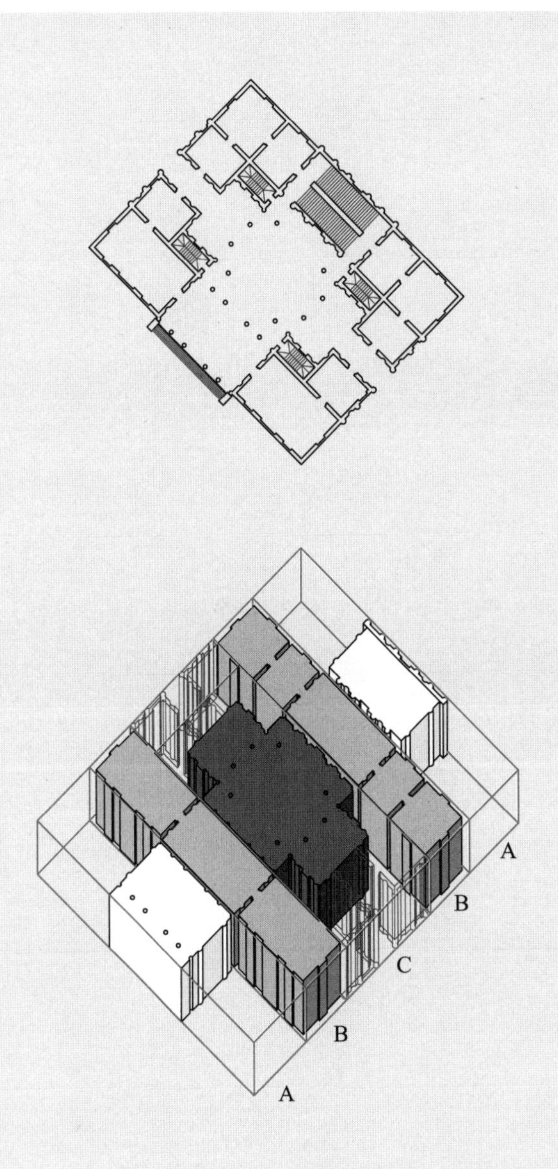

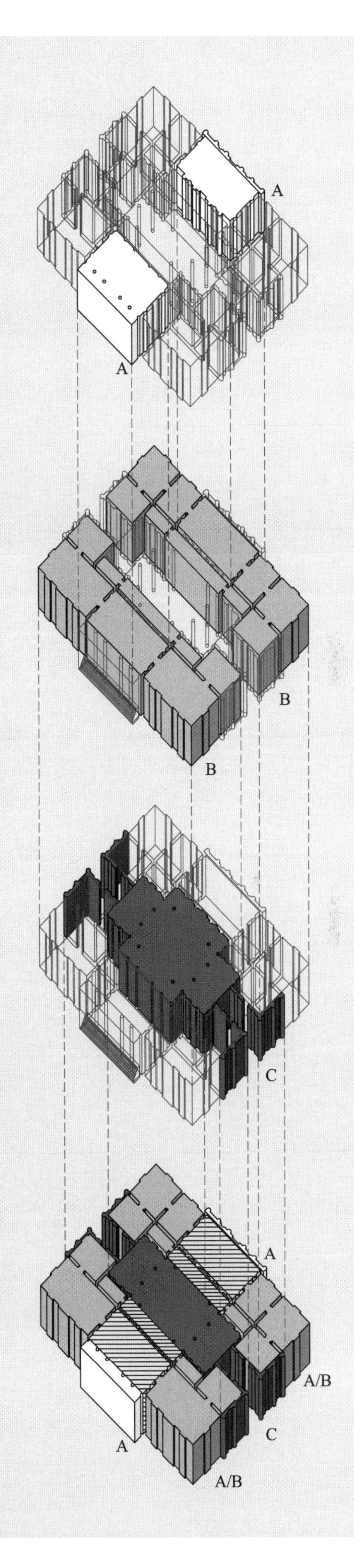

图 2.9　塔宫的理想图解和虚拟图解。中部图形向外部填充延展

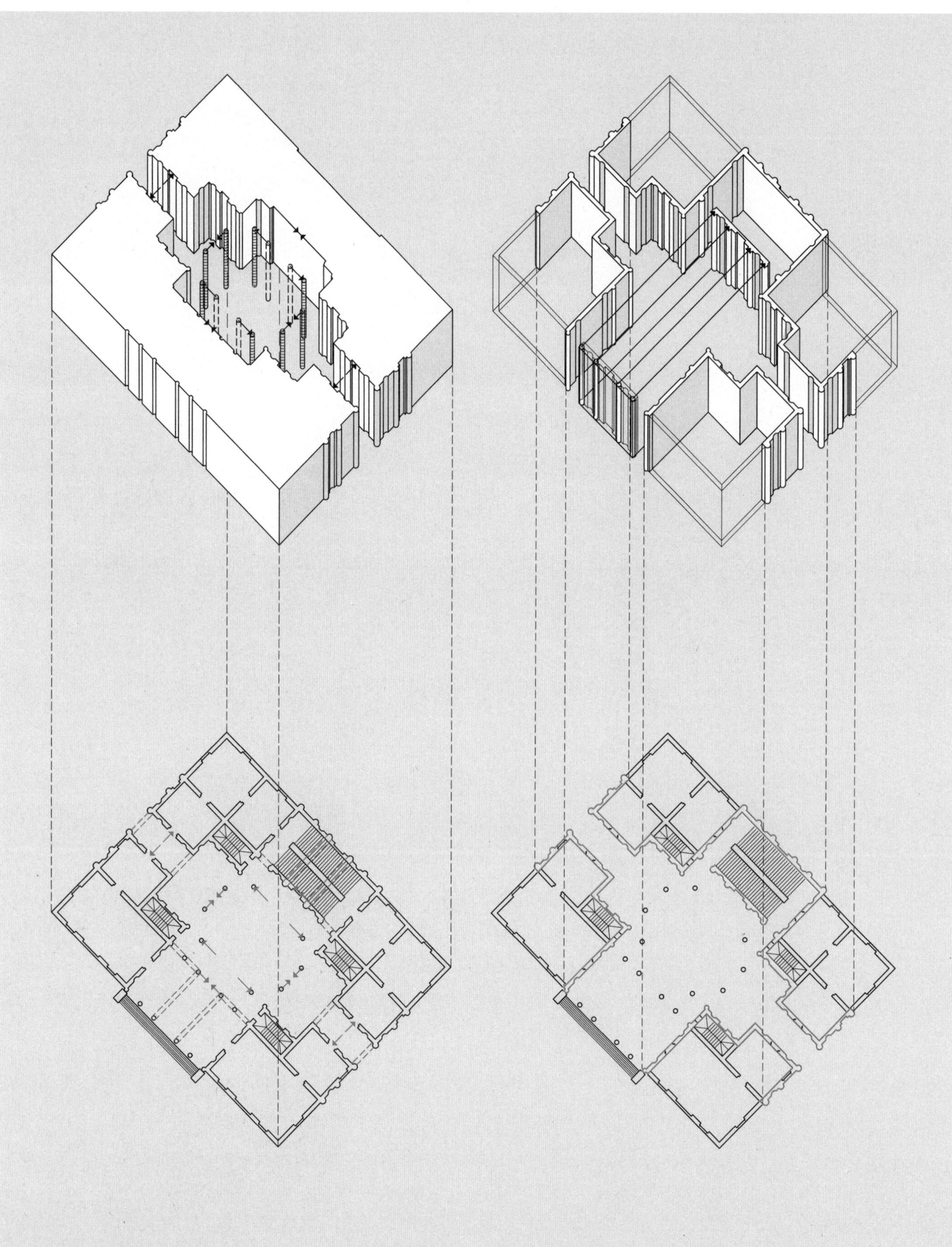

图 2.10 塔宫图解。由八根位于中央的柱子构成的平面组织包含一对意料之外的、相互抵消的力，它们之间的关系悬而未决

图 2.11 塔宫图解。填充部分的内外反转

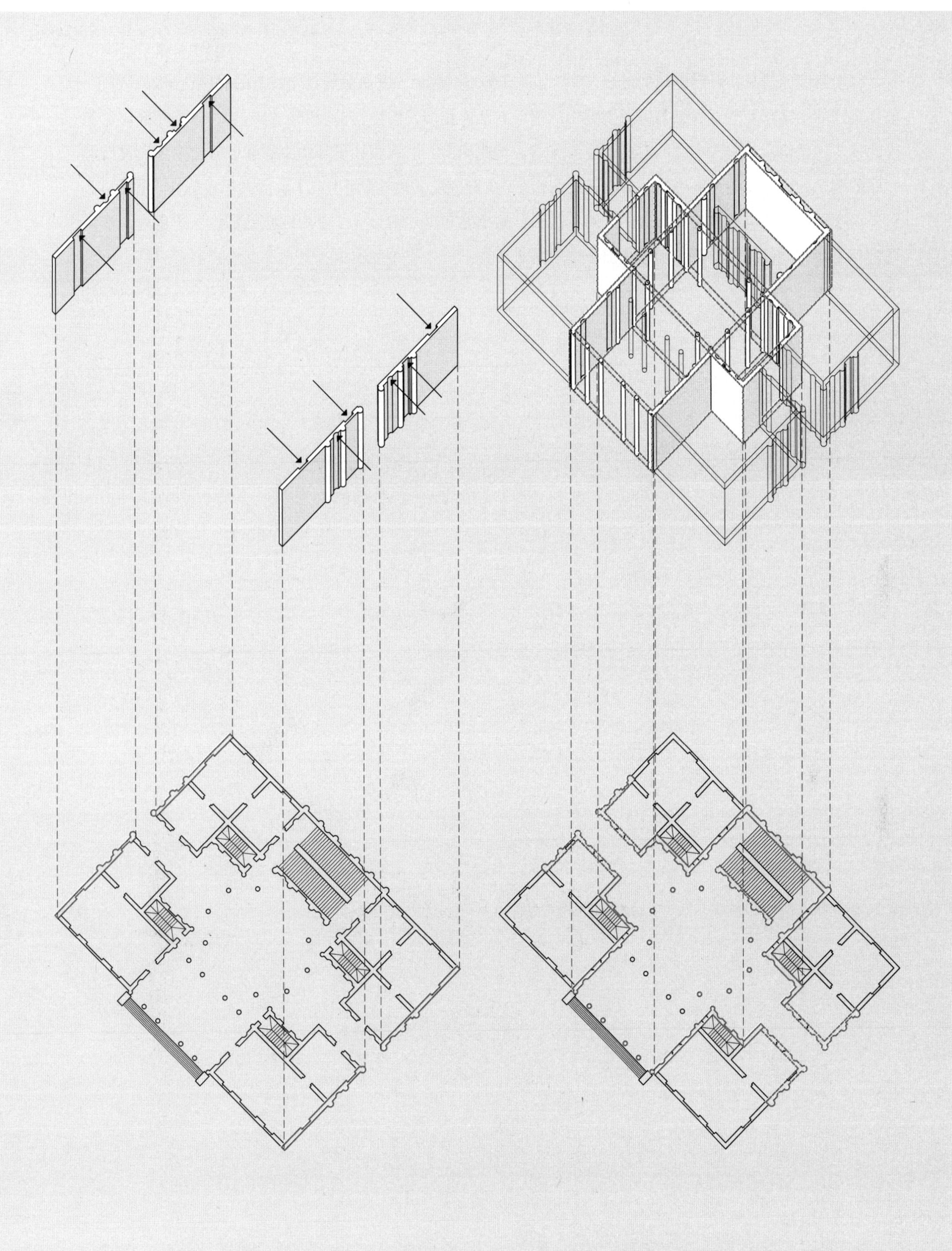

图 2.12 塔宫图解。立面内侧上开有小壁龛的扁平填充与外侧刻画清晰的填充空间形成了对比

图 2.13 塔宫图解。两条由填充空间组成的“条带”：一条贯穿左右，一条贯穿前后

以上解读通过从实际到虚拟的过渡，激活了潜在的不对称性，进而对别墅外观上的对称性予以了否定。虽然塔宫的十字形双轴对称性与圆厅别墅中的情形有几许相似，但塔宫前后部分的断裂，以及外部体量向内的挤压，使得边缘与中心之间产生了空间张力。就此而言，由八根柱子环绕中庭的塔宫与中部设置鼓形大厅的圆厅别墅是有明显差别的。建筑平面的四个“象限”因缺少内墙而生成了实际的不对称性（图 2.14）。此外，次级纵轴线与别墅前侧房间中的对称的三分式壁龛布局之间形成了更为细微的错位，这也进一步将塔宫与不具有此种错位的圆厅别墅区别开来（图 2.15）。

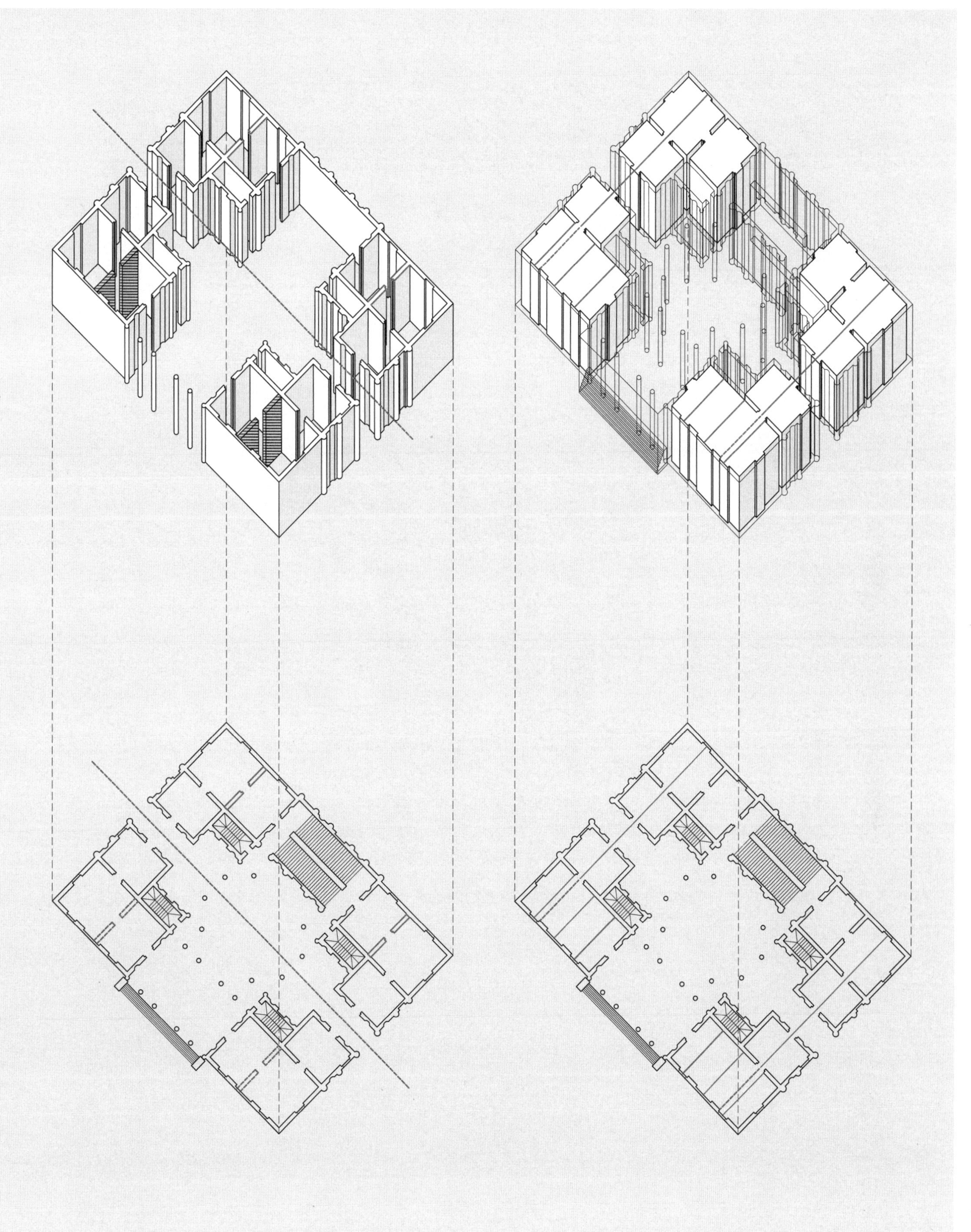

图 2.14　塔宫图解。四个“象限”因缺少内墙而生成的不对称性

图 2.15　塔宫图解。轴线与壁龛在建筑内部中的错位

提耶内宫

1544 年

对坐落在维琴察的提耶内宫（图 3.1）最恰如其分的描述是一个套在方形里的方形。它所具备的种种别墅特征将在奇耶里卡提宫中得到转变，比如一个类似门廊的附加开间贯穿整个建筑的正立面，但是类型上正相反。提耶内宫有一个额外的正面开间、四个转角塔楼、一部十字轴线上的主楼梯，还有一个由柱状平面标识的中央空间。正立面开间被附加到一个原本是双向对称的平面上。这里的双开间是在谷仓计划中发展出来的尤为特别和充满问题的母题。

图 3.1　提耶内宫的分析模型

第3章

提耶内宫，维琴察，1544年

Palazzo Thiene，Vicenza

帕拉第奥于1544年开始设计提耶内宫，这是在他于1536年第一次造访罗马的8年之后。1544年之前帕拉第奥就应该已经读过出版于1537年的塞巴斯蒂亚诺·塞利奥的《建筑五书》(Serbastiano Serlio's *Five Books of Architecture*)。也是在该书出版的这一年，帕拉第奥的第一个重要项目戈迪别墅建成完工。提耶内宫中，建筑平面与门廊的关系，以及建筑师在看似理想化的内部布局之中对图形的清晰刻画，都值得我们特别注意。据此，我们能够将提耶内宫与塞利奥在建筑中的创新作比较（图3.2）。尤其是帕拉第奥将填充空间作为一种标识方法来运用，而非单纯地将其视为纯粹的图形，从而使得其建筑不仅有别于伯拉孟特等一众先贤的作品，也有别于同代的塞利奥这位手法主义代表人物的作品。在提耶内宫中，填充空间并非像塞利奥宫殿建筑中通常出现的那样被用来划分房间类型，而是用来指涉一系列并非常规的建筑状态：不对称性、转移、叠盖。例如，相对于从前至后的层叠式图解而言，提耶内宫两侧中部房间内出现的填充空间就具有截然不同的性质，它们标识着一种不同的图解。

坐落于维琴察的提耶内宫[在平面上]可以说是一个套在方形中的方形——虽然它亦包含若干反常的要素。若非这些要素，提耶内宫不过是一个相当克制的、双轴对称并设有四个角楼的宫殿设计。第一个值得注意的反常要素是一个额外的正面开间，它充当了整个建筑构成的“门脸”(frontispiece)。双重入口开间作为一个独特的母题在奇耶里卡提宫（1550年）门廊上的半重叠的双柱中也得到了体现，并且在后来的几个“谷仓”项目中亦有迹可循。第二个反常要素（相对于任何常规的门廊而言）即贯穿正面开间、直入内院空间的门廊本身。第三个反常要素是B空间或者说过渡空间中沿横轴方向布置的主楼梯。处于城市环境中的提耶内宫虽是宫殿建筑而非别墅，但它对流线空间亦有多样的功能需求。最后，靠近中庭后侧的宫殿后端有一个刻画入微的图形化空间（figural space），它占据着本应属于A开间位置的第二个C标识。

分析模型

提耶内宫的模型在展示上述若干反常要素的同时，进一步呈现了建筑内部组成部分之间其他可能的ABCBA关系。例如，四个角楼被表现为由填充空间垂直拉伸而成的白色实心体而非空间体量。这一标记方式体现了有关角楼的双重解读：它既可以作为入口开间的一部分（此处仅就建筑正面而言，但可能的话，也可包括宫殿类型的背面），也可以作为一种图形化空间，类似于很多帕拉第奥式中央空间。双重入口开间被表现为一张拉伸出来的白色平面（extruded plane）。前门廊与之相仿，但看似有如嵌入一个白色实心体量；这一体量代表的是构成建筑前厅（vestibule）的三个中央房间（建筑入口位于模型右侧，再现了帕

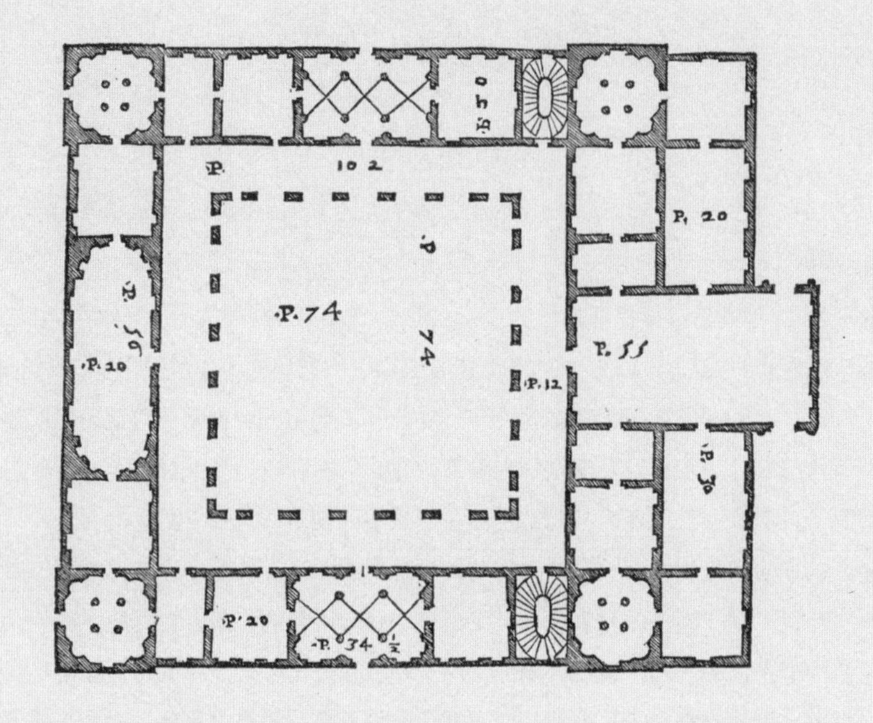

DE I DISEGNI che ſeguono in forma maggiore; il primo è di parte della facciata; il ſecondo di parte del Cortile della ſopraposta fabrica.

HANNO

图 3.2　帕拉第奥，提耶内宫平面图和剖面图，《建筑四书》，1570 年

拉第奥在《建筑四书》中所绘之方位）。如果我们从前至后依次描述 ABCBA 这一关系，那么紧随白色 A 体量之后的是一个灰色实心 B 体量，它代表的是正面的流线空间。中央空间，即 C 空间，是以几种不同的方式表现的。首先，构成中庭的方柱被表现为垂直拉伸而成的、开口朝外的黑色 C 形柱体，而位于四角的柱子则被表现为拉伸而成的黑色实心方柱体。中庭左右两侧的图形化房间被表现为垂直拉伸而成的黑色实心体，以此判定它为复合的 C 标识的一部分。这两个房间连同中庭空间的整个厚度皆以黑色框架围合，以确定它在 ABCBA 这一虚拟解读中的定位（之所以称为“虚拟”是因为提耶内宫是以正方形布局为主导的，在这样的布局中，前后向解读并非优先选项）。跟随其后的是位于模型背面的第二个灰色实心 B 体量，以及一系列类似于正面 A 开间的白色填充空间元素。最后，双重入口开间背后的整个宫殿的正方形平面以黑框围合，以此明确宫殿为集中式设计（centrally planned），而这种集中式的解读又是与建筑内部布局中从前至后的 ABCBA 标记法相对立的。

几何图解

提耶内宫中“虚拟”（暗含于复杂且时常冗余的标识之中）与“理想”二者之间关系的缺失在一系列平面布局中得到了充分体现。在这些平面布局中，以宫殿主体为参照，在不同位置上放置一个理想化的正方形。在运用一个或两个正方形来对别墅 [或宫殿] 进行理想化的同时，部分也从整体中分离出来。这些排除在整体之外的部分通常构成了我们所说的“虚拟”图解。若细读项目，就能揭示相对于理想图解而言的各种矛盾，同时在看似常规的建筑类型中发现其所包含的“解体性”（disaggregating quality）。项目存在多种可能的基准状态，但没有任何一种足以全盘解释部分与整体之间所存在的众多内部差异。例如，如果把宫殿解读为一个取自四个塔楼的正方形，那么附加的正面开间就会被排除在总体理想布局之外（图 3.3）。或者，如果从前至后解读建筑，将正方形与附加开间的前端对齐，那么宫殿的后部开间则会被排除在外（图 3.4）。还可以观察附加的正面开间在从前至后的解读中如何影响内部的层叠（图 3.5）。当把正方形移动到门廊前端位置，方形后侧就会与矩形中庭方柱的外缘齐平，进一步扰乱常规秩序以及从前至后的空间比例（图 3.6）。

围绕内院空间还可以绘制第二个正方形（图 3.7）。当这个正方形向左右平移，分别将位于建筑两侧的相邻房间包围在内时，两个新正方形相重叠的部分与宫殿后方中央有填充空间的菱形大厅同宽，亦与宫殿前部一窄行房间同宽（图 3.8）。然而，当同一个正方形竖直平移，分别将前后两端的临近房间包围在内时，这两个新正方形相重叠的部分却与同样是填充空间、位于中庭左右两侧中央的房间不同宽（图 3.9）。由此便产生了“从前至后”和“横向”的不同解读——尽管建筑在平面上的布局是以正方形和角楼为主导的。

最后，围绕拱廊内的庭院空间可以绘制第三个正方形（图 3.10）。由这第三个正方形可以推演出若干几何图解。在前两种可能的图解中（图 3.11，图 3.12），正方形分别向前后和左右平移，平移距离为边长的一半，由此可得宫殿的长宽关系为 5 ∶ 4（若将正面门廊计入在内）。在第三个图解中，四个小正方形与四个角楼中暗含的内角对准，它们重合的部分对应了庭院前后及左右的中央门洞（图 3.13）。

理想图解与虚拟图解

帕拉第奥在数个项目中设计了刻画清晰的角楼，提耶内宫便是其中之一［瓦尔马拉纳别墅、皮萨尼别墅、

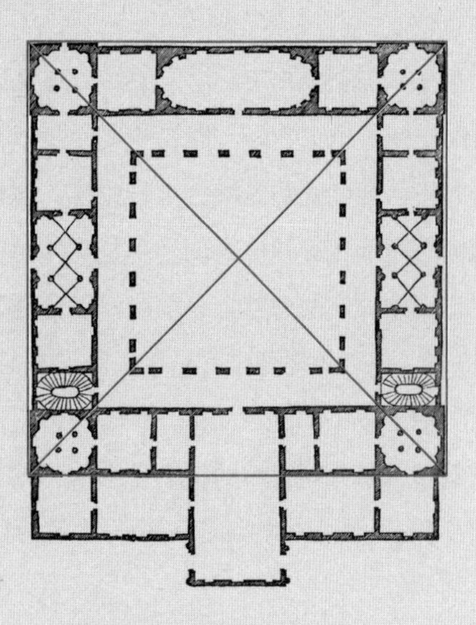

图 3.3　提耶内宫的几何图解。单个正方形定义建筑主体，但正面开间被排除在外

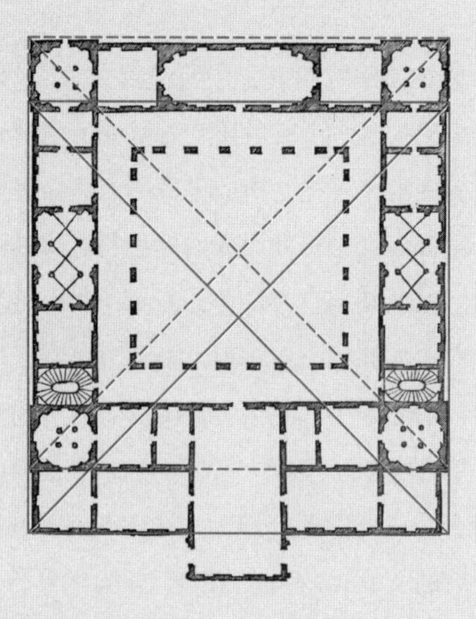

图 3.4　提耶内宫的几何图解。向前平移的单个正方形定义建筑主体，但后侧开间被排除在外

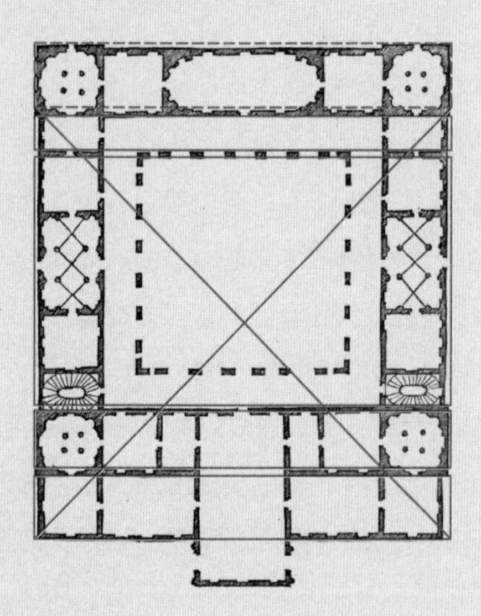

图 3.5　提耶内宫的几何图解。附加的正面开间在从前至后的解读中影响了内部的层次

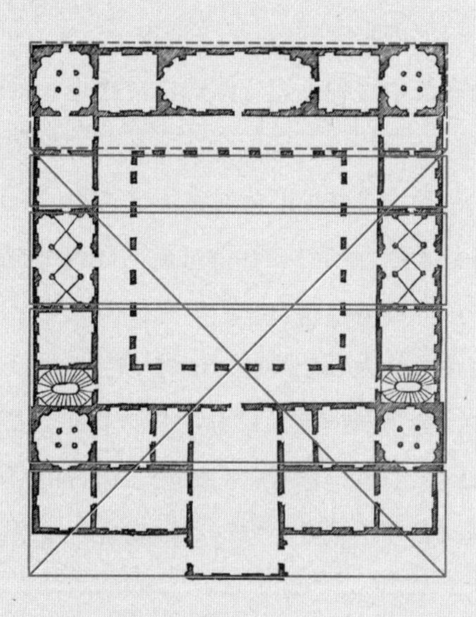

图 3.6　提耶内宫的几何图解。进一步扰乱常规秩序以及从前至后的空间比例

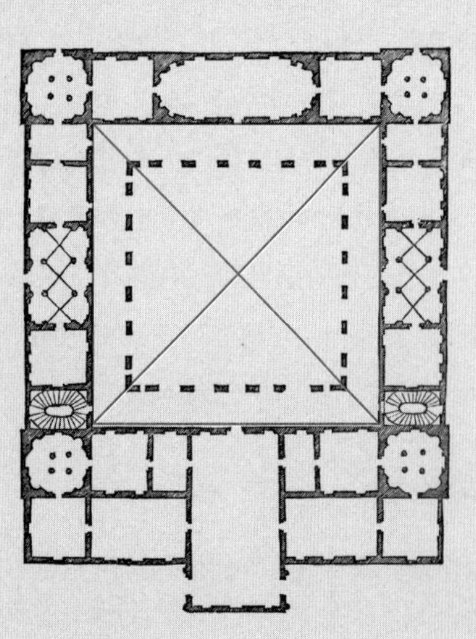

图 3.7　提耶内宫的几何图解。包围内院空间的第二个正方形

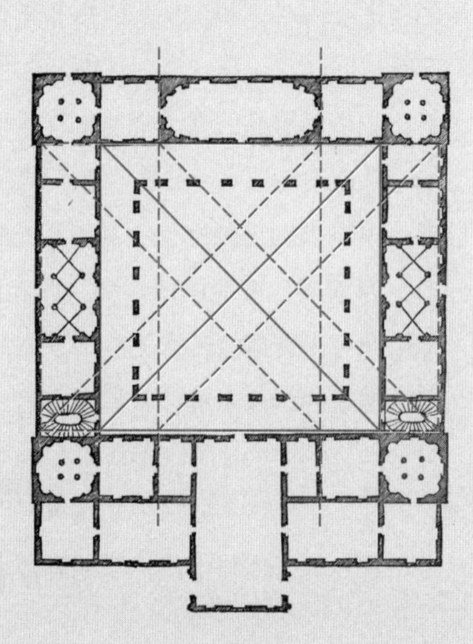

图 3.8　提耶内宫的几何图解。向两侧平移的两个正方形相重叠的部分与宫殿背面中央有填充空间的菱形大厅同宽

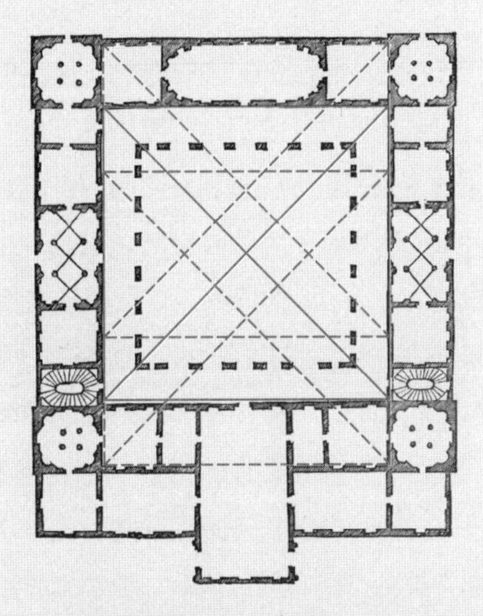

图 3.9　提耶内宫的几何图解。向前后平移的两个正方形相重叠的部分不与中庭左右两侧的空间对齐

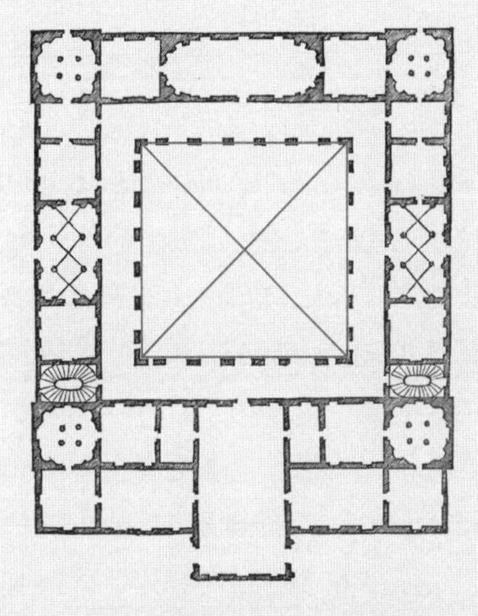

图 3.10　提耶内宫的几何图解。包围拱廊内庭院空间的第三个正方形

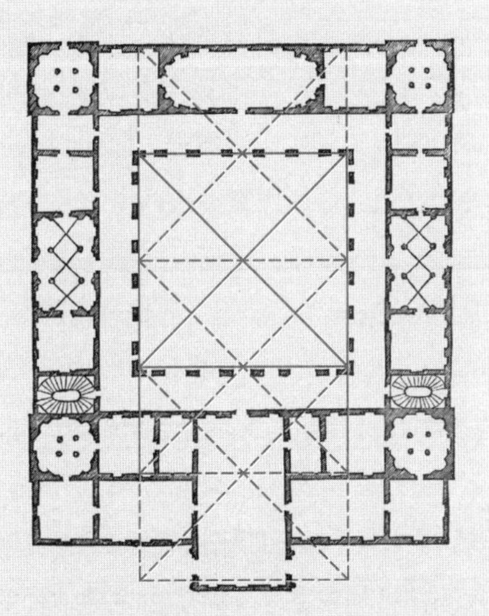

图 3.11　提耶内宫的几何图解。正方形向前后平移其边长一半的距离，可得一个五段式布局，纵跨包括正面门廊在内的宫殿总进深

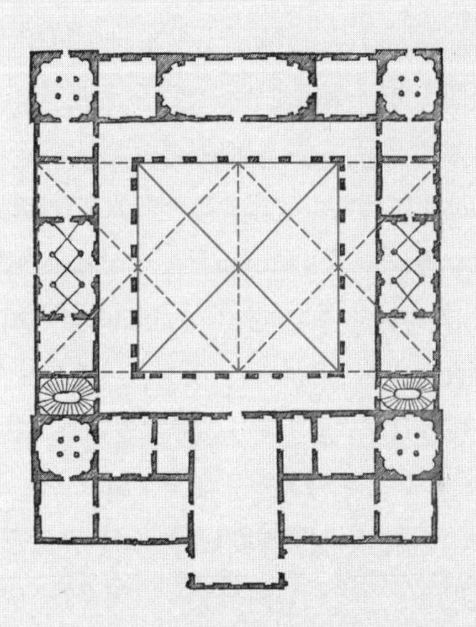

图 3.12　提耶内宫的几何图解。正方形向左右平移其边长一半的距离，综合上图可得宫殿的长宽关系为 5 ∶ 4

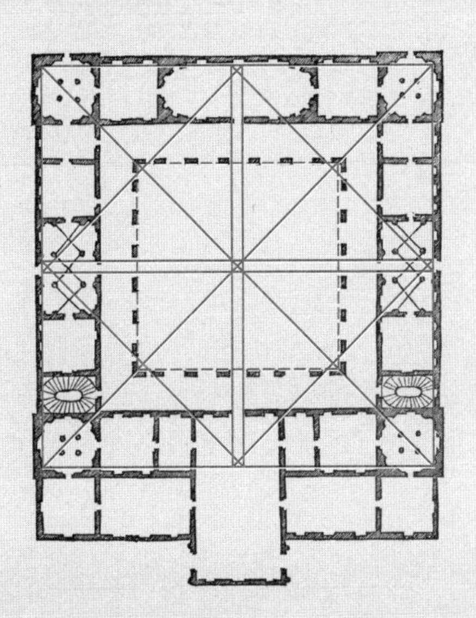

图 3.13　提耶内宫的几何图解。小正方形与四个角楼中暗含的内角对齐

奇科尼亚（Cicogna）的提耶内别墅以及圣索菲亚的萨雷戈别墅均设有刻画程度不一的角楼]。这些角楼界定了正方平面的宫殿主体。它们是对中世纪堡垒或城堡的借鉴，但与此同时，它们也可以被解读为一种九宫格布局原型（proto-nine-square organiaztion）中的四个角。四角的刻画提供了一种相对简明的可能解读：建筑前端设有门廊或A空间，跟随其后的是流线空间或过渡空间B，然后是中央的C空间。但是，建筑要素在实际中的刻画和表述却是与这种解读相悖的。这种布局确立了A、B、C的序列，以及紧随其后的第二个过渡空间B（未设楼梯）和暗含于建筑后端的一个门廊空间A——也就是说，这很可能是一个典型的ABCBA系统。所谓“暗含的门廊”本身是图形化、扁平化菱形填充空间的一种特殊状态，与奇耶里卡提宫的中央空间形似。此处，当把它视作典型ABCBA序列中的一部分时，它占据的是一个A空间的位置；但是由于图形化的填充空间通常出现在位于中央的房间而不是门廊之中，所以它又同时占据了一个C空间的位置（图3.14）。在ABCBA标识体系的不同位置上运用如此非常规的空间布局，这是一种常见的帕拉第奥式母题。由于宫殿类型中的中央空间通常是一个内院（虚部），别墅类型中典型的填充空间或图形空间在提耶内宫中看似被挤压到了建筑背面的开间：即一个处于A空间位置上的C体量。

不过，提耶内宫中最异乎寻常的一个特征还是前端双重A开间，它包括一系列作为“门脸”横跨整个立面的房间，并从建筑主体量中部延伸出来，形成一个入口门廊（图3.15）。朱塞佩·泰拉尼（Giuseppe Terragni）就曾在意大利科莫的法西斯宫（Casa del Fascio in Como，1936年）中运用加长正面开间这一相同手法。不过在该案例中，这一操作发生在建筑结构内部。在某种程度上，提耶内宫和法西斯宫共享同一个图解：四个角楼（不过法西斯宫没有对称的侧开间）、沿横轴方向布置的楼梯、建筑内部楼梯或流线开间的位置，以及框定中央空间的柱。提耶内宫中额外的正立面开间是帕拉第奥作品中对“正面性”（frontality）这一概念最为成熟和复杂的运用。它不仅是一个向内外延伸的门廊，而且首次作为延长的“门脸”出现。以四个角楼为参照，这个额外的开间看似属于建筑内部主体，但若将其与贯穿正立面的实际门廊一同解读，那么它又似乎属于某种其他的空间布局。

最后，环绕宫殿四周存在数间是以连列的形式（enfilade）组织起来的、刻画明晰但较为次要的接待室。角楼比这些位于边缘的房间略大，因而在我们的解读中，这些房间体量均独立于建筑中占主导地位的“条带式”布局（图3.16，图3.17）。那么，相对于四个角楼的平面而言，双重正面开间给建筑带来了不对称性。正面流线空间和正门廊的延伸都标记着对称轴的转变。宫殿的对称性解读存在于建筑内部的正方形当中，但从未在物质刻画或体验中得到体现；我们只能通过概念来理解它。

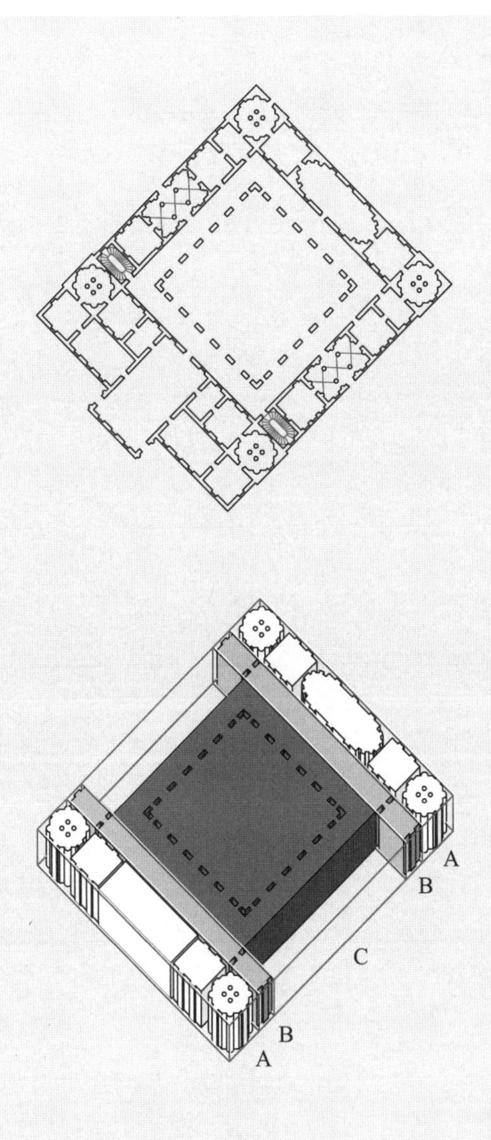

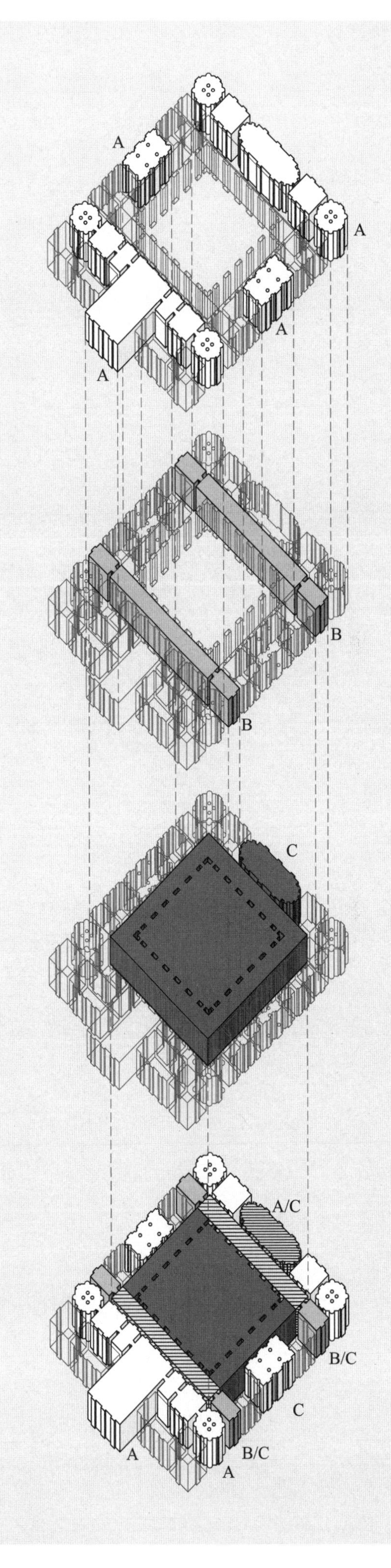

图 3.14　提耶内宫的理想图解和虚拟图解。隐含的背面门廊占据了A 空间的位置，但兼具 C 空间的特质

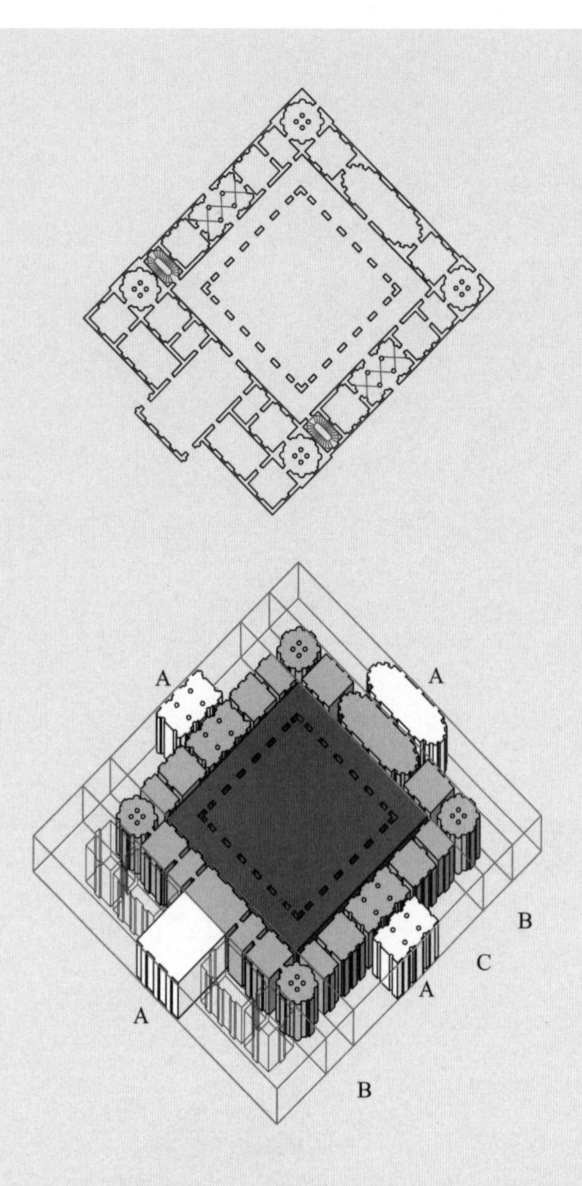

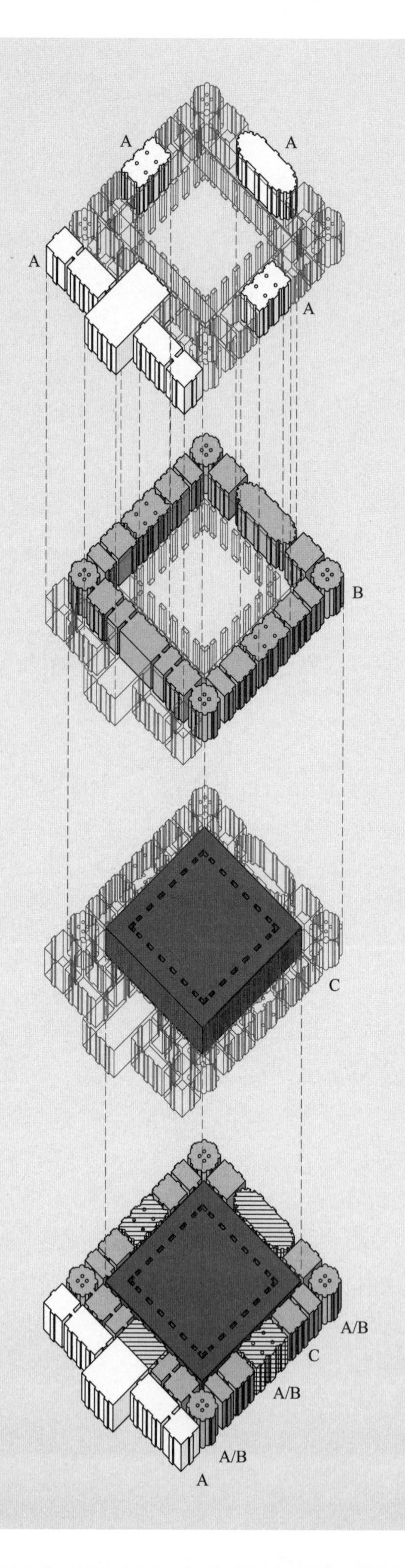

图 3.15　提耶内宫的理想图解和虚拟图解。双重正面 A 开间横跨整个立面，且由建筑主体向前延伸

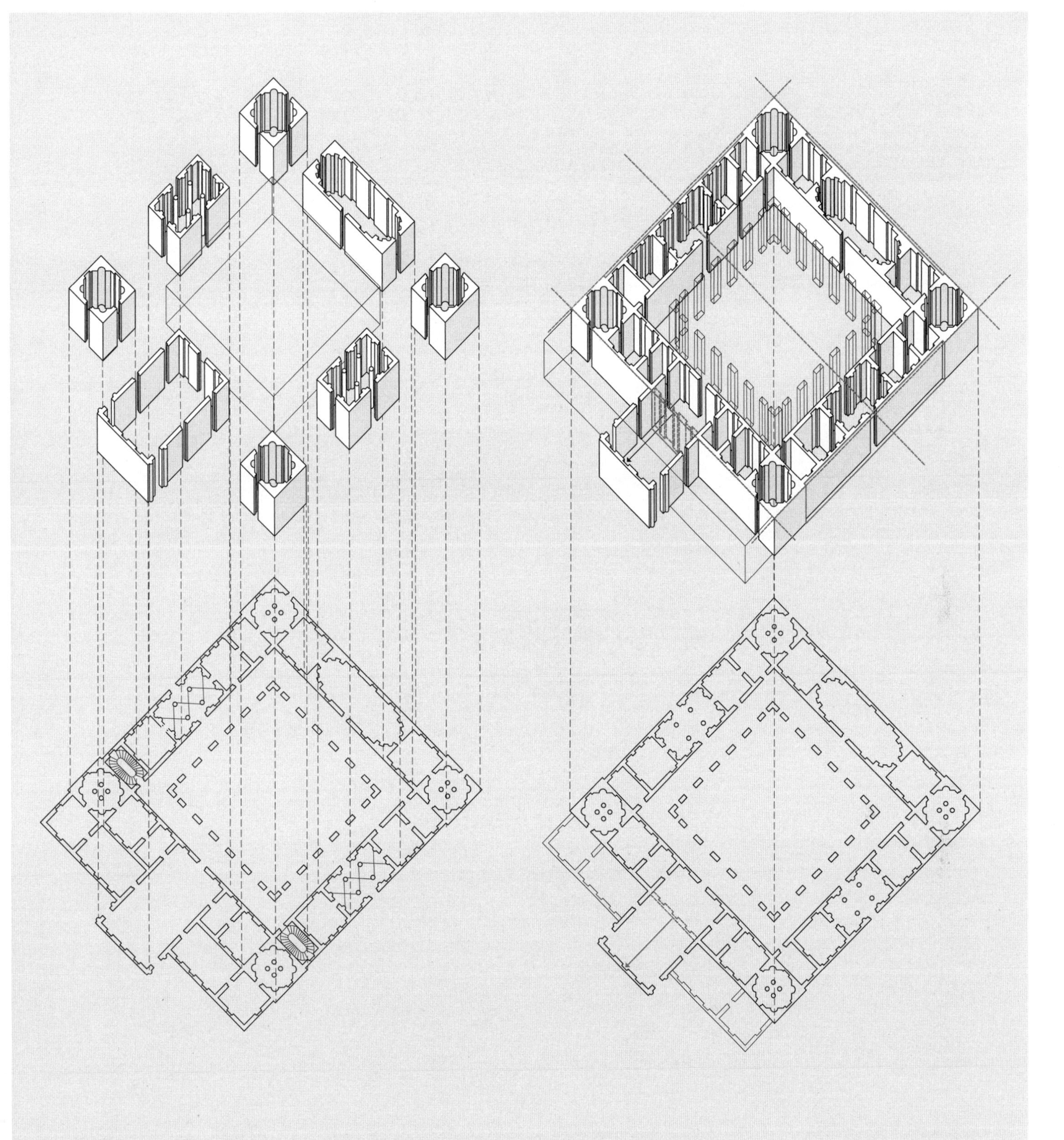

图 3.16　提耶内宫图解。塔楼可解读为九宫格布局的四角

图 3.17　提耶内宫图解。角楼体量独立于建筑中占主导地位的“条带式”布局

萨雷戈别墅（米耶加）

1562 年

坐落在韦罗内拉的米耶加的萨雷戈别墅（图 4.1）的平面平淡无奇，但是被两个状况主导着。其一，整体九宫格图解在错落有致的条形中得到充分表达，与瓦尔马拉纳别墅看起来极为相似，也有着近乎现代空间秩序的原型，也就是服务与被服务空间。萨雷戈也运用了科尔纳罗别墅中前后门廊的概念，中央空间向后墙的延伸只留下后门廊这样一个印记。其二，不同寻常的特征是双层敞廊，被厚重的条带打断，贯穿整个立面。然而，八柱门廊的柱距与帕拉第奥其他的六柱门廊不同。这里看起来像是一个带着中央开间的常规六柱门廊被放进了另一个门廊里，由于山墙和额枋的位置，在门廊两侧各形成了受挤压的开间。

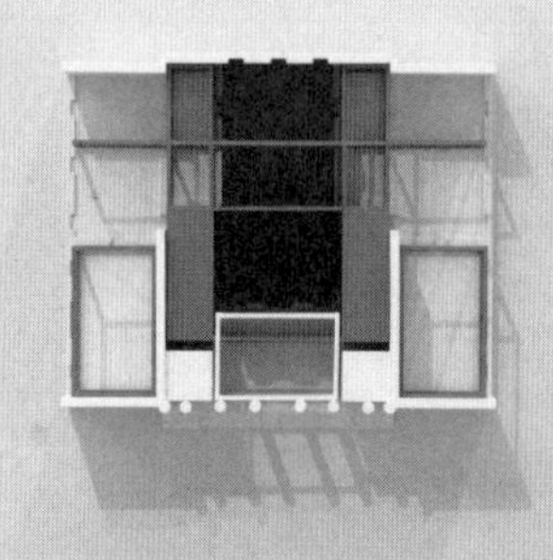

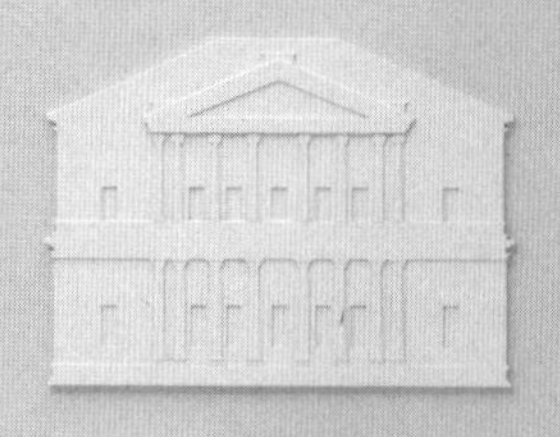

图 4.1　萨雷戈别墅的分析模型

第 4 章

萨雷戈别墅，韦罗内拉的米耶加，1562 年

Villa Sarego，Miega di Veronella

米耶加的萨雷戈别墅的平面本身并不出彩，但它有两个独特之处。第一个是常规九宫格图解的变形，变化后的图解在横向呈条带状（striated），在纵向呈梯级状（echeloned），与瓦尔马拉纳别墅类似（图 4.2）。二者共具一种“现代主义原型”（proto-modernist）的空间秩序：服务空间与被服务空间（servant-to-served）、主空间与次空间（major and minor）。萨雷戈别墅还利用了科尔纳罗别墅等项目中出现过的前后门廊的概念。后门廊作为中央空间向外的延伸，仅仅在建筑后墙上留下一道痕迹。第二个不同寻常的特征是其双层敞廊（loggia）。一条厚重的束带层横跨整个立面，在别墅主楼层（piano nobile）高度将这个敞廊截断。帕拉第奥在八柱式门廊上对柱距的处理不同于其他项目中的六柱门廊。此处，一个常规的带有较宽中央开间的六柱式门廊有如被置放于另一个门廊之中，但由于山墙和额枋的位置，中央门廊的两侧各形成一个受压变窄的开间。

分析模型

萨雷戈别墅虽是看似较为简单的别墅之一，但生成的却是分析模型中比较复杂的一个（参见图 4.1）。前后立面，包括门廊柱以及主入口两侧的方形空间，被表现为白色实心 A 体量，表示它们在概念上可以被解读为中性，即它们帮助定义建筑的内部布局，但本身不具有正或负的空间意义。嵌入别墅主体的入口体量在概念上是活跃的，因此将它表现为一个白色线框体量。由此产生以下解读：门廊中央开间与第一个内部灰色 B 体量相叠合；B 体量的一部分为实体，另一部分为线框，也就是说它兼具被动与活跃的属性。中央 C 空间的体量是由空间（而不是墙体填充）定义的，表现为一个压迫背立面上的黑色实心体量。建筑背面与 C 体量相邻处，是延伸至背立面的灰色 B 空间，表现为在概念上呈中性的线框体量。模型表述了从前至后的隐含梯级几何关系。就整体效果而言，它表现了由概念层面上的活跃空间与被动空间的复杂重合所产生的空间密度。若非有此特质，萨雷戈别墅就只是一座较为寻常的建筑。

几何图解

萨雷戈别墅中，内部压缩所带来的高密度使得我们很难建立一个足以描述建筑平面的单一几何图解。譬如，如果以中央开间的宽度为边长作两个正方形，并使二者错开边长一半的距离，那么，靠背面的正方形可以覆盖中厅的进深，靠前的正方形可与门廊台阶的边缘对齐，但这个正方形的后侧却没有任何参照物

68 LIBRO

LA FABRICA, che ſegue, è del Signor Conte Annibale Sarego ad vn luogo del Collogneſe detto la Miga. Fa baſamento à tutta la fabrica vn piedeſtilo alto quattro piedi, e mezo; & à queſta altezza è il pauimento delle prime ſtanze, ſotto le quali ui ſono le Cantine, le Cucine, & altre ſtanze pertinenti ad allogar la famiglia: le dette prime ſtanze ſono in uolto, & le ſeconde in ſolaro: appreſſo queſta fabrica ui è il cortile per le coſe di Villa, con tutti quei luoghi che à tal uſo ſi conuengono.

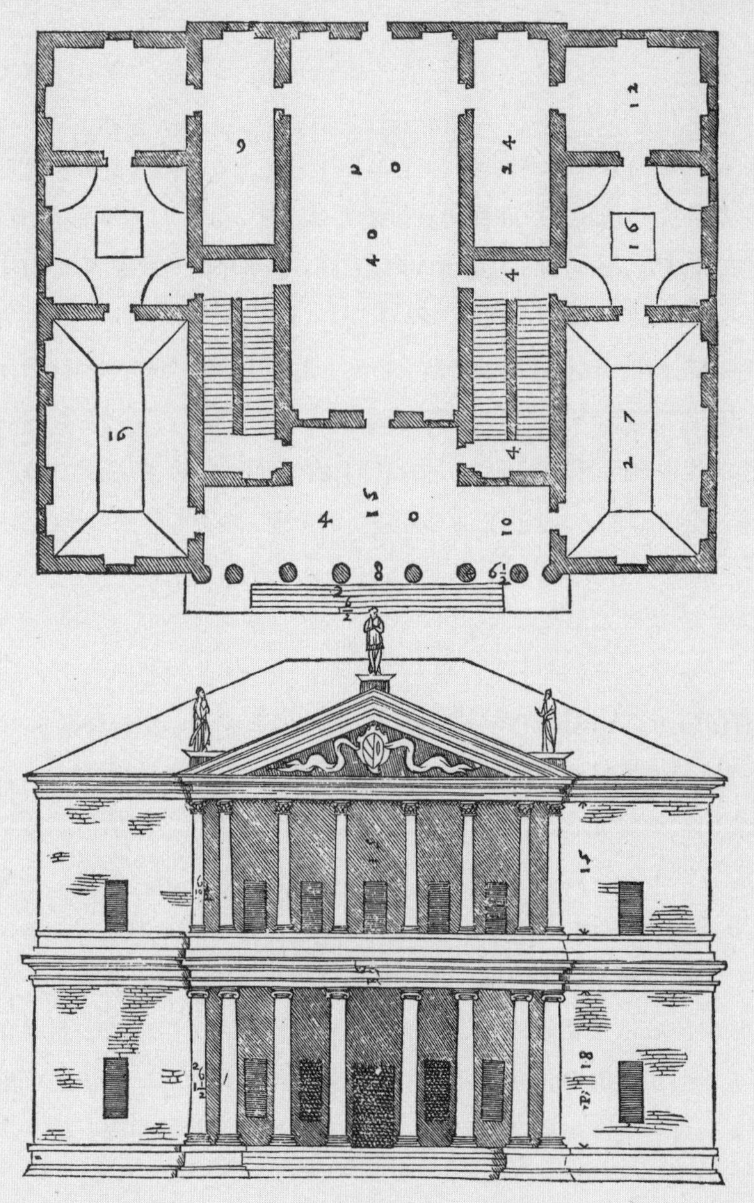

DELLA

图 4.2　帕拉第奥，萨雷戈别墅平面图和立面图，《建筑四书》，1570 年

（图 4.3）。如果通过横向平移得到两个等边正方形，分别与别墅主体两侧外缘对齐，它们重叠的区域对应门廊中央两柱的柱距，且这一距离还对应了中厅内侧的壁柱（pilasters）。但这些正方形却无法将别墅的总进深也考虑在内（图 4.4）。如果另作两个正方形，使每个正方形的一边与别墅主体外缘对齐，另一边与别墅前端第一段受到推压的面（first compressed facade plane）对齐，那么这两个正方形相重叠的区域便会对应中厅的宽度（图 4.5）。还可以作这样两个正方形，使其与别墅外缘对齐，二者相叠区域定义中央开间的宽度（图 4.6）。最后，为了进一步验证别墅从一个理想化的正方形到其长方形建筑平面的变形，我们作两个较大的正方形，使它们的宽对应别墅从左至右的实际宽度，此时图解显示，虚拟或隐含的别墅长度将延伸至前后立面范围之外（图 4.7）。

理想图解与虚拟图解

萨雷戈别墅是少数几个呈竖纹状排列的项目之一，而不像其他项目（其横纹衍生于九宫格图解）那样从前至后层层叠累而成。作为福斯卡里别墅的前身，萨雷戈别墅有一个略微高于背立面表面的隆起面，在其“虚拟”解读中，这个隆起面暗示一个本不存在的门廊。从前至后的不对称关系在别墅中占主导地位。帕拉第奥式别墅通常由内部空间的串联式关系构成，因此较难辨识萨雷戈别墅中的横向层叠，尤其是建筑前端转角处一对房间的顶棚上装有华丽的藻井，进一步强化了两侧房间从前至后的递进关系。因而在“虚拟”别墅的其中一个版本中，存在一套复杂的标识体系，它显示建筑前端的门廊 A 在向一个隐含的过渡空间或流线空间 B 内挤压，而建筑后端则表现为 A/B/C 相互叠合（图 4.8）。与之对应的理想建筑平面较难解读，而且与第一种虚拟别墅的解读没有密切关联，它表现了由于空间层叠和不规则性而产生的复杂密度关系。若非有此关系，这将只是一个不那么出彩的建筑平面。在交替变化的标识体系中，后侧的门廊仅仅占据了立面的位置，而中央空间 C 几乎没有存在感。在这一解读中，由于采用四开间布局（对立于五开间），前后两侧的过渡空间变为彼此相邻（图 4.9）。理想图解所展示的是简单的从前至后的 ABCBA 层叠关系，而虚拟图解描述的则是一种重复出现于 [帕拉第奥] 别墅中的状态：在名义上的九宫格布局中，横向和纵向上的开间数通常相等，这与古典的 ABCBA 平面形成了对立。

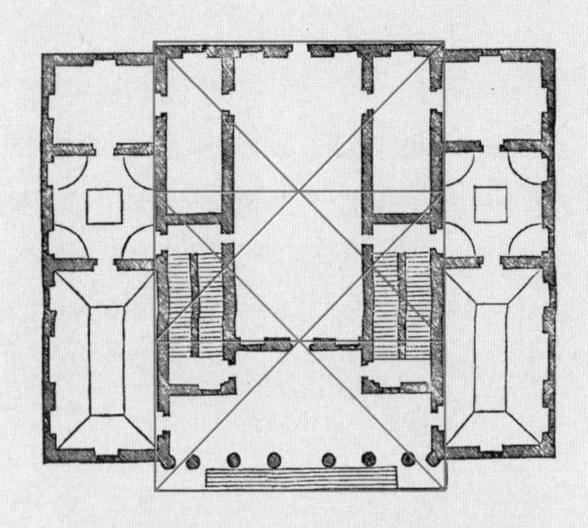

图 4.3　萨雷戈别墅的几何图解。靠后的正方形覆盖中厅的进深，靠前的正方形与门廊台阶的边缘对齐，但其后侧却没有任何参照物

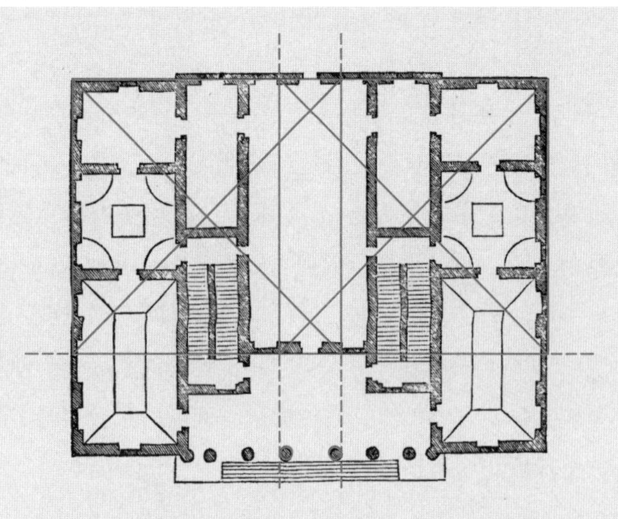

图 4.4　萨雷戈别墅的几何图解。两正方形与别墅主体两侧外缘对齐，它们重叠的区域对应门廊中央两柱的柱距

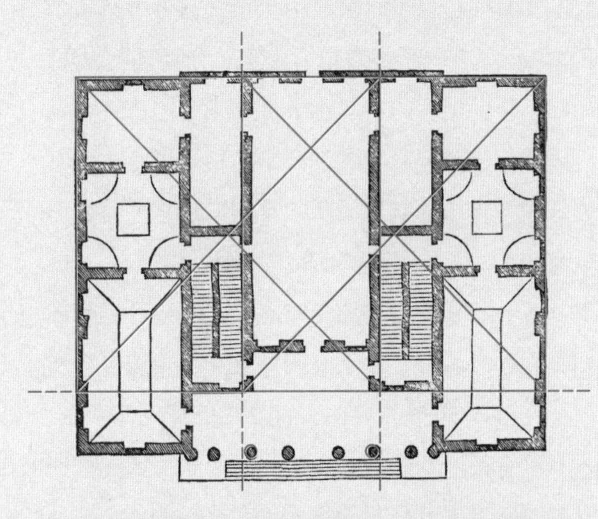

图 4.5　萨雷戈别墅的几何图解。两正方形的一边与别墅主体外缘对齐，另一边与别墅前端第一段受到推压的立面对齐，二者相重叠的区域对应中厅的宽

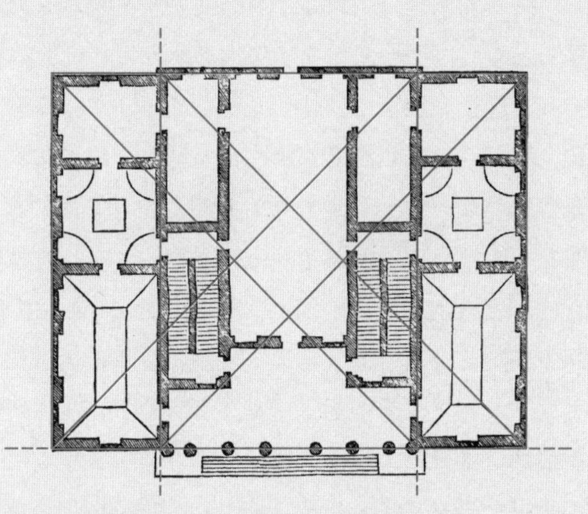

图 4.6　萨雷戈别墅的几何图解。两正方形与别墅外缘对齐，二者相叠区域定义中央开间的宽

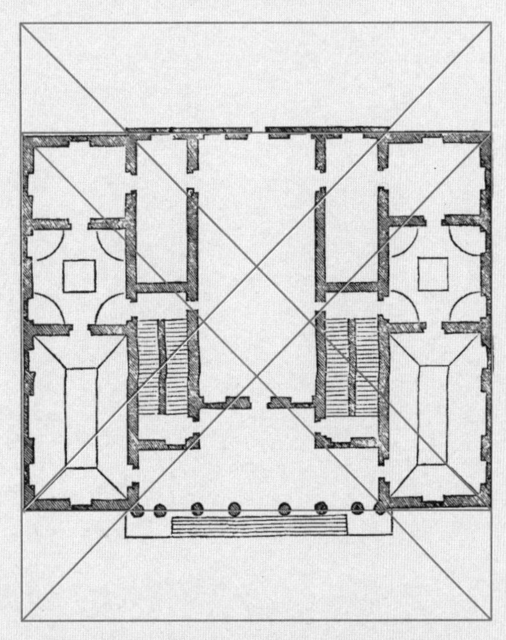

图 4.7　萨雷戈别墅的几何图解。两正方形的宽对应别墅从左至右的实际宽度，并显示虚拟或隐含的别墅长度将延伸至前后立面范围之外

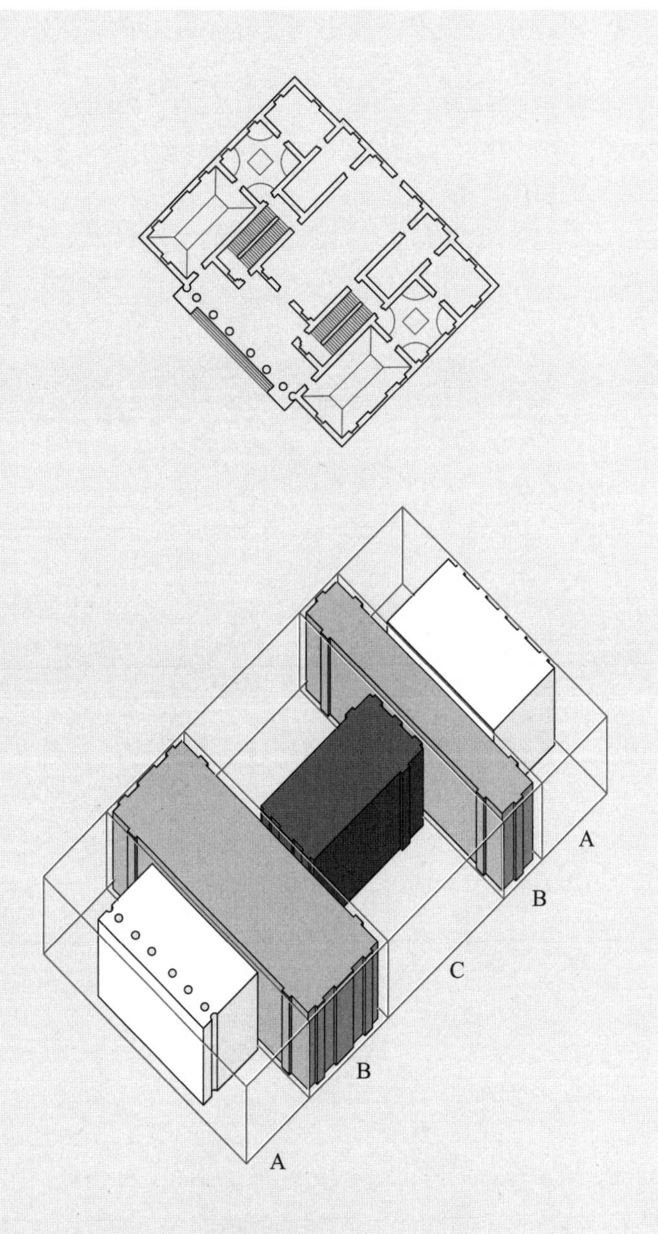

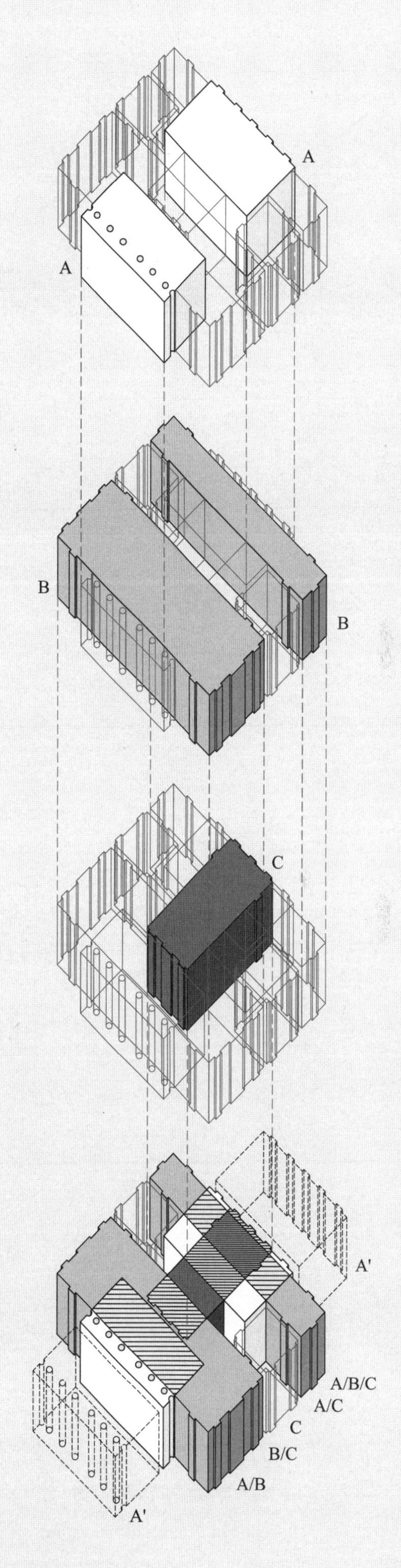

图 4.8 萨雷戈别墅的理想图解和虚拟图解。在“虚拟”别墅的一种版本中，存在一套复杂的标识体系，它显示建筑前端的门廊 A 在向一个隐含的过渡空间或流线空间 B 内挤压，而建筑后端则表现为 A/B/C 相互叠合

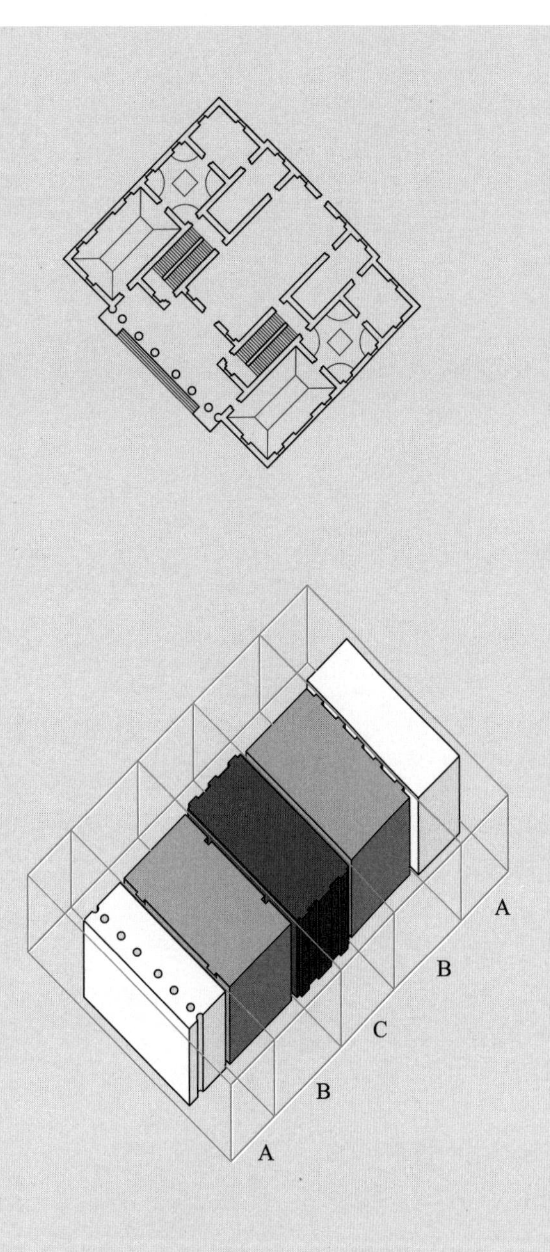

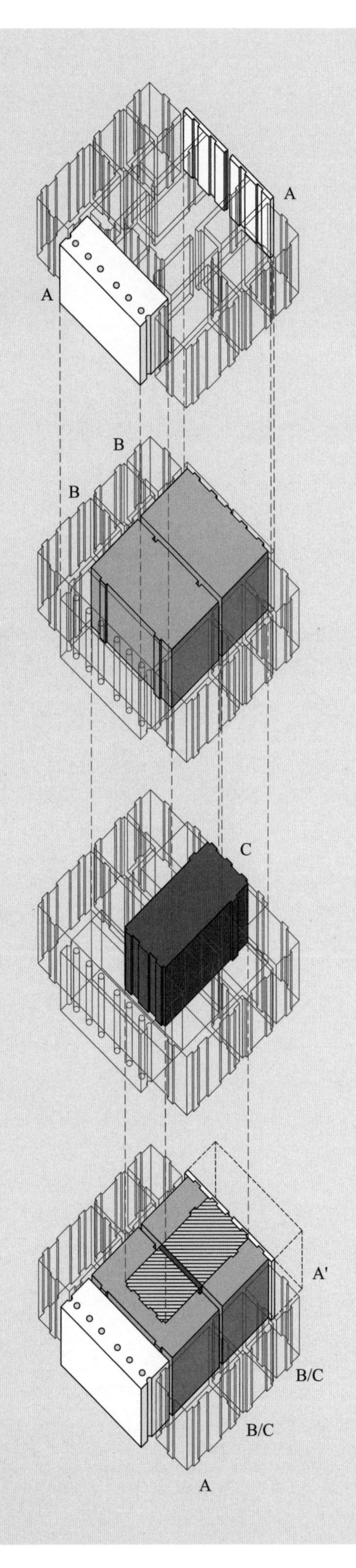

图 4.9　萨雷戈别墅的理想图解和虚拟图解。后侧门廊仅仅占据立面的位置，而中央空间 C 几乎没有存在感

内部平面布局明确地表述了一种横向 ABCBA 式解读，两个流线空间如同夹嵌在外缘房间和中厅之间的狭槽，但立面却是一个 ABA 三段式布局。正立面看上去像被 T 形门廊空间压入别墅主体，进而从前至后推压出一系列梯级形空间（图 4.10，图 4.11）。另外，门廊柱基线（column-line）稍微延伸至立面以外，与中央开间在建筑后端的延伸相似（图 4.12）。建筑两侧房间中发生的各种挤压和延伸促成了各个不同对称布局之间相互叠置的内部状态。贯穿中央空间的主导隐含对称中轴发生前移，移动到别墅外部总体量的实际中点位置，也就是与两个楼梯后缘对齐的位置（图 4.13）。

最后，门廊本身包含若干特殊状态。通常，门廊由四根或六根柱子构成，但是萨雷戈别墅却有八根。门廊最外侧的两根柱子嵌入侧墙，并与相邻的柱子匹配成对。剩余四根柱子的柱距似乎与两侧对柱的柱距并无关联，进而形成不均匀的柱间距。立面上，一条厚重的束带层将双层门廊隔断，这与帕拉第奥惯用的手法迥然不同，也不符合任何有关双层门廊的古典观念。帕拉第奥又一次改造了曾由伯拉孟特范式化的古典式母题（即此处的双层门廊），继而强调它与任何假定理想状态或任何先决存在条件之间的关系，同时将其从常规的或古典的语汇中解放出来。

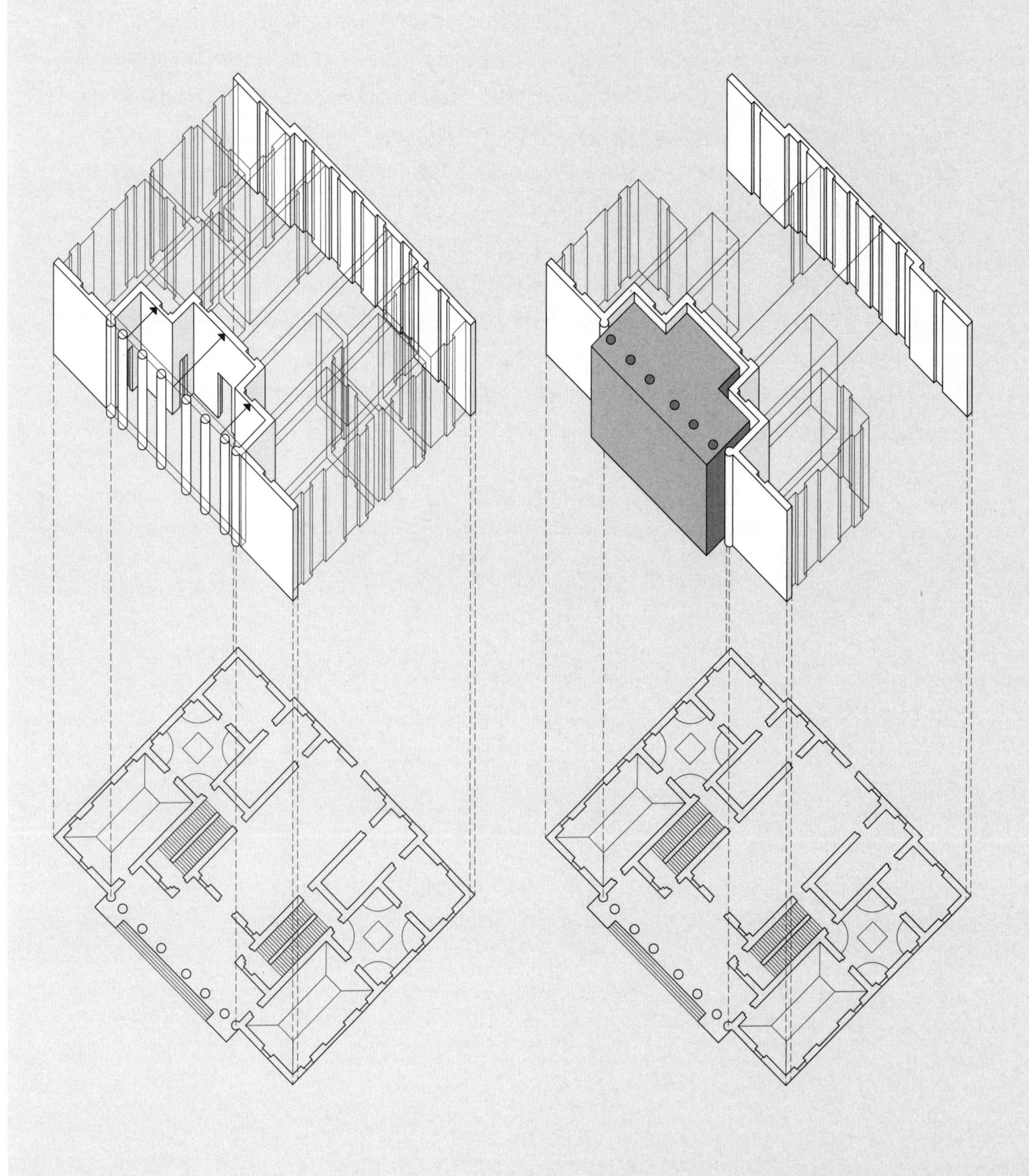

图 4.10 **萨雷戈别墅图解。正立面被压入别墅主体**

图 4.11 **萨雷戈别墅图解。T 形门廊空间从前至后推压出一系列梯级形空间**

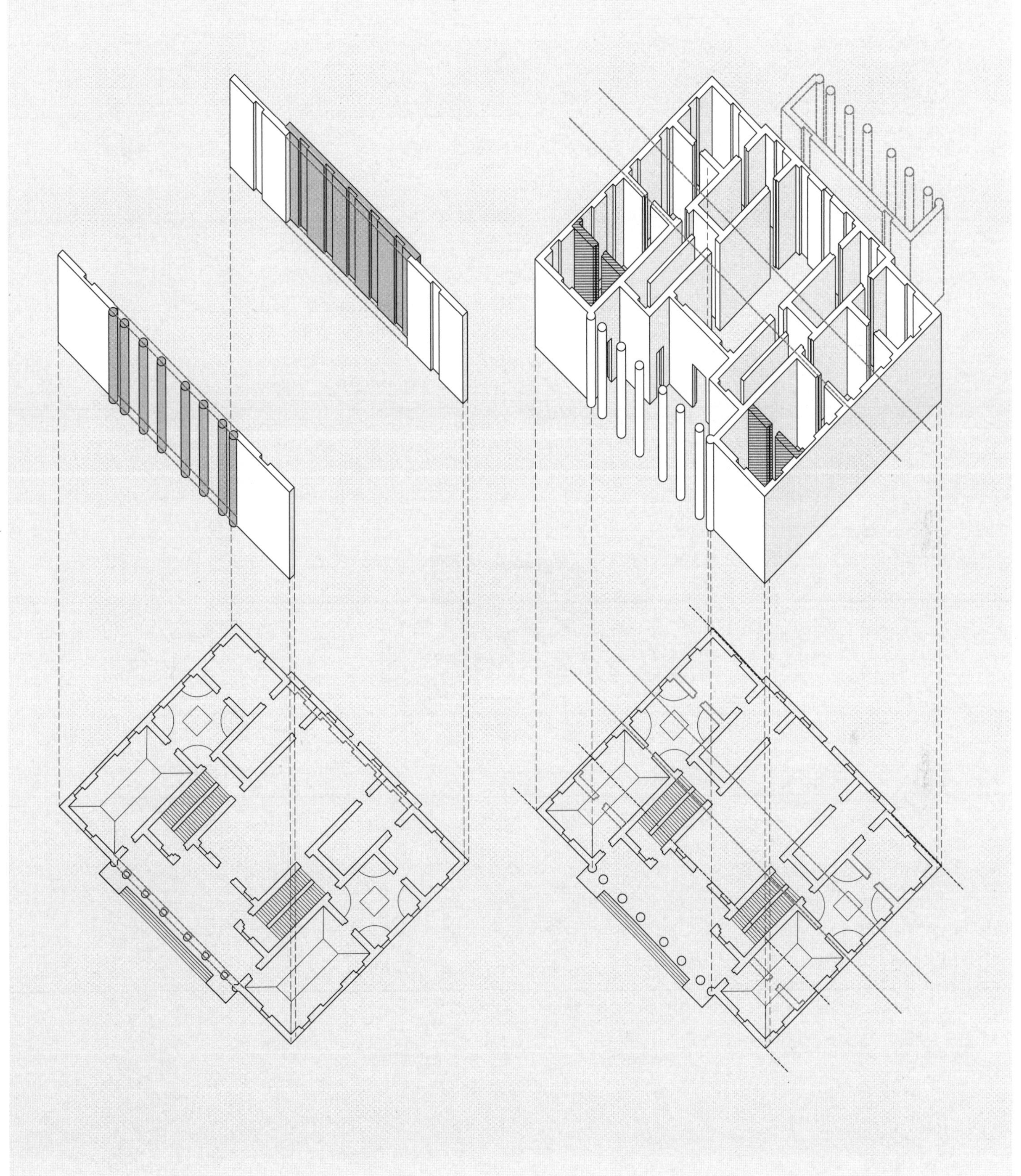

图 4.12　**萨雷戈别墅图解。门廊柱基线稍微延伸至立面以外，与中央开间在建筑后端的延伸相似**

图 4.13　**萨雷戈别墅图解。贯穿中央空间的主导隐含对称中轴发生前移，移动到别墅外部总体量的实际中点位置，即与两个楼梯后缘对齐的位置**

奇耶里卡提宫

1550 年

奇耶里卡提宫（图 5.1）坐落于维琴察中部的城区。虽然严格说来它不能算是别墅，仍然能将它归类为一种从庞贝延续下来的压缩别墅类型。宫殿有一个真正的门脸、一个双层拱廊，地面层用作敞廊。对这个建筑的概念性阅读是由压入敞廊的门廊触发的。贯穿立面的柱子那规律的节奏在门廊和凉廊交界的地方被打破了，这就造成一种双柱的局面：一根柱子被切实地压入另一根柱子里。这对复合柱比敞廊柱列稍微靠前，创造出一种线性的挤压感，这种挤压感在室内也得到了呼应。正面门廊和内化的北面门廊产生出一种拉长的、中心图形化空间，反过来又比周围的体量窄。

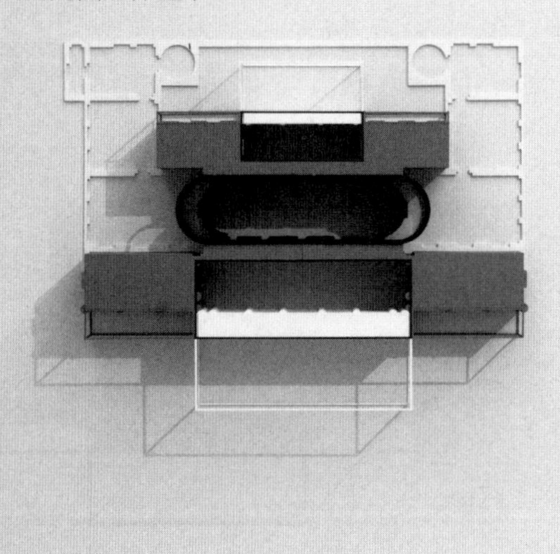

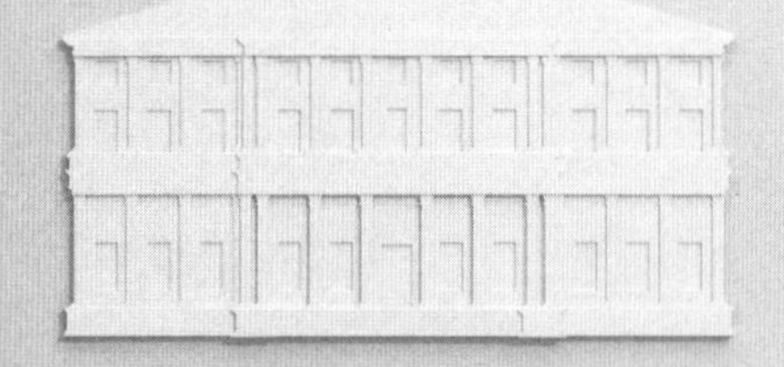

图 5.1　奇耶里卡提宫的分析模型

第 5 章

奇耶里卡提宫，维琴察，1550 年

Palazzo Chiericati，Vicenza

奇耶里卡提宫坐落于维琴察中部城区。虽然严格来说它不能算是别墅，但可以将它归类为一种压缩的别墅类型，与庞贝的韦蒂宅（Casa dei Vettii in Pompeii，约公元 62 年）一脉相承（图 5.2）。宫殿设有名副其实的门脸（frontispiece）以及双层拱廊（arcade），拱廊的下层用作敞廊（loggia）。柱列横跨立面，其规律的节奏在门廊和敞廊相交的位置被打破，并形成一对“双柱”（doubled column）：一根柱子被切切实实地压入另一根柱子。这对复合柱比敞廊柱列微微靠前，促成一种线性的挤压感，这种挤压感在整个建筑内部都得到了呼应。正面门廊和“内化的”（internalized）背面门廊同时向内挤压，产生一个拉长的图形化中央空间，而这个空间又窄于自身周围的体量。双柱的存在为“门廊压入建筑主体”这一解读奠定了基调。

分析模型

理想图解和虚拟图解之间的关系在奇耶里卡提宫的分析模型中有所体现，模型中与轴测图相关的若干重要因素也将得到说明。首先，模型正面的白色线框体量表现的是一个虚拟（不可见但是在概念上是存在的）门廊 A，它与实际的门廊 A 等大，但其所在位置却像是从实际门廊的位置分离或拉伸开来的一般，实际门廊与相邻的敞廊相叠合。敞廊可以在概念上被视为中性，表现为灰色实心 B 体量。第一排柱列外侧的前台阶表现为一个白色实心体量，用灰色线框勾勒，代表相邻 B 空间的隐含体积。门廊 A 向敞廊 B 所在空间内部挤压，形成一个虚部，也就是说，由此产生的 A/B 空间在概念上是活跃的，既不以 A 为主导，也不以 B 为主导。奇耶里卡提宫后院的情况与其相似，但横向尺度较短。在这两个 A/B 虚空间之间，存在一个菱形中央 C 空间。它是帕拉第奥作品中为数不多的类似的中央空间之一。在模型中它表现为一个“图形化的虚部”，墙体填充处于活跃状态，定义了中央体量。

几何图解

不存在任何一个常规的几何图形足以解释奇耶里卡提宫的布局，该建筑的特点是其“被压缩的理想性”（compressed ideality）。然而，宫殿中存在诸多半理想化布局的例证。首先是最显而易见的几何叠置，以单个正方形描述宫殿进深及中央开间，后者宽度由位于建筑背面两侧的一对楼梯决定（图 5.3）。由这个正方形可以推出三个相互叠合的正方形。这三个正方形定义了别墅的总宽，同时限定了中段的虚部（图 5.4）。在第二个单一正方形图解中，部分包含了平面上图形化中央区域，而左右两侧靠外的房间则被排除在外。这个正方形后侧与后门廊台阶外缘对齐，前侧却止于前门廊台阶内缘（图 5.5）。两个互相叠合的等边正方

IN VICENZA ſopra la piazza, che uolgarmēte ſi dice l'Iſola; ha fabricato ſecondo la inuentione, che ſegue, il Conte Valerio Chiericato, cauallier & gentil'huomo honorato di quella città. Hà queſta fabrica nella parte di ſotto una loggia dauanti, che piglia tutta la facciata: il pauimento del primo ordine s'alza da terra cinque piedi: il che è ſtato fatto ſi per ponerui ſotto le cantine, & altri luoghi appartenenti al commodo della caſa, i quali non ſariano riuſciti ſe foſſero ſtati fatti del tutto ſotterra; percioche il fiume non è molto diſcoſto; ſi ancho accioche gli ordini di ſopra meglio godeſſero del bel ſito dinanzi. Le ſtanze maggiori hanno i uolti loro alti ſecondo il primo modo dell'altezze de' uolti: le mediocri ſono inuoltate à lunette; & hanno i uolti tanto alti quanto ſono quelli delle maggiori. I camerini ſono ancor eſsi in uolto, e ſono amezati. Sono tutti queſti uolti ornati di compartimenti di ſtucco eccellentisſimi di mano di Meſſer Bartolameo Ridolfi Scultore Veroneſe; & di pitture di mano di Meſſer Domenico Rizzo, & di Meſſer Battiſta Venetiano, huomini ſingolari in queſte profesſioni. La ſala è di ſopra nel mezo della facciata: & occupa della loggia di ſotto la parte di mezo. La ſua altezza è fin ſotto il tetto: e perche eſce alquanto in fuori; ha ſotto gli Angoli le colonne doppie, dall'una e l'altra parte di queſta ſala ui ſono due loggie, cioè una per banda; le quali hanno i ſoffitti loro, ouer lacunari ornati di bellisſimi quadri di pittura, e fanno bellisſima uiſta. Il primo ordine della facciata è Dorico, & il ſecondo è Ionico.

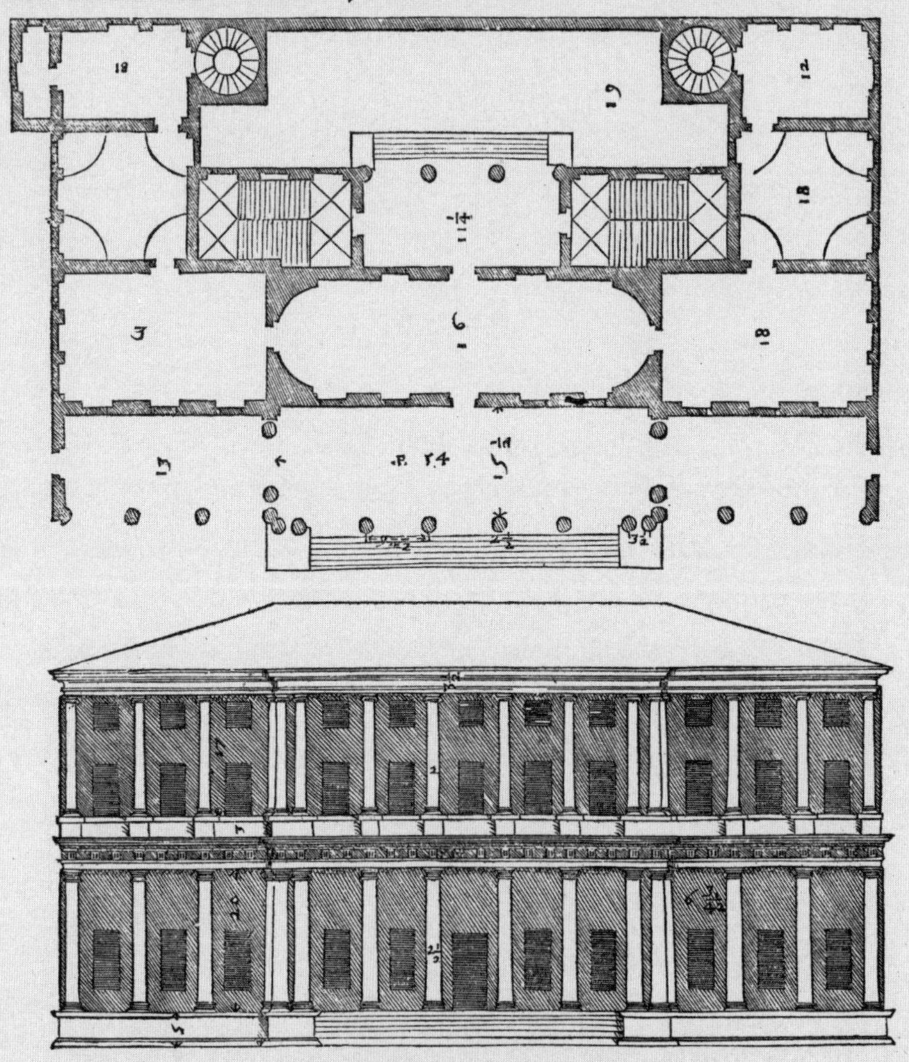

SEGVE il diſegno di parte della facciata in forma maggiore.

图 5.2 帕拉第奥，奇耶里卡提宫的平面图和立面图，《建筑四书》，1570 年

形——其中一个的前侧与前台阶外缘对齐，另一个与别墅后墙对齐——将整体纵深包括在内，二者重叠的区域划定出两个主要内部开间：中央的菱形 C 空间以及后侧楼梯（图 5.6）。然而，与之前的图解不同，这个图解与中心线或内部对称性并无关联。

另外三个与之前大小相似的正方形相互重叠，界定了宫殿内部主体，两侧正方形的间距等于两中柱之间的距离。可以将相同的三个正方形向前位移，使之与前门廊台阶外缘以及后侧对称楼梯的后缘对齐，它们以同样的方式界定了前后两对中柱之间的距离（图 5.7，图 5.8）。两中柱外侧之间的距离也可以通过两个较大的正方形来划定，它们的总宽等于宫殿的总宽，前后两侧分别与前排柱列内缘和后墙内缘对齐。但是此处，门廊柱及台阶无法与之对齐（图 5.9）。两个重叠于中央开间内的正方形包含了宫殿平面中另一个特殊要素：位于后侧的两个螺旋楼梯（图 5.10）。最后一个图解中的两个正方形定义了宫殿的中央体量，二者叠合区域对应后门廊的宽（图 5.11）。帕拉第奥式“不确定性”（irresolution）或“不可判定性”（undecidability）的一个显著特征是，某一图解看似是建筑的布局原理，但其中总有某些细节与之不符。通常，当把这些细节校准之时，图解其他部分又将无法对齐。

理想图解与虚拟图解

所有项目中，奇耶里卡提宫是在实际和概念两个层面上“挤压”最为明显的一例，由挤压产生的横向密度甚高。对中央填充空间的清晰刻画，以及对门廊向拱廊的转换或者 B 空间的实际压迫的柱子标识（columnar notation），使得我们能很快建立起一个理想版本的奇耶里卡提宫的坐标（图 5.12）。理想图解是条带状的纵向 ABCBA 布局，其中所有条带基本等宽。然而这是一座通过多层重叠来引导注意力的虚拟别墅。门廊 A 和间隙空间 B 本身较为常规，但建筑前后同时发生由 A 向 B 的挤压，从而促成了菱形 C 空间的形成。第二个虚拟图解将层叠的 ABCBA 理想图解进一步复杂化。它实际上是对四开间 ABBA 布局的体现，是门廊和中央空间之间少见的无过渡衔接的结果。在这一解读中，中央 C 空间与第一个内部 B 开间相互叠合，产生 A、B/C、B/A、A 序列（图 5.13）。

奇耶里卡提宫与其他帕拉第奥式项目有两大区别。首先，横跨整个双层立面的敞廊在作为建筑门脸的同时又包含了一个门廊；其次，与其他少数帕拉第奥项目类似，奇耶里卡提宫在平面上由一系列平行于立面的横向层次构成。理解层叠式图解中各种转化的关键在于敞廊中部的双柱（图 5.14）。这个细节堪称绝妙：两根单柱分别从两侧夹拥双柱，而双层敞廊的上层是填实的。一层和二层的檐口（cornice）线条稍有刻画，它们从立面中央的开间向外突出着。

这种虚拟状态中暗含一组标识上对称的序列——ABCBA，方向是从前到后，以标记其位置及功能关系，而非理想几何关系。若以特定的顺序来解读，门廊可被视为是“虚拟”的、消失的体量，它被压入 B 空间，即一个位于门廊 A 与主空间 C 之间的横向流线空间。如果将奇耶里卡提宫与一个包含门廊、流线空间、中央主空间、[另一个]流线空间及后门廊（ABCBA）的理想别墅作比较，就会发现别墅正面缺少一个真正的门廊，却有着作为流线空间使用的敞廊，以及后侧的隐含门廊。但还有另一种可能的解读，它包含另外两种虚拟门廊状态。在这种解读中，首先存在从前至后的挤压，而后是从后至前的挤压。在从前至后的挤压中，门廊被压入敞廊。在从后至前的解读中，门廊从后侧压入 B 流线开间，在后院中留下一个虚部。正面由此形成 A/B 状态，并在 A 与 B 相叠加的过程中产生一种概念性的空间密度。这一密度在建筑前端

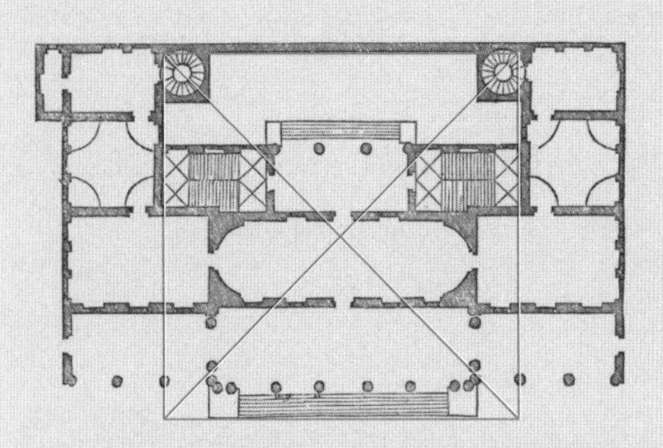

图 5.3　奇耶里卡提宫的几何图解。单个正方形划出宫殿进深及中央开间，后者宽度由位于建筑后部两侧的一对楼梯决定

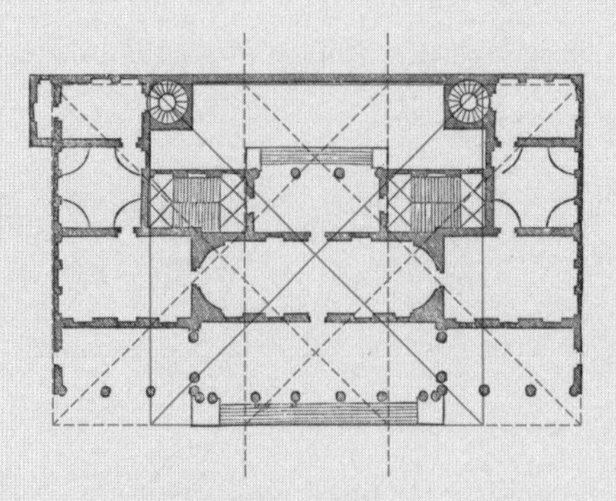

图 5.4　奇耶里卡提宫的几何图解。三个正方形定义了别墅的总宽，同时限定了中段的虚部

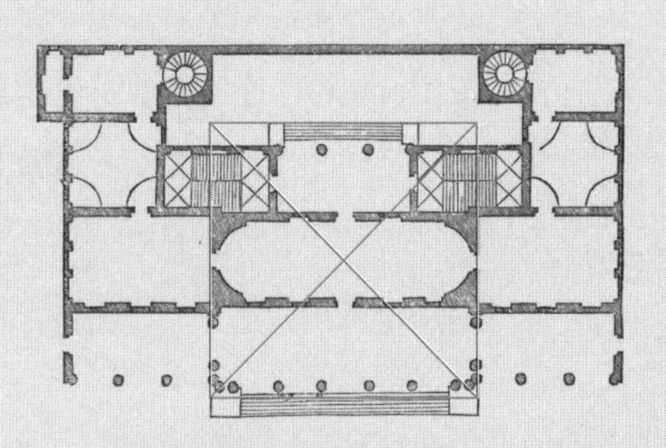

图 5.5　奇耶里卡提宫的几何图解。第二个单一正方形将建筑平面上图形化的中央区域部分围合起来，而左右两侧靠外的房间则被排除在外

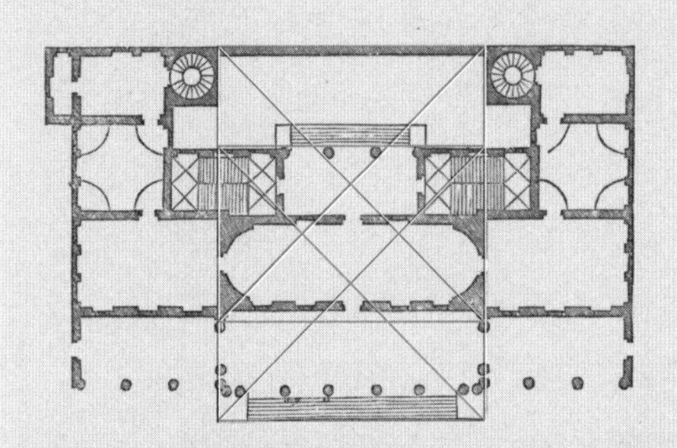

图 5.6　奇耶里卡提宫的几何图解。两正方形重叠的区域划定出两个主要内部开间

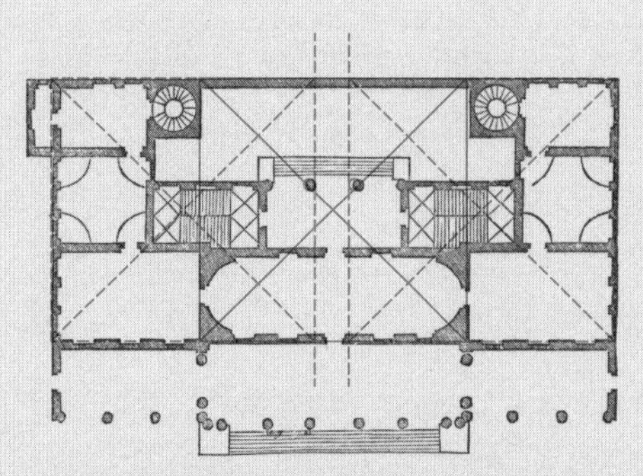

图 5.7　奇耶里卡提宫的几何图解。三个相互重叠的正方形界定了宫殿内部主体，两侧正方形的间距等于两中柱之间的距离

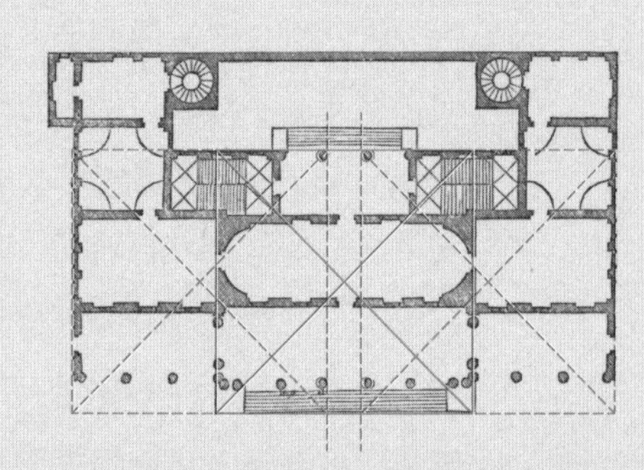

图 5.8　奇耶里卡提宫的几何图解。相同的三个正方形发生位移，使之与前门廊台阶外缘以及后侧对称楼梯的后缘对齐，它们界定了前后两对中柱之间的距离

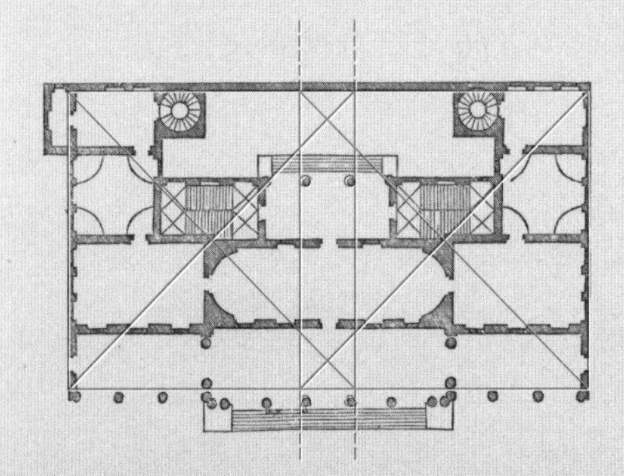

图 5.9　奇耶里卡提宫的几何图解。两个较大的正方形划定了两中柱外侧之间的距离，它们的总宽等于宫殿的总宽

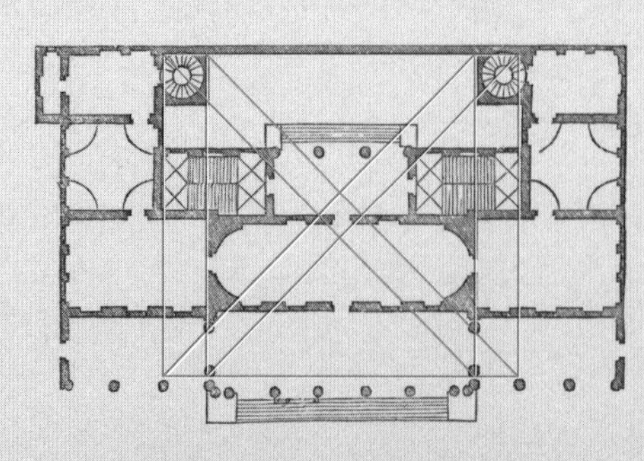

图 5.10　奇耶里卡提宫的几何图解。两个重叠于中央开间内的正方形包含了位于后侧的两个螺旋楼梯

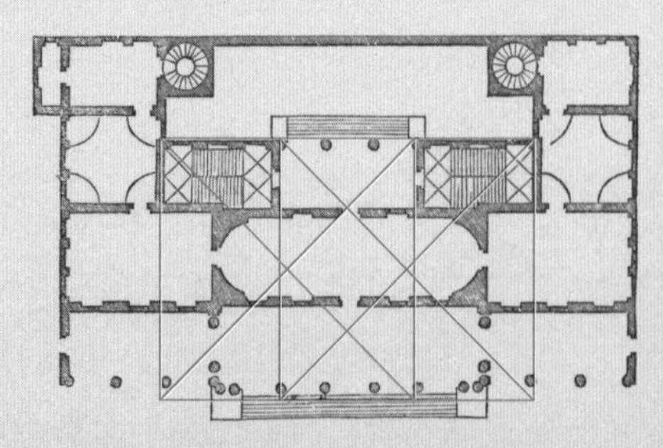

图 5.11　奇耶里卡提宫的几何图解。两个正方形定义了宫殿的中央体量，二者叠合区域对应后门廊的宽

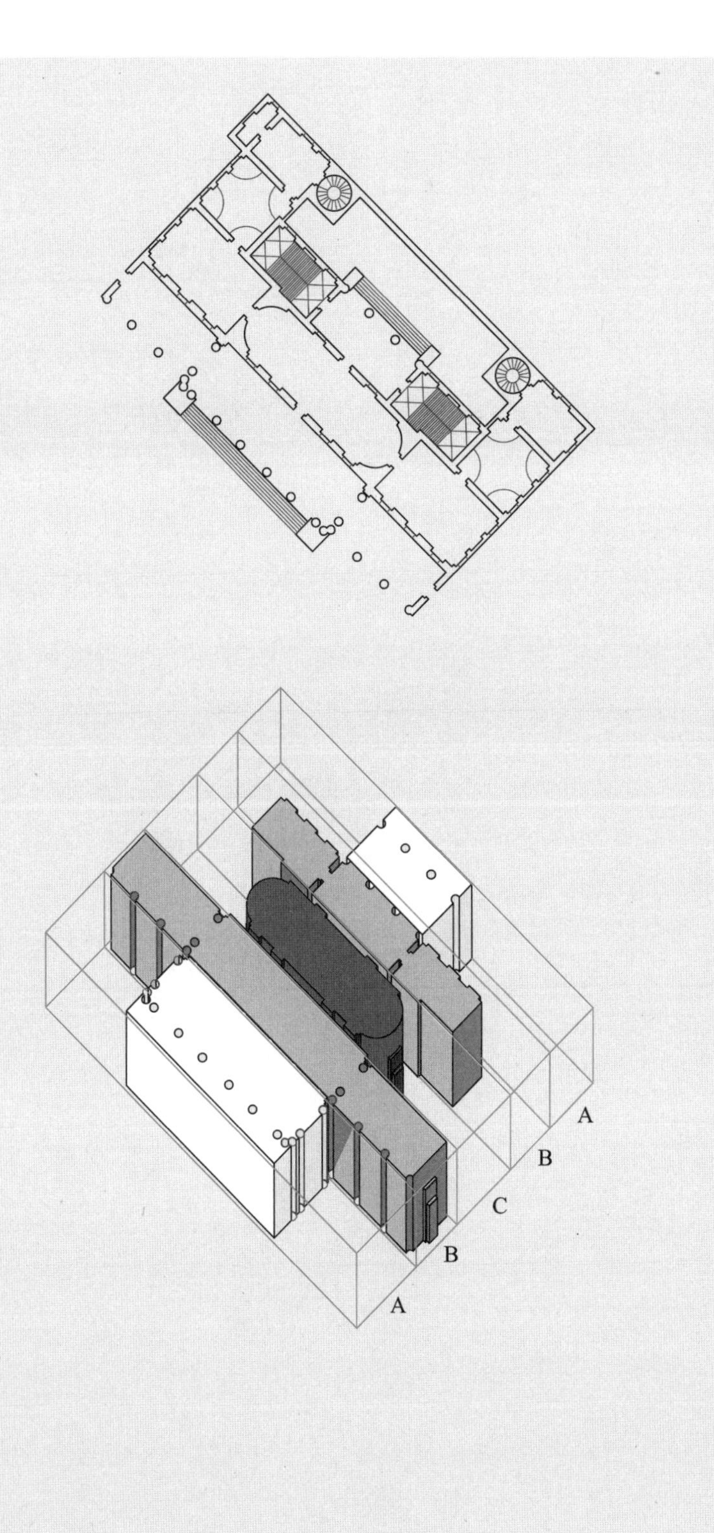

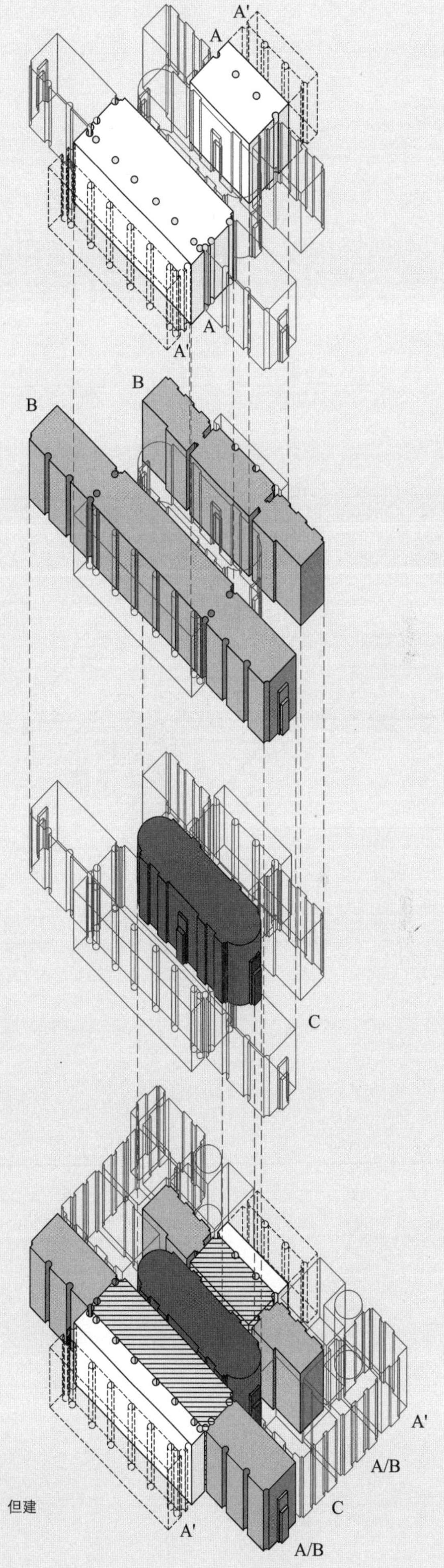

图 5.12　奇耶里卡提宫的理想图解和虚拟图解。门廊 A 和间隙空间 B 本身较为常规，但建筑前后同时发生由 A 向 B 的挤压，从而促成了菱形 C 空间的形成

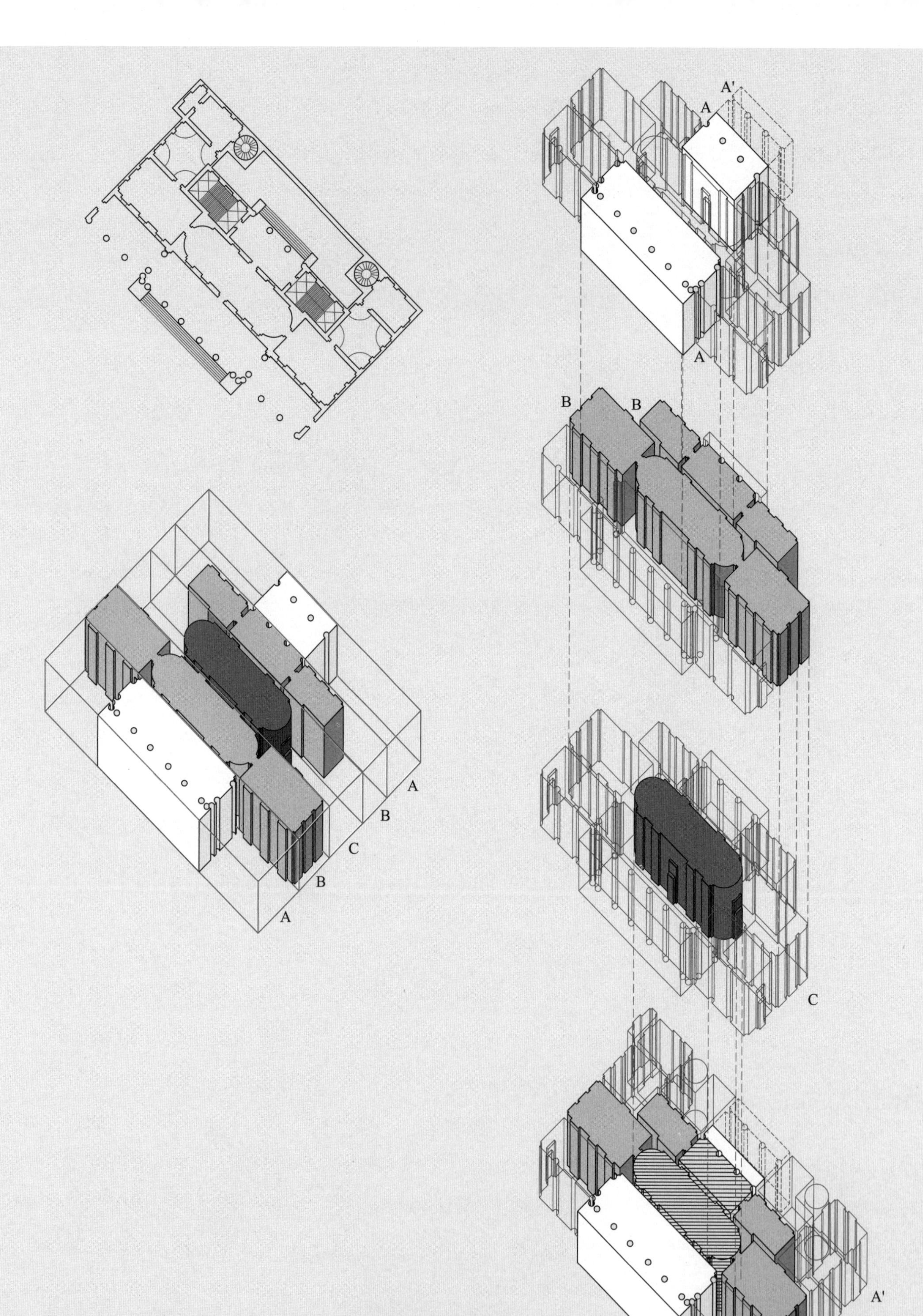

图 5.13　奇耶里卡提宫的理想图解和虚拟图解。第二个虚拟图解将层叠式 ABCBA 理想图解进一步复杂化。它实际上是对四开间 ABBA 布局的体现，是门廊和中央空间之间少见的无过渡衔接的结果

中央门廊的双柱中得到了体现 。A 向 B 内的挤压是一种古典式关系的内部转化，它在空间中产生了概念性的密度。

C 空间，或说主空间，是由理想化集中式形式受挤压而成，这些空间就如同被置放在加压的虎钳内一般。虽然宫殿平面从前至后表述为 ABCBA，但在某种程度上，C 空间就是由门廊向过渡空间内的挤压所产生的——如果我们认为这个 C 空间是由填充空间的表达所定义的（图 5.15）。C 空间不同寻常的图形源自我们最初对 A 的不确定性解读：这一空间到底是门廊，还是柱列？因此，第二个空间，或者说 B 空间，看上去是重复的：A 空间和 B 空间两相叠加。也可以将这些空间解读为 B 和 C，此时 B 空间进一步向中央 C 空间内挤压。类似的，后侧的 B 空间也受到后门廊的挤压。因此，C 空间同时受到两个空间的挤压。进而我们读到的是一个受到双重挤压的虚部，可以被解读为一个表达充分的图形化体量，并使我们得以解读 A/B 空间、C/B 空间以及 B/A 空间。在宫殿的概念性解读中，这个“剩余的”虚空间是不活跃的。

奇耶里卡提宫中，虚拟状态发生了两次转变。其一是切实发生在理想化别墅上的物理形变（physical deformation），由此产生的是从前至后的层叠。这一形变（即理想与实际之间的关系）进而生成了概念性密度。如果仅把长宽比例视为唯一的形式条件，那么也就只能看到建筑中的层叠状态，而不是将其理解为一种理想图解的形变，也就不能理解概念上的高密度。这一挤压继而促成第二个转变，即一系列叠置。正如奇耶里卡提宫，在卡尔·弗里德里希·申克尔（Karl Friedrich Schinkel）的柏林旧博物馆（Altes Museum，1830 年）中，各主导空间之间的不稳定关系也导致了类似的不确定性解读。

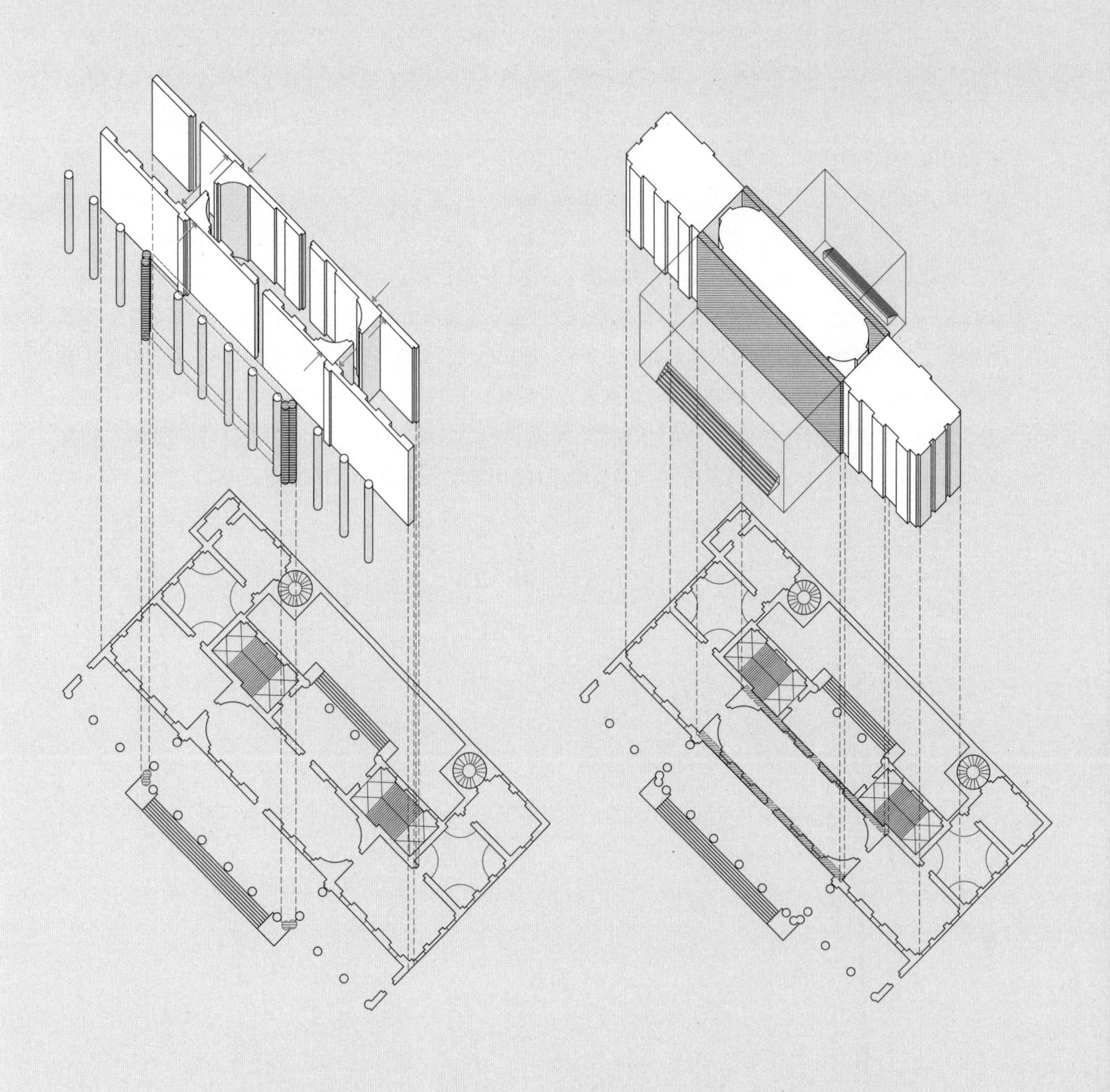

图 5.14　奇耶里卡提宫图解。平面上，宫殿由一系列平行于立面的横向层次构成。理解层叠式图解中各种转化的关键在于敞廊中部的那对双柱

图 5.15　奇耶里卡提宫图解。虽然宫殿平面从前至后表述为 ABCBA，但在某种程度上，C 空间就是由门廊向过渡空间内的挤压所产生的

另一方面，与柏林旧博物馆不同，奇耶里卡提宫中，前门廊和敞廊空间生成了 A 和 B 两个空间的倍增（doubling）。物理上的虚空间之间的叠合在概念上生成了活跃空间或密集空间，即双重活跃的虚部。与米耶加的萨雷戈别墅等项目不同，奇耶里卡提宫的门廊没有嵌入内部空间，而是有如被置入敞廊这个既不属于内部又不属于外部的空间。传统的 C 空间或图形化空间是唯一带有填充部分的空间，也表现为一个被压缩的对称空间。中央体量的两端及中间看似都是对称的，但是，前侧墙体（即门廊外立面）门洞两侧各有两个壁龛，而后侧墙体门洞两侧各只有一个（图 5.16）。这也是作为薄膜（membrane）的帕拉第奥式立面通过内外表皮来表现内外差异的一个例子。在正面，门廊与宫殿等宽，使得能在室内立面中表达四个壁龛。背面门廊的宽度只有一半，仅有两根而不是四根柱子。后墙上的两个壁龛对应背面的双柱门廊。在某种程度上，看似对称的空间实则分为两半：靠前的一半与前门廊相关联，而靠后的一半与后门廊相关联。前后之间的区别在平面上就表现在后侧壁龛的缺失。两侧房间中的壁龛和通道尚有若干其他较为次要的无法对齐的情况，再加上宫殿后侧附加的小房间，进一步动摇了理想化的解读（图 5.17，图 5.18）。

那些缺失的部分又存在于概念之中，构成了细节层面上的不稳定要素。以整体为参照，各个部分被组织起来，在这样的总体布局中，不稳定性在宫殿中看似常规的空间层叠里得到了体现：双重虚部（前门廊 A 与外部过渡空间 B 相叠置）、正图形（positive figure）（中央空间 C）、位于错误位置上的单一虚部（后门廊 A）以及缺失的虚部（庭院里后门廊的隐含位置）。这些层块相加不等于一个不变的、理想的整体。相反，诞生于其中的是虚拟的图解，是一系列不稳定的碎片。在保留建筑体量完整性（integrity）的同时，奇耶里卡提宫对理想别墅中“集中性”（centrality）的必要性作出了最强有力的批判。

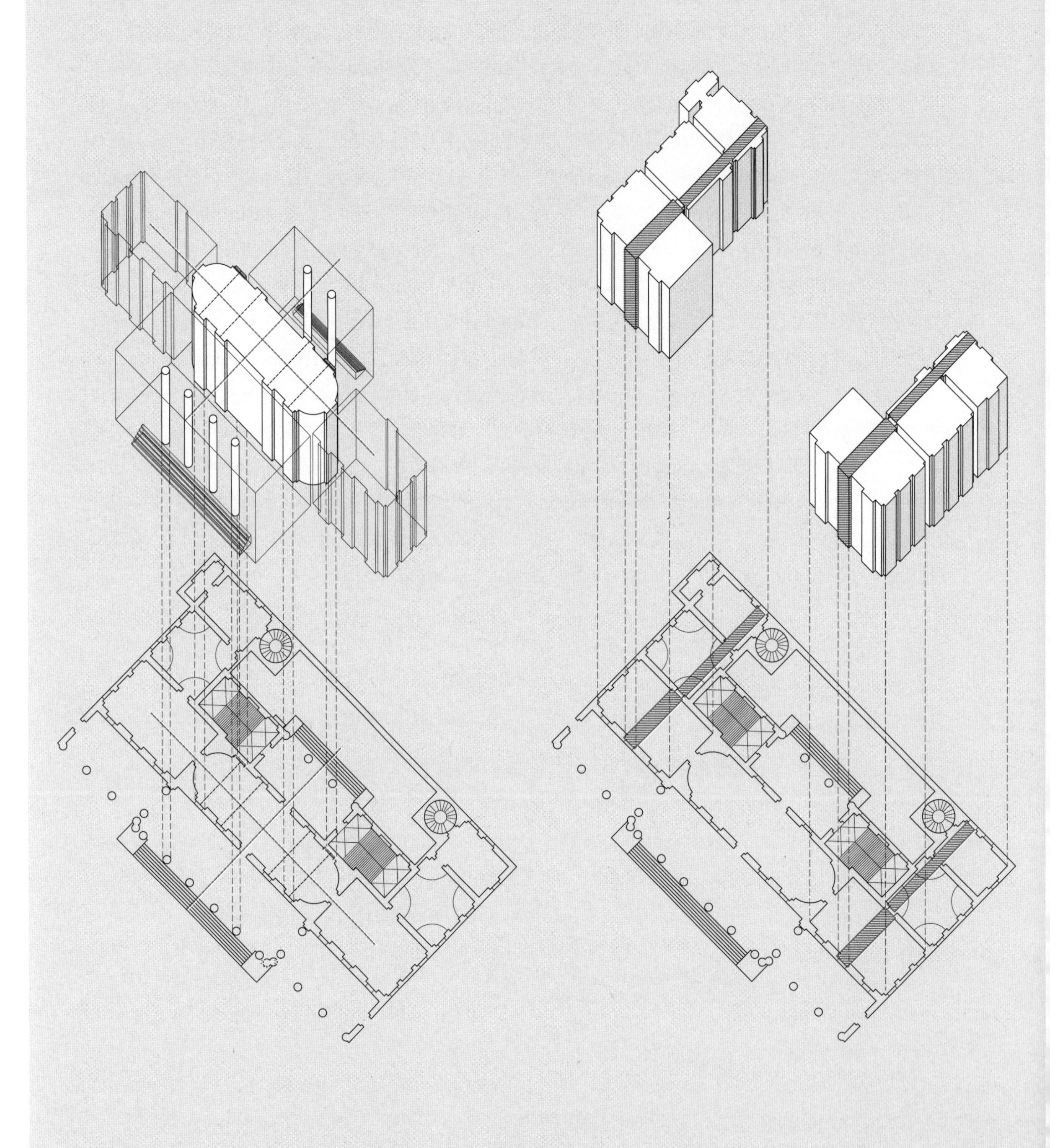

图 5.16　奇耶里卡提宫图解。中央体量的两端及中间看似都是对称的，但是，前侧墙体门洞两侧各有两个壁龛，而后侧墙体门洞两侧各只有一个

图 5.17　奇耶里卡提宫图解。两侧房间中的壁龛和门道尚有若干其他较为次要的无法对齐的情况，进一步使得理想化的解读发生动摇

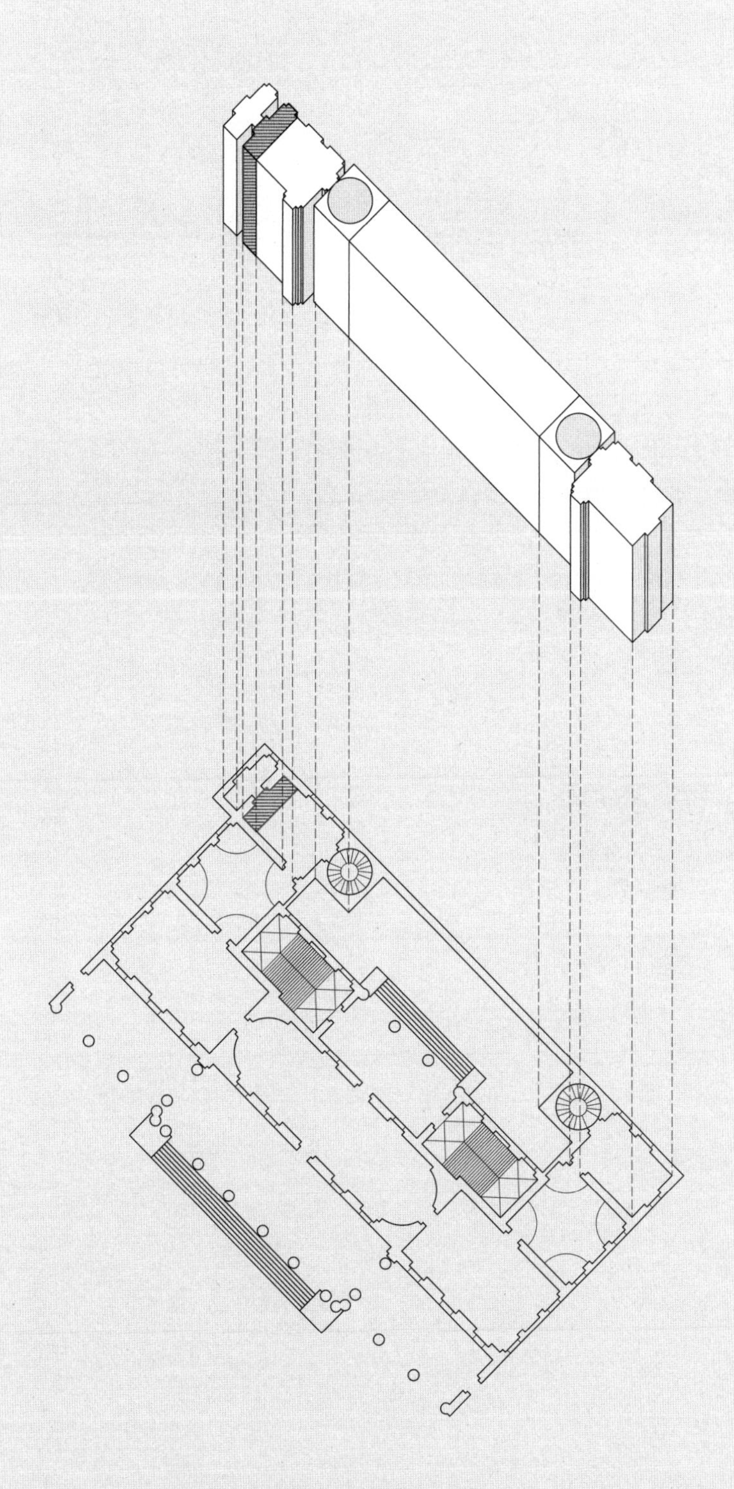

图 5.18　奇耶里卡提宫图解。宫殿后侧附加的小房间进一步动摇了理想化的解读

瓦尔马拉纳别墅

1563 年

坐落于利谢拉的瓦尔马拉纳别墅（图 6.1）是帕拉第奥单体别墅中较为复杂和微妙的一个。它展现了带拱廊的谷仓初出的可能性，并且像奇耶里卡提宫那样，在很多方面包含了前后挤压的概念，形成一系列平行层。正是两个项目的差异之处定义了瓦尔马拉纳别墅。与奇耶里卡提宫相仿，瓦尔马拉纳别墅也有一个双层门廊，厚重的额枋和栏杆突出于带门廊的山墙。但不同于奇耶里卡提宫的是，平面和立面由四个刻画细致的角楼支配，就像提耶内宫那样。也许最重要的区别在于平面和立面上的表达，由一系列横向的条带空间组成，同时保留了串联套间的体量。最后，奇耶里卡提宫中的柱子较之敞廊柱列略微靠前，在这里，两列柱子垂直于别墅主体方向，突出于主体之外，创造出后续谷仓计划的一个奇特先驱。

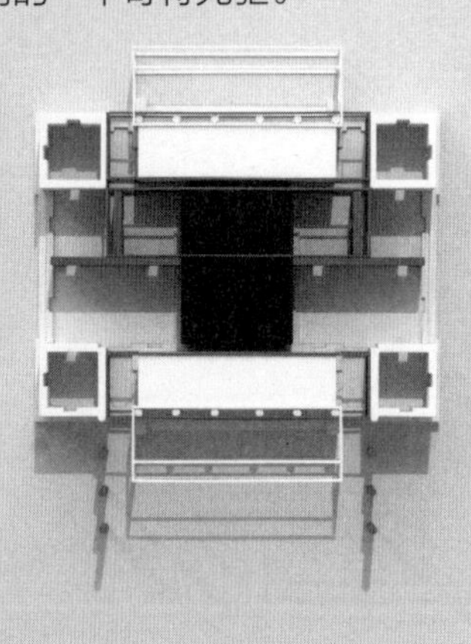

图 6.1　瓦尔马拉纳别墅的分析模型

第 6 章

瓦尔马拉纳别墅，利谢拉，1563 年

Villa Valmarana，Lisiera

坐落于利谢拉的瓦尔马拉纳别墅是帕拉第奥单体别墅中较为复杂和微妙的一个。带拱廊的谷仓苗头初现，并且在很多方面与奇耶里卡提宫相似，建筑表达了前后挤压的概念，在平面上形成了一系列隐含的平行层。与奇耶里卡提宫之间的区别有助于定义瓦尔马拉纳别墅。与奇耶里卡提宫类似，瓦尔马拉纳别墅有一个双层门廊，厚重的额枋（architrave）和栏杆（balustrade）向外出挑，突出于门廊山墙（图 6.2）。但不同于奇耶里卡提宫，四个刻画清晰的角楼支配了瓦尔马拉纳别墅的平面和立面，这与提耶内宫是类似的。也许奇耶里卡提宫与瓦尔马拉纳别墅之间最重要的区别就在于平面及立面的刻画，后者在平面上由一系列横向条带状层块构成，而在立面上出现了角楼。最后，在奇耶里卡提宫中，前门廊上的两根柱子比敞廊柱列略微靠前，而在瓦尔马拉纳别墅中，类似的两列柱子在垂直于别墅主体方向，向外突出，形成一个前院原型（proto-forecourt），它预示了之后将要出现的“谷仓”项目（barchessa projects），也可以说它是“谷仓”项目的一个先例。

分析模型

瓦尔马拉纳别墅的微妙之处在模型中有所体现。模型仅表现了三种空间：前门廊、后门廊以及中央 C 空间，三者均为实心体量，或者说概念上不活跃的元素。四个角楼以及前后门廊立柱表现为垂直拉伸而成的白色元素，定义了入口或门廊序列 A。建筑内部，除实体白色 A 元素以及实体黑色中央 C 体量之外，还有灰色框架 B 体量以及内墙体量，意味着这些过渡空间在概念上是中性的，也就是说，它们帮助定义别墅的内部布局，但几乎不会影响平面上的主导 ACA 对称关系。前后两侧的白色框架体量呈现了门廊的隐含或虚拟方位，这一方位使得前后向 ABCBA 对称关系成为可能。最后，构成前院原型的立柱呈灰色，属于从外至内的过渡空间的一部分，而非前门廊的一部分。

几何图解

几何叠置的诸多变体都可用以描述瓦尔马拉纳别墅。最基础的图解是一个与别墅主体等宽的正方形，其后侧与建筑后部的角楼边线对齐，前侧将别墅前院的六根独立柱包围在内（图 6.3）。虽然这个正方形包含了别墅主体以及前端的谷仓原型，但是却将后侧的门廊排除在外。第二个图解展示了建筑内部的对称轴和发生位移的正方形，定义了缺失或隐含的后院空间（图 6.4）。第三个图解表现了两个边长等于别墅主体进深的正方形，它们重叠的区域对应门廊或中央开间的宽。在这个图解中，中央 C 空间看上去像是从两侧

SECONDO. 59

A LISIERA luoco propinquo à Vicenza è la ſeguente fabrica edificata già dalla felice memoria del Signor Gio. Franceſco Valmarana. Le loggie ſono di ordine Ionico: le colonne hanno ſotto vna baſa quadra, che gira intorno à tutta la caſa: à queſta altezza è il piano delle loggie, e delle ſtanze, le quali tutte ſono in ſolaro: ne gli angoli della caſa ui ſono quattro torri: le quali ſono in uolto: la ſala anco è inuoltata à faſcia: Ha queſta fabrica due cortili, vno dauanti per uſo del padrone, e l'altro di dietro, oue ſi trebbia il grano, & ha i coperti, ne' quali ſono accommodati tutti i luoghi pertinenti all'uſo di Villa.

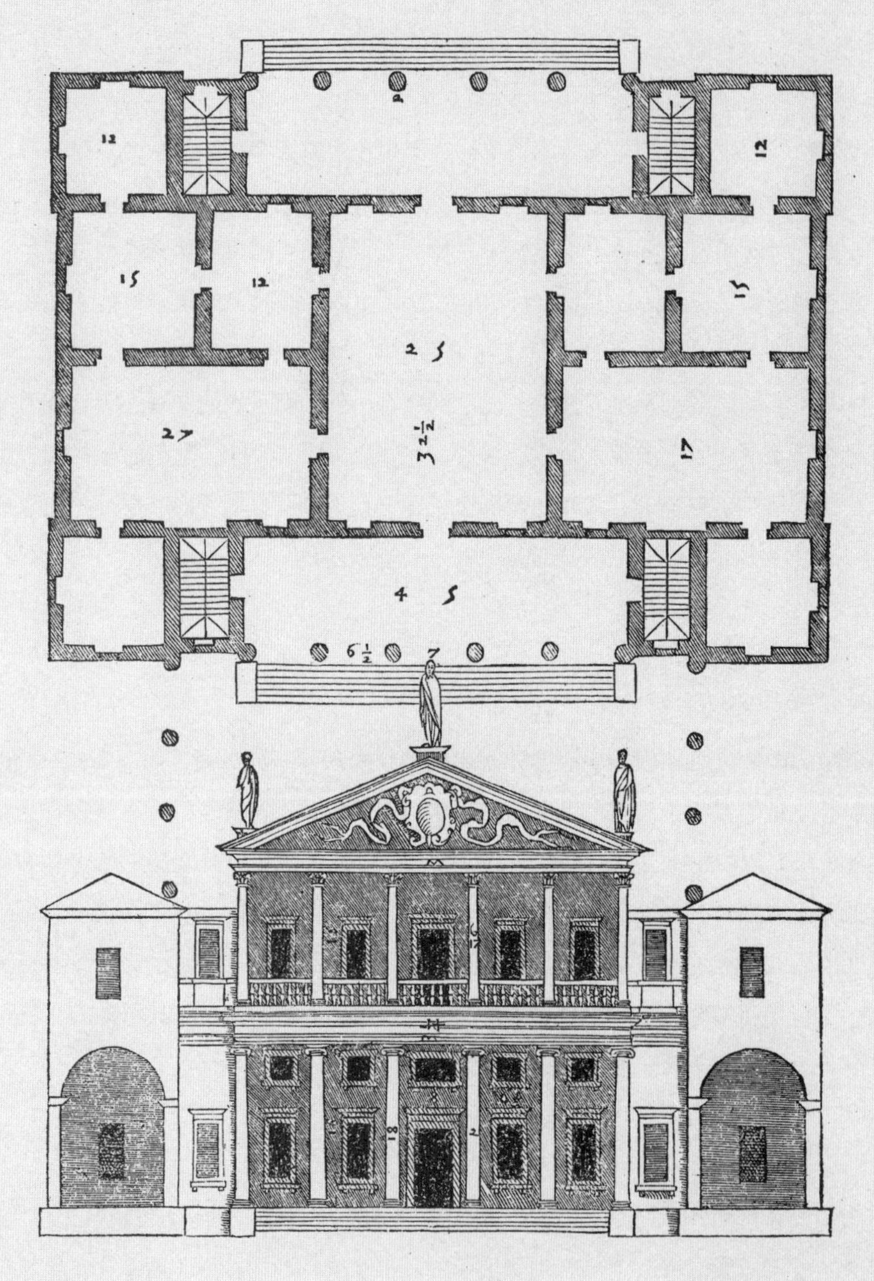

HH 2 LA SEGVENTE

图 6.2 帕拉第奥，瓦尔马拉纳别墅的平面图和立面图，《建筑四书》，1570 年

受到了挤压（图 6.5）。另可作一个与门廊开间（包括其两侧较小的楼梯开间）等宽的正方形，使其与前门廊台阶及后门廊内墙对齐，或是与后门廊台阶及前门廊内墙对齐。可以将这个正方形向前后或左右平移：如果向前后平移，那么角楼和建筑内部两侧的部分房间将被排除在外；如果向左右平移，那么前门廊和角楼将被排除在外（图 6.6，图 6.7）。当正方形的边长进一步减至与门廊本身等宽，然后向前后平移，图解就会揭示，看似将别墅前后分割开来的内墙其实是稍微偏离别墅中心线的（图 6.8）。在建筑后部两侧房间的内墙之间作两个较小的正方形，二者重叠，显示中央室壁龛与门廊立柱的柱间中点是对齐的（图 6.9）。最后，在四个角楼之间作一个居中对称的正方形，这一图解中，前后立面的墙体被排除在外（图 6.10）。

理想图解与虚拟图解

与其他许多别墅相比，瓦尔马拉纳别墅具有相对简明的分析架构。除去两道内墙，建筑平面呈前后向 ACA 对称关系。但是，为了接近理想别墅的样子，有必要将两个门廊空间从它们的实际位置向外移动，形成一个纯粹的 ABCBA 序列，而不是 A/B、C、A/B（图 6.11）。假定它们的实际位置为基准状态，两个门廊就可被视为稳定要素，而由过渡空间和中央空间构成的内部布局则是不稳定的。在另一个虚拟图解中，当四开间平面布局内部呈现为一组 ABBA 序列时，建筑不再具有定义明确的中央空间 C（图 6.12）。事实上，平面中唯一的不对称关系出现在中央空间 C 周围。中央空间 C 呈矩形，两翼是两组等宽的房间，但是每组房间中各有一间是一分为二的，另一间未作分割，因此略显不对称（图 6.13）。

此外还存在两种矛盾的标识系统。首先是与建筑横向肌理相垂直的四个楼梯，它们构成了一种次要解读：一个叠加在常规的帕拉第奥式串联房间（en suite rooms）之上的网格。其次是常规条带式平面上对四个角楼的刻画。作为 A 要素，这些塔楼连同前后门廊一起叠加在前后两个过渡层 B 之上。虽然最初可将四个角楼视为对称布局的一部分，但是正面两个角楼与构成前院的立柱之间的关系并不同于背面两个角楼与建筑内部之间的关系。二者之间的差异促使别墅的前后两部分交替成为焦点（图 6.14）。“谷仓”立柱以及构成门廊的立柱共同形成一个 U 形前院。两个正面角楼之间的立面受到挤压，柱列与墙不在一条直线上，这两点构成了有关主入口面（dominant entry plane）的双重解读（图 6.15）。通过壁龛和墙体的微妙错位，若干小幅度的位移和挤压使别墅进一步摆脱稳定的对称概念（图 6.16）。

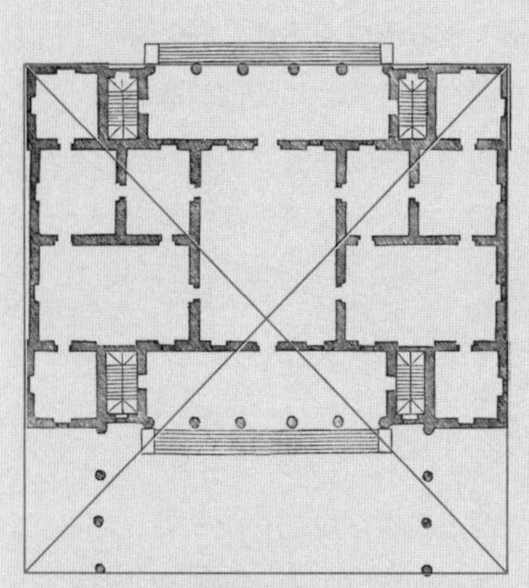

图 6.3　瓦尔马拉纳别墅的几何图解。一个与别墅主体等宽的正方形，其后侧与建筑后部的角楼边线对齐，前侧将别墅前院的六根独立柱包围在内

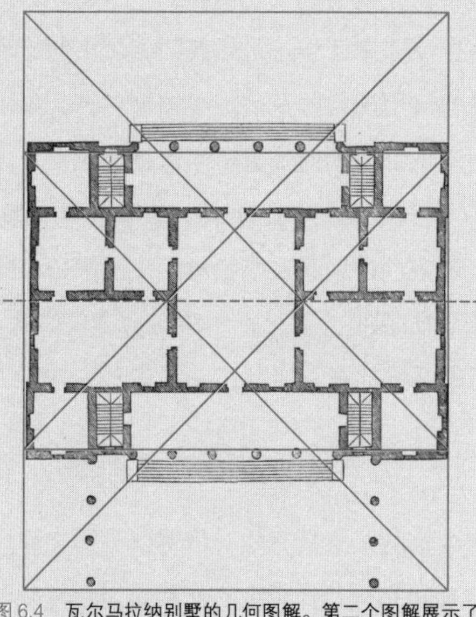

图 6.4　瓦尔马拉纳别墅的几何图解。第二个图解展示了建筑内部的对称轴和发生位移的正方形，定义了缺失或隐含的后院空间

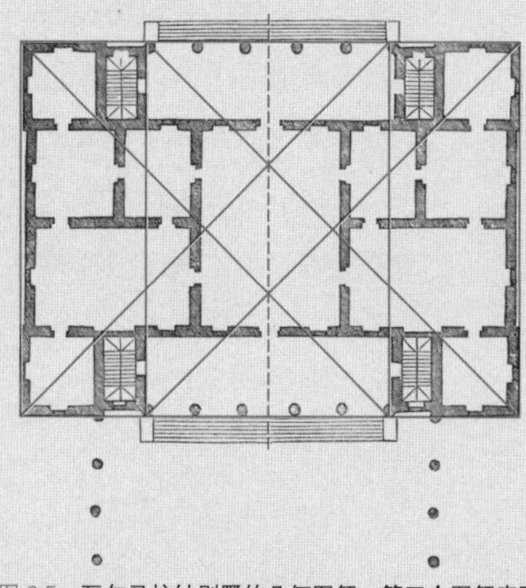

图 6.5　瓦尔马拉纳别墅的几何图解。第三个图解表现了两个边长等于别墅主体进深的正方形，它们重叠的区域对应门廊或中央开间的宽度

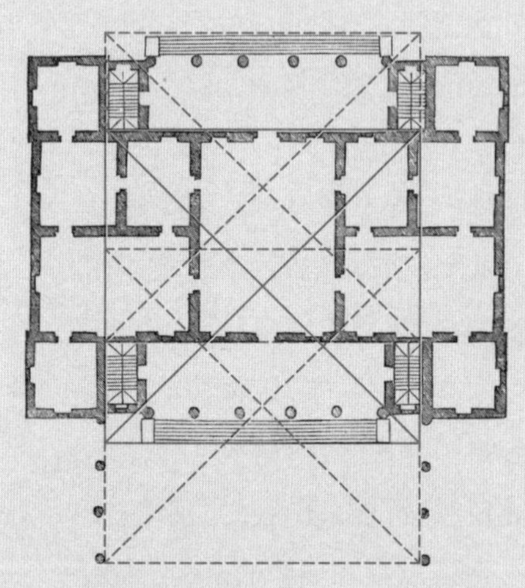

图 6.6　瓦尔马拉纳别墅的几何图解。另可做一个与门廊开间等宽的正方形，使其与前门廊台阶及后门廊内墙对齐，或是与后门廊台阶及前门廊内墙对齐。如果将其向前后平移，那么角楼和建筑内部两侧的部分房间将被排除在外

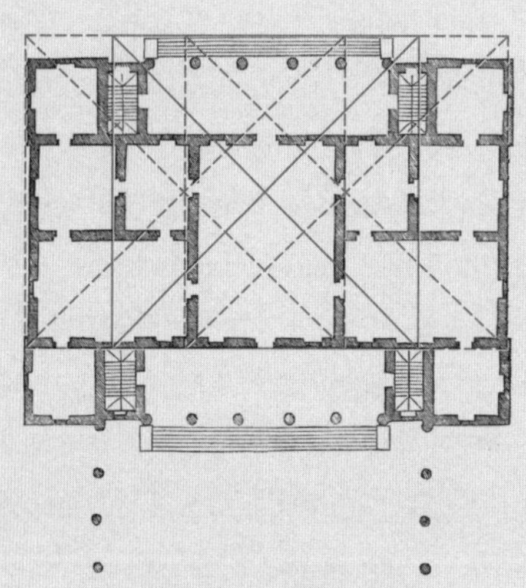

图 6.7　瓦尔马拉纳别墅的几何图解。如果将相同正方形向左右平移，那么前门廊和角楼将被排除在外

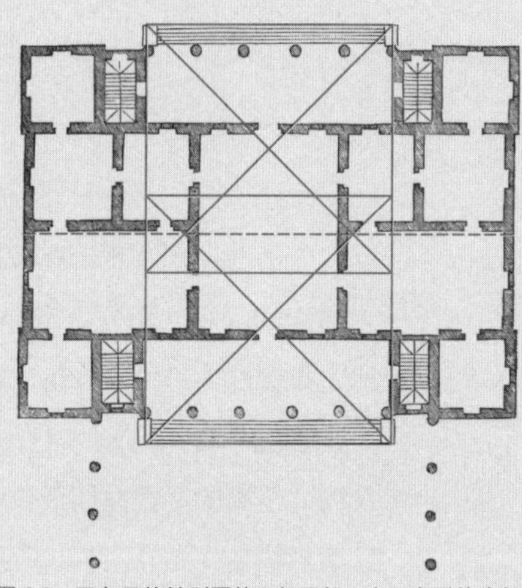

图 6.8　瓦尔马拉纳别墅的几何图解。当正方形的边长进一步减至与门廊本身等宽，然后向前后平移，图解就会揭示，看似将别墅前后分割开来的内墙其实是稍微偏离别墅中心线的

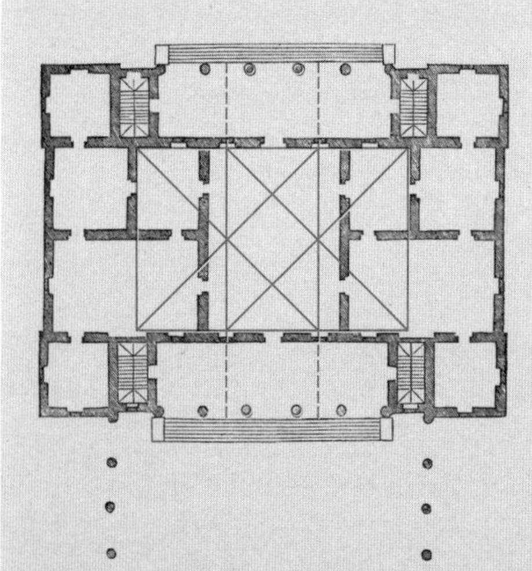

图 6.9　瓦尔马拉纳别墅的几何图解。在建筑后部两侧房间的内墙之间作两个较小的正方形，二者重叠，显示中厅壁龛与门廊立柱的柱间中点是对齐的

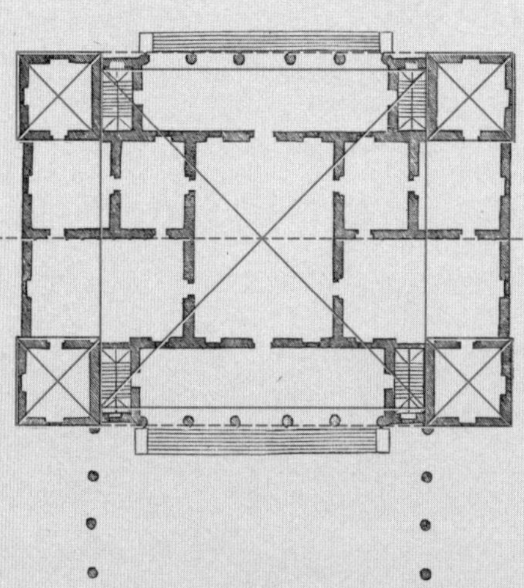

图 6.10　瓦尔马拉纳别墅的几何图解。在四个角楼之间做一个居中对称的正方形，前后立面的墙体被排除在外

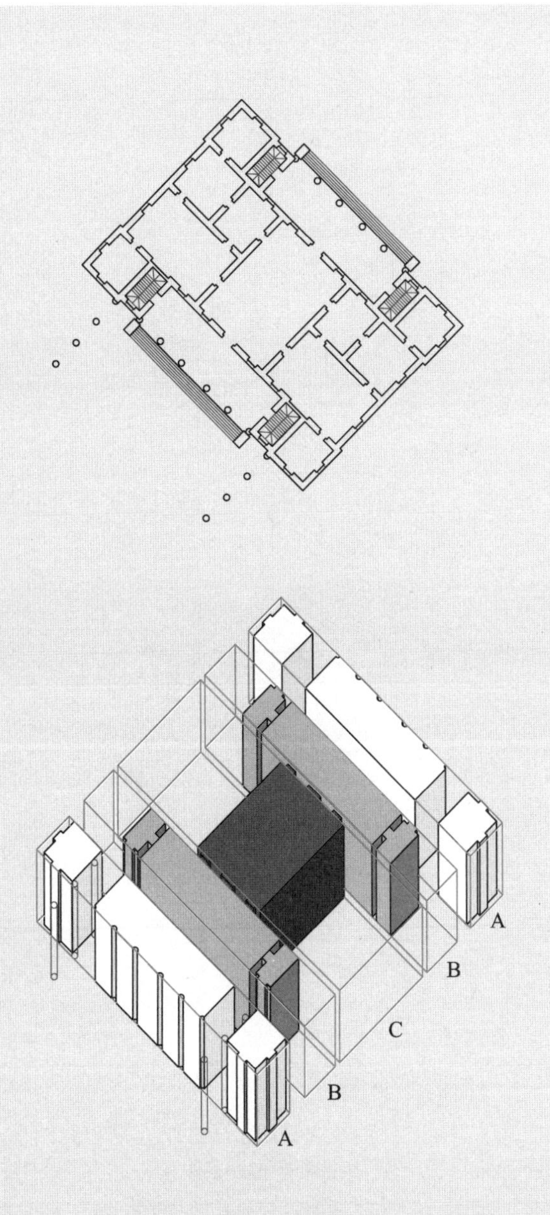

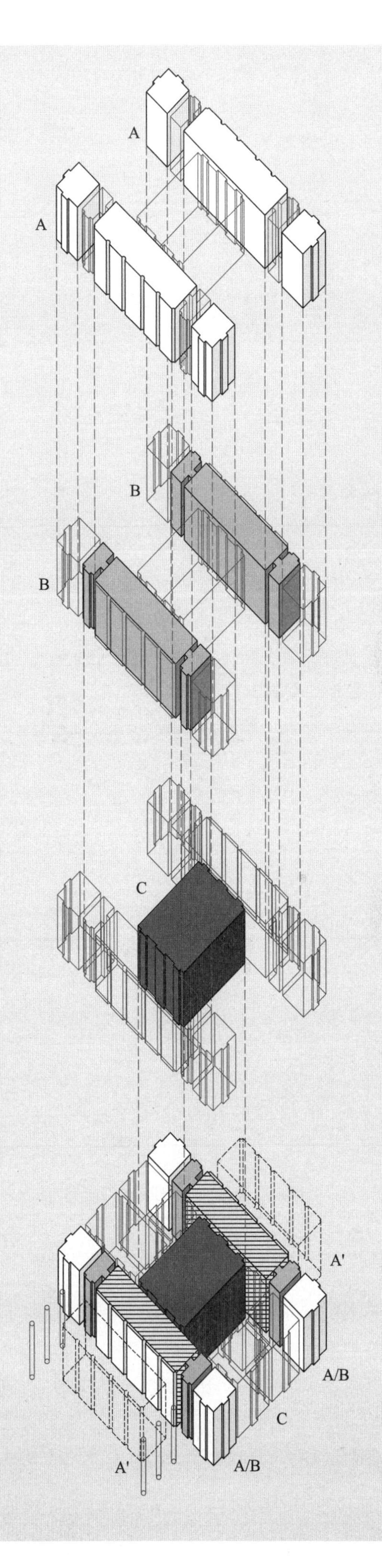

图 6.11　瓦尔马拉纳别墅的理想图解和虚拟图解。为了接近理想别墅，有必要将两个门廊空间从它们的实际位置向外移动，形成一个纯粹的 ABCBA[序列]，而不是 A/B、C、A/B

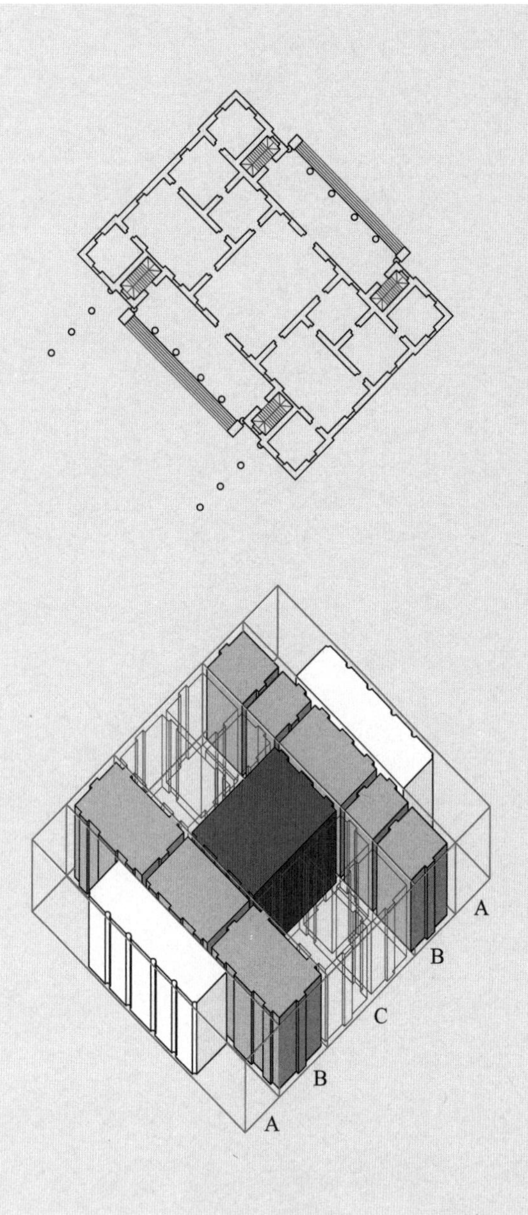

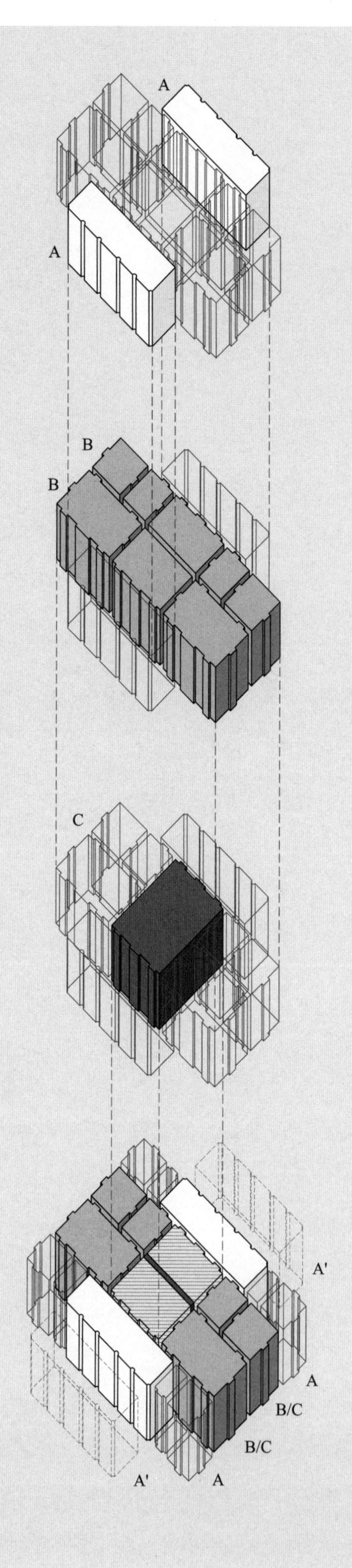

图 6.12　瓦尔马拉纳别墅的理想图解和虚拟图解。在另一个虚拟图解中，当四开间平面布局内部呈现为一组 ABBA 序列时，建筑不再具有定义明确的中央空间 C

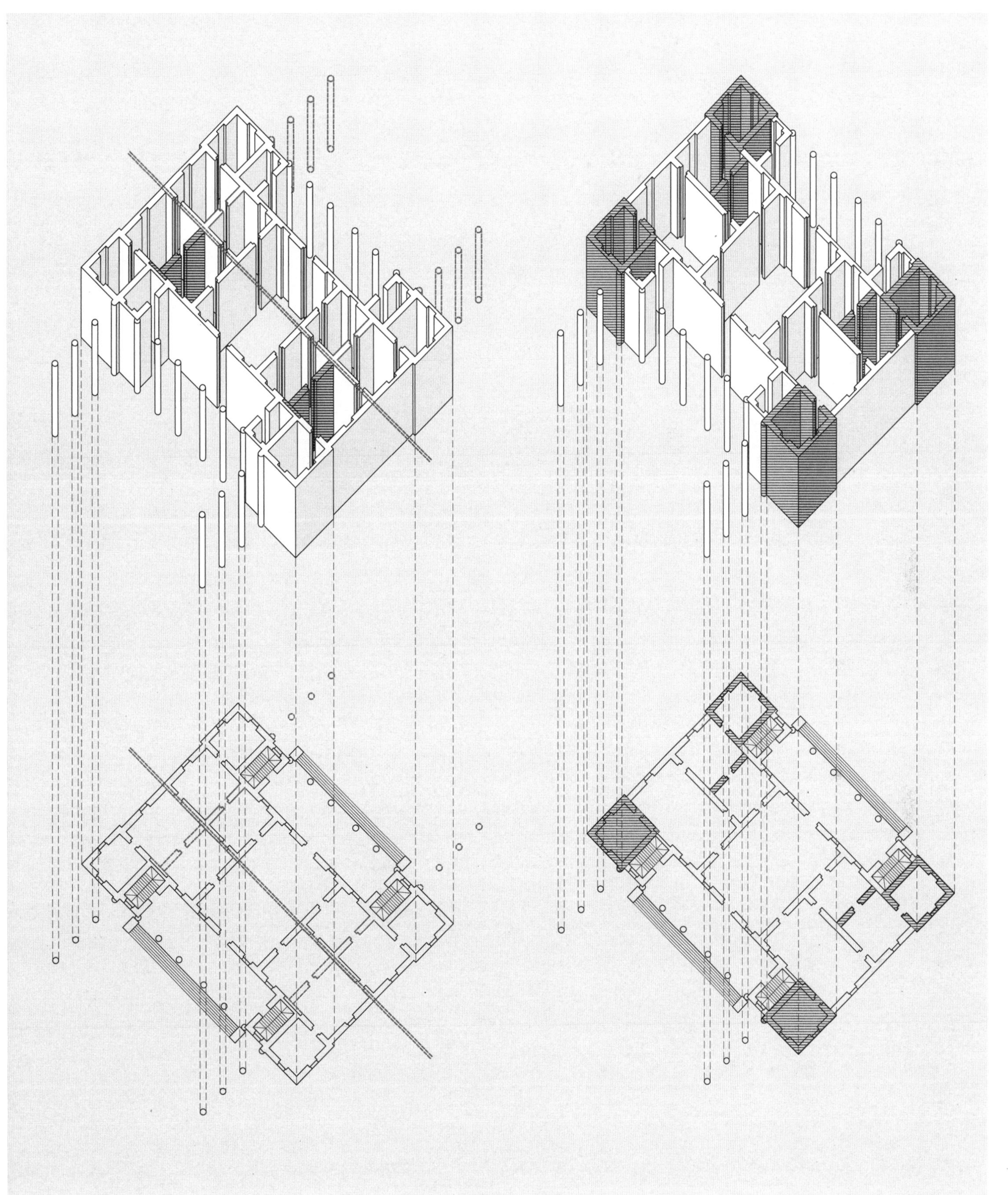

图 6.13　瓦尔马拉纳别墅图解。平面中唯一的不对称关系出现在中央空间 C 周围。中央空间 C 呈矩形，被两组等宽的房间从两侧夹拥

图 6.14　瓦尔马拉纳别墅图解。虽然最初可将四个角楼视为对称布局的一部分，但是正面两个角楼与构成前院的立柱之间的关系并不同于背面两个角楼与建筑内部之间的关系

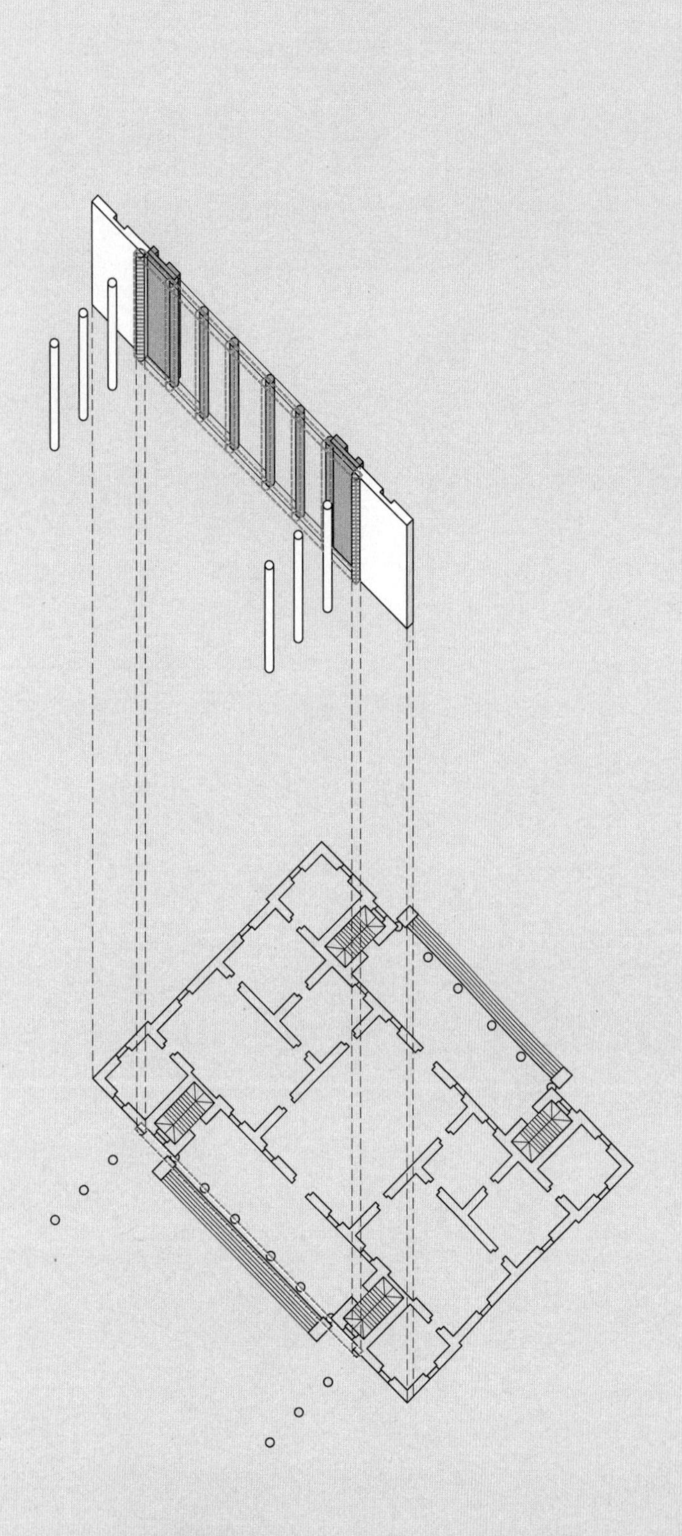

图 6.15　瓦尔马拉纳别墅图解。两个正面角楼之间的门廊有如受到挤压，柱列与墙不成一条直线，这两点构成了有关主入口面的双重解读

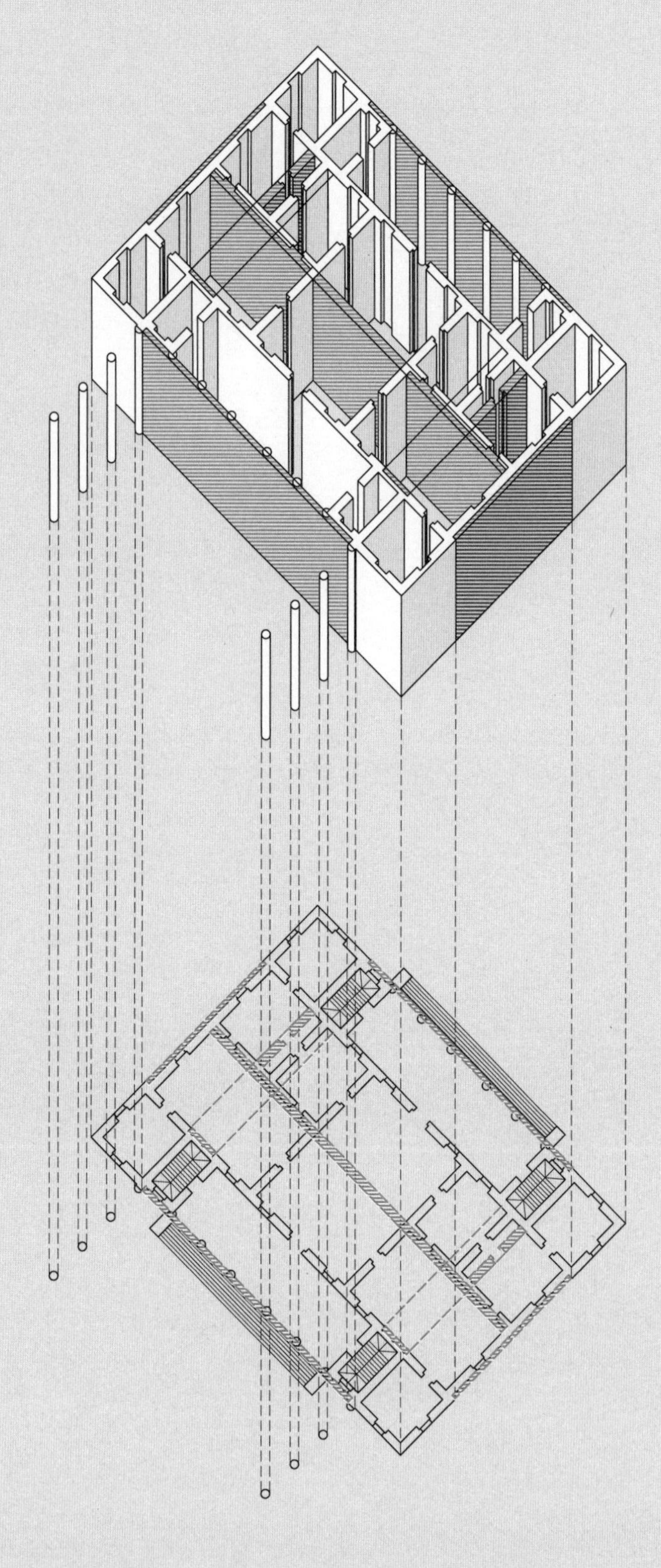

图 6.16　瓦尔马拉纳别墅图解。通过壁龛和墙体的微妙错位，若干小幅度的位移和挤压使别墅进一步摆脱稳定的对称概念

由于瓦尔马拉纳别墅是最早表述谷仓形制的别墅之一，看到柱和墙在平面和立面中标识的差异会很有意思。立面包含双层门廊和山墙，而不是单层门廊。双层门廊的母题将瓦尔马拉纳别墅置于一条连续的发展脉络之中，从塔宫到米耶加的萨雷戈别墅，最后到奇耶里卡提宫的谱系之中。然而立面上有两处不规则的地方。第一，虽然双层立面通过厚重的束带层和敞廊中得到确立，但底层和主楼层（piano nobile）之间存在一系列小窗，它们暗示了一种关于立面的三段式解读。这些接近正方的窗所占据的位置颇为异常。帕拉第奥式别墅中，下方时常出现较小的底层窗口，或是主楼层以上出现阁楼窗口，例如圆厅别墅；有时主楼层以上也会出现较小的上层窗口，例如奇耶里卡提宫。这是第一次在主楼层和底层之间出现正方形窗口。因此帕拉第奥的作品中似乎不存在常规或固定的窗口位置。

第二个反常的状态发生在前院栏杆和别墅主体之间的结合处。双层门廊和山墙与别墅体块之间的区分十分明确，但是两侧开间和中央开间之间存在一个间隙空间。由此便在立面上产生了ABCBA布局。平面上，中央门廊开间和间隙流线开间由3/4圆柱衔接，这些空间看上去像是被压入了别墅主体。流线开间与两侧开间（也就是角楼）的连接处则立有半圆嵌壁柱。在帕拉第奥的立面图中，这两根柱子并没有得到明确刻画或标注，而是表现为支撑角楼门洞的柱。柱基线和墙之间的微小错位以及平立面之间的不一致为帕拉第奥别墅进一步赋予了动态，使任意和理性规划之间形成了对话关系。正是这样的对话给帕拉第奥式空间带来了异质性（heterogeneity）。

科尔纳罗别墅

1553 年

位于皮翁比诺德塞的科尔纳罗别墅（图 7.1）是一个比较简单的别墅，带着圆厅别墅中那种古典十字形平面的痕迹，除了建筑向两侧的延伸，这可以被看成谷仓的原型。与其他别墅类似，它在前后方向上基本是对称的。但是一旦把穿过正面的横向延伸考虑在内，科尔纳罗可以被看作是引入了区分前后门廊的问题。这里前门廊在别墅主体的外缘，后门廊则被压入别墅主体。延伸创造出一种正面横向上的五段式解读，而背面的门廊被精细刻画的椭圆形楼梯环抱，创造出一种三段式体量。中央空间有四根独立立柱，还有一系列转角壁龛，当与柱子关联时，在主空间中创造出一组对角关系。

图 7.1　科尔纳罗别墅的分析模型

第 7 章

科尔纳罗别墅，皮翁比诺德塞，1553 年

Villa Cornaro，Piombino Dese

位于皮翁比诺德塞的科尔纳罗别墅是一个较为简单的项目，从中可以看到圆厅别墅那种古典十字形平面的痕迹——如果不考虑建筑向两侧的延伸，而这一延伸可被视作谷仓的原型（图 7.2）。与其他几个别墅类似，它在前后向上是基本对称的。但是如果将建筑前端的横向延伸考虑在内，科尔纳罗别墅可以被视为引入了前后门廊的区分问题。此处，前门廊在别墅主体外缘，而后门廊则被压入别墅主体。两侧的延伸促成了别墅正面横向上的五段式解读，而背面门廊由刻画极为精细的椭圆形楼梯环抱着，构成三段式布局。中央空间内有四根独立柱，连同一系列刻画细致的拐角壁龛，在主空间中创造了一组对角交叉关系（cross-diagonals）。

分析模型

科尔纳罗别墅的模型显示有多种内部解读同时发生作用。例如，正面门廊的外缘和后门廊内缘都可以被视为概念上的不活跃要素，因此表现为实心白色体量；而后门廊的虚拟方位位于别墅主体的外侧，在概念上是活跃的，表现为白色框架体量。别墅前端的延伸部分表现为灰色线框体量，代表它们具有双重意义（double valence），除去它们本身的实际方位，它们还占据了两个内部房间的虚拟方位，这两个内部房间表现为实心灰色体量。前端的小型入口前厅（entry vestibule）和正方形中央空间 C 都被表现为拉伸出来的黑色墙体，即图形化的虚部，填充空间定义了体量。别墅背面转角处的两个房间属于从内门廊至中央空间的过渡空间，表现为拉伸出来的灰色墙体 B，借鉴自中央空间的模型语言，以表现椭圆形楼梯的图形特质（figural quality）。

几何图解

几种不同的理想正方形几何同时作用于科尔纳罗别墅。首先，从背面楼梯外缘至前侧外墙可以做一个正方形，那里前门廊像是附加的（图 7.3）。这个正方形强调别墅主体的体块。在此之上可以添加另一个正方形，使其与前台阶的边缘以及中央房间的后墙对齐（图 7.4）。这两个正方形告诉我们，科尔纳罗别墅平面上的几何关系乍看起来虽显简单，但有不同寻常之处。第三个和第四个图解显示了正方形针对别墅延伸部分产生的不同变体。在第三个图解中，两个正方形分别与两侧房间的墙体内缘对齐，二者重叠的区域定义了入口前厅的面宽（图 7.5）。在第四个图解中，两个正方形重叠区域的宽度等于中央空间中柱子之间的距离，但是并不对应入口前厅或中央空间本身（图 7.6）。

LA FABRICA, che ſegue è del Magnifico Signor Giorgio Cornaro in Piombino luogo di Caſtel Franco. Il primo ordine delle loggie è Ionico. La Sala è poſta nella parte più a dentro della caſa, accioche ſia lontana dal caldo, e dal freddo: le ale oue ſi ueggono i nicchi ſono larghe la terza parte della ſua lunghezza: le colonne riſpondono al diritto delle penultime delle loggie, e ſono tanto diſtanti tra ſe, quanto alte: le ſtanze maggiori ſono lunghe un quadro, e tre quarti: i uolti ſono alti ſecondo il primo modo delle altezze de' volti: le mediocri ſono quadre il terzo più alte che larghe; i uolti ſono à lunette: ſopra i camerini vi ſono mezati. Le loggie di ſopra ſono di ordine Corinthio: le colonne ſono la quinta parte più ſottili di quelle di ſotto. Le ſtanze ſono in ſolaro, & hanno ſopra alcuni mezati. Da vna parte ui è la cucina, e luoghi per maſſare, e dall'altra i luoghi per ſeruitori.

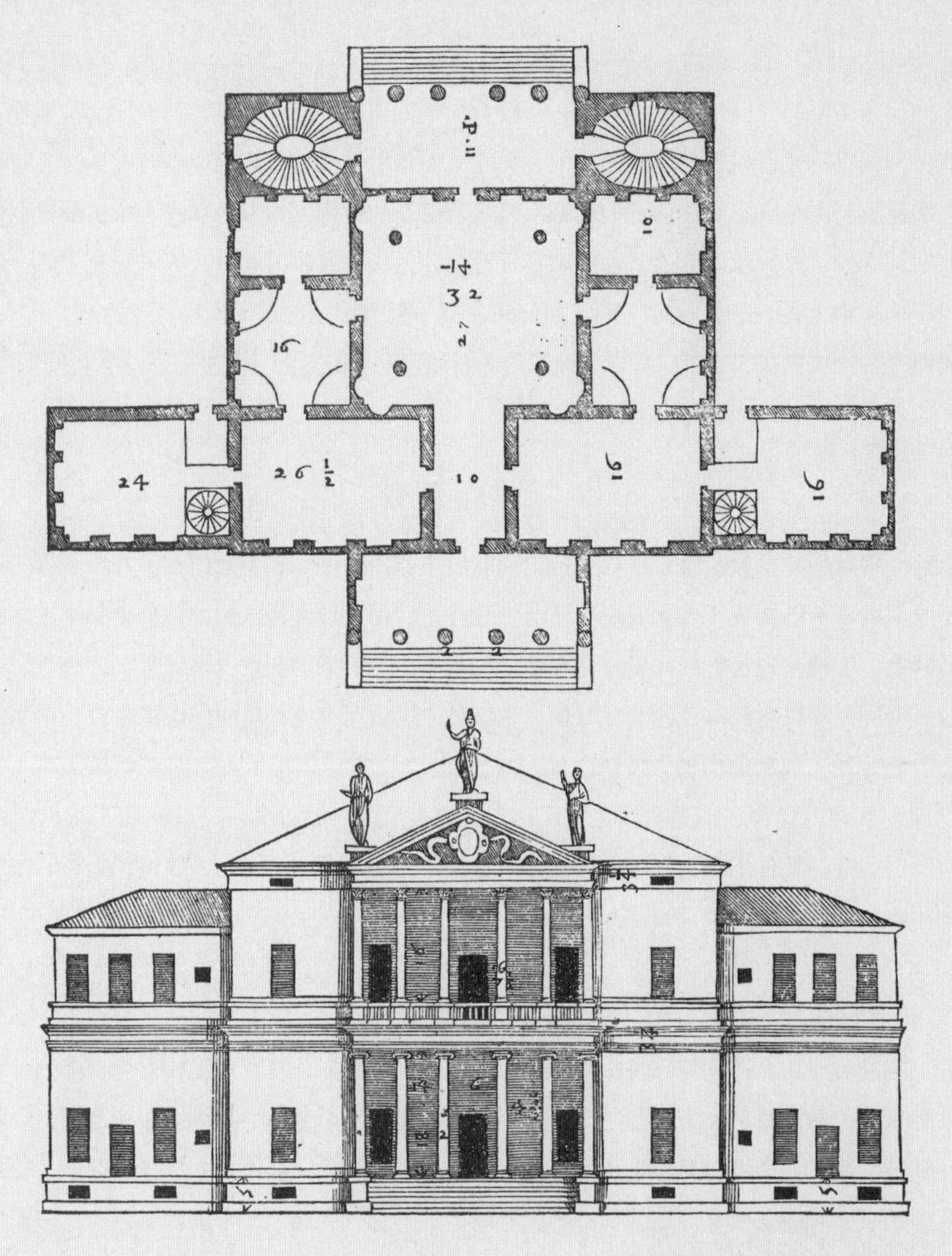

LA SOTTOPOSTA

图 7.2　帕拉第奥，科尔纳罗别墅的平面图和立面图，《建筑四书》，1570 年

第五个图解描述了别墅两侧房间与中央开间的三段式 ABA 关系，但将后侧楼梯和两侧延伸部分排除在考虑之外（图 7.7）。第六个和第七个图解表现了正方形向前后和左右的递进，这些正方形的尺寸由中央 C 空间的尺寸决定。在前后递进的图解中，正方形与几条主要边对齐，尤其是与门廊台阶和内墙对齐，进而形成切分节奏般的关系（syncopated relationship）；也就是说，如果只是根据中央 C 空间来定义一种简单的比例系统，那它是无法解释内部空间布局的（图 7.8）。在横向递进的图解中，两侧房间、中央 C 空间以及入口前厅之间存在更为明确的几何或比例关系（图 7.9）。

理想图解与虚拟图解

科尔纳罗别墅是首例建筑主体本身向外伸展形成翼部的别墅，这些翼部将在其他别墅中演化为“谷仓”。此处的延伸部分在功能和形式上还只是别墅主体的一部分。要得到理想别墅，只需将这些延伸部分分离开来，并将后门廊向外拉出，从而在体量和功能上形成 ABCBA 布置（图 7.10）。类似地，可通过一系列简单操作来得到虚拟别墅。将后门廊 A 推入后侧过渡空间 B，形成 A/B 叠置。但是，根据后侧 B 开间的具体位置，建筑背面还可以出现 B/C 重合的解读，而不出现明显的 A/B 重合（图 7.11）。一系列扁平的壁柱及半圆形壁龛赋予了中央空间 C 图形——中央空间与正面门廊的连接除外。这个连接处没有得到任何表达（譬如，不似圆厅别墅有角柱、门道或壁柱），因此可以认为 C 空间在向外推压，进而挤入前侧的过渡空间。于是，除了之前出现在别墅背面的 B/C 重合，前侧又一次出现了 B/C 的解读（图 7.12）。这些前侧的过渡空间转而向别墅主体的两侧延伸开来（图 7.13）。

为了进一步理解科尔纳罗别墅平面中的微妙之处，还有必要考虑门廊的位置变化。两个门廊的大小和形状都相同，但是其中一个嵌入建筑，而另一个则位于建筑主体之外，或者说附加于建筑主体之上，与圆厅别墅的门廊类似（图 7.14）。基于门廊的相对位置，可以认为它们或是叠加在别墅中对应的 B 或 C 空间之上，或是位于 B 或 C 空间之外。究竟是哪一种解读取决于哪个门廊被视为基准条件，以及中央 C 空间的范围划定（带有四根柱子的图形化空间，或是包含建筑前端延伸部分的空间）。A 空间，也就是门廊，可以被视为相对于理想正方形叠置而言的一种虚拟状态。以下两种解读之间存在来回摇摆的不确定性：一种是对中心状态的表达——表达为连续的填充空间，另一种是门廊被推入 B 空间，进而在 C 空间后侧形成的 A/B 状态（否则 C、B、A 空间只会保持原状）。帕拉第奥将虚拟状态设为基准，但同时还设定了一个不稳定的基准，即从虚拟基准状态到实际建筑本身之间的运动。这一不稳定性生成了多种不同的模糊解读：A、A/B、B/C、C。建筑内部的对称关系以及门道和壁龛的对应关系发生了若干次转变，进一步破坏了内部布局的稳定性，这同样取决于建筑总体量被视为基准状态还是中央 C 空间被视为基准状态，别墅中心线的位置也会发生变化（图 7.15，图 7.16）。当我们细读别墅，很多常规的标识，例如中央与边缘、尺度、前后向解读，都开始发生变化。在这个意义上，这些解读并不以实际的理想化整体为参照，而是指涉一系列虚拟的标识或局部，而这些标识和局部保持稳定不变的可能性极小。

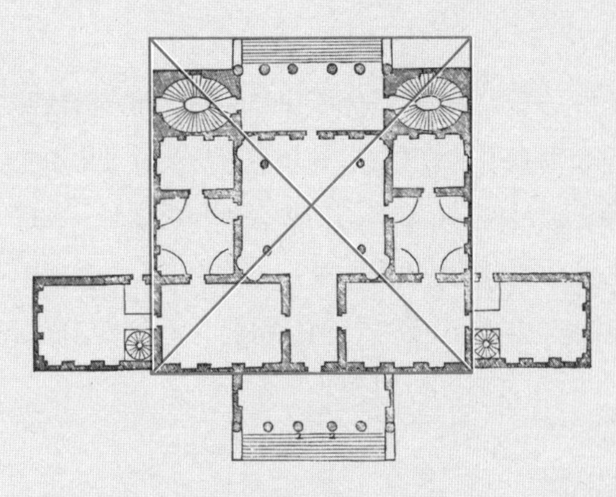

图 7.3　科尔纳罗别墅的几何图解。可以从后侧楼梯外缘至前侧外墙（与前门廊相接处）做一个正方形

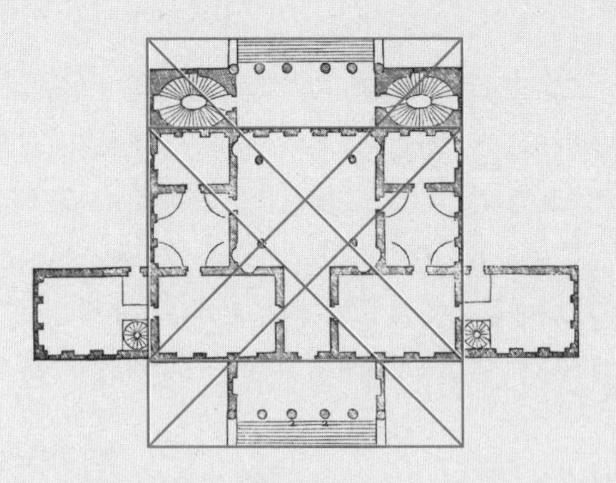

图 7.4　科尔纳罗别墅的几何图解。另一个正方形与前台阶的边缘以及中厅的后墙对齐

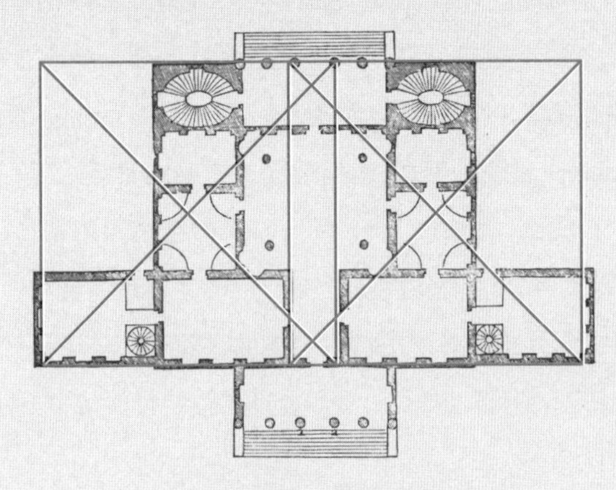

图 7.5　科尔纳罗别墅的几何图解。两个正方形分别与两侧房间的墙体内缘对齐，二者重叠的区域定义了入口前厅的面宽

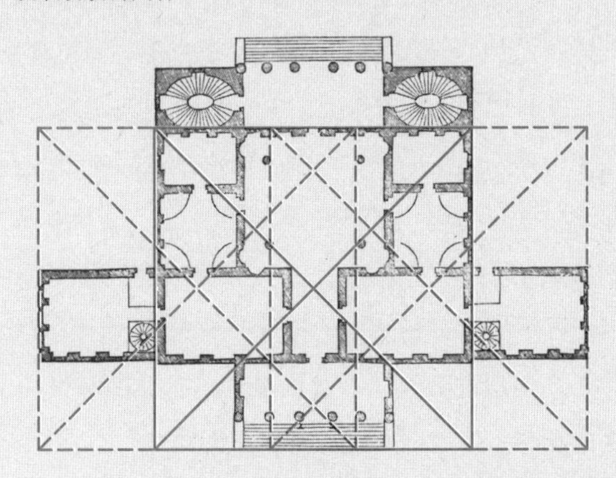

图 7.6　科尔纳罗别墅的几何图解。两个正方形重叠区域的宽度等于中央空间中柱子之间的距离，但是并不对应入口前厅或中央空间本身

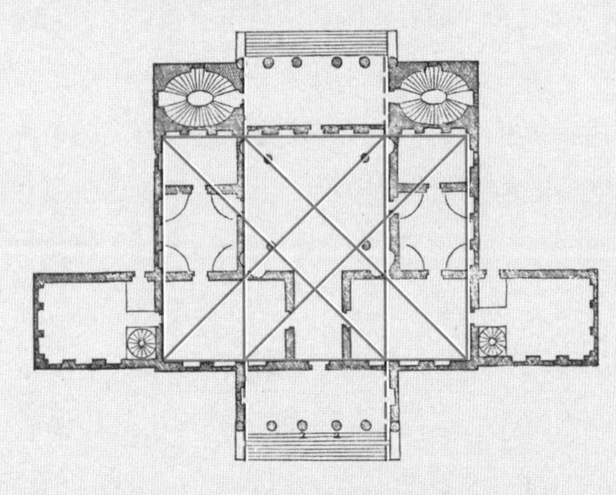

图 7.7　科尔纳罗别墅的几何图解。两个正方形描述了别墅两侧房间与中央开间的三段式 ABA 关系，但将后侧楼梯和两侧延伸部分排除在外

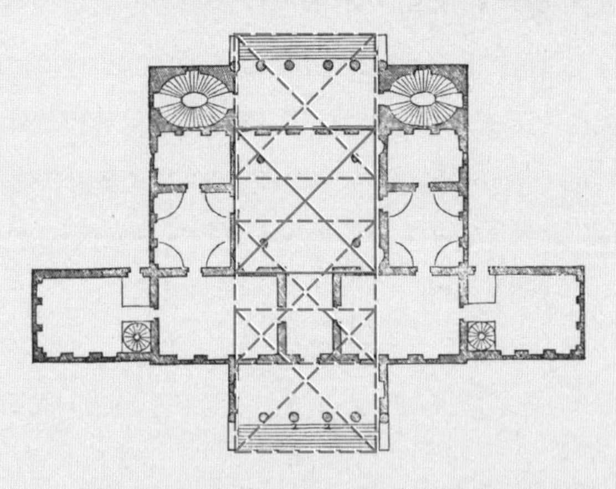

图 7.8　科尔纳罗别墅的几何图解。正方形与从前至后的几条主要边对齐，尤其是与门廊台阶和内墙对齐，进而形成切分节奏般的关系

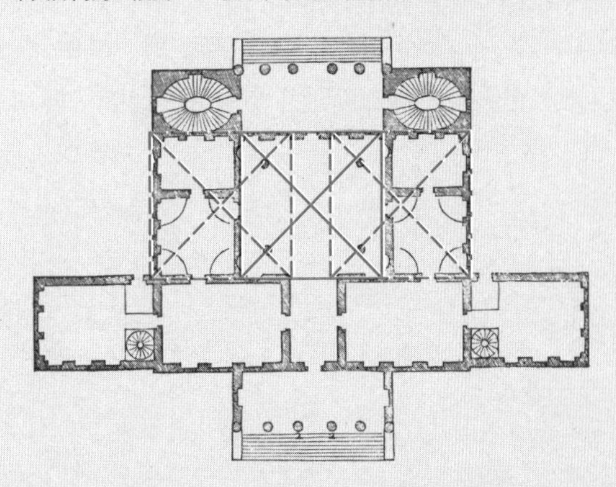

图 7.9　科尔纳罗别墅的几何图解。在左右递进的图解中，两侧房间、中央 C 空间以及入口前厅之间存在更为明确的几何或比例关系

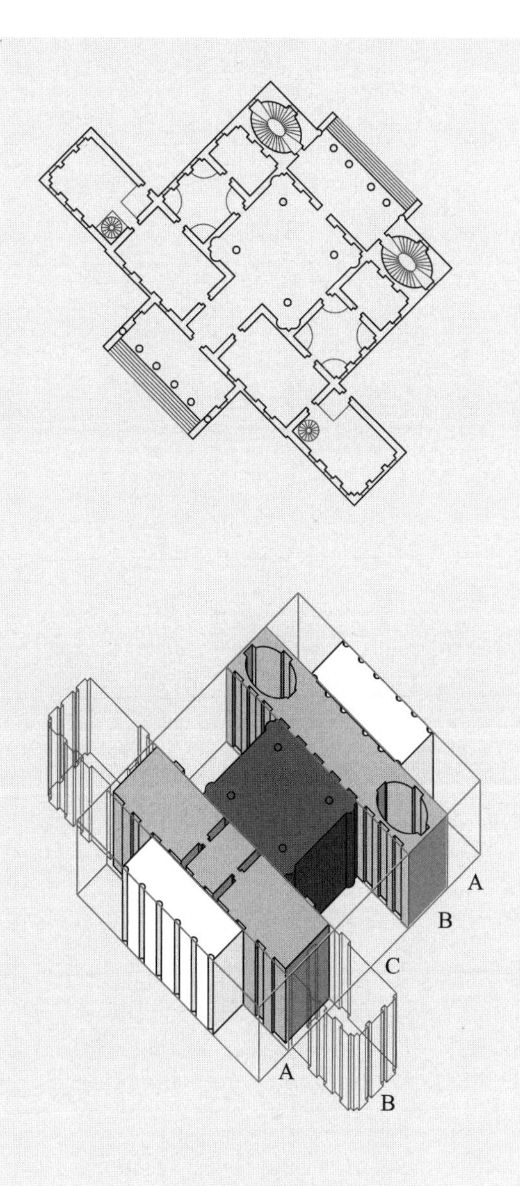

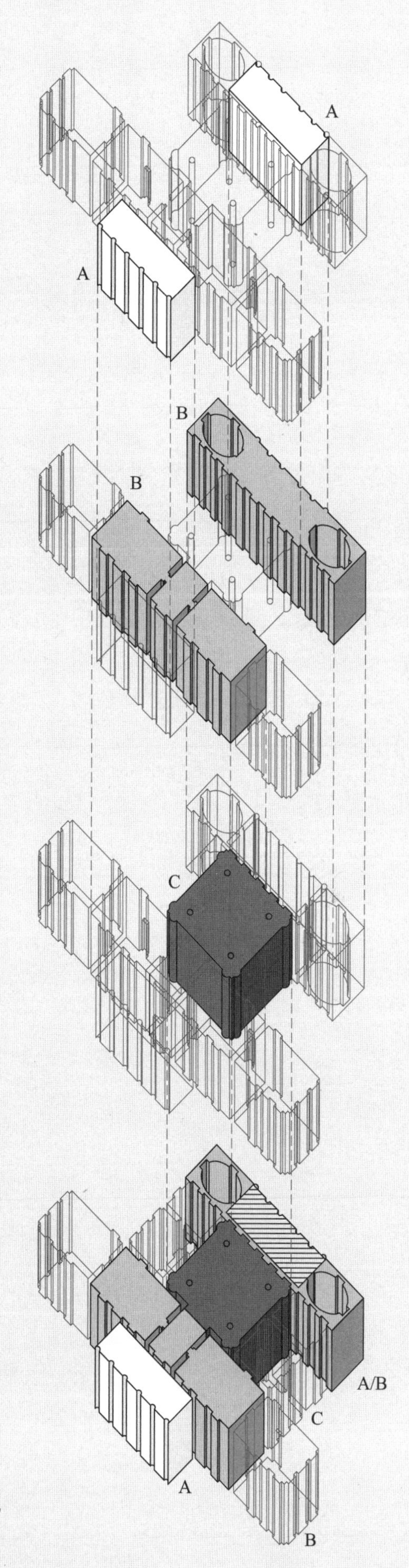

图 7.10　科尔纳罗别墅的理想图解和虚拟图解。将后门廊 A 推入后侧过渡空间 B，形成 A/B 重合

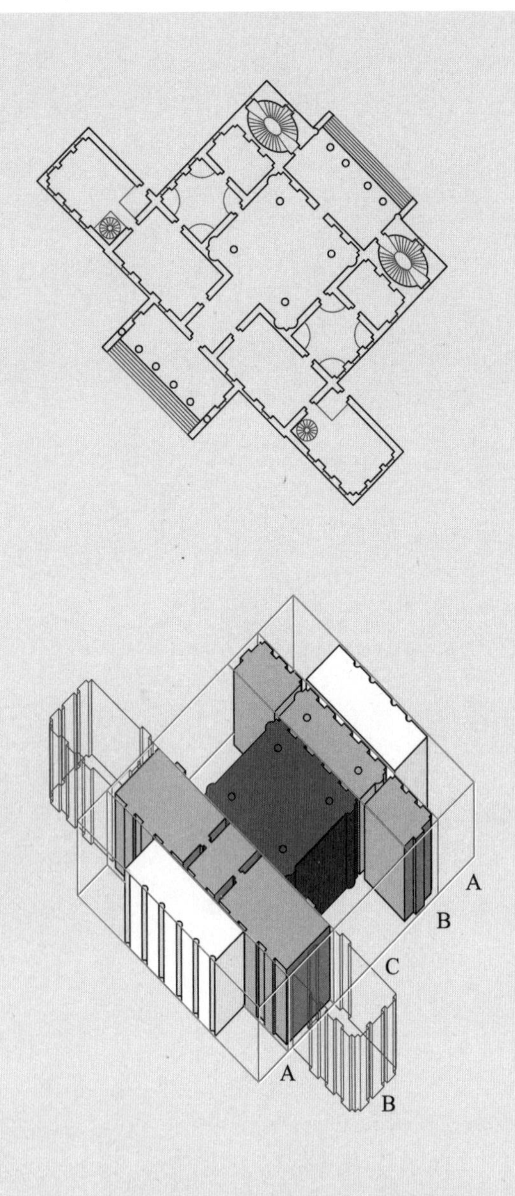

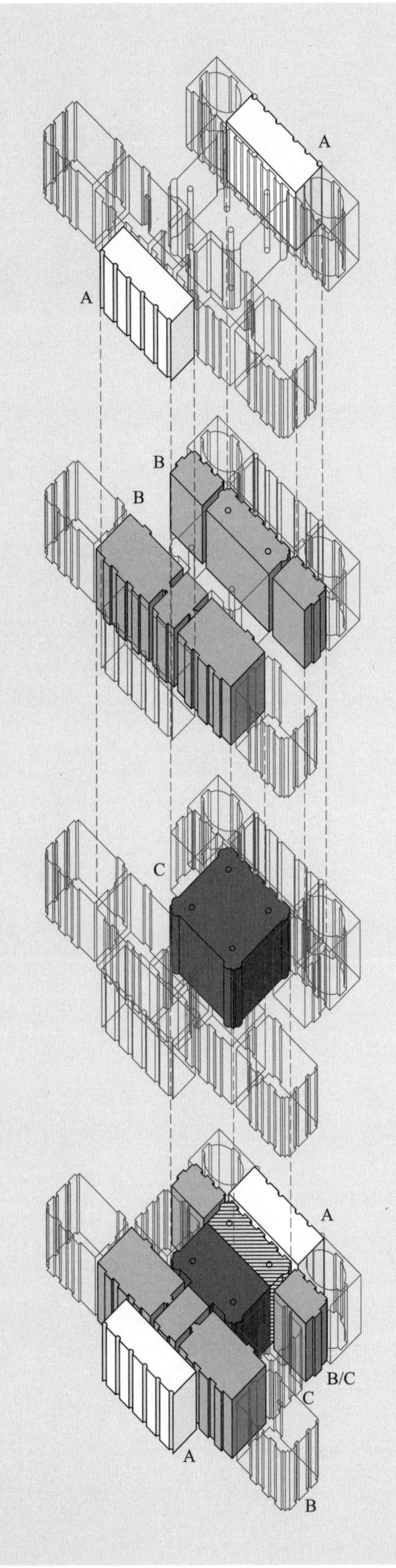

图7.11 科尔纳罗别墅的理想图解和虚拟图解。根据后侧B开间的具体位置，建筑背面还可以出现 B/C 重合的解读，而不出现明显的 A/B 重合

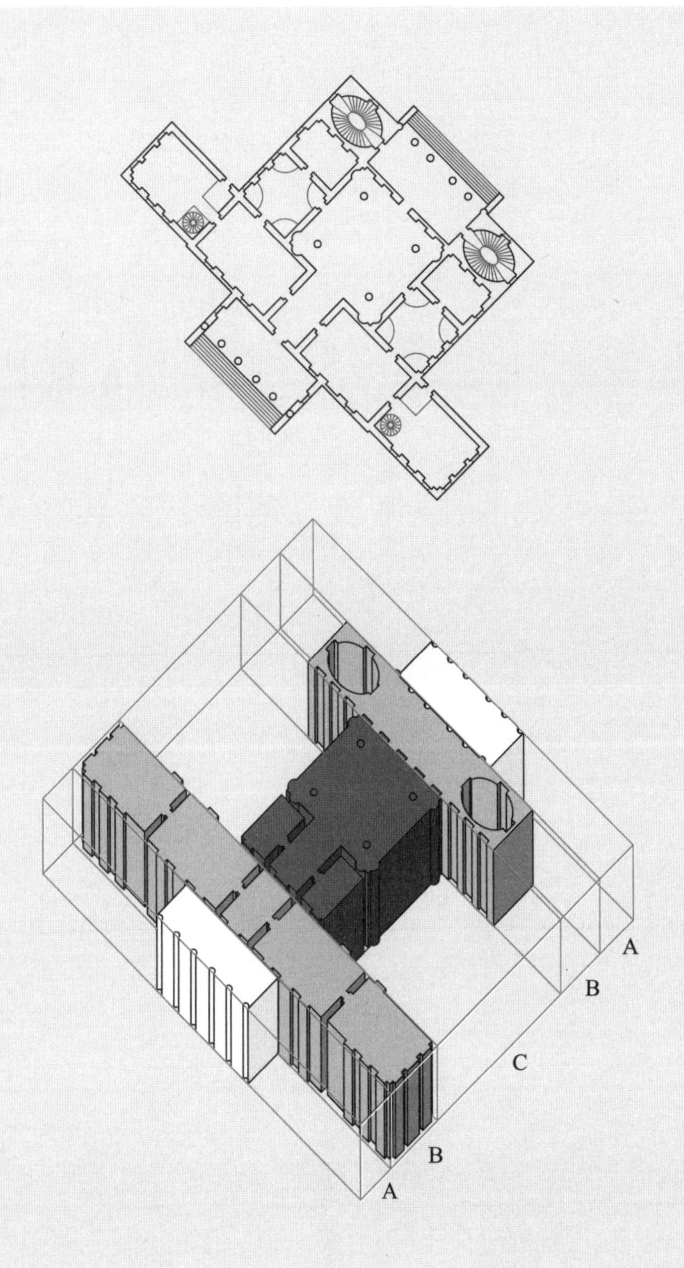

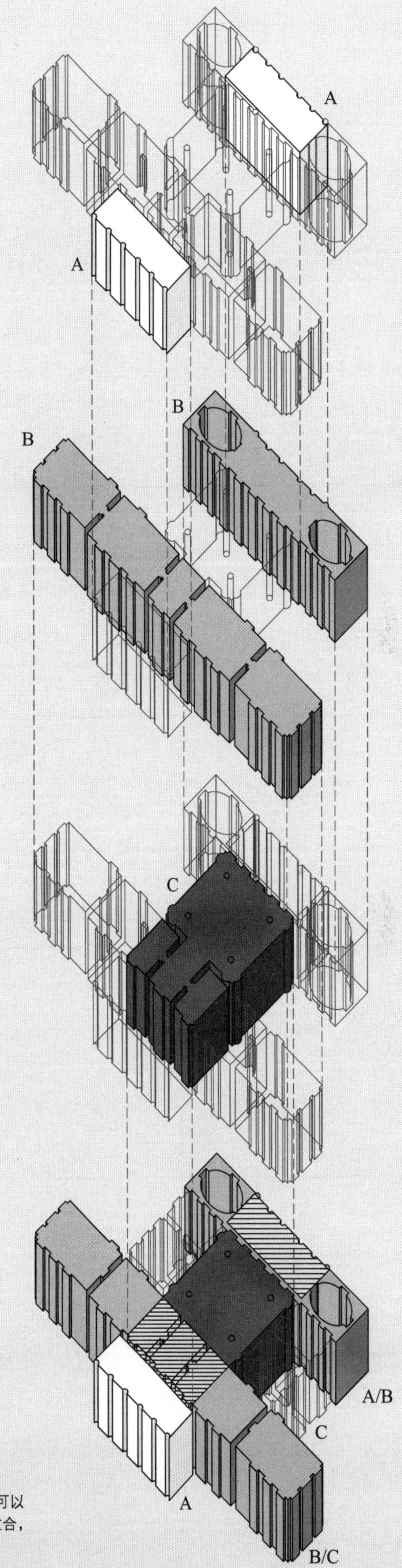

图 7.12　科尔纳罗别墅的理想图解和虚拟图解。这个连接处没有得到任何细致刻画，因此可以认为 C 空间在向外推压，进而挤入前侧的过渡空间。于是，除了之前出现在别墅背面的 B/C 重合，正面又一次出现了 B/C 的解读

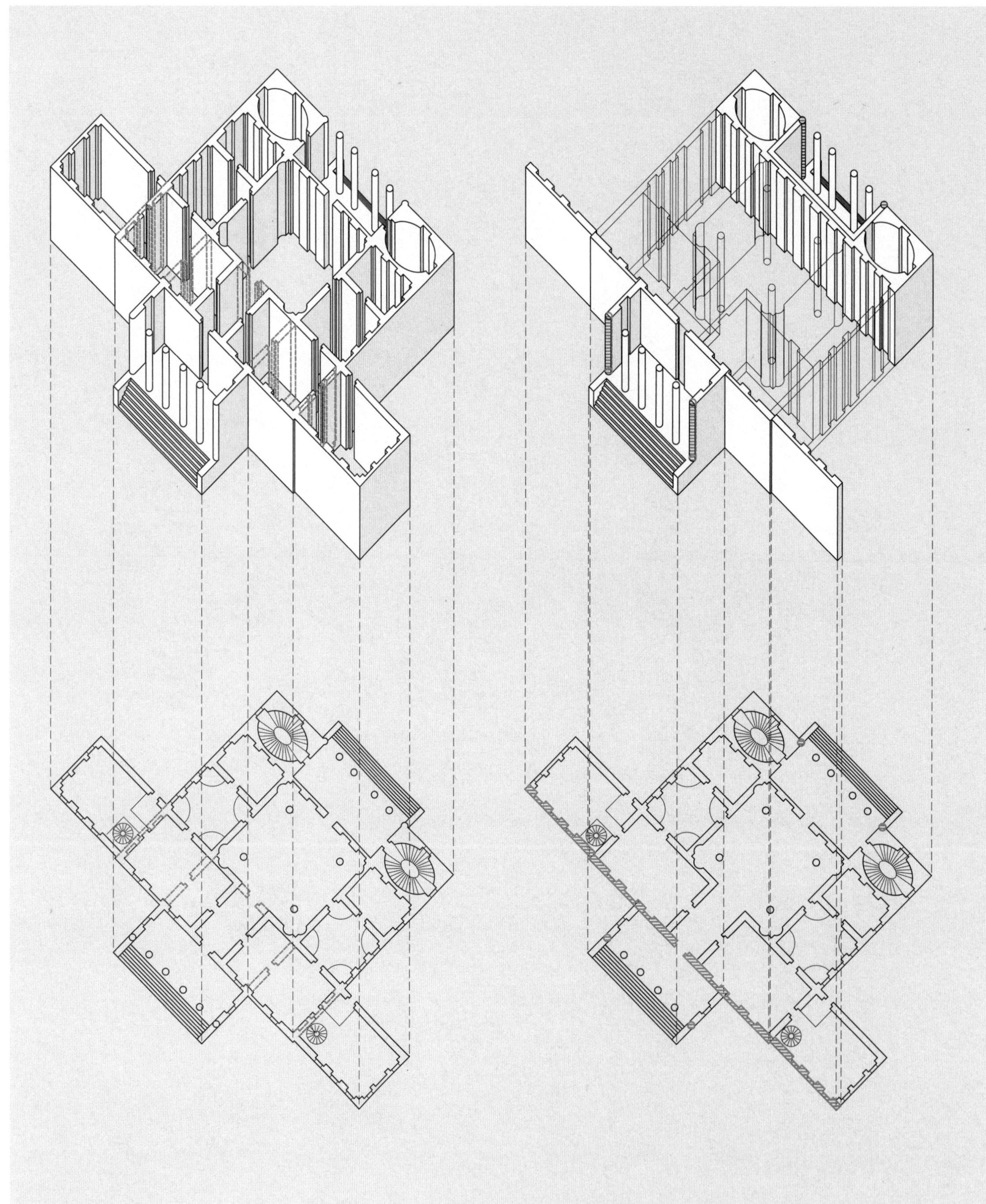

图 7.13　科尔纳罗别墅图解。正面的过渡空间向别墅主体的两侧延伸开来

图 7.14　科尔纳罗别墅图解。两个门廊的大小和形状都相同，但是其中一个嵌入建筑，而另一个则位于建筑主体之外，或者说附加于建筑主体之上，与圆厅别墅的门廊类似

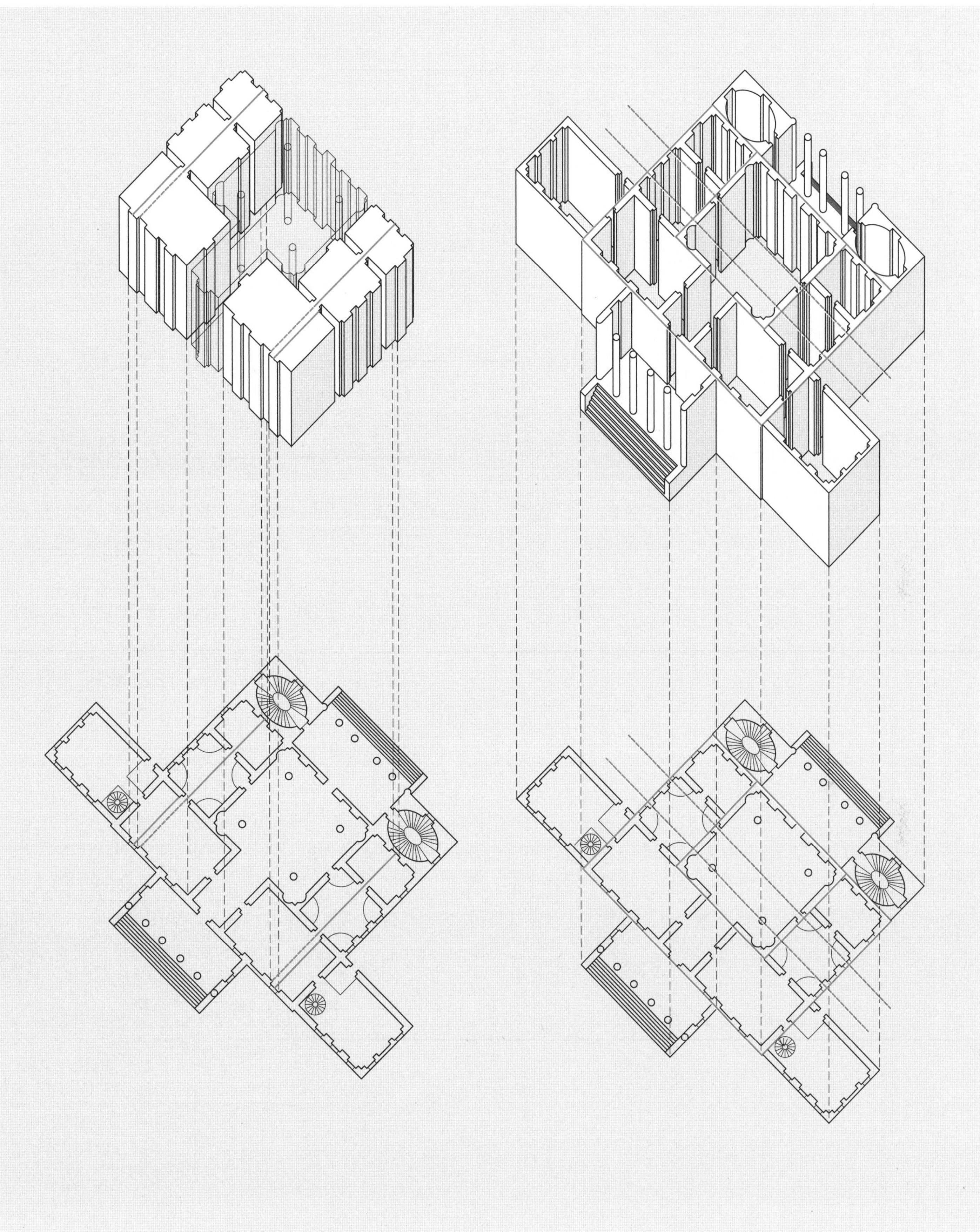

图 7.15　科尔纳罗别墅图解。建筑内部的对称关系以及门道和壁龛的对应关系发生了若干次转变，进一步破坏了内部布局的稳定性

图 7.16　科尔纳罗别墅图解。取决于是建筑总体量被视为基准状态还是中央 C 空间被视为基准状态，别墅中心线的位置也随之发生变化

第二部分

谷仓项目：向景观的延伸

The Barchessa Projects：Extensions into the Landscape

福斯卡里别墅

1558 年

福斯卡里别墅（图 8.1），也以“马孔坦塔”之名为人所知，坐落于威尼斯城外的甘巴拉雷。它是这次展览传达观点的关键起点：无论是这个别墅还是帕拉第奥的所有别墅之中，并不存在任何“理想”之处，“理想性”这一概念掩盖了对这些别墅更为复杂的解读。因为马孔坦塔位于布伦塔河（Brenta River），来自威尼斯的访客正是从这里上岸，因此两个入口中的主入口背朝陆地而面向河流，精致的门廊入口统领了立面。在陆地（花园）侧，入口穿过一道扁平的平面伸入地下室，由一道突出于立面的门廊轮廓做些许表示——这可以被视为虚拟门廊。因为双入口的存在，中央接待空间得以延伸，主导的十字形从门廊延伸到“门廊”，重叠在一套望远镜套筒状的侧室上。

图 8.1　福斯卡里别墅的分析模型

第 8 章

福斯卡里别墅，甘巴拉雷，1558 年

Villa Foscari，Gambarare

作为本书分析中的第二类别墅“谷仓项目：向景观的延伸”中的第一个案例，位于威尼斯城外甘巴拉雷的福斯卡里别墅（以“马孔坦塔”之名为人所知）是本书讨论的关键所在。无论是在福斯卡里别墅还是在帕拉第奥的其他别墅中，几乎都没有什么“理想”（ideal）可言，任何关于这些别墅的“理想性”概念都将掩盖更为复杂的解读。马孔坦塔有两个特别之处。第一，由于马孔坦塔坐落于布伦塔河河畔，来自威尼斯的访客就从这里抵岸，因此别墅两个入口中的主入口是背朝陆地（花园）一侧而面朝河流的。立面上，精致的入口门廊尤为显要。面向陆地一侧的入口位于底层（ground floor）。在主楼层（piano nobile）之下，它穿过一道扁平化的几何平面（flattened plane），一道突出于该平面的门廊轮廓稍作描摹，也标志了这个立面。它可以被视为虚拟门廊。由于双入口的设计，中央接待延展为一个占主导地位的十字形，前至正面的实际门廊，后达背面的虚拟门廊，并与两侧一系列形如望远镜套筒的房间（a telescoping series of side rooms）相叠置。由此产生的是一组并不常见的前后向 ABC 序列，而不同于通常的 ACA 九宫格平面。

马孔坦塔的第二个特殊之处在于别墅主体本身与未建成的两组平行花园墙之间的关系（图 8.2）。这些墙体首次预示了更为成熟的谷仓项目的出现，那些谷仓项目将逐渐取代和主宰帕拉第奥式别墅的主体。在马孔坦塔一例中，这些花园墙是若干重要复杂问题的关键：河流一侧的门廊和台阶位于平行墙外侧，而花园一侧只有薄薄的门脸突出悬空于平行墙外，可见任何强加于这栋别墅的“理想性”终有几分臆造。但是，如本书前言中提到的，柯林·罗在其名篇《理想别墅的数学》（1947 年）中提出的“理想别墅”的概念始于圆厅别墅而推及马孔坦塔——虽然他所说的“理想”这一概念与人们普遍认可的定义截然不同。柯林·罗在文中将马孔坦塔与勒·柯布西耶设计的位于加尔什的斯坦因别墅（Villa Stein at Garches）作了比较。他认为，是别墅与景观的综合以及平面和立面之间的关系造就了马孔坦塔的理想性。相比之下，根据本书中的定义，“理想”为一种隐含的、终究无法企及的状态，是从未在帕拉第奥项目中得到实现的内部指涉；为帕拉第奥作品赋予生命力的不是别墅和景观之间的综合关系，而是别墅向景观的分解。

分析模型

表面上，马孔坦塔的模型清晰刻画了别墅中的不同要素——门廊、过渡空间及中厅，但事实上它揭示了柯林·罗断言这栋别墅理想性时的问题。面向花园一侧的门廊被挤压成扁平的几何平面，因此，传统的单轴线 ABCBA 理想别墅形制在马孔坦塔中被破坏。隐含门廊 A、流线开间 B 以及十字形中央空间 C 的后

NON MOLTO lungi dalle Gambarare ſopra la Brenta è la ſeguente fabrica delli Magnifici Signori Nicolò, e Luigi de' Foſcari. Queſta fabrica è alzata da terra undici piedi, e ſotto ui ſono cucine, tinelli, e ſimili luoghi, & è fatta in uolto coſi di ſopra, come di ſotto. Le ſtanze maggiori hanno i uolti alti ſecondo il primo modo delle altezze de' uolti. Le quadre hanno i uolti à cupola: ſopra i camerini vi ſono mezati: il uolto della Sala è à Crociera di mezo cerchio: la ſua impoſta è tanto alta dal piano, quanto è larga la Sala: la quale è ſtata ornata di eccellentiſsime pitture da Meſſer Battiſta Venetiano. Meſſer Battiſta Franco grandiſsimo diſegnatore à noſtri tempi hauea ancor eſſo dato principio à dipingere una delle ſtanze grandi, ma ſoprauenuto dalla morte ha laſciata l'opera imperfetta. La loggia è di ordine Ionico: La Cornice gira intorno tutta la caſa, e fa fronteſpicio ſopra la loggia, e nella parte oppoſta. Sotto la Gronda vi è vn'altra Cornice, che camina ſopra i fronteſpicij: Le camere di ſopra ſono come mezati per la loro baſſezza, perche ſono alte ſolo otto piedi.

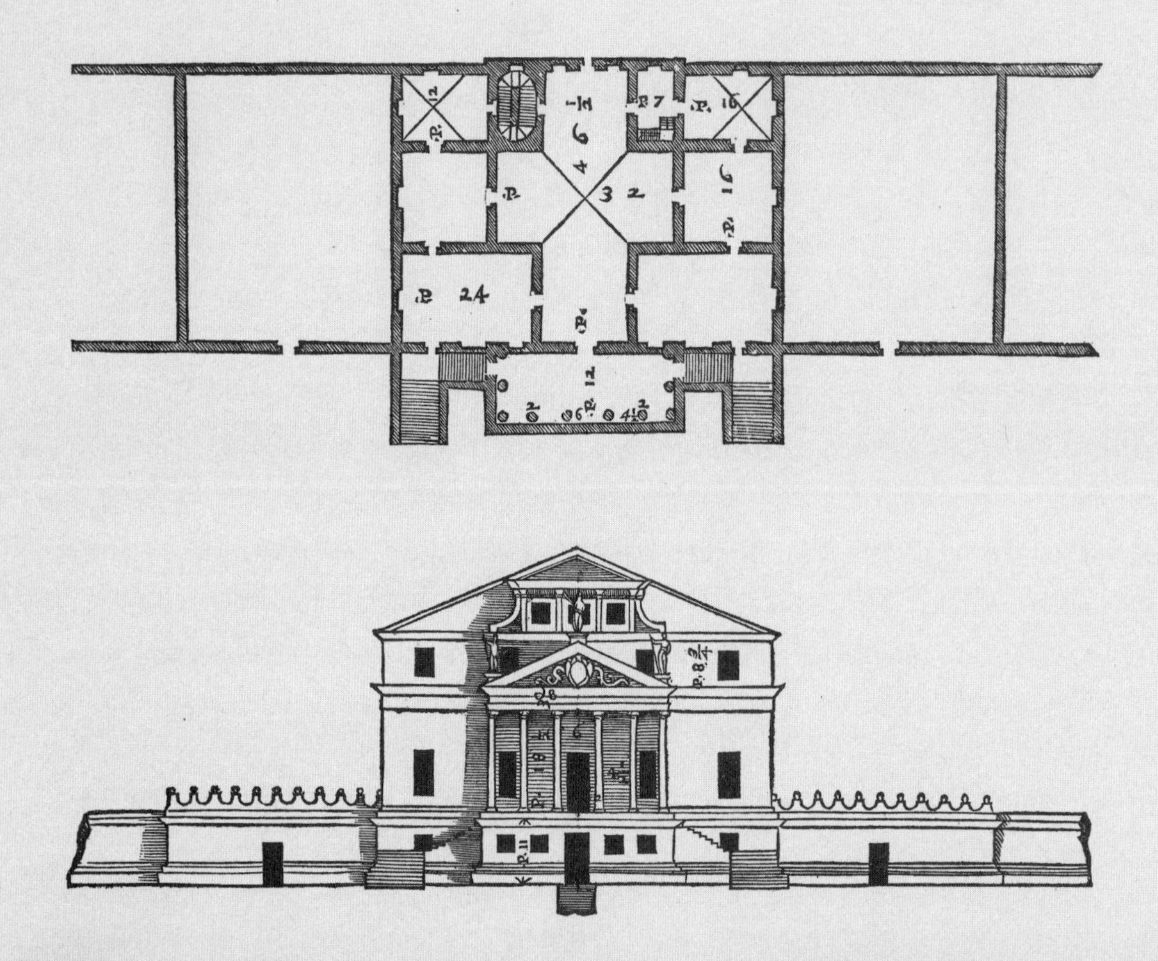

LA SOTTOPOSTA

图 8.2 帕拉第奥，福斯卡里别墅的平面图和立面图，《建筑四书》，1570 年

翼进而形成重合关系，因此，别墅中央空间内靠近花园一侧的这三个空间被表示为线框体量——它们在概念上是活跃的，而没有被表示成中性的实心白色、灰色或黑色体量——即 A、B、C 之间无分主次。由于面向花园一侧的门廊并不是作为门廊而真实存在的，因此这个隐含或虚拟门廊同样被表示为活跃的线框体量。花园一侧的门廊被削减为墙体厚度的实心白色要素，而非体量。虽然中央十字形形象在平面中清晰可辨，但是在模型中只有其侧翼和前翼被表示为实心黑色体量，此处的中央体量是由空间所定义的；十字形的后翼参与构成了背面 ABC 部分的重合。前门廊（及其支撑柱）位于花园墙外侧，被表示为实心白色体量，在概念上是被动的。如果做更细致的阅读，由于前台阶在平台处发生曲折，变为与花园墙平行，因此可将其视为 B 空间或过渡空间，而不是将它简单地划分为前门廊 A 的一部分，这就是为什么别墅前端存在一个灰色线框体量 B。别墅两侧的中央房间以及花园墙因为容纳了多样的内部标识，而在某种意义上是活跃的，尽管如此，还是可以认为它们在概念上不活跃，在模型中用浅浮雕表示。应当注意，只有在这些实体模型中我们方能分辨“活跃”“被动”和“中性”之间的关键区别。

几何图解

活跃与被动、真实与虚拟，它们无时无刻不在某种给定的基准状态的框架内来回转换，尽管基准的选择是任意的（arbitrary）。这种基准就是理想正方形。用以描述马孔坦塔的最基本几何图解就是由一个正方形单独构成的，尽管这个正方形也无法被化约为理想状态，它对齐的是别墅两侧外墙的内缘，以及别墅正面临水一侧门廊和背面花园一侧立面微突面的外缘（图 8.3）。如果将这一正方形向左右两侧平移，使其与花园纵墙内侧齐平，那么由此产生的三个正方形的相叠区域对应别墅中央开间 C 的面宽（图 8.4）。如果认为别墅具有前后向四段式 ABBA 形制，那么其第二和第三横层将被三个向前后平移的正方形的重叠区域覆盖（图 8.5）。另做两组正方形，其中一组位于别墅本身的矩形体量之内，另一组将外部前门廊及台阶包括在内，二者描述了别墅的内部几何关系（图 8.6，图 8.7）。这些正方形表述了别墅的三段式 ACA 基本形制，虽然很明显这两组正方形都无法将整个别墅全盘考虑在内。

理想图解与虚拟图解

马孔坦塔的基本拓扑图解或关系图解提供了最为理想的解读，即前后向 ABCBA 层叠对称关系（图 8.8）。此处与奇耶里卡提宫不同，中央 C 空间并非横向层块，而是一个自身具有 ABA 内部形制的十字形。实际或虚拟别墅的正面临水一侧是 B 和 C 的重合，背面花园一侧是 A、B 和 C 的瓦解（collapse）。建筑后侧稍微突出于立面的虚拟门廊 A 进一步强化了这一解读。与花园立面相垂直的楼梯从两侧框定中央十字形图形，从而产生三重叠置的可能性，即 A 空间和 B 空间同时占据与 C 空间即主空间相同的空间位置。由真实状态（特定建筑要素的位置）向虚拟状态的过渡在此处得到了清楚的印证。

另外两个图解也说明了马孔坦塔的不可还原性（irreducibility），即不可将其简化为一种单一的理想解读。其中第一个图解将前侧过渡开间 B 的位置确定在别墅外部的门廊空间之内，它体现了朝外的楼梯和平行于别墅立面的楼梯之间的区别（图 8.9）。背面的 A 空间被解读为扁平化的面，它不与内部发生叠合。虚拟图解包含了正面的 A/B 空间及背面的 B/C 空间。理想图解清晰表述了别墅外部前侧 A 与 B 的层叠、十字形 C 空间以及背面的内部 B 空间和外部 A 空间。另一个图解将外部和内部的 B 空间合并起来，并将

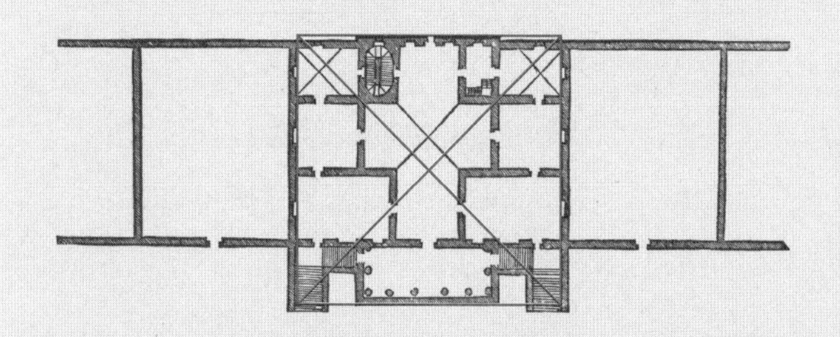

图 8.3　福斯卡里别墅的几何图解。单一正方形对齐别墅两侧外墙的内缘，以及别墅前端面水一侧门廊和别墅后端花园一侧立面微突面的外缘

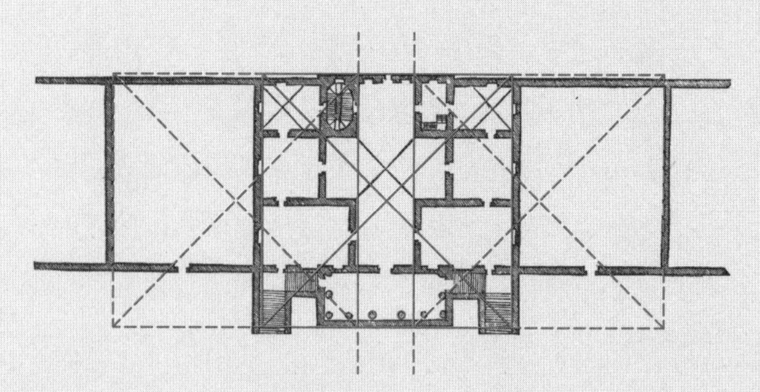

图 8.4　福斯卡里别墅的几何图解。如果将这一正方形向左右两侧平移，使其与花园纵墙内侧齐平，那么由此产生的三个正方形的相叠区域对应别墅中央开间 C 的面宽

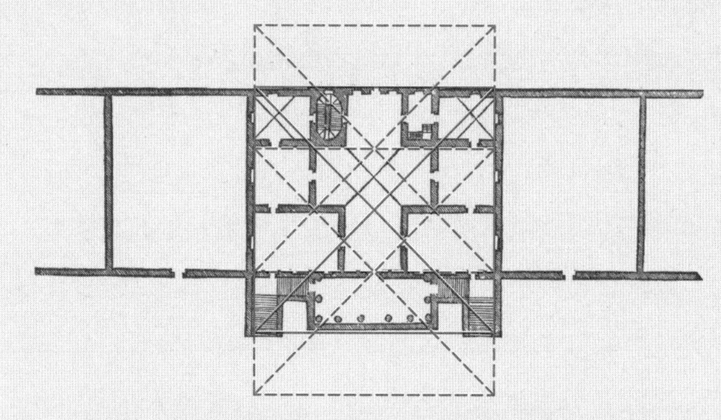

图 8.5　福斯卡里别墅的几何图解。如果认为别墅具有前后向四段式 ABBA 形制，那么其第二和第三横层将被三个向前后平移的正方形的重叠区域覆盖

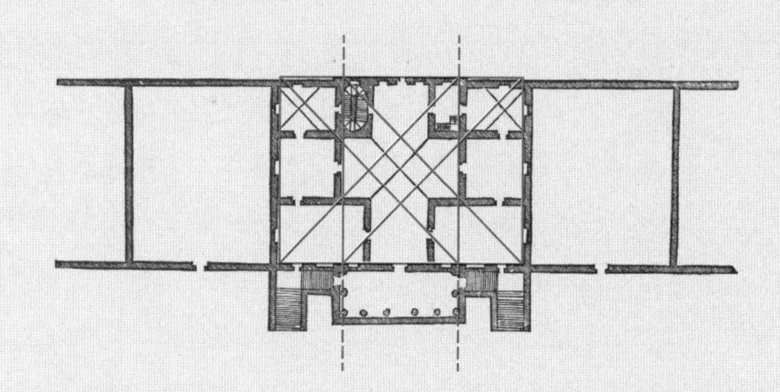

图 8.6　福斯卡里别墅的几何图解。一组放置在别墅矩形体量之中的正方形描述了别墅的内部几何关系

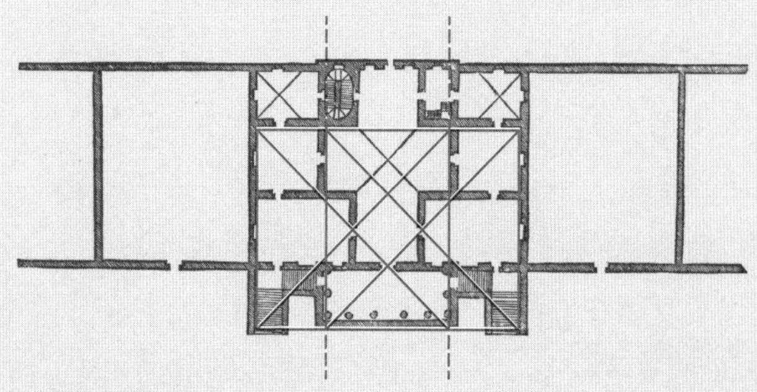

图 8.7　福斯卡里别墅的几何图解。另一组将外部前门廊及台阶包括在内的正方形描述了别墅的内部几何关系

中央十字形图形解读为双向对称的图形（图 8.10）。

如前文所提，马孔坦塔的别墅主体所在之处本应建有一系列花园墙——即谷仓原型（proto-barchessa）。如科尔纳罗别墅，前门廊充当了别墅门脸（frontispiece）的角色，它位于水平花园墙的外侧——不过花园墙（包括前墙和后墙）也可被视为是建筑立面的延续（图 8.11，图 8.12）。在帕拉第奥的图中，前门廊被表现为一系列墙体，它包含八根等距且位于门廊边缘以内的立柱，此外两根嵌入外墙的半圆形壁柱勾勒出入口。

C 空间不单是一个连通前后的桶形拱顶纵向空间，而是一个十字形空间，一个两侧被压缩或前后被拉伸的原本为双向对称的形式（图 8.13）。十字形 C 空间在数个谷仓项目中都有出现，不过本例与皮萨尼别墅中的 C 空间最为相似。在这两个案例中，别墅主体在名义上具有九宫格设计方针（nine-squre parti），包含一系列围绕十字形中厅的边间。马孔坦塔中，“虚拟”后门廊向背立面内的挤压体现在十字形的挤压以及两侧房间从前至后的尺寸递减之中（图 8.14）。还可以认为这一挤压作用在一个边长与别墅等宽、以十字形为中心的正方形之上。这一解读强化了门廊不同寻常的性质，并通过对虚拟或隐含进深的表现，将后门廊的缺席充分凸显出来（图 8.15）。

别墅内外的壁龛和开洞之间并非是对齐的，这进一步表达了对称与不对称状态之间的来回转换。此处尤为重要的是正面平面（frontal plane）的威尼斯特质，即整个立面的构成与开窗的表达之间的相互作用。正门和两个侧窗（side windows）等距地分布在山墙下的门廊部分。侧窗首先表现为构成门廊对称的部分，所以看上去是与靠外侧的窗户脱离。但是从建筑内部看，“侧窗”和“外侧窗户”同属一间房间，从而形成另一种对称形制的解读（侧窗和外侧窗户两两成对），在某种意义上，它们似是在山墙下方滑移。

配对的侧窗同时与主入口和外侧窗户形成关联，这一情形与威尼斯许多宫殿建筑——譬如帕拉第奥一定知晓的位于大运河之上的 15 世纪建筑黄金宫（Ca' d' Oro）——立面上所呈现的出入口和窗口之间的相互作用有异曲同工之妙。马孔坦塔主楼层立面上五个洞口的间距使得外侧窗户看上去像是被推挤到了别墅边缘。但是从别墅内部看去，外部的这些窗户却与建筑内部的洞口及壁龛形成对应或对称关系；而框定入口的一对窗户虽然从外部看去似是相互对齐的，从内部望去时却像是被推挤到了侧室内缘墙角（图 8.16）。于是，建筑内部对称分布的壁龛与门廊下方不对称分布的壁龛之间便存在一种断裂（disjunction）。

马孔坦塔中还出现了另一个帕拉第奥式母题，它首次出现于圆厅别墅：长方形窗户的上方和下方各设正方形窗户，以标记发生在立面上的一系列挤压和拉伸。在帕拉第奥手中，原本常规化的形制——无论是在平面上还是在立面上——都发生了错位。这种错位为建筑带来了新的可能性，它不再只是受制于历史条件之预期和许可的常规几何状态。同样，反复出现于帕拉第奥作品中的这些错位可以被视为是帕拉第奥式空间从阿尔伯蒂式同质空间理念向更为异质的空间理念的概念性转变过程中的一部分。

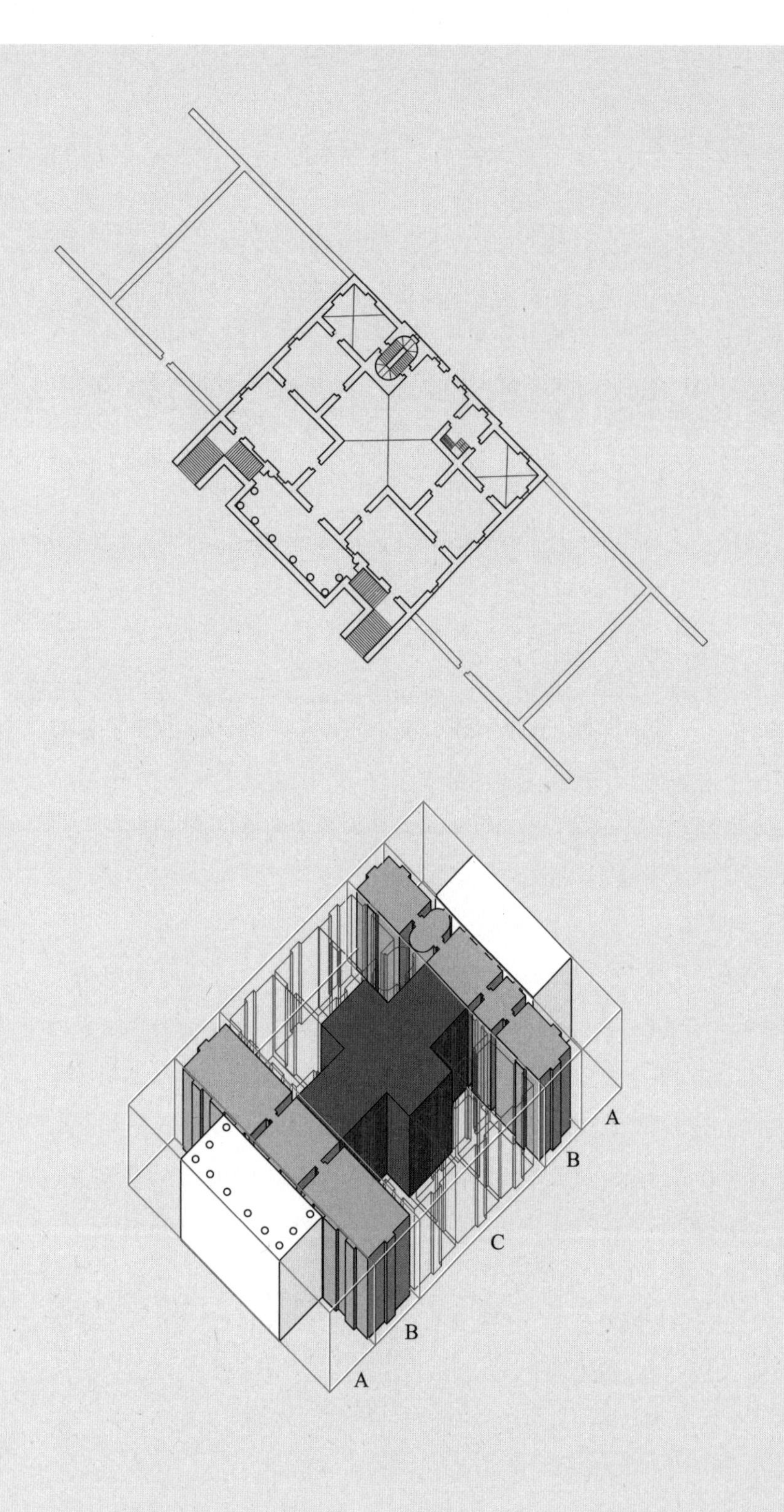

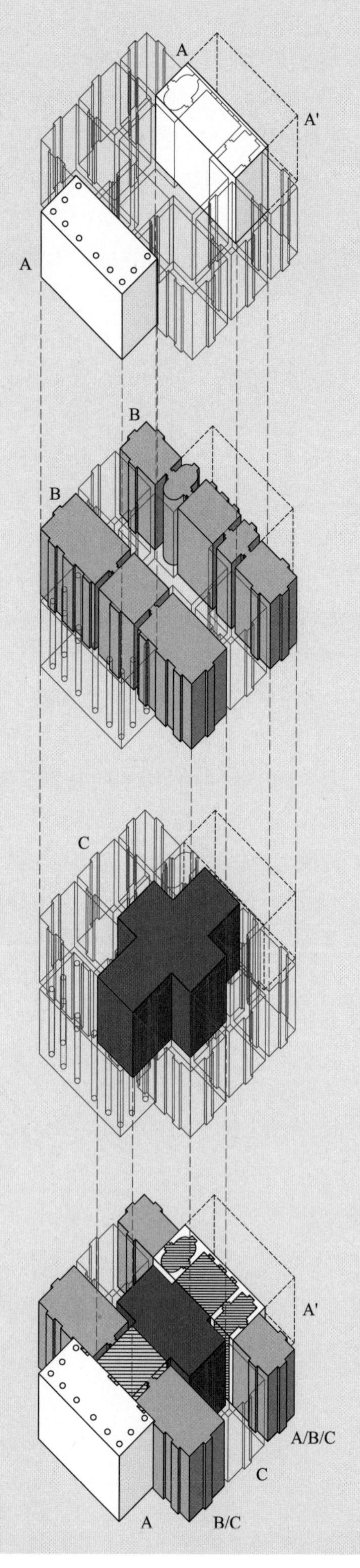

图 8.8　福斯卡里别墅的理想图解和虚拟图解。虚拟别墅的正面临水一侧是 B 和 C 的重叠，后端花园一侧是 A、B 和 C 的瓦解

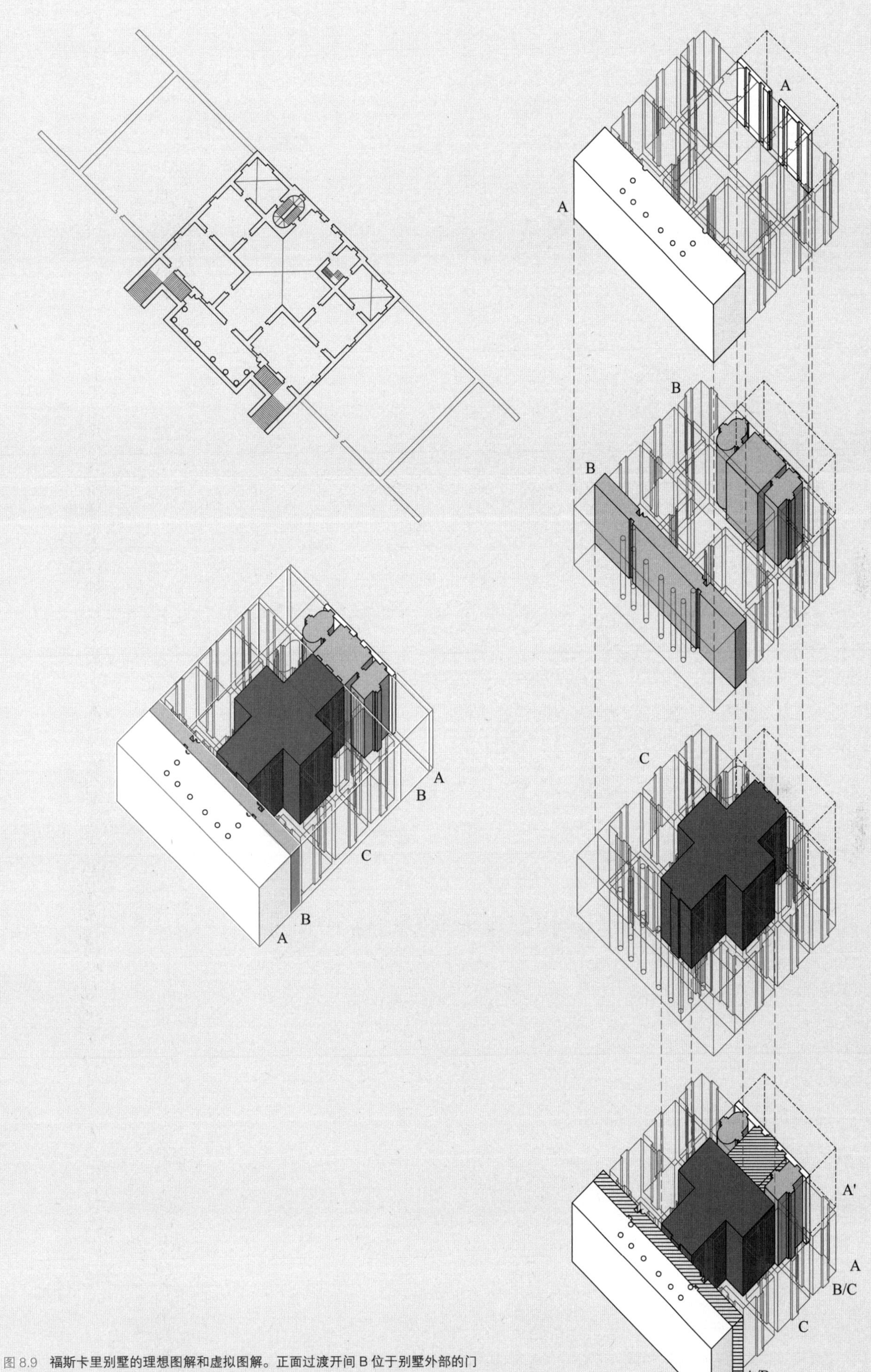

图 8.9　福斯卡里别墅的理想图解和虚拟图解。正面过渡开间 B 位于别墅外部的门廊空间之内，它体现了朝外的楼梯和平行于别墅立面的楼梯之间的区别

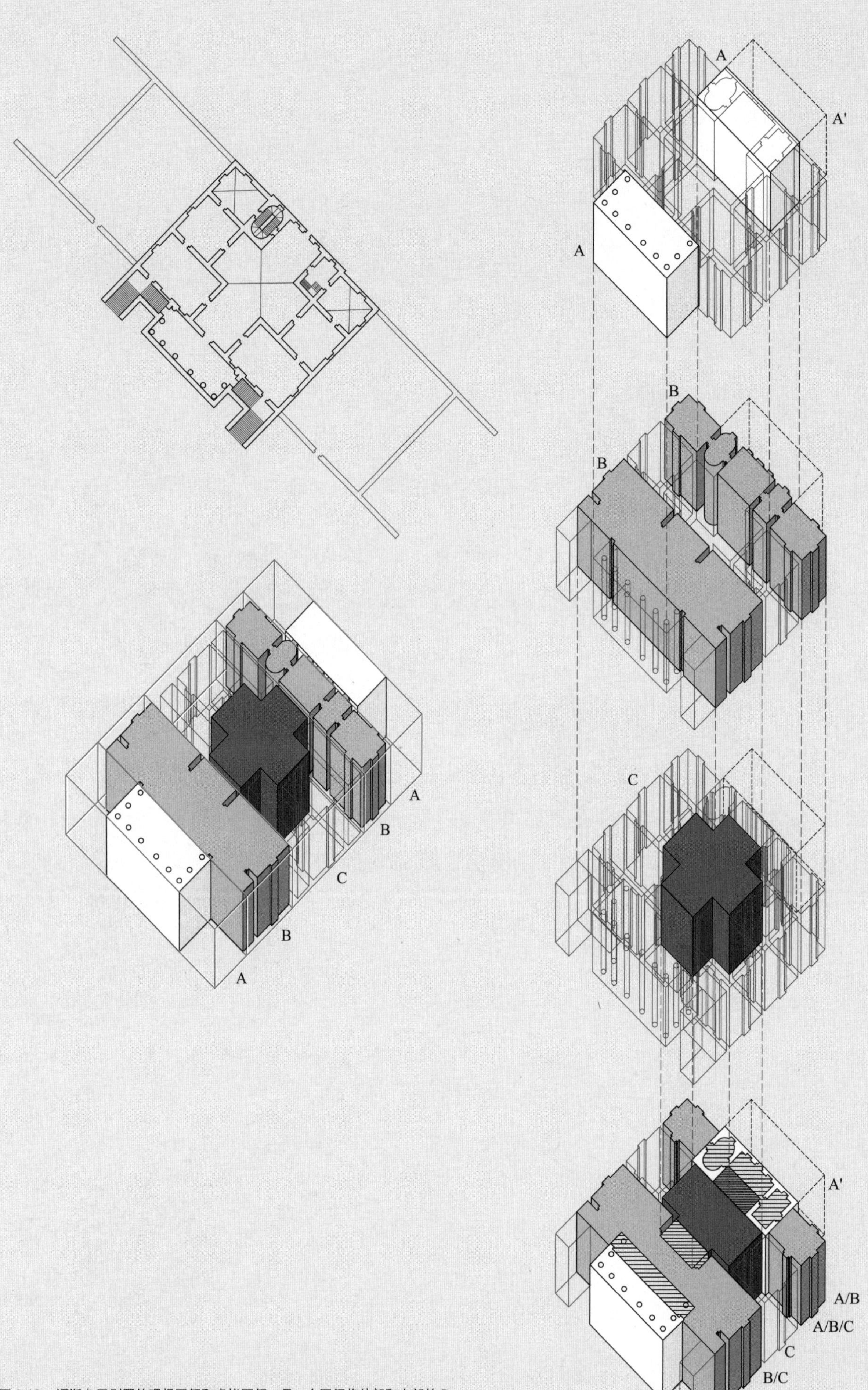

图 8.10 福斯卡里别墅的理想图解和虚拟图解。另一个图解将外部和内部的 B 空间合并起来，并将中央十字形图形解读为双向对称的图形

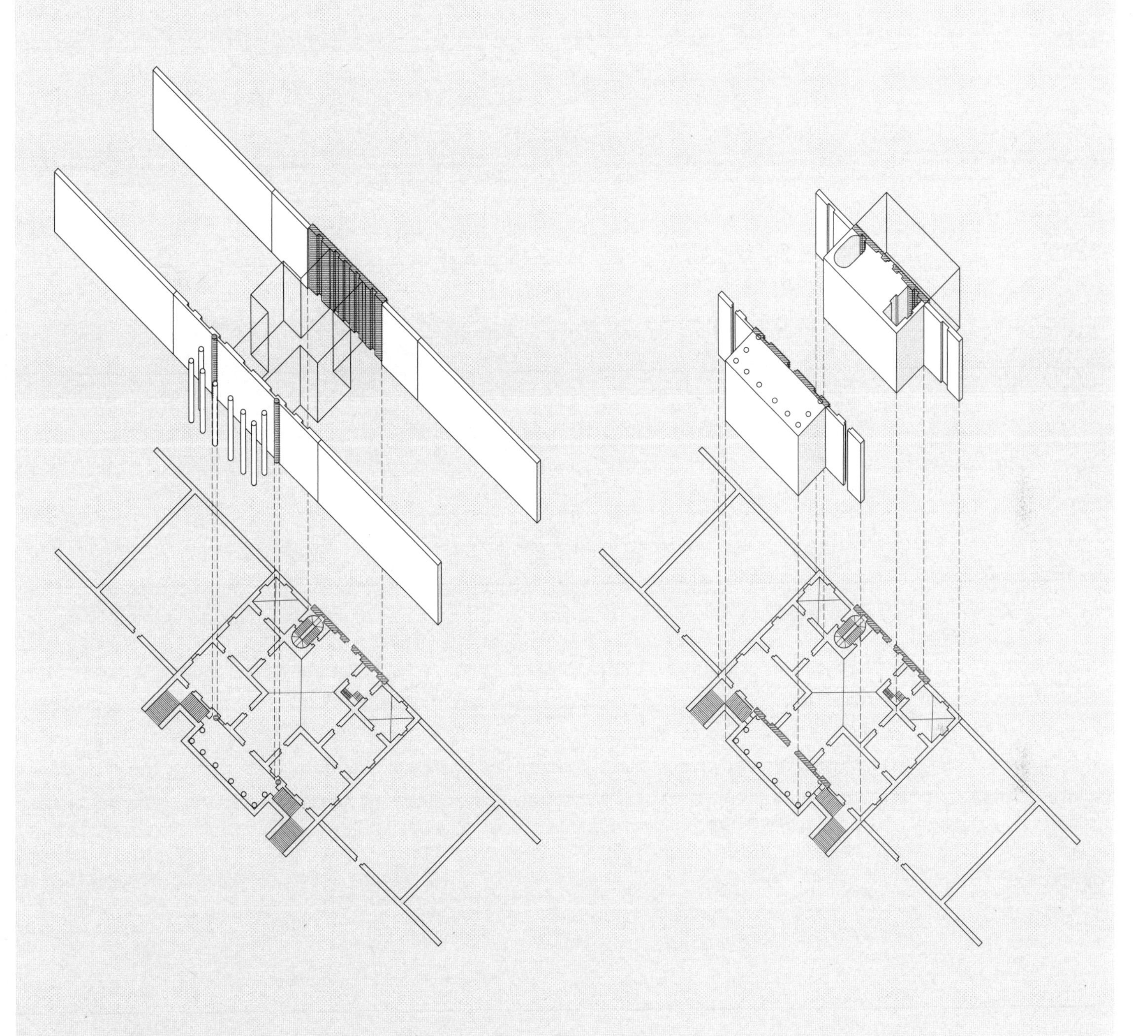

图 8.11　福斯卡里别墅图解。别墅主体所在之处本应建有一系列花园墙——即谷仓原型

图 8.12　福斯卡里别墅图解。前门廊充当了别墅门脸的角色，它位于水平花园墙的外侧——不过花园墙（包括前墙和后墙）也可被视为是建筑立面的延续

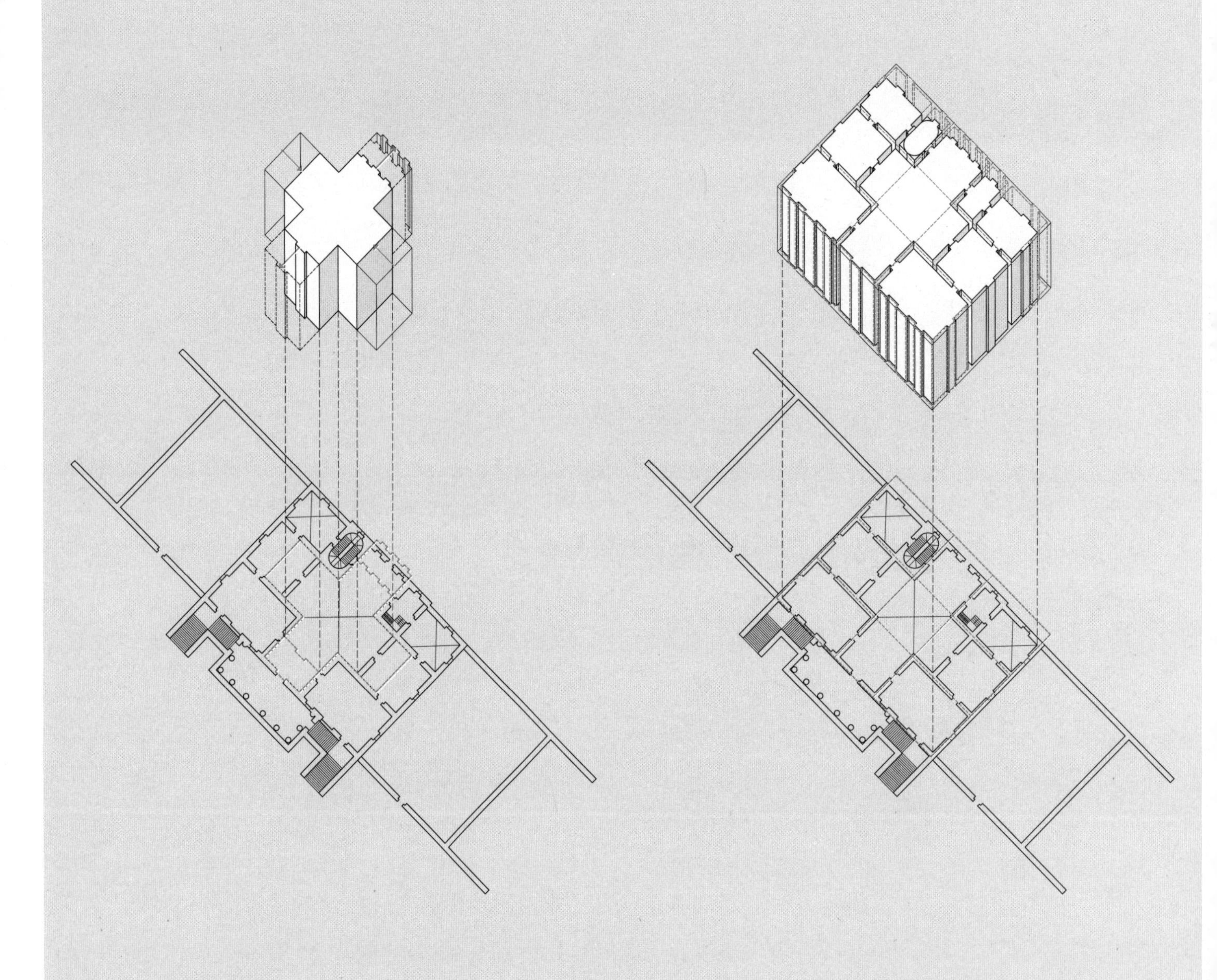

图 8.13 福斯卡里别墅图解。C 空间不单是一个连通前后的桶形拱顶纵向空间，而是一个十字形空间，一个两侧被压缩或前后被拉伸的原本为双向对称的形式

图 8.14 福斯卡里别墅图解。“虚拟”后门廊向别墅后立面内的挤压体现在十字形的挤压以及侧室从前至后的尺寸递减之中

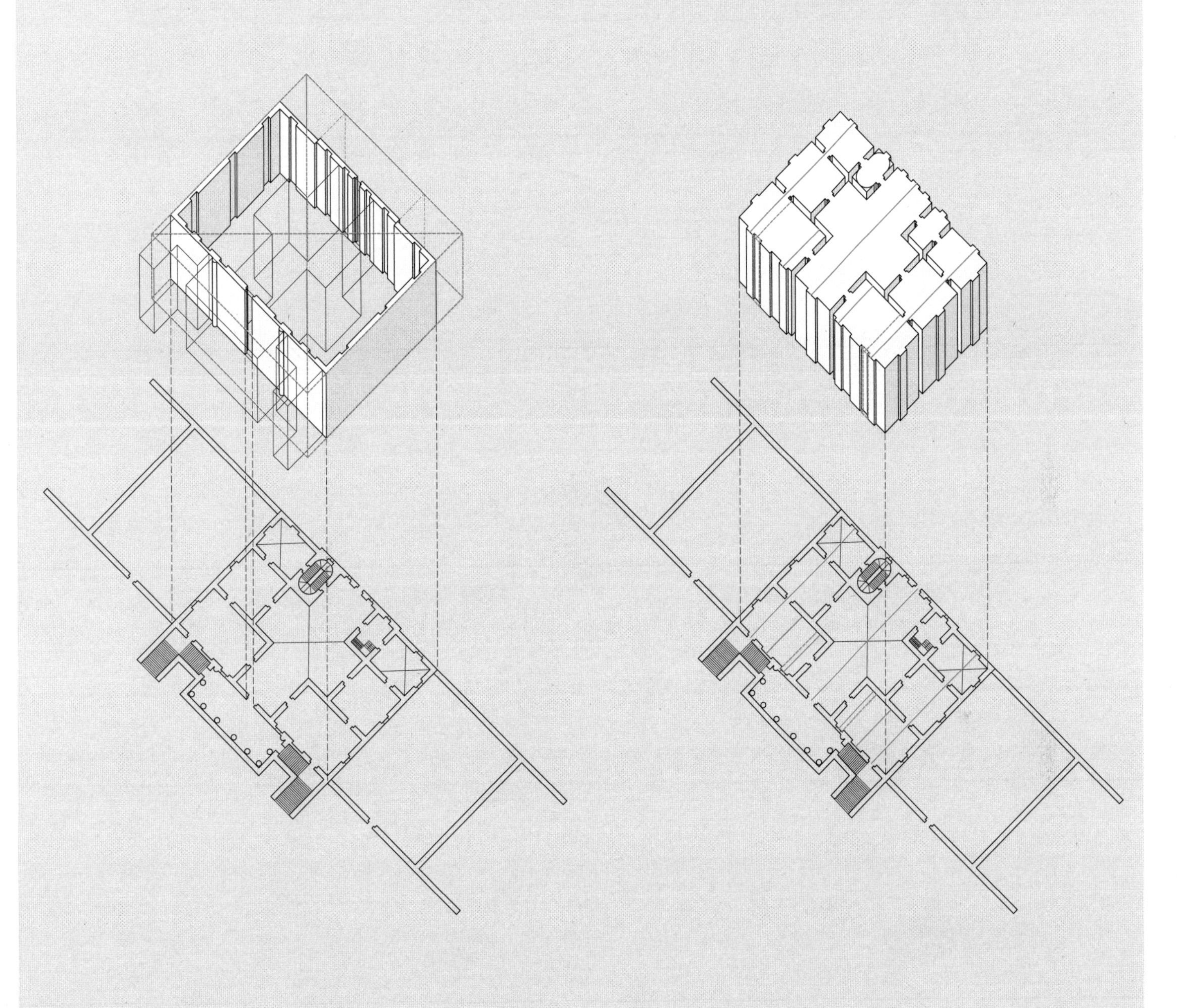

图 8.15　**福斯卡里别墅图解。还可以认为这一挤压作用在一个边长与别墅等宽、以十字形为中心的正方形之上**

图 8.16　**福斯卡里别墅图解。从别墅内部看去，外部的这些窗户却与建筑内部的洞口及壁龛形成对应或对称关系；而框定入口的一对窗户虽然从外部看去似是相互对齐的，从内部望去时却像是被推挤到了侧室内缘墙角**

埃莫别墅

1564 年

在本书所划分的三大类别墅中，福斯卡里别墅是埃莫别墅（图 9.1）的直接先例；与前者不同的是，后者跨坐在花园直墙和谷仓拱廊之上。不同于后续大多数谷仓项目的发展模式，埃莫别墅的谷仓是朝向后花园的。为分析别墅主体和谷仓之间的关系带来棘手问题的是建筑室内空间与外部拱廊立柱及花园墙之间的错位。别墅主体本身较为朴素，不过前门廊迥异于后门廊空间，前者被压入别墅主体，而后者由单个台阶构成，这一台阶直接通向最大的室内体量。在名义上，别墅的平面是一个九宫格，一组室内楼梯和前后房间之间的一条非常狭窄的走廊占据了九宫格的中央空间。

图 9.1　埃莫别墅的分析模型

第 9 章
埃莫别墅，梵佐罗，1564 年

Villa Emo，Fanzolo

埃莫别墅是本系列别墅中的第二个案例，本系列追溯了谷仓这一堪称帕拉第奥最为重要的发明之一的演变。就本书三大别墅分类而言，埃莫别墅与其直接先例福斯卡里别墅有所不同，福斯卡里别墅主体“悬停”（suspended）于两花园墙之间，而埃莫别墅“跨坐”（straddles）于一堵单一的直线花园墙及谷仓拱廊之上。与大多数后续谷仓项目不同，埃莫别墅的谷仓朝向后花园排成一排，而不是在前方形成一个庭院（图 9.2）。为分析别墅主体与谷仓之间的关系带来棘手问题的是建筑室内空间与外部拱廊立柱及花园墙之间的错位。在平面上，别墅主体具备名义上的九宫格形制，本身较为简单，不过前门廊迥异于后门廊空间，前者被压入别墅主体，而后者由单个台阶构成，这一台阶直接通向最大的室内体量。前后的这一区别是与理想对称性相悖的，它反复出现于别墅项目中，并将在谷仓平面的发展中发挥更大的作用。

分析模型

埃莫别墅的模型揭示了潜藏于看似普通的内部形制中的复杂性，以及别墅主体与谷仓之间断裂的关系。这是第一个对附属建筑物做出必要刻画的分析模型；在这个模型中，谷仓延伸部分的拱廊空间被解读为既活跃又被动的要素，因此表示为半框架、半实心的灰色 B 体量。谷仓框架体量明确了侧楼的虚拟或不可见方位，它与别墅主体内部 B 空间处于同一直线上，后者以实心灰色体量表示。也可以将这一虚拟方位描述为一种理想位置，因为它使得内外空间相互对齐。模型中的实心谷仓体量显示了别墅主体两侧的敞廊的实际位置，它们明显未与内部过渡开间 B 对齐。内外之间的错位是对古典而理想的几何关系的扭曲（distortion），就此而言，可以将敞廊的实际方位描述为一种虚拟状态。此时，“虚拟”“实际”和“理想”之间的界限开始变得模糊。

前门廊台阶所占据的空间被表示为白色框架 A 体量。门廊本身位于正立面上的四根巨柱内侧，被表示为框架体量，代表它相对于其他组成部分而言可以被视为活跃要素。此外，这一空间周围另有一个黑色框架，表示中央 C 空间穿过别墅中央窄道向前端延伸，形成一个哑铃状图形。此处，A、B、C 三空间的叠置使得这三种空间类型在概念上均变得活跃；也就是说，即便 A、B、C 事实上都位于门廊的实际空间 A 之内，但三者之间无分主次。横贯别墅中央开间，两个灰色框架 B 空间夹拥着一个狭窄的实心黑色 C 要素，而之所以称其为 C 要素是因为它位于别墅的中央，而非由于它具有主空间的空间特质。位于别墅后部开间的主空间 C 是一个垂直拉伸的黑色墙体，它体现了主空间位于别墅后方——而非别墅中央——的虚拟位置，以及明确了它作为图形化虚空的解读，其体量由墙体充囊所定义。后门廊在此处被表示为 B 要素或过渡要素，

A FANZOLO Villa del Triuigiano discosto da Castelfranco tre miglia, è la sottoposta fabrica del Magnifico Signor Leonardo Emo. Le Cantine, i Granari, le Stalle, e gli altri luoghi di Villa sono dall'vna, e l'altra parte della casa dominicale, e nell'estremità loro vi sono due colombare, che apportano utile al padrone, & ornamento al luogo, e per tutto si può andare al coperto: ilche è vna delle principal cose, che si ricercano ad vna casa di Villa, come è stato auertito di sopra. Dietro à questa fabrica è vn giardino quadro di ottanta campi Triuigiani: per mezo il quale corre vn fiumicel lo, che rende il sito molto bello, e dilettevole. E' stata ornata di pitture da M. Battista Venetiano.

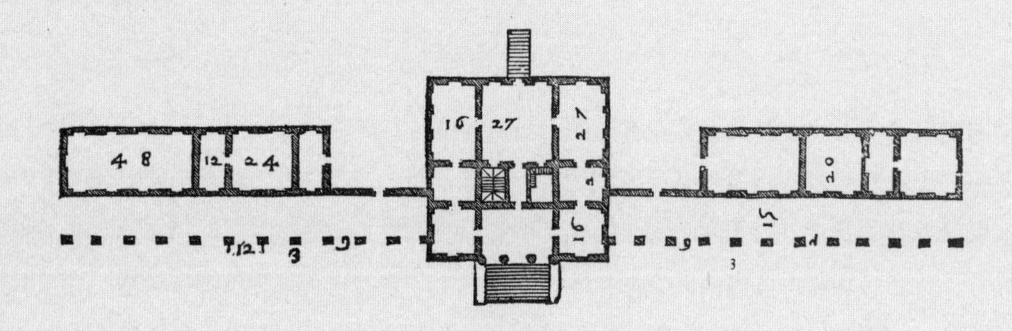

DE I

图 9.2　帕拉第奥，埃莫别墅的平面图和立面图，《建筑四书》，1570 年

由后墙挤出而成。与前台阶类似，通向别墅后部的狭窄台阶所占据的空间被表示为白色框架入口体量；由于不存在实际门廊而只存在隐含门廊，因而此处没有实心体量。

几何图解

我们可以用多种几何叠置来描述埃莫别墅的形制，尽管其中大多数都只是局部图解。别墅主体为正方形（图 9.3）。前后门廊看似附加于别墅主体之上，如果将第一个正方形向前后平移就可将它们包括在内，但是，这两个新正方形不与任何室内要素对齐（图 9.4）。内外几无关联，这是埃莫别墅中一个不同寻常的特征。可以绘制若干内部形制的局部图解，但是它们都仅能描述却无法完整定义虽不对称但占主导地位的九宫格平面（图 9.5—图 9.8）。这些图解强化了由别墅中央及边缘的房间构成的理想九宫格平面中各种不同的内部挤压和延伸。当我们做一个正方形，使其边长等于别墅主体和附属建筑物之间的间距，那么内外之间将呈现某种协调性；换言之，当正方形沿别墅自身横向铺展开来，中间两个正方形相重叠的区域与别墅后侧的小台阶等宽（图 9.9）。最后，从门廊至台阶的整个别墅外部 [纵向] 尺寸等于两个正方形边长之和，这两个正方形各自的边长等于两个别墅开间的总宽（图 9.10）。当这两个正方形向左右两侧平移，其重叠部分将较宽的中央开间包括在内。

理想图解与虚拟图解

如同大多数三开间别墅（与四开间、五开间相对立），埃莫别墅中几乎不存在明显的概念性叠置，因此其中也几乎不存在虚拟密度。虽然埃莫别墅具有直白明了的性质，但是它可能是所有别墅中最为“虚拟”的，因为它是最难被转化为理想别墅的。在最初的一种相对直白的解读中，可以认为前门廊 A 被压入了前侧过渡开间 B，紧跟着的是一个实际的过渡开间 B，它将门廊与 C 空间即主空间分隔开来。B 空间看上去像是将主空间 C 即中央空间完全推向了建筑后侧。因此，从后侧看，主空间确实是占据了 A 空间或 B 空间的位置，并由此形成 C/B/A 状态（图 9.11）。两个入口台阶的不对称性意味着建筑内部还存在更多问题。例如，若根据位置来解读，别墅主体的实体中央位置通常被较大的 C 体量所占据，而实际上却被两个较小的室内楼梯以及一个非常狭窄的前厅或过渡空间占据。

在第二个虚拟图解中，前门廊 A 包括台阶和门廊本身，后者位于别墅主体的第一个内部开间之中。中间的内部开间包括狭窄的前厅和楼梯，可以被解读为 B 空间。C 空间又是位于别墅后部即第三开间内的正方形大房间。从后至前解读，后台阶可被视作后门廊 A，它通向过渡开间 B，而过渡开间 B 包括了别墅的第三个内部开间（图 9.12）。与第一个虚拟图解相同，这里不存在明确的 C 空间，因为在这个第三开间中发生了 B/C 叠置。与第一个虚拟图解不同，在这一解读中，别墅前部不存在 A/B 叠置，因为内部流线显示 B 空间处于另外一个位置，即前门廊之外的一排房间内。

第三个虚拟图解忽略了 C 空间的常规空间特质，转而仅仅根据位置来解读 ABCBA 序列（图 9.13）。此处的前后门廊与上一个图解中的相同，但是过渡空间却和第一个虚拟图解中的一样。如果根据各要素的常规位置来解读平面，那么 C 空间就应该位于一个典型九宫格的中央。但是，埃莫别墅中只存在前厅和室内楼梯的合并，它们在上一个图解中是 B 空间的一部分（当根据空间类型而非方位来识别）。最后一个虚拟图解进一步说明了根据方位或类型来制定标识体系的问题所在（图 9.14）。此处前后门廊的解读与第一个

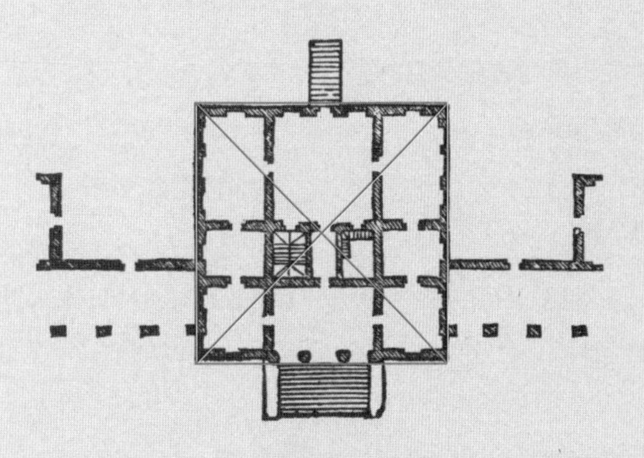

图 9.3　埃莫别墅的几何图解。别墅主体为正方形

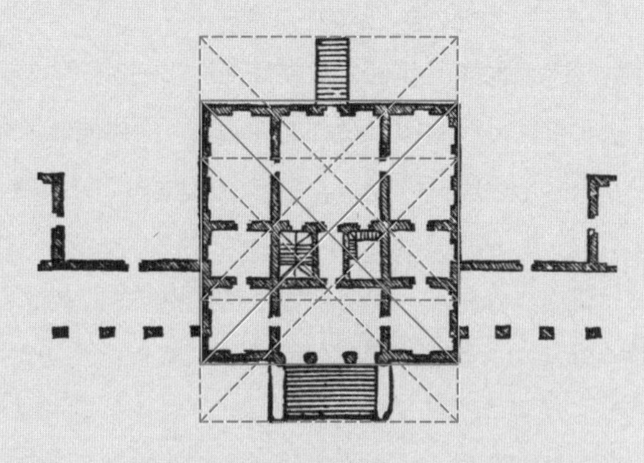

图 9.4　埃莫别墅的几何图解。将正方形向前后平移就可将门廊包括在内，但是，这两个新正方形不与任何室内要素对齐

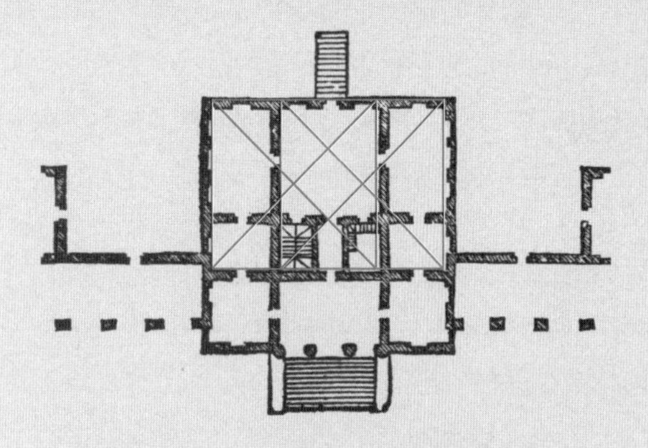

图 9.5　埃莫别墅的几何图解。内部形制的局部图解仅能描述却无法完整定义虽不对称但占主导地位的九宫格平面

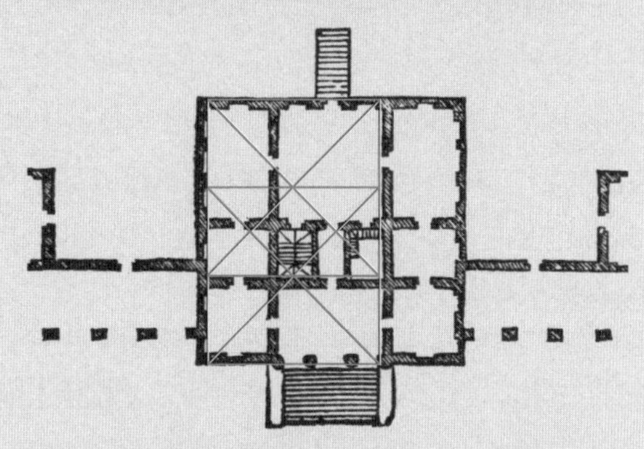

图 9.6　埃莫别墅的几何图解。第二个内部形制的局部图解，它仅能描述却无法完整定义虽不对称但占主导地位的九宫格平面

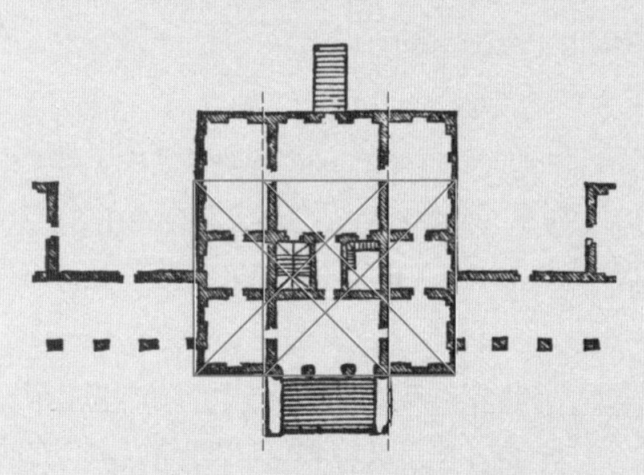

图 9.7　埃莫别墅的几何图解。第三个内部形制的局部图解，它仅能描述却无法完整定义虽不对称但占主导地位的九宫格平面

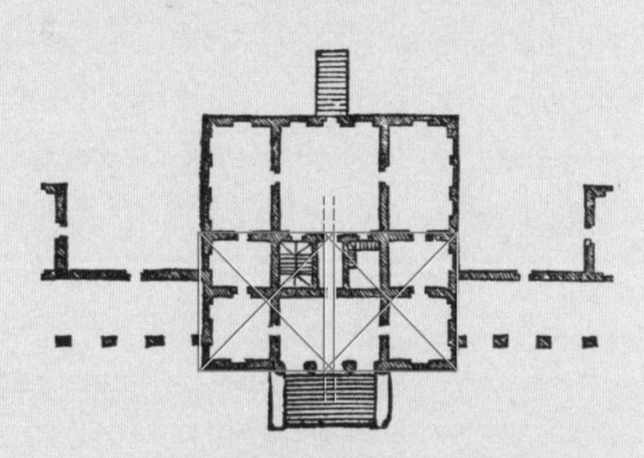

图 9.8　埃莫别墅的几何图解。第四个内部形制的局部图解，它仅能描述却无法完整定义虽不对称但占主导地位的九宫格平面

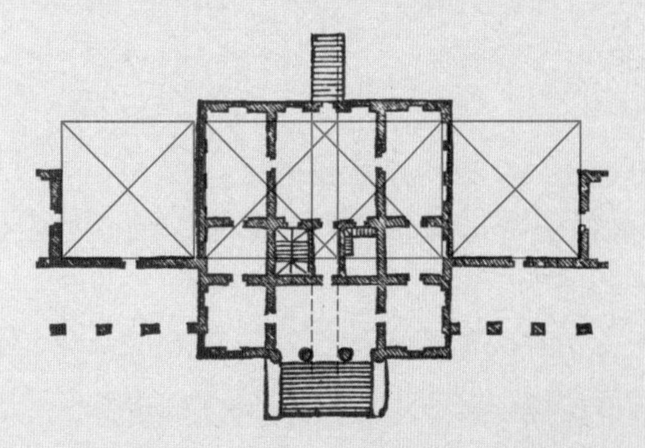

图 9.9　埃莫别墅的几何图解。当正方形沿别墅自身横向铺展开来，中间两个正方形相重叠的区域与别墅后侧的小台阶等宽

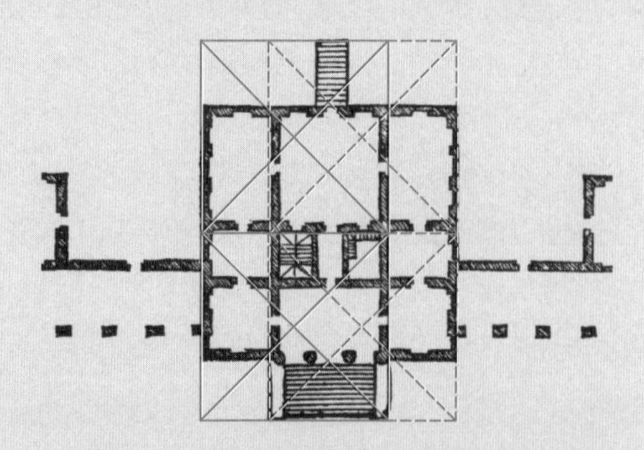

图 9.10　埃莫别墅的几何图解。从门廊至台阶的整个别墅外部 [纵向] 尺寸等于两个正方形边长之和，这两个正方形各自的边长等于两个别墅开间的总宽

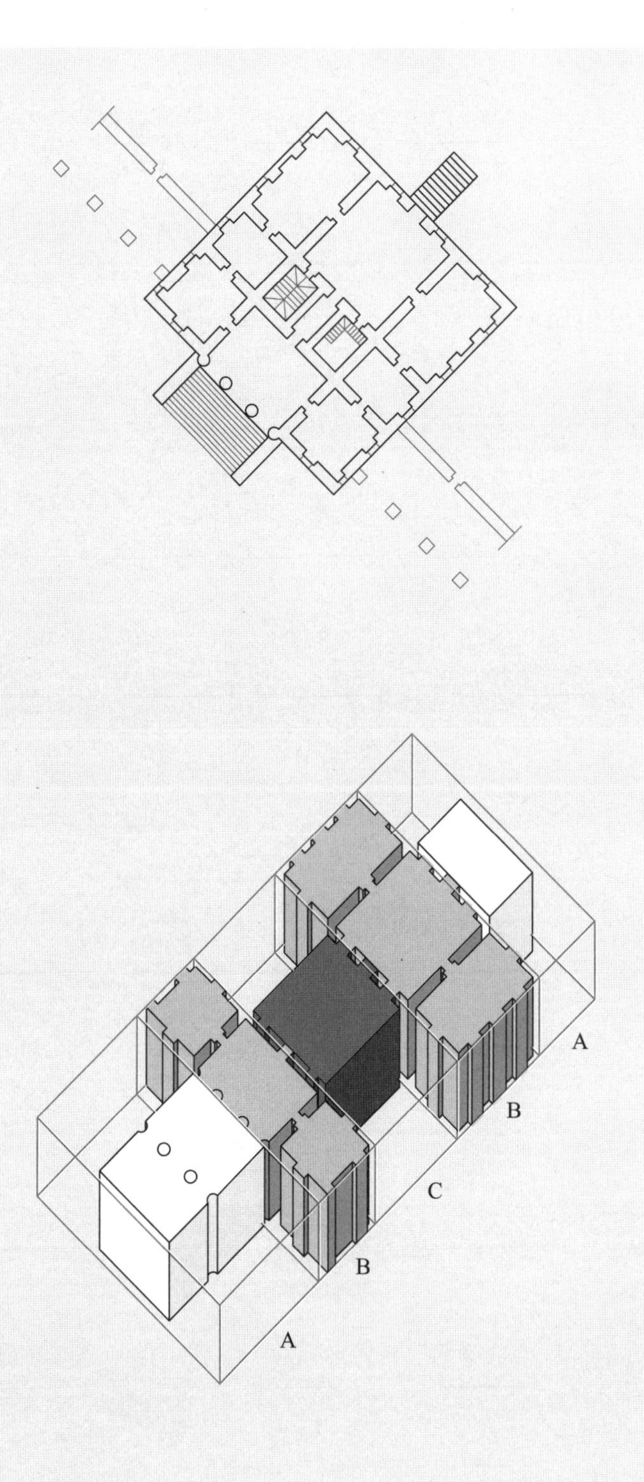

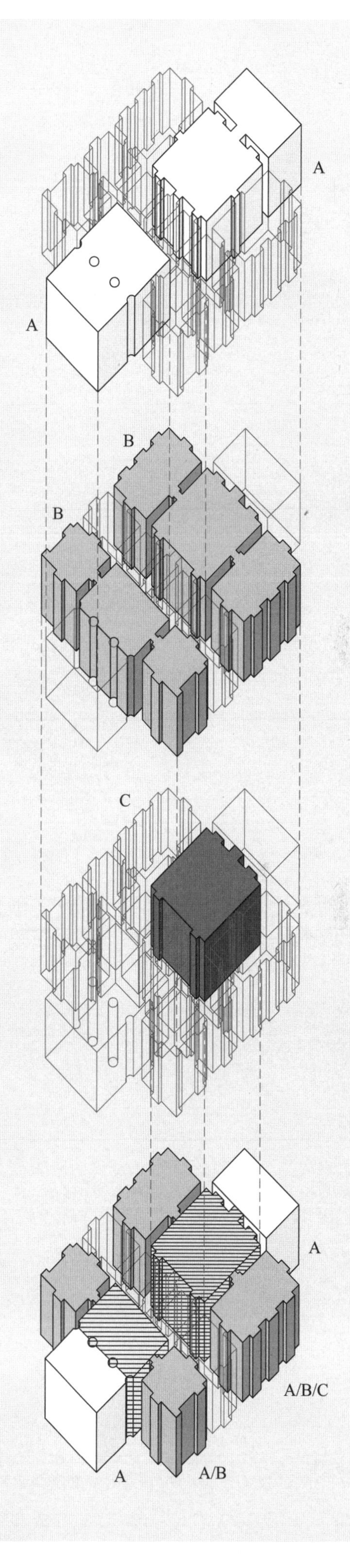

图 9.11　埃莫别墅的理想图解和虚拟图解。B 空间看上去像是将主空间 C 即中央空间完全推向了建筑后侧。因此，从后侧看，主空间确实是占据了 A 空间或 B 空间的位置，并由此形成 C/B/A 状态

图 9.12　埃莫别墅的理想图解和虚拟图解。C 空间是位于别墅后部即第三开间内的正方形大房间。从后至前解读，后台阶可被视作后门廊 A，它通向过渡开间 B，而过渡开间 B 包括了别墅的第三个内部开间

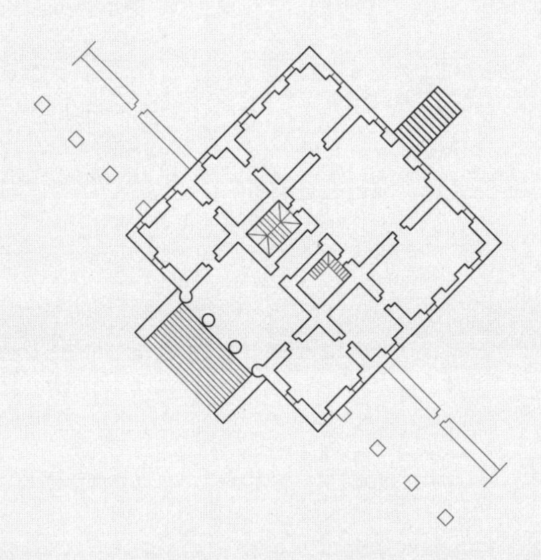

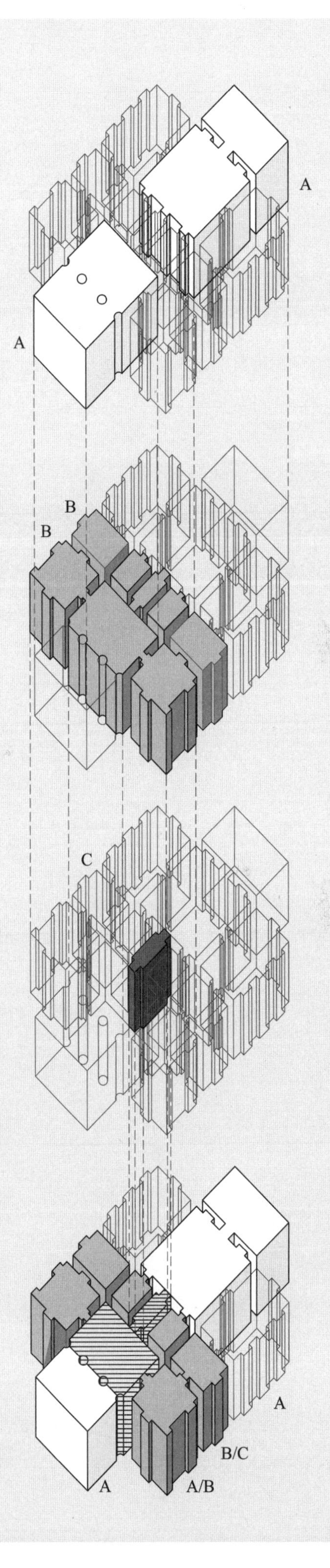

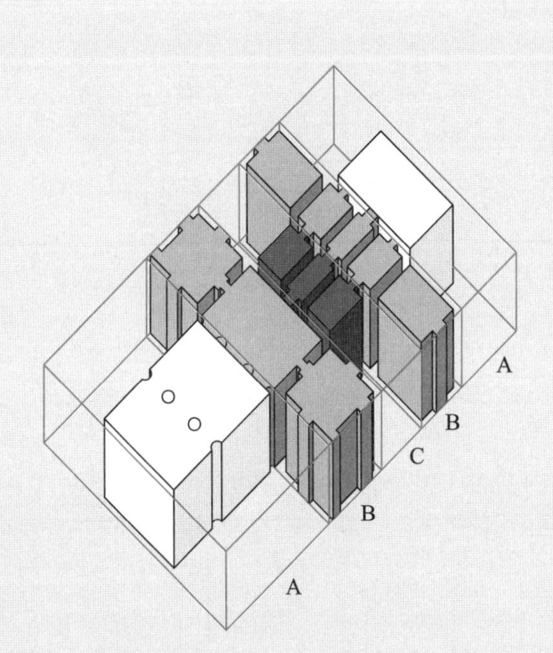

图 9.13　埃莫别墅的理想图解和虚拟图解。第三个虚拟图解忽略了 C 空间的常规空间特质，转而仅仅根据位置来解读 ABCBA 序列

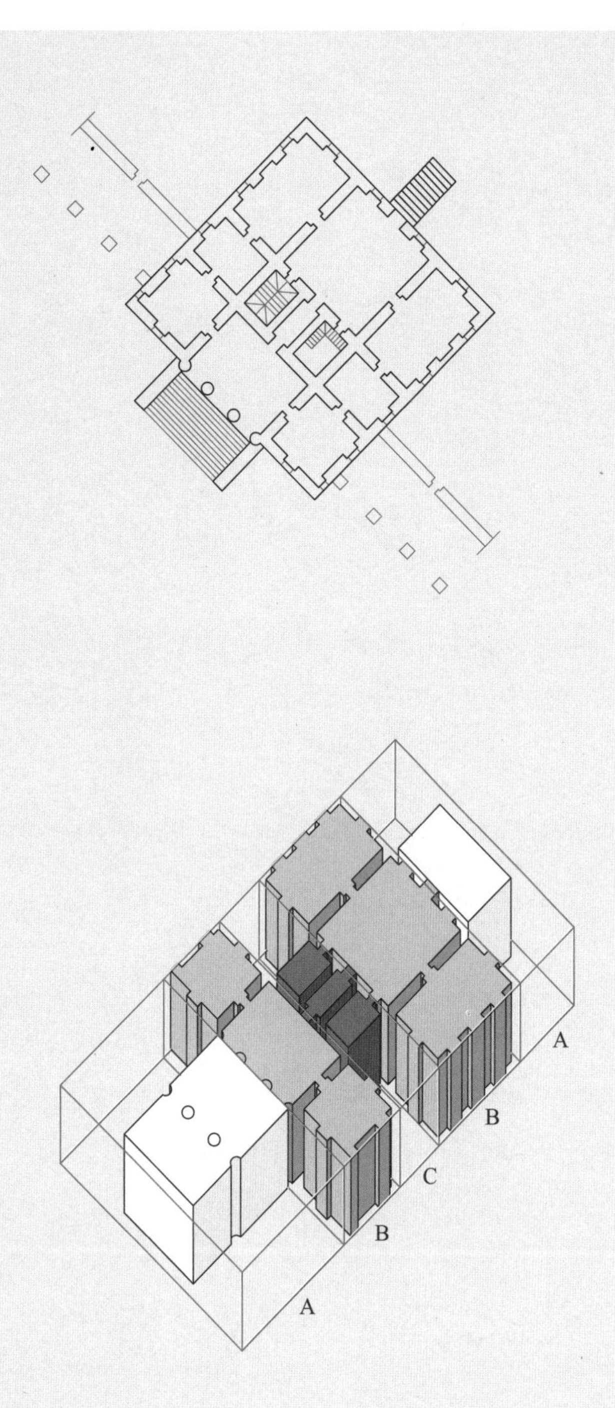

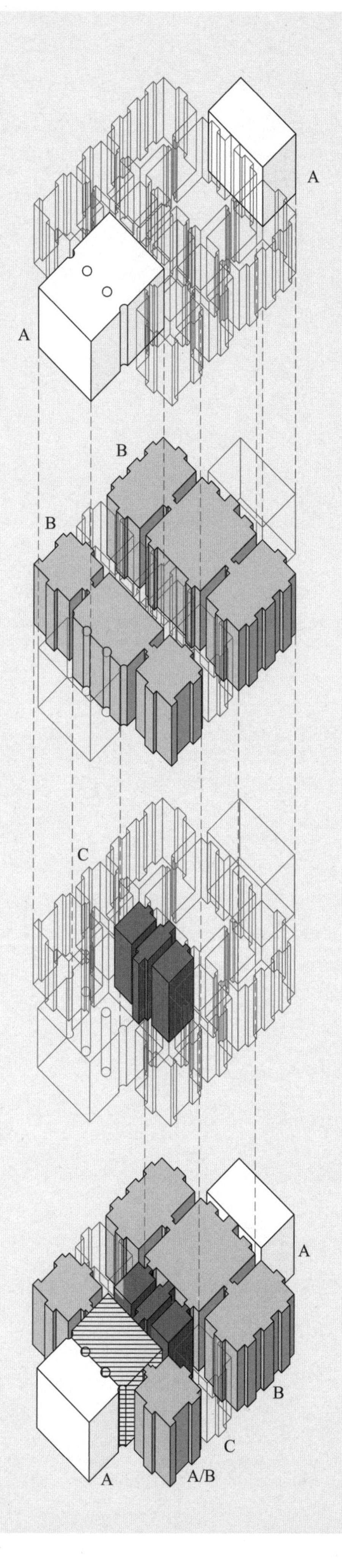

图9.14 埃莫别墅的理想图解和虚拟图解。别墅的前两个内部开间（从前至后解读）依其方位和类型被辨别为B空间即过渡空间，而唯一可识别的C空间（依据中央空间的类型及方位特征）则是室内楼梯之间的狭窄前厅

虚拟图解相同，即二者都占据了相对于别墅主体而言的内部位置和外部位置。在这个图解中，别墅的前两个内部开间（从前至后解读）依其方位和类型被辨别为B空间即过渡空间，而唯一可识别的C空间（依据中央空间的类型及方位特征）则是室内楼梯之间的狭窄前厅。后入口直通主空间或C空间是很不寻常的做法；在这一解读中，建筑后部不存在可辨识的B空间或过渡空间。

如前文所述，埃莫别墅中的谷仓看上去与通常的谷仓朝向正好相反：谷仓的拱廊在前而谷仓内部空间在后。别墅中带拱廊的附属建筑物提供了某种形式的“门脸”。谷仓中的墙和柱与别墅立面及内墙之间的错位更是凸显了这一反转（图9.15）。比如在马孔坦塔中，前后花园墙与前后立面完全对齐，但埃莫别墅中的情况却不是如此。

埃莫别墅的入口贯穿别墅主体内的围合空间。在某种意义上，此处只存在一个门廊和一个主空间。这导致C开间中的流线分配不均，进而表明了B和C之间的相互作用。室内楼梯出现在受到挤压的过渡空间两侧，它们与所在房间的尺寸和范围几乎没有关联。通常，C开间或主空间中的交叉轴线关系发生于空间的中央交叉轴上。在埃莫别墅中，外墙的充囊包含多个壁龛，而内墙并无细致刻画，因此外墙看上去像是与内墙相分离的。同样，这也是对一种常见的帕拉第奥式情形的反转——通常来说，对中央空间的清晰刻画会扩及边缘的房间乃至谷仓。

别墅后部还有一个次入口，此处没有实际的门廊，甚至连受挤压的门廊也踪迹全无，于是从前至后呈现出异状。此形制与马孔坦塔类似，即有一组三段式房间，在马孔坦塔中，它们被挤压成一个位于立面之上的、类似于门廊的要素，而在埃莫别墅中，这些房间向后立面伸展，其后一个异常狭窄的楼梯直接附着于别墅主体之上。马孔坦塔和埃莫别墅之间的区别在贯穿边间的流线中得到了进一步的表述：马孔坦塔中，流线被移至房间外侧，这是一种典型的帕拉第奥式做法；而在埃莫别墅中，流线发生在房间中轴线之上。此外，边间外侧墙体上从前至后出现了由双壁龛到单壁龛再到三壁龛的罕见过渡。沿边墙布置的壁龛与中央C空间相并置，后者中的壁龛出现在前后墙而非侧墙之上。C空间扁平的侧墙上没有壁龛，由此可将别墅外侧墙体解读为是从中央延伸出来的；或者，除了将别墅的形制视为九宫格以外，还可以认为它在本质上是线性的，也就是说，将其视作一个拉长的U形图形，从前门廊一直延伸至后门廊的内部（图9.16，图9.17）。因此，多种解读同时存在，通过略微背离特定建筑要素（如壁龛）的陈规惯例，这些解读之间的差异得到了明确体现。

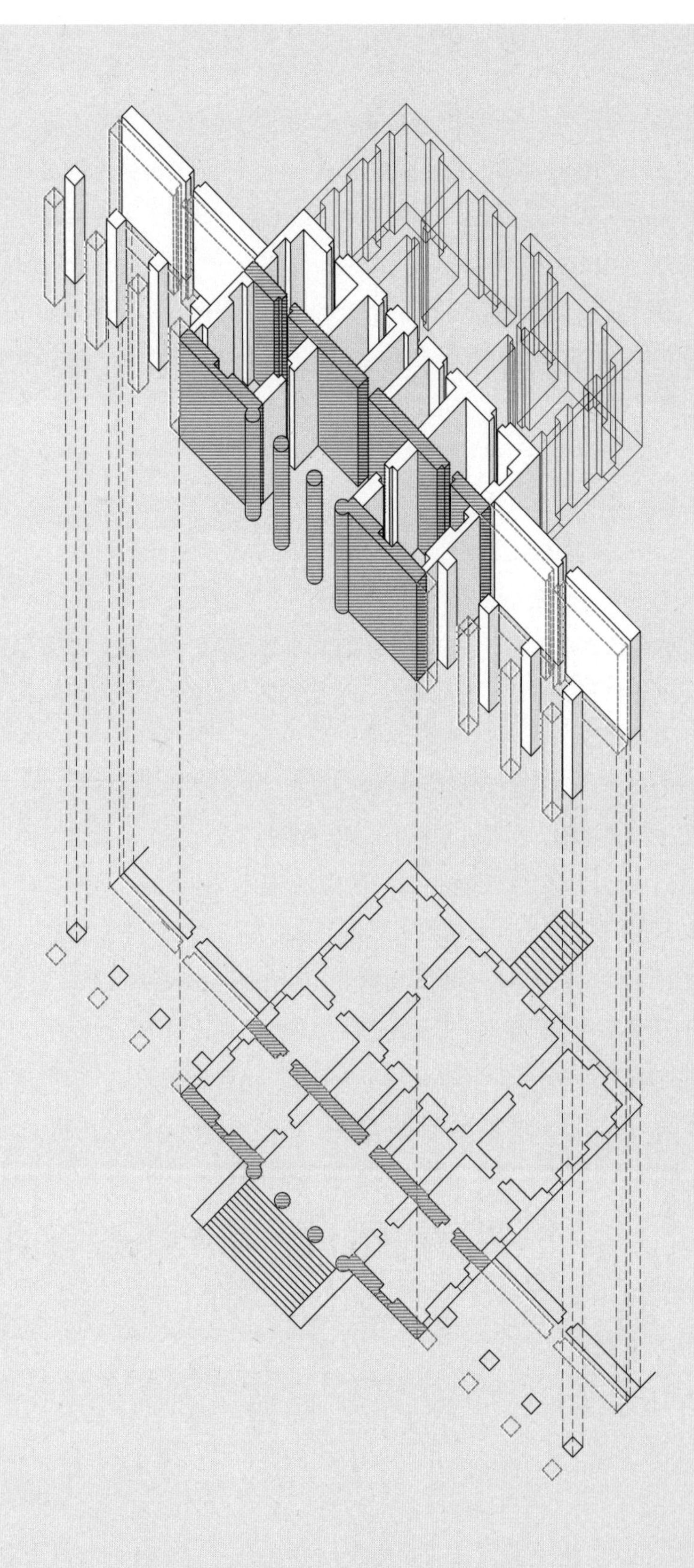

图 9.15 埃莫别墅图解。谷仓中的墙和柱与别墅立面及内墙之间的错位更是凸显了谷仓的反转

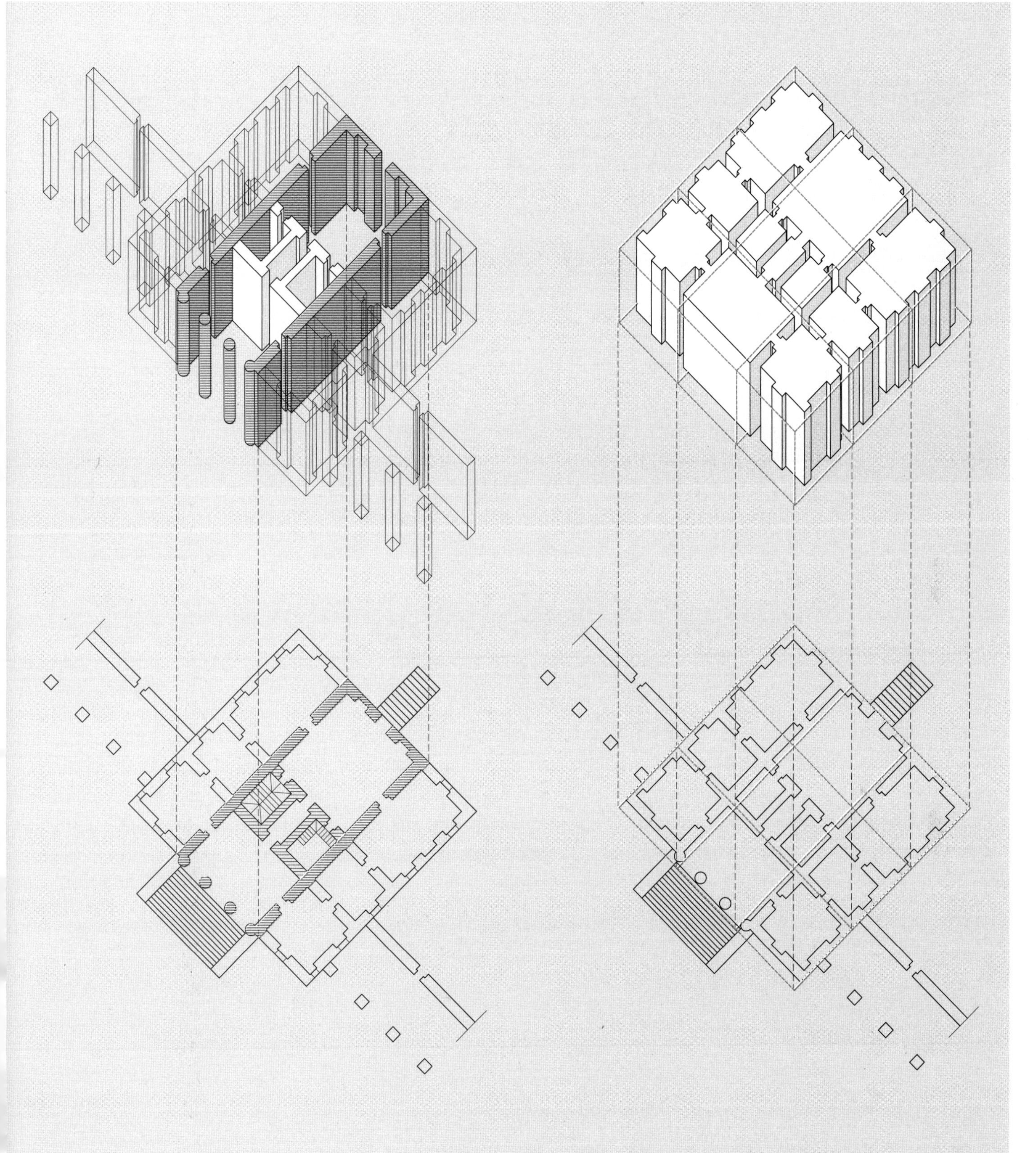

图 9.16　埃莫别墅图解。C 空间扁平的侧墙上没有壁龛，由此可将别墅外侧墙体解读为是从中央延伸出来的

图 9.17　埃莫别墅图解。由别墅中央及边缘的房间构成的理想九宫格平面中包含各种不同的内部挤压和延伸

波亚纳别墅

1550 年

位于波亚纳马焦雷的波亚纳别墅（图 10.1）可以被视为最具现代表达的帕拉第奥的别墅之一。这是因为贯穿整个立面的正面平面被一个精心处理的门廊所强调。嵌入建筑正面的拱形开口仅有一对柱子支撑，这使得整个入口更像是凯旋门式的拱券留下的印迹而非门廊。从边缘到中心金字塔式的立面构建进一步支持了这种解读，同时也呼应了平面。平面上以后花园墙为基准线，体量由此突出。两翼的谷仓体量即便与别墅的主体在平面上没有可见的关联，却仍然被当作别墅体量的一部分来处理。在这种意义上，这座别墅只能勉强算作谷仓类项目；后花园墙和一个不完整的拱廊及其延伸部分除外，这座别墅中几乎没有形似谷仓的成分。事实上，完全可以把这座别墅看作“墙宅”的类型。

图 10.1　波亚纳别墅的分析模型

第 10 章

波亚纳别墅，波亚纳马焦雷，1550 年

Villa Poiana，Pojana Maggiore

波亚纳别墅可以被视为最具现代表达的帕拉第奥的别墅之一。这是因为相较于门廊的体量空间而言，对立面的平面性处理成了主导元素。嵌入建筑正面的拱形开口仅有一对柱子支撑，这使得整个入口更像是凯旋门式拱券留下的印迹而不是一个门廊。从边缘到中心的金字塔式立面建构进一步支持了这种解读，同时也呼应了平面。平面以后花园墙为基准线,体量由此突出。甚至紧邻着别墅室内空间的谷仓两翼体量——它们在平面上与室内没有任何关联——也被当作别墅体量的一部分来处理。在这个意义上，这座别墅只能勉强算作谷仓类项目；后花园墙和一个不完整的拱廊及其延伸部分除外，这座别墅中几乎没有形似谷仓的成分（图 10.2）。应当指出的是，帕拉第奥为波亚纳别墅绘制的平面和立面图是《建筑四书》中仅有的建筑没有居中的情况（因为页面大小的限制，部分原图做了裁切处理）。

因为与谷仓的结合，波亚纳别墅表现了一种反常规的现象，至少包含了四种可能的标识方式。别墅实际上是两开间进深中心构图，但也可以被视为三开间进深或者一开间进深，这取决于从何开始解读这个别墅。从传统的观点来看——也是在一种理想的状况下——存在一个嵌入主体的门廊 A 和一个长而窄的主要中央空间 C，其两侧是过渡空间或者说类似 B 的开间。这里的特殊之处在于，可以认为另有两个入口，从谷仓拱廊进入别墅主体背面伸出的两翼。这就可以被理解为两个 A 空间或者门廊空间，它们穿过两层过渡空间 B，最后终结于 C 空间。这种反常发生在两侧，而不是正面或背面。

分析模型

模型表达了波亚纳别墅内部布局中与谷仓有关的模糊性与复杂性，并阐明了有关平面和体量的多种可能解读。首先,位于正面和背面的台阶和门廊在概念上是活跃的,因此由白色线框体量表示。在别墅主体内，门廊与中央空间 C 之间的位置处，前门廊看似被压入了过渡空间 B，由此形成的 A/B 空间在概念上是活跃的，因此表现为虚部。无论 A 还是 B，也意味着无论是门廊还是过渡空间，都无主次之分。前门廊中仅有的被表示为被动的元素（即实体白色元素 A），是立面稍稍突出于别墅外墙的部分，而别墅外墙则以灰色实体表现为被动的 B 空间。门廊两侧的纵向过渡开间和后端开间最外侧的横向房间被视作是中性的，因此用实心灰色体量表示。中央的 C 空间被表示为实心的黑色体量；然而，鉴于 C 空间的宽度呼应了前门廊台阶的宽度，于是 C 空间出现了一个虚拟的或者暗含的延伸部分，他在概念上是活跃的，在模型中表现为一个伸向正立面的黑色线框体量。最后，别墅背面的外墙和它伸入花园的侧向延伸在概念上是中性的，被表现为拉伸出的白色实体。

58 LIBRO

IN POGLIANA Villa del Vicentino è la ſottopoſta fabrica del Caualier Pogliana: le ſue ſtanze ſono ſtate ornate di pitture, e ſtucchi belliſsimi da Meſſer Bernardino India, & Meſſer Anſelmo Canera pittori Veroneſi, e da Meſſer Bartolomeo Rodolfi Scultore Veroneſe: le ſtanze grandi ſono lunghe vn quadro, e due terzi, e ſono in uolto: le quadre hanno le lunette ne gli angoli: ſopra i camerini ui ſono mezati: la altezza della Sala è la metà più della larghezza, e uiene ad eſſere al pari dell'altezza della loggia: la ſala è inuoltata à faſcia, e la loggia à crociera: ſopra tutti queſti luoghi è il Granaro, e ſotto le Cantine, e la cucina: percioche il piano delle ſtanze ſi alza cinque piedi da terra: Da vn lato ha il cortile, & altri luoghi per le coſe di Villa, dall'altro vn giardino, che corriſponde a detto Cortile, e nella parte di dietro il Bruolo, & una Peſchiera, di modo che queſto gentil'huomo, come quello che è magnifico, e di nobiliſsimo animo, non ha mancato di fare tutti quegli ornamenti, & tutte quelle commodità che ſono poſsibili per rendere queſto ſuo luogo bello, diletteuole, & commodo.

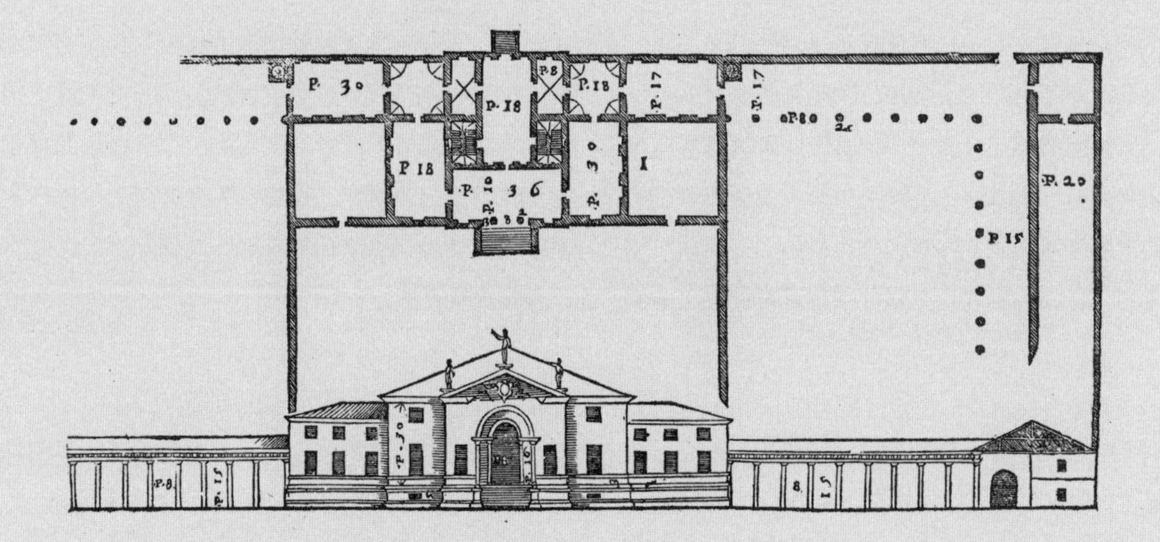

图 10.2 帕拉第奥，波亚纳别墅的平面图和立面图，《建筑四书》，1570 年

对波亚纳别墅的第二种解读揭示了一种横向而非纵向的ABCBA布局。为了说明这种解读，模型把侧边花园的柱子表现为拉伸而成的白色实体，把纵向花园墙内的空间（事实上是外部庭院，尽管在平面上看起来属于室内）用灰色线框体量表示。在这种解读中，整个中央开间由C表示，别墅主体由黑色线框勾勒。由于模型把两种可能的解读叠置在一起，因此中央开间在概念上是活跃的，无论A、B、C在空间上都不占主导，因此主要表现为虚部（实际的中央空间除外）。这解释了为什么中央开间里主空间两侧的内部楼梯间不是表现为灰色实心流线体量B而是成为活跃的虚体量——这些元素通常都会被认为是被动的元素，这是因为它们恰巧落在A、B、C标识交叠而成的活跃空间内。

几何图解

波亚纳别墅无法被化约成一张静态的图解，这点在一系列几何叠加中得到了进一步表现，这些叠加图解从一开始就拒绝了任何理想型的可能。首先，一个宽度上与别墅主体中央开间相同的正方形被叠加上来，与背立面的突出部分对齐（图10.3）。尽管这个理想正方形中的五个房间（中央空间、两侧的大厅和楼梯间）的方向都是从前到后布置的，造成了一种在前后方向上延伸的印象，但是图解却揭示出这些房间是从别墅的正面逐渐向背面压迫的。第二张图解包含了两个前后位移之后发生交叠的正方形。尽管前后门廊之间存在明显的差别，两个矩形之间重合的空间仍然是别墅的几何中心：两个对称的内部楼梯间（图10.4）。在第三个图解中，两个与别墅主体中央开间的进深一致的正方形与两侧的房间对齐。这两个矩形重合的部分正是中央开间，但是又不包含各自对面的侧开间（图10.5）。类似的重合空间发生在别墅外墙以内的四个正方形中，覆盖了谷仓范围内别墅部分的宽度，尽管从中无法读出清晰的比例关系（图10.6）。第五张图解展现了两个相邻紧贴的正方形从前、后台阶的外边缘延伸到外花园墙的内缘（图10.7）。相同的两个矩形与别墅主体的边墙以及前、后台阶对齐，再一次表达了别墅进深和宽度之间模糊的关系，但忽略了谷仓的延伸部分（图10.8）。

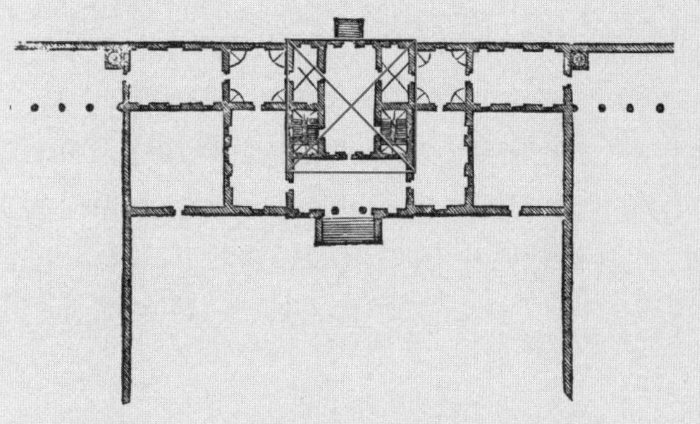

图 10.3　波亚纳别墅几何图解。一个宽度上与别墅主体中央开间相同的正方形被叠加上来，与背立面的突出部分对齐

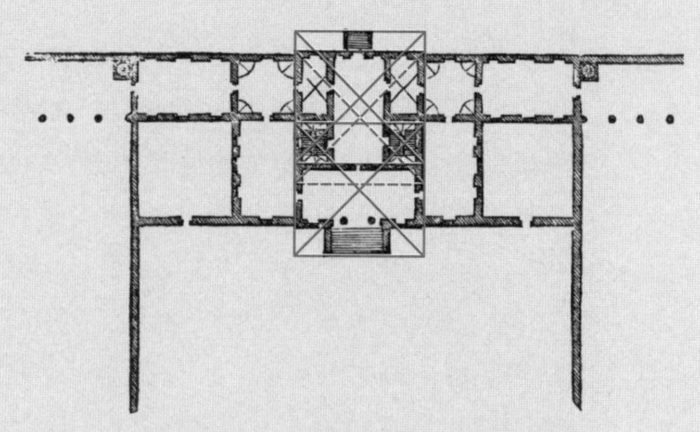

图 10.4　波亚纳别墅几何图解。尽管前后门廊之间存在明显的差别，两个矩形之间重合的空间仍然是别墅的几何中心：两个对称的内部楼梯间

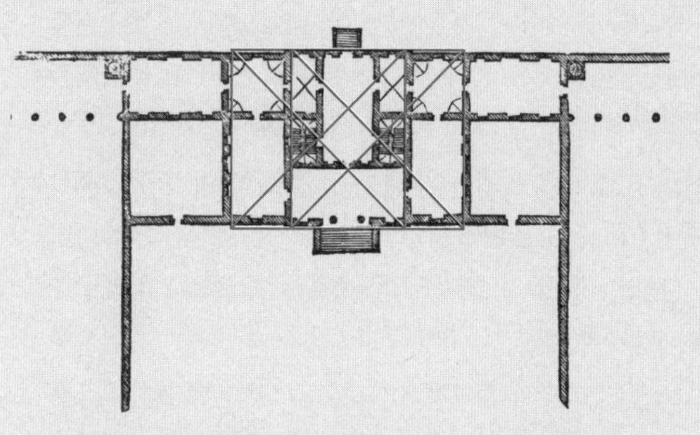

图 10.5　波亚纳别墅几何图解。两个与别墅主体中央开间的进深一致的正方形与两侧的房间对齐。这两个矩形重合的部分正是中央开间，但是又不包含各自对面的侧开间

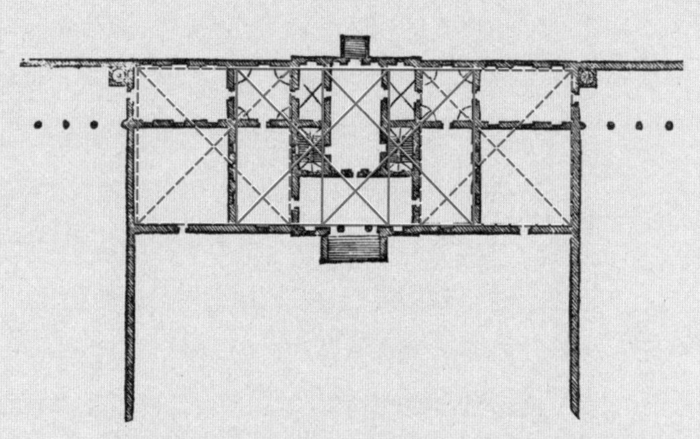

图 10.6　波亚纳别墅几何图解。类似的重合空间发生在别墅外墙以内的四个正方形中，覆盖了谷仓范围内别墅部分的宽度，尽管从中无法读出清晰的比例关系

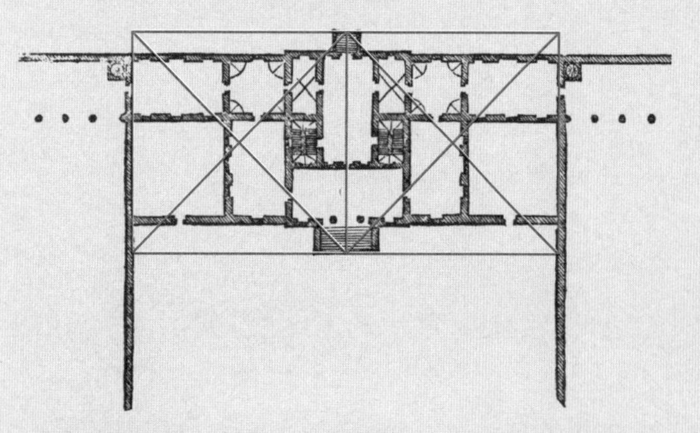

图 10.7　波亚纳别墅几何图解。两个相邻紧贴的正方形从前、后台阶的外边缘延伸到外花园墙的内缘

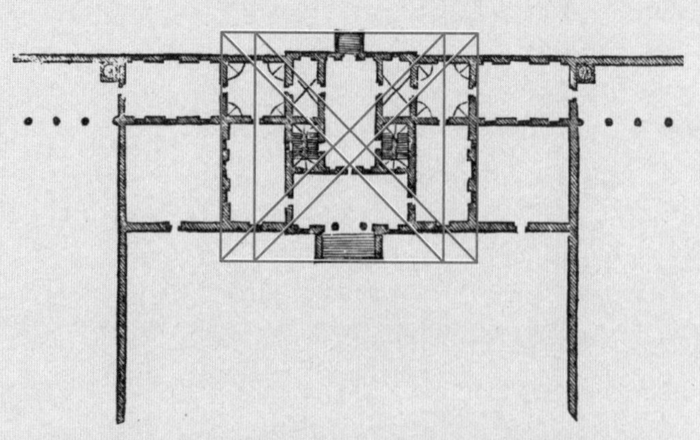

图 10.8　波亚纳别墅几何图解。相同的两个正方形与别墅主体的边墙以及前、后台阶对齐，再一次表达了别墅进深和宽度之间模糊的关系，但忽略了谷仓的延伸部分

理想图解与虚拟图解

在波亚纳别墅中存在着两套同样强势的标识系统：一个沿着主中轴线，另一个沿着后墙。在每套标识之中又同时存在着与之相制衡的标识。首先，从前方开始，由于门廊空间 A 推入别墅主体、紧挨着 C 空间，因此看上去并没有 B 空间存在，这就造成了一种 T 字形的内部图形，在某些方面与米耶加的萨雷戈别墅和瓦尔马拉纳别墅存在相似之处，后续的几个项目亦然（尤其是泽诺别墅和安加拉诺别墅）。只有观察到别墅主体后墙和正立面的轻微突出部分时，才能理解门廊 A 被压入了 B 空间，并由此产生一种重合的 A/B 空间。此时，别墅外侧的前台阶可以被视为缺失的或者虚拟的 A 空间（图 10.9）。在背面存在着另一套有着自身复杂性的标识系统。由于门廊开间的那部分背立面微微突出，因此必须认识到在这种解读中还存在一个与相邻 B 空间发生重合的门廊。虽然中央空间与第一种解读中的相同，但前侧的 B 空间却可以被视为真正的流线开间，与 C 空间发生重合（图 10.10）。在这个解读中，受到挤压的前门廊成了独立的体量 A。

波亚纳别墅的主体在一开始会表现为对称的 ABCBA 结构，然而事实并非如此。在平面上，前后门廊的突出将中央开间与谷仓和侧开间区分了开来。在中央开间中，四个狭窄的空间围绕着 T 字图形。尽管来自别墅正面的压迫更为明显，背面次入口的压迫感同样存在，这是由 T 字形的布局造成的，也进而造成了正面与背面的不对称性（不同于埃莫别墅的对称平面）。随着侧墙伸入谷仓和四周的拱廊，不同于十字形或正方形 C 空间，居中的 T 字形造成了内部对称和对齐的多种可能情况（图 10.11，图 10.12）。

侧室的添加使得别墅主体向谷仓部分延伸，这也造成了两种交替变换的布局：一个将横向空间相互关联在一起（侧室和前门廊空间）；另一个将前后方向的侧房间和中央房间关联在一起（图 10.13，图 10.14）。这就造成了一种独一无二的情况：一般情况下，所有壁龛即便处在不对称的轴线上，也是纵贯别墅前后保持对齐的。但是在这里，别墅背面的外侧房间中的三个壁龛都与房间内对面墙上的三个壁龛对齐，然而别墅正立面外侧房间上却只有一个开口。这些前侧房间多少只能算是花园房或者马厩，不过在平面上它们被当作别墅主体的一部分来处理；在立面上，别墅主体中三个开间与后翼之间的距离是含混的。门廊因此在正立面上滑入和滑出（图 10.15）。立面中央开间的山墙被一个开口和向上插入的拱券打破，这造成了帕拉第奥别墅项目中一个独特的情况，只与戈迪别墅类似。不仅是山墙发生断裂，主楼层上方的二层或者说阁楼层中那些本该围绕着拱形入口的窗户也消失了。不像圆厅别墅、福斯卡里别墅和埃莫别墅中出现的位于阁楼层或者底层的一整排受到挤压的窗户，波亚纳别墅中主楼层内侧的窗户相对于上方的白墙看似是向外挤压的。

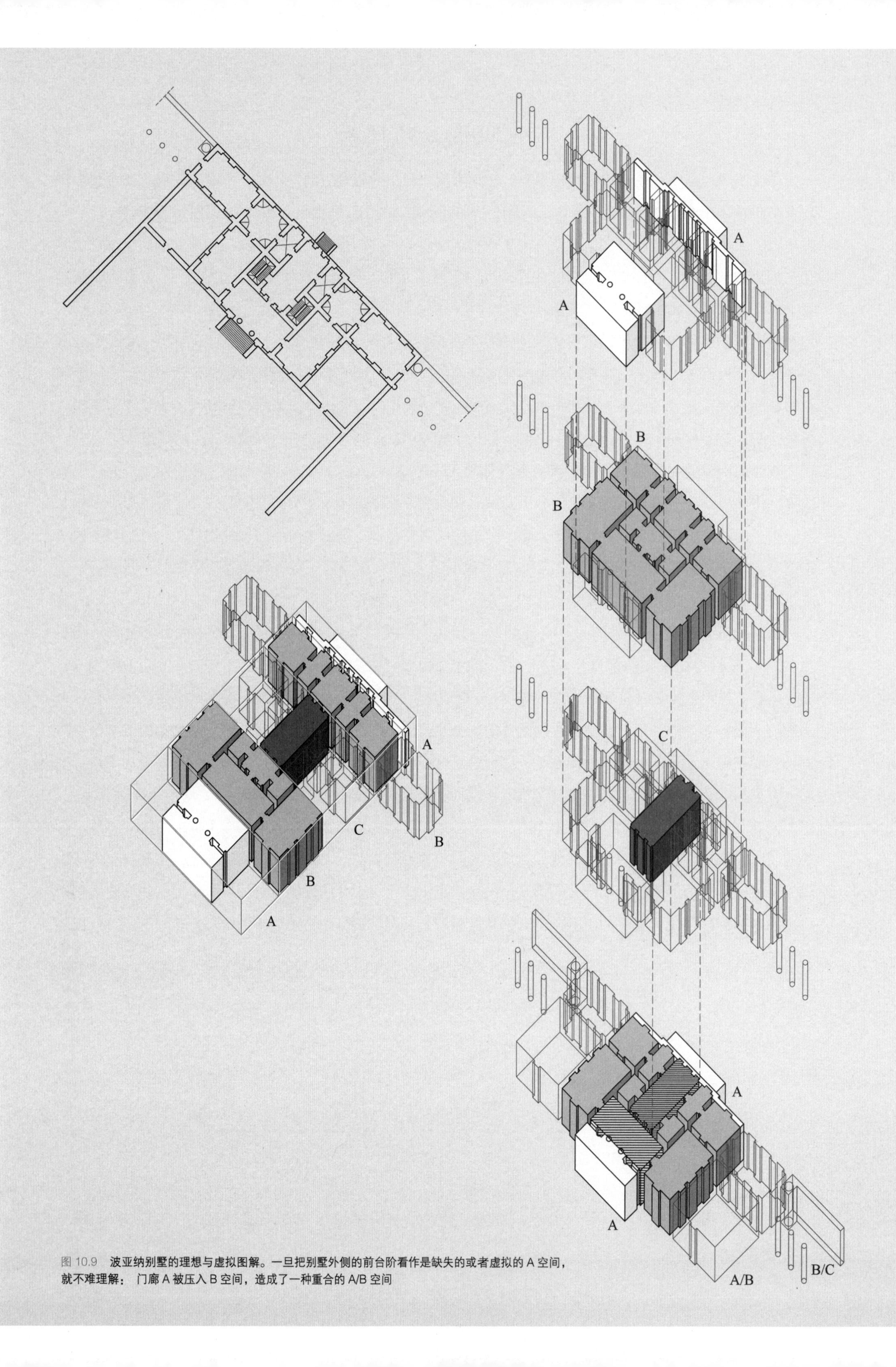

图 10.9　波亚纳别墅的理想与虚拟图解。一旦把别墅外侧的前台阶看作是缺失的或者虚拟的 A 空间，就不难理解：门廊 A 被压入 B 空间，造成了一种重合的 A/B 空间

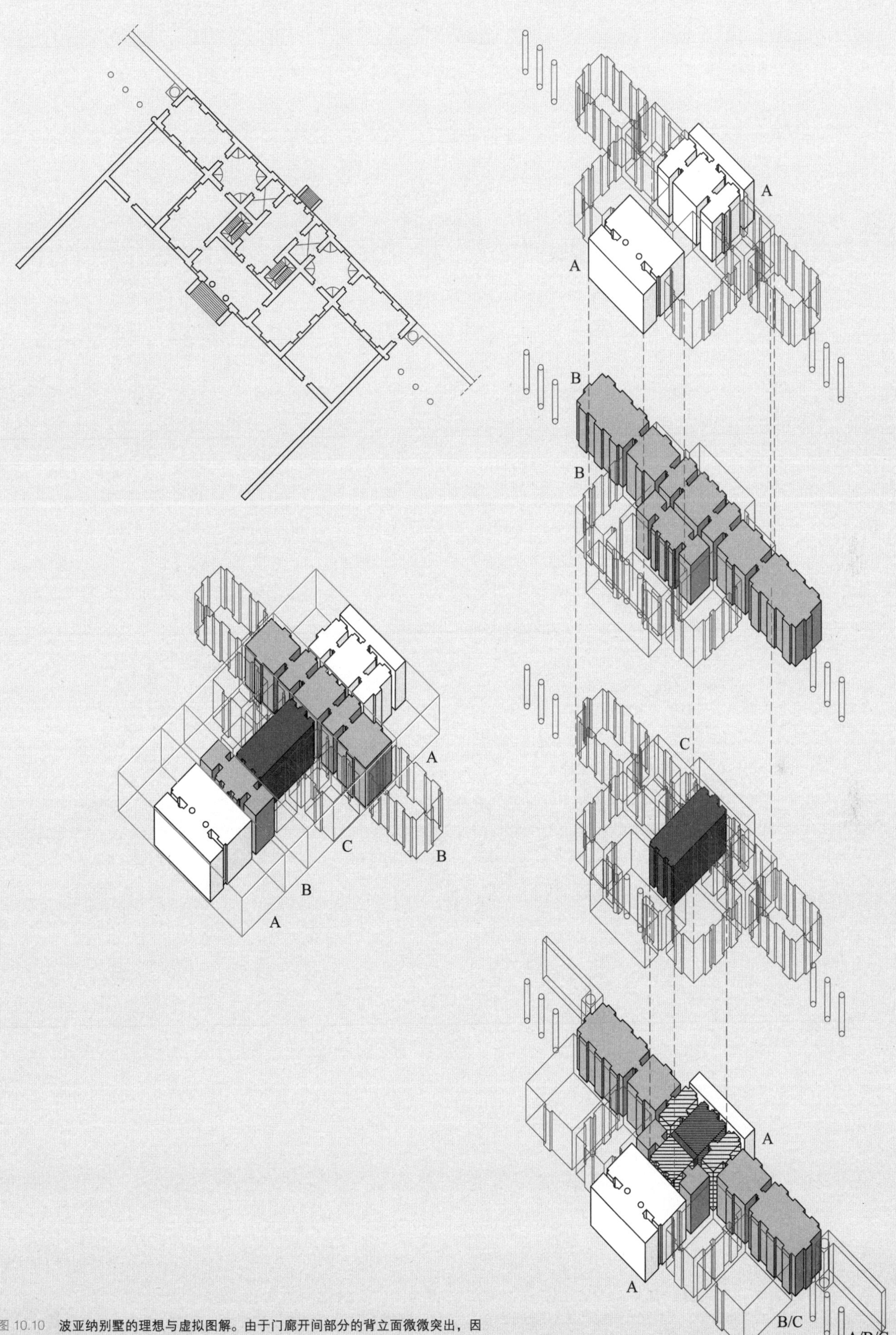

图 10.10　波亚纳别墅的理想与虚拟图解。由于门廊开间部分的背立面微微突出，因此另一种理解中还存在着一个与相邻 B 空间重合的门廊

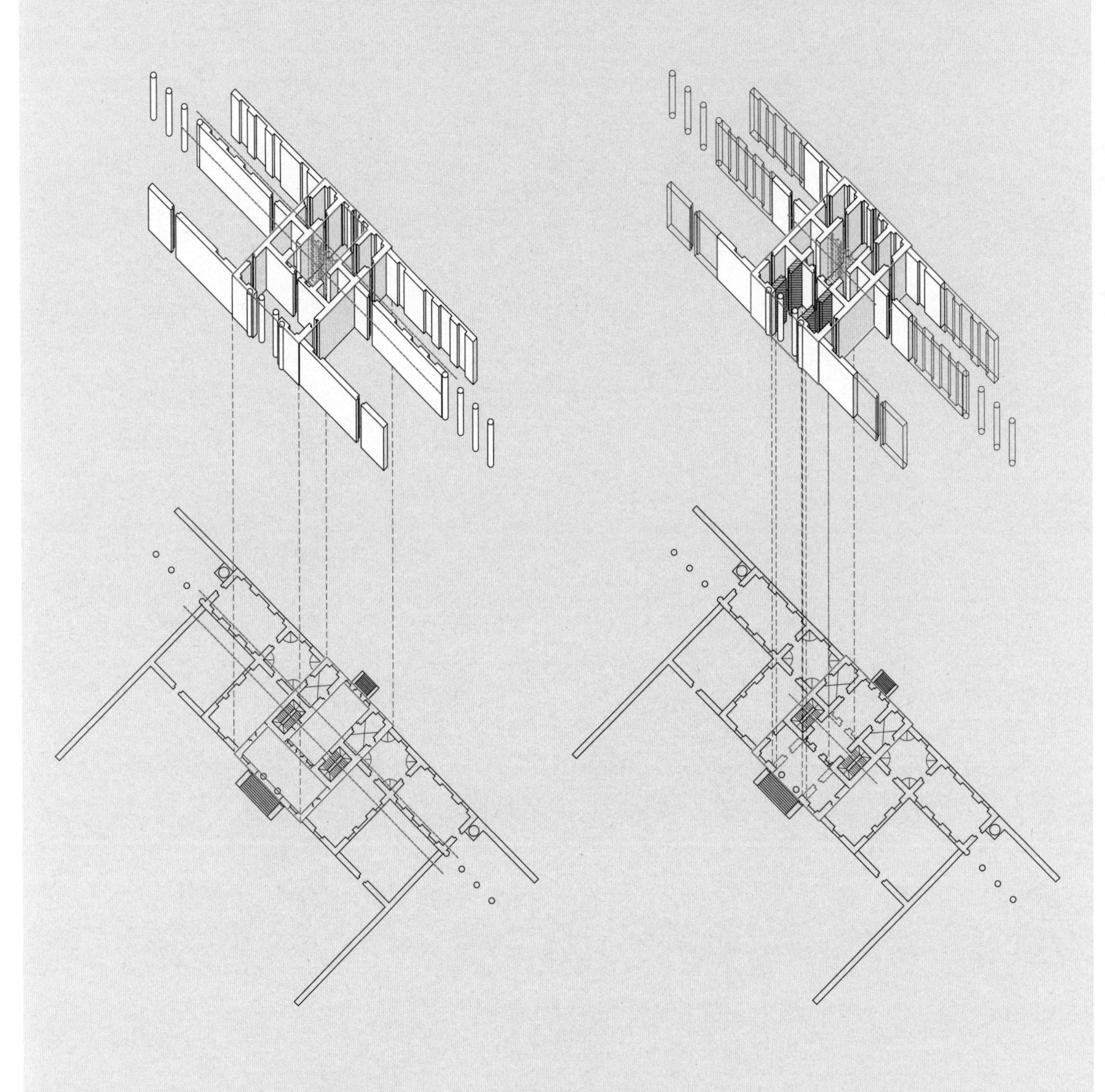

图 10.11　波亚纳别墅图解。尽管别墅正面对立面的压迫更为明显，但 T 字形的布局也对背面的次入口形成了可见的压迫，这造成了正面与背面的不对称性

图 10.12　波亚纳别墅图解。随着侧墙伸入谷仓和周围的拱廊，中央的 T 字形造成了内部对称与对齐的多种可能情况

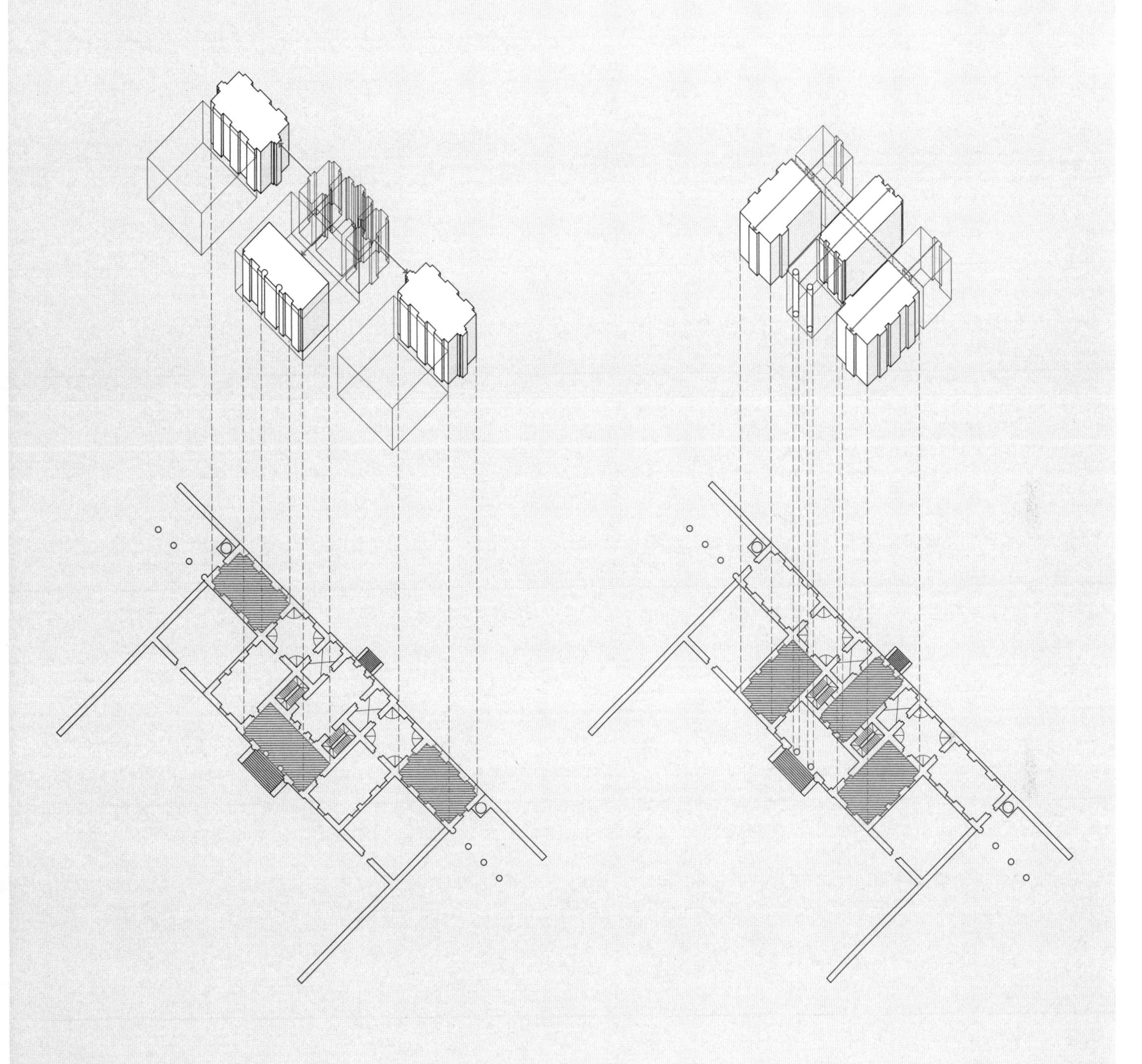

图 10.13　波亚纳别墅图解。侧房间的添加使得别墅主体向谷仓部分延伸，将横向空间相互关联在一起

图 10.14　波亚纳别墅图解。侧房间的添加使得别墅主体向谷仓部分延伸，将前后方向的侧房间与中央房间关联在一起

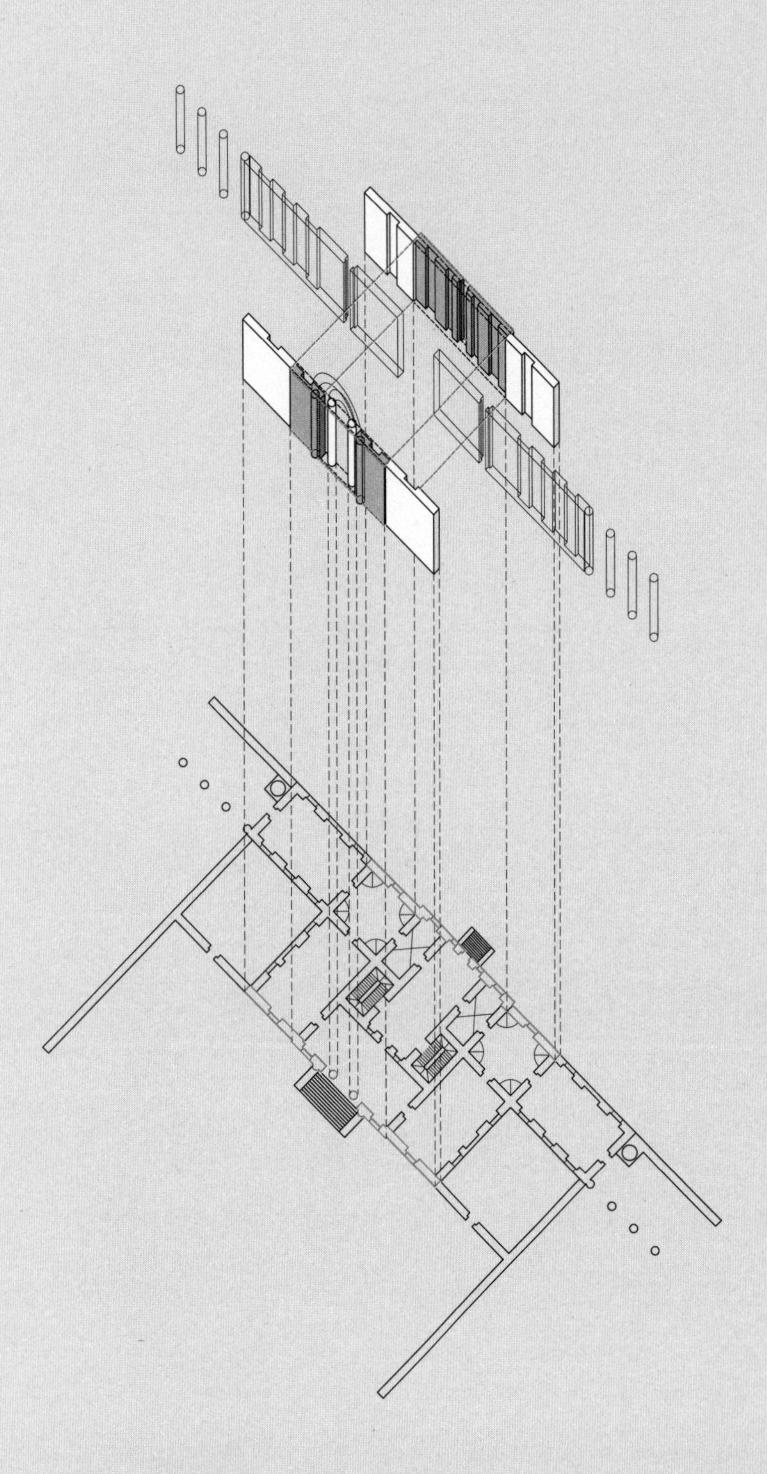

图 10.15　**波亚纳别墅图解。门廊在正立面上滑入和滑出**

山墙断裂的结果是山墙的梁托（corbelling）看起来与别墅主体量的檐口线直接相连。山墙从一个看似连续的平面中浮现，这是仅见于波亚纳别墅中的独特的立面策略。这里侧开间与山墙可以被视为同在一个表面。立面中不再包含带有柱头的柱子，尽管柱子 / 柱头这一组合的痕迹仍可见于立面上的两对柱子——其中一对半圆形小圆柱支撑起嵌入立面的拱券，另一对位于中央的柱子被压入立面。波亚纳立面这一相对扁平的表面现在具备之前古典元素——柱子、圆饰（roundels）、拱券等——中的所有能量。这些元素现在被简化为凹口和印迹，是表面上一个扁平的、几乎不带图像符号性的浮雕，只是图像元素在图形上的残迹。这些元素的符号象征性在这里被用来打破图像符号化的门廊（the iconic portico）中的三段式关系，这个门廊被扁平化直至成为整体立面构图的一部分。

泽诺别墅

1560 年

切萨尔托的泽诺别墅（图 11.1）是一个更为古典的谷仓项目，面向花园围墙的是一个带拱廊的前院，别墅的两翼是细节较少的外屋。后花园墙穿过别墅的主体，敞廊与立面的外缘紧密结合，并在转角处留下四分之三圆嵌壁柱。与更显娴熟的皮萨尼别墅相似，泽诺别墅里引入了三段式的楼梯母题：中央一部，两侧各一部，但是比例很古怪，好像是为了室内流线设置的一样。对于谷仓计划的发展而言，泽诺别墅同样显得另类，在谷仓或者前院的包围下，本该处于别墅正面的常规入口序列被反转了。这里主入口门廊位于别墅的背面，而正面除了扁平化的拱券所留下的痕迹（这一痕迹以窗户的形式呈现）以及三个台阶外，几乎没有其他外立面上的刻画。

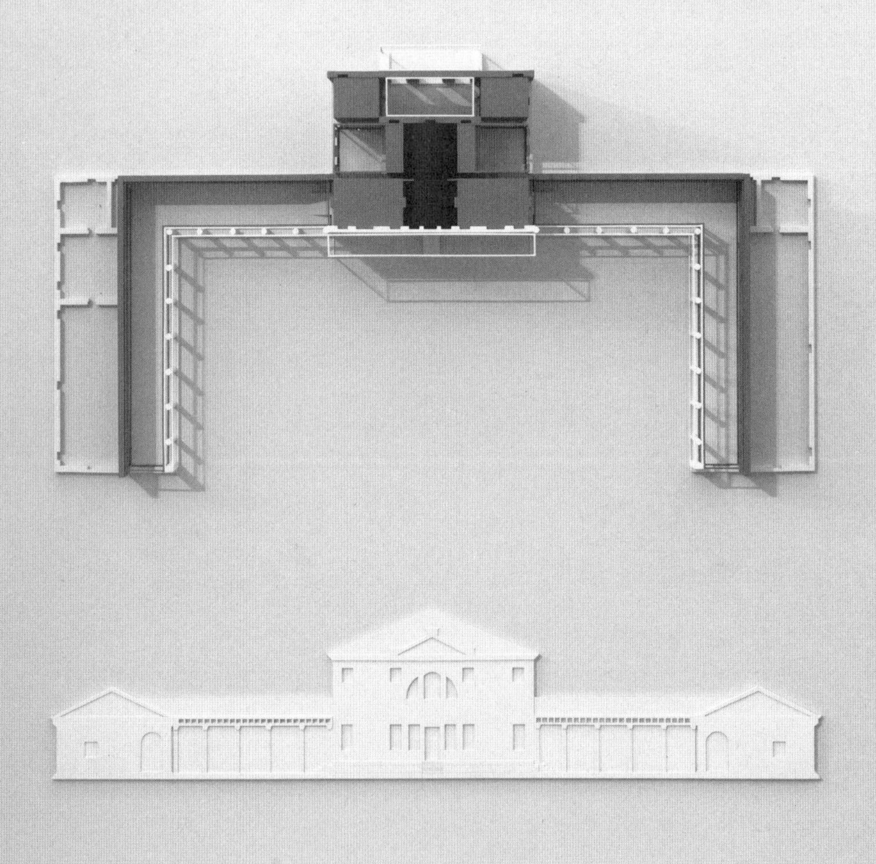

图 11.1　泽诺别墅的分析模型

第 11 章

泽诺别墅，切萨尔托，1560 年

Villa Zeno，Cessalto

泽诺别墅是谷仓项目类型演变中的第四个。它是比埃莫别墅更为典型的谷仓项目，有一个面向花园围墙的、带拱廊的前院，以及细节较少的两翼外屋。同马孔坦塔、波亚纳、埃莫别墅一样，泽诺别墅的主要建筑体量和一系列平行或平面的元素之间存在着一种动态的关系，这些元素包括：一堵穿过别墅主体的花园墙（它创造出一个倒 U 字形前院），以及一列构成敞廊的柱子，它们位于花园墙正面并在庭院和主建筑体量之间提供一种过渡。花园墙穿过别墅主体，而敞廊与正立面紧密结合，在转角处留下四分之三圆嵌壁柱（three-quarter-round engaged columns）（图 11.2）。

正如在同属于谷仓计划却更为成熟的皮萨尼别墅中看到的一样，泽诺别墅在前院中引入了一个小尺度的三段式楼梯母题，中央一部，两侧各一部。在谷仓系列的发展中，泽诺别墅也显得不同寻常，因为在谷仓或者前院的包围下，本该处于别墅正面的常规入口序列被反转了。帕拉第奥在《建筑四书》中对别墅平面的表达看起来转了 180° ，主门廊入口在平面图的顶端，而通常入口会在页面的底部，方向朝上。在泽诺别墅中，主入口门廊位于别墅主体的背面，外立面在正面的表达很少，仅有的是扁平化的拱券所留下的痕迹，以一个三段式“帕拉第奥式”拱形窗的形式表现出来。正立面上靠外侧房间的窗户原本属于典型的威尼托（Veneto）样式，但都被向外移动到立面的边缘，在入口处窗户集合的两侧创造出一片活跃的空白空间或者说虚部。泽诺与皮萨尼的关系有三重：首先是立面上层中央半圆形的“帕拉第奥式”窗；其次是别墅主体与谷仓的关系；最后是室内房间的布置。

泽诺是唯一一个没有真正意义上的前门廊的别墅。倒不如说，这样的门廊只是以三段式半圆形开口的形式留下痕迹，再加上窗户被设置在本该是中央开间的位置，以及这组窗户上方被冠以小型屋顶山墙，因而产生了一种柱式门廊消失的印象，而它的痕迹却刻入了立面。同样的嵌入立面的半圆形窗户也出现在马孔坦塔中，此中最大的差别在于，马孔坦塔中的“虚拟”后门廊微微地突出于主建筑体量。在泽诺别墅里，看似微不足道的楼梯直接与扁平的立面相接，窗户成了直接洞穿外表面的虚部。与皮萨尼别墅一样，地面层与谷仓之间也通过类似的三段式楼梯处理相连接，这并不常见。但与皮萨尼别墅中的情况不同，泽诺别墅两部侧楼梯并没有经由门廊而是直接与别墅主体相连。

分析模型

泽诺别墅的分析模型对马孔坦塔、埃莫、波亚纳和皮萨尼别墅有不同程度的指涉。比如，与波亚纳别墅模型类似，泽诺模型将谷仓融入了整体图解——尤其是花园墙与拱廊。由于庭院拱廊与前立面是连续的，

SECONDO. 49

IL MAGNIFICO Signor Marco Zeno ha fabricato ſecondo la inuentione, che ſegue in Ceſalto luogo propinquo alla Motta, Caſtello del Triuigiano. Sopra vn baſamento, il quale circonda tutta la fabrica, è il pauimento delle ſtanze: lequali tutte ſono fatte in uolto: l'altezza de i uolti delle maggiori è ſecondo il modo ſecondo delle altezze de' volti. Le quadre hanno le lunette ne gli angoli, al diritto delle fineſtre: i camerini appreſſo la loggia, hanno i uolti à faſcia, e coſi ancho la ſala: il volto della loggia è alto quanto quello della ſala, e ſuperano tutti due l'altezza delle ſtanze. Ha queſta fabrica Giardini, Cortile, Colombara, e tutto quello, che fa biſogno all'uſo di Villa.

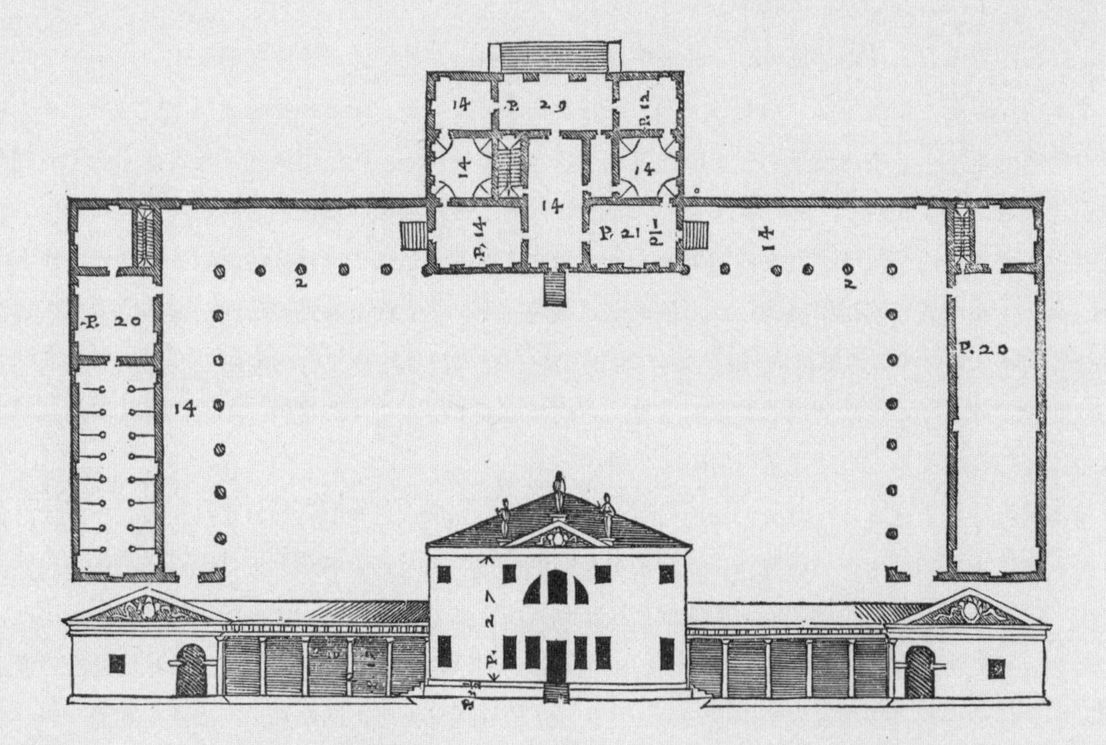

GG NON MOLTO

图 11.2 帕拉第奥，泽诺别墅的平面图和立面图，《建筑四书》，1570 年

因此都表示为概念上中性的白色——或者说属于A空间的——拉伸实体。较小的前入口台阶所暗示的体量被表示为白色线框或虚拟A空间。在立面以内，侧楼梯引向的空间表示为实体的灰色（即中性）B体量，分布在拱顶下的黑色实体主空间C两侧，而谷仓拱廊的空间被表示为线框的（即活跃的）B体量。穿过别墅主体的花园墙起到了虚拟面（virtual plane）的作用，C空间从中穿过；它也被表达为灰色的B元素。这堵墙在室内部分中所暗示的（而非实际的）的延续在C体量中以槽隙的形式标记。

C体量后段的两侧是另外两个灰色中性实心体量B,分别是一部室内楼梯（左）和另一个小房间（右）。在这两个实心体量B的左右两侧是线框的，或者说中空的灰色B体量。因为帕拉第奥在绘制这些侧房间时使用的是今天称之为“顶棚反向图”（reflected ceiling plan）的表示方法，这在《建筑四书》中非常少见，因此不像分析模型中大量常见的侧房间那样，它们并非仅仅处于不活跃或中性的状态。相反，当考虑到它们与平面布局的关系时，会被看作具备某些概念上的特质，在这个案例中这种特质是被动的。最后，包括台阶在内的后门廊被表示为白色线框体量——在概念上看来是活跃的；而门廊A和过渡开间B（在左右两边用灰色实体表示）在空间中具有同等的存在感。与用白色表示的正立面不同，背立面是灰色的B而不是A元素。这是因为背立面在原始图纸中是开有拱形门洞的实心面（solid plane），而不是被表达为某种梁柱构造,那种立面通常被用于标示入口所在的位置——从一定意义上来说,背立面与室内过渡开间(而非门廊)的关系更为密切。

几何图解

泽诺别墅中的几何复杂性源自室外楼梯的独特布置，而别墅主体与谷仓的关系在以一个正方形为起始的一系列重合中得到了彰显。这个正方形中包含了别墅的主体和前后台阶，但是侧面的台阶不包含在内（图11.3）。当正方形上下滑动，与正面、背面的室外墙对齐时，它描述的是暗示的或者虚拟的外围尺寸——倘若前后门廊位于理想的方位（图11.4）。一个更大的正方形以横向花园墙为中心展开，与后侧主门廊和两侧台阶的外缘对齐，但是正面的小台阶不计入其中（图11.5）。但是它与中央C空间和花园墙的对称关系暗示了理想别墅的大小；也就是说如果泽诺别墅按照理想的ABCBA布局做到前后对称，那么前门廊应该与大正方形的前缘对齐。

一系列双正方形图解表达了室内和室外元素的几何关系。比方说，当两个对称的正方形与两侧台阶的外缘对齐时，这两个正方形相重合的部分与中央的矩形C空间等宽，而这一中央C空间的方向是纵向而非横向的（图11.6）。与别墅端壁内缘对齐的两个相同的正方形，它们重合的部分在中央开间，但是宽度并非由中央C空间所定,而是与后门廊的宽度相同(图11.7)。尽管别墅的三个横向开间看似进深相同，但略有差别，接下来的两张图解即为证明（帕拉第奥自己的平面标识也证实了这点）。第一个图解中两个相邻的正方形对称地分列在别墅中线的两侧，边长与前端和中间的横向开间进深相同（也与中央C空间的长度相同）（图11.8）。第二个图解中两个正方形的边长与中间和后方的横向开间进深相同（也与后门廊开间宽度相同），正方形之间没有重合。但是，这两个正方形之间的空间与较小的前台阶宽度相同（图11.9）。

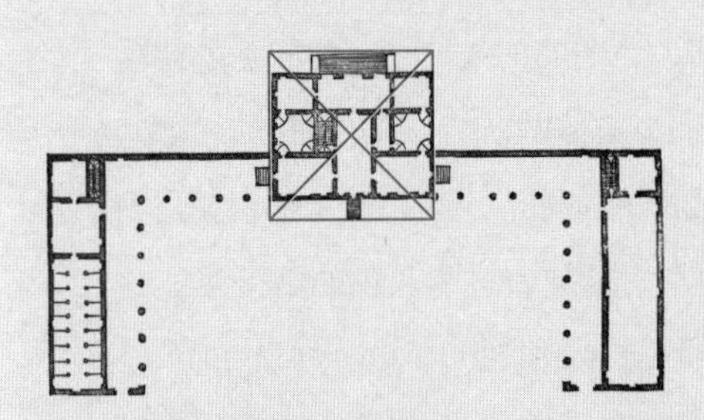

图 11.3　泽诺别墅几何图解。单一正方形包含了别墅主体、前后台阶，但是不包含侧面台阶

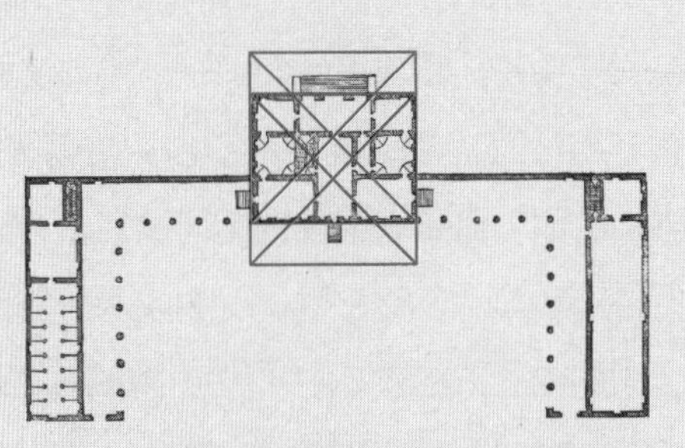

图 11.4　泽诺别墅几何图解。当正方形上下滑动，与正面、背面的室外墙对齐时，它描述的是暗示或者虚拟的外围尺寸——倘若前后门廊位于理想的位置上

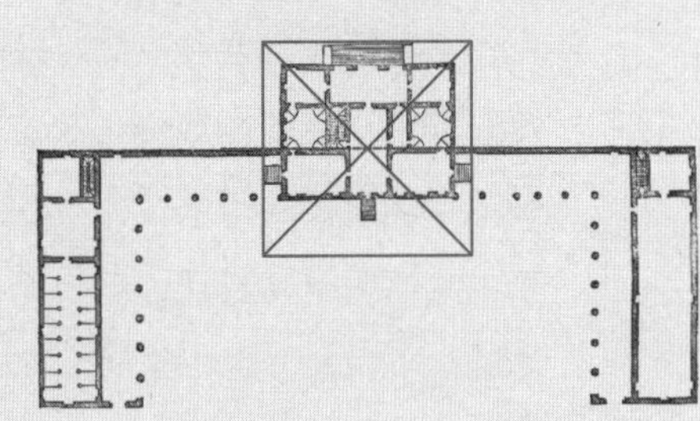

图 11.5　泽诺别墅几何图解。一个更大的正方形以横向花园墙为中心展开，与后侧主门廊和两侧台阶的外缘对齐，但是正面的小台阶不计入其中

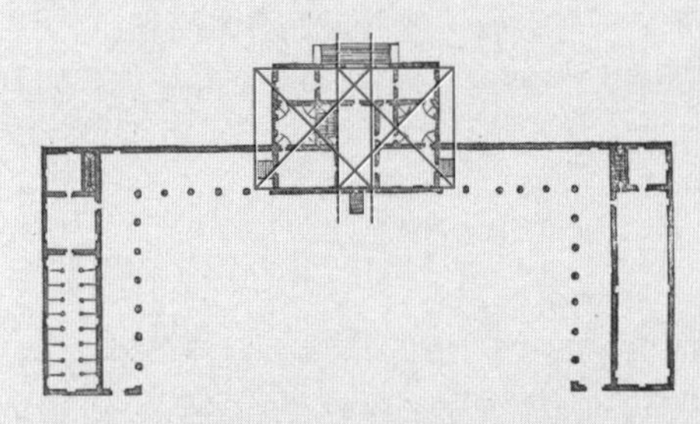

图 11.6　泽诺别墅几何图解。当两个对称的正方形与两侧台阶的外缘对齐时，这两个正方形相重合的部分与中央的矩形 C 空间等宽，而这一中央 C 空间的方向是纵向而非横向的

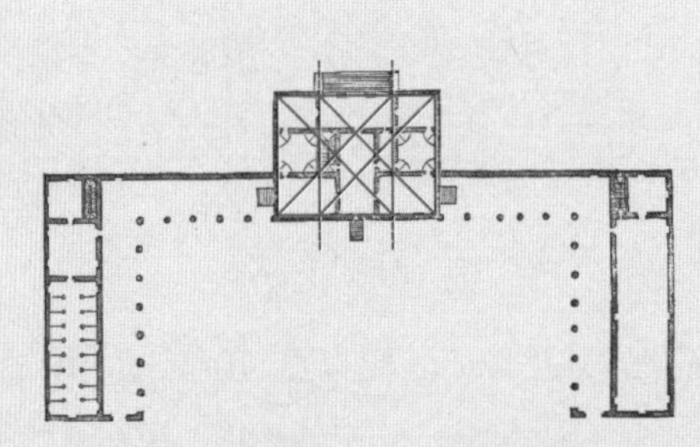

图 11.7　泽诺别墅几何图解。与别墅端壁内缘对齐的两个相同的正方形，它们重合的部分在中央开间，但是宽度与中央 C 空间无关，而是与后门廊的宽度相同

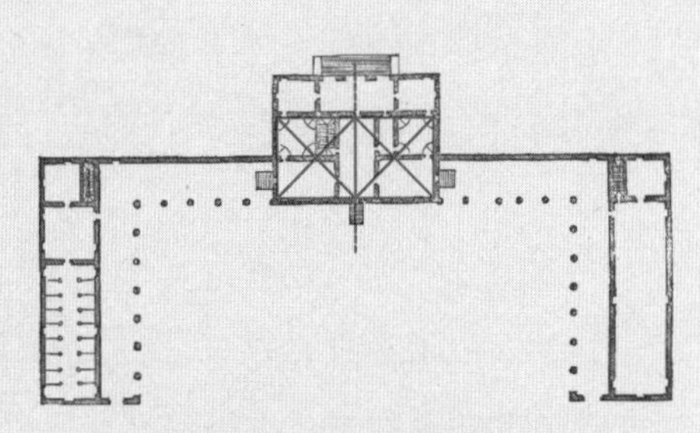

图 11.8　泽诺别墅几何图解。两个相邻的正方形对称地分列在别墅中线的两侧，边长与前端和中间的横向开间进深相同（也与中央 C 空间的长度相同）

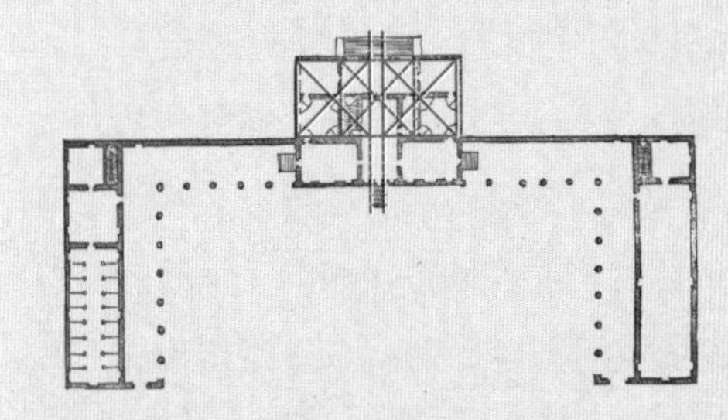

图 11.9　泽诺别墅几何图解。两个正方形的边长与中间和后方的横向开间进深相同（也与后门廊开间宽度相同），正方形之间没有重合。但是，这两个正方形之间的空间与较小的前台阶宽度相同

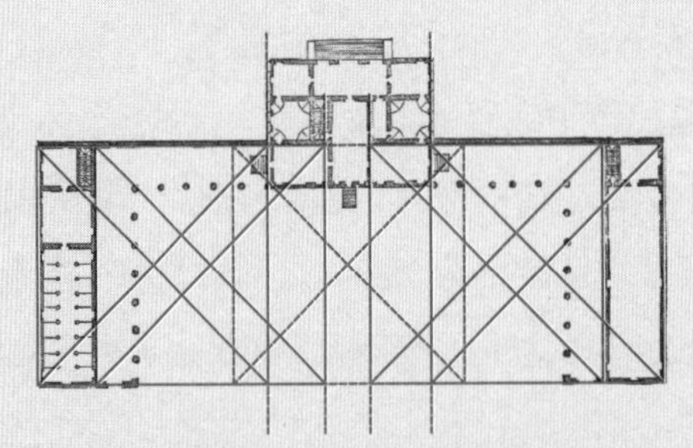

图 11.10　泽诺别墅几何图解。当一个正方形与别墅中心对齐，我们发现别墅主体自身并没有呼应谷仓的空间

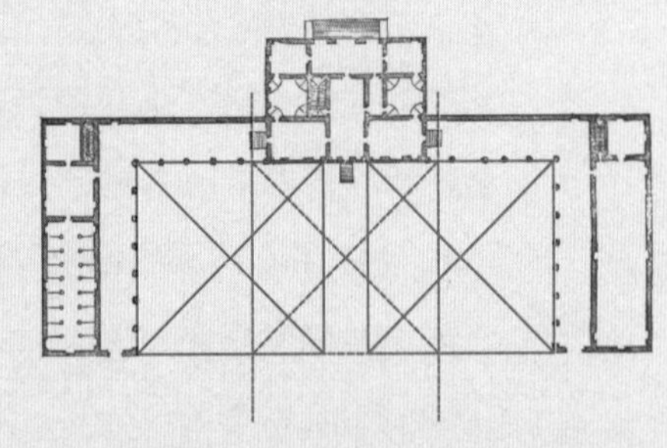

图 11.11　泽诺别墅几何图解。如果将两正方形设置在拱廊以内的区间，它们不但会和中央 C 空间对齐，而且其宽度还对应了两侧台阶外缘之间的距离

此外还有几个几何重叠图能描述谷仓与别墅主体之间的比例关系。第一个开始于由谷仓建筑外缘和别墅体量端壁所界定的正方形，它与前院的进深相同。当正方形滑向别墅主体时，与谷仓建筑的内缘和别墅体量中定义中央 C 空间的室内墙对齐。当同一个正方形与别墅中心对齐时，我们发现别墅自身的尺度并没有呼应谷仓的空间（图 11.10）。然而如果将两正方形设置在拱廊以内的区间，它们不但会和中央 C 空间对齐，而且其宽度还对应了两侧台阶外缘之间的距离（图 11.11）。但另一方面，延伸穿过别墅主体的花园墙使得泽诺的主体看起来与谷仓紧密结合。然而，这种对别墅和谷仓的精读说明了它们不太可能是单一概念的一部分：这意味着解体建筑计划（a project of disaggregation）的开始。

理想图解与虚拟图解

泽诺别墅看似具有典型的九宫格布局。但是这里最值得关注的是它的中央开间。在泽诺别墅里，只有一个精心处理的门廊被压入了后方的过渡空间 B。朝向庭院的一侧没有门廊，反而有一对侧入口，它们通向的空间是过渡开间通常所在的位置，在主轴线上只有一个小入口直接引向主空间 C。泽诺别墅中的这些小入口是帕拉第奥作品中仅有的、以无门廊的方式连接 U 形谷仓与别墅主体的做法。这种状况产生了多重虚拟的可能性，使得对理想别墅的可能设想都变得困难。

对虚拟别墅的三种诠释说明了这个问题。这三种理解都明显始于主要空间 C—— 一个与立面垂直的矩形空间。第一种解读将位于前、后的横向开间视作 B 空间（图 11.12）。因为侧楼梯的出现，前方的空间被赋予了一些 B 空间的特质，它们更像是别墅流线的一部分而不是入口；因此用标识 B 表示。正面的 B 开间与 C 空间重合，造成了一种前侧的 B/C 空间。正立面本身和连接前院到别墅的小楼梯尺度被定义为前入口或 A 空间。靠近后方，B 空间同时是门廊和中央空间、后门廊楼梯之间的过渡空间；所以在后门廊 A 与过渡开间 B 之间重合的部分用 A/B 标识。

对泽诺别墅布局方式的第二种理解则是基于对两部侧楼梯的可能性阅读：它们从谷仓通入别墅，被视为入口空间 A（而不是流线空间或 B 空间），又与中央 C 空间重合，形成一种 A/C 标识（图 11.13）。包含室内楼梯在内的中央横向开间则可以被视为 B 开间，无论从它与前方 A 开间的序列关系，还是它作为室内流线的功能和类型来看都是如此。这个 B 空间与 C 空间叠置,造成了内部的 B/C 空间。如同之前的诠释，别墅后方的横向开间再次被视为B空间,而后门廊与楼梯组合起来成为A空间,在别墅后方形成了 A/B空间。因此，这种理解中的虚拟别墅包含了不常见的 A/C、B/C 和 A/B。第三种虚拟阅读涉及由三个开间构成的室内组织，以及外部前门廊的缺失和发生重合的内部后门廊。这里前方和后方的横向开间都可以被视为 A 空间，中间的横向开间则被视为唯一的 B 空间（图 11.14）。当与中央 C 体量重合时，从前往后创造出 A/C、B/C 和 A 的序列。理想图解说明了单一 B 空间充满问题的本质；别墅前方的 B 空间被认为只暗含于理想图解中。

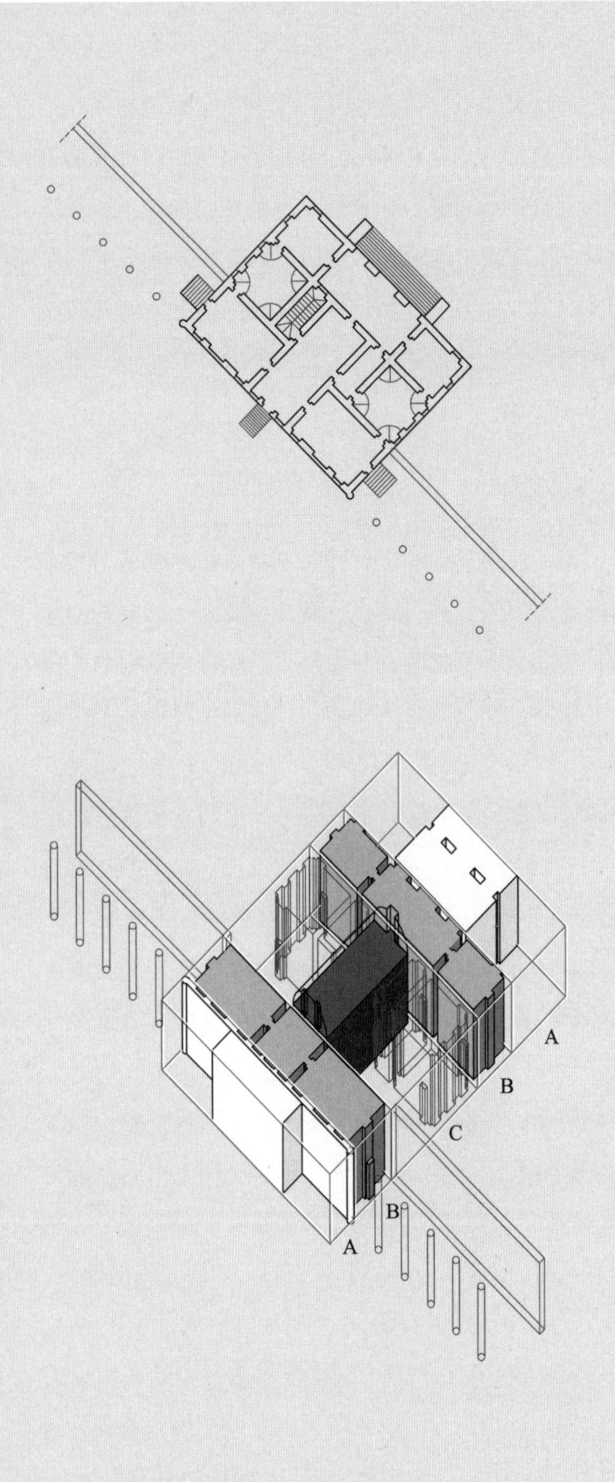

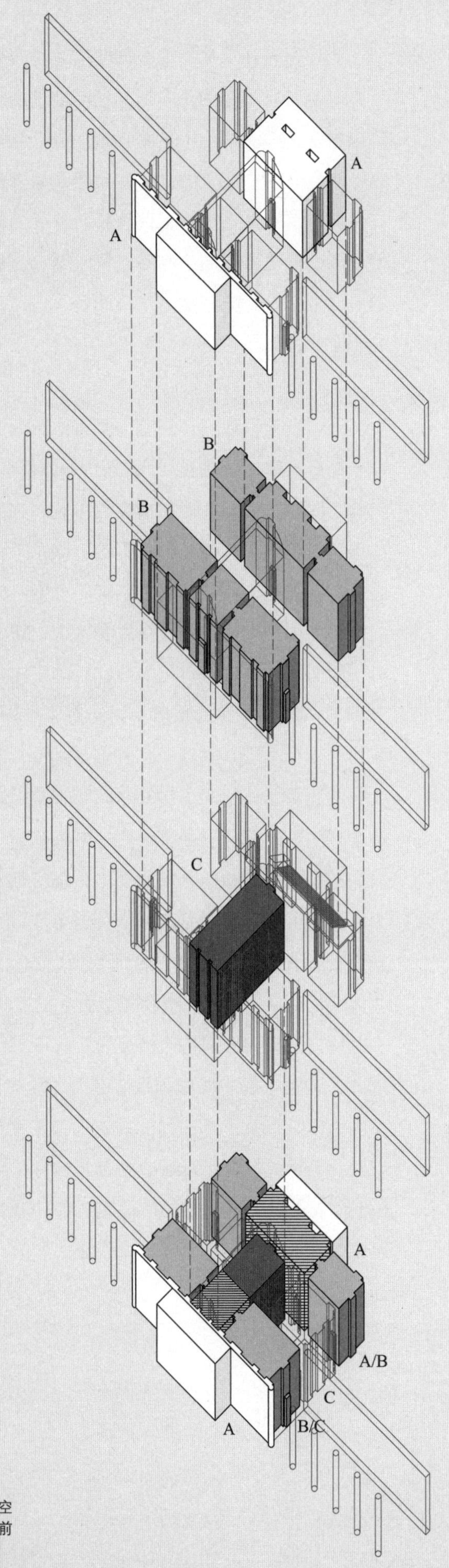

图 11.12　泽诺别墅的理想与虚拟图解。因为侧楼梯的出现，前方的空间被赋予了一些 B 空间的特质。前方的 B 开间与 C 空间重合，造成了一种前 B/C 空间，而前立面本身和连接前院到别墅的小楼梯的尺度被定义为前入口或 A 空间

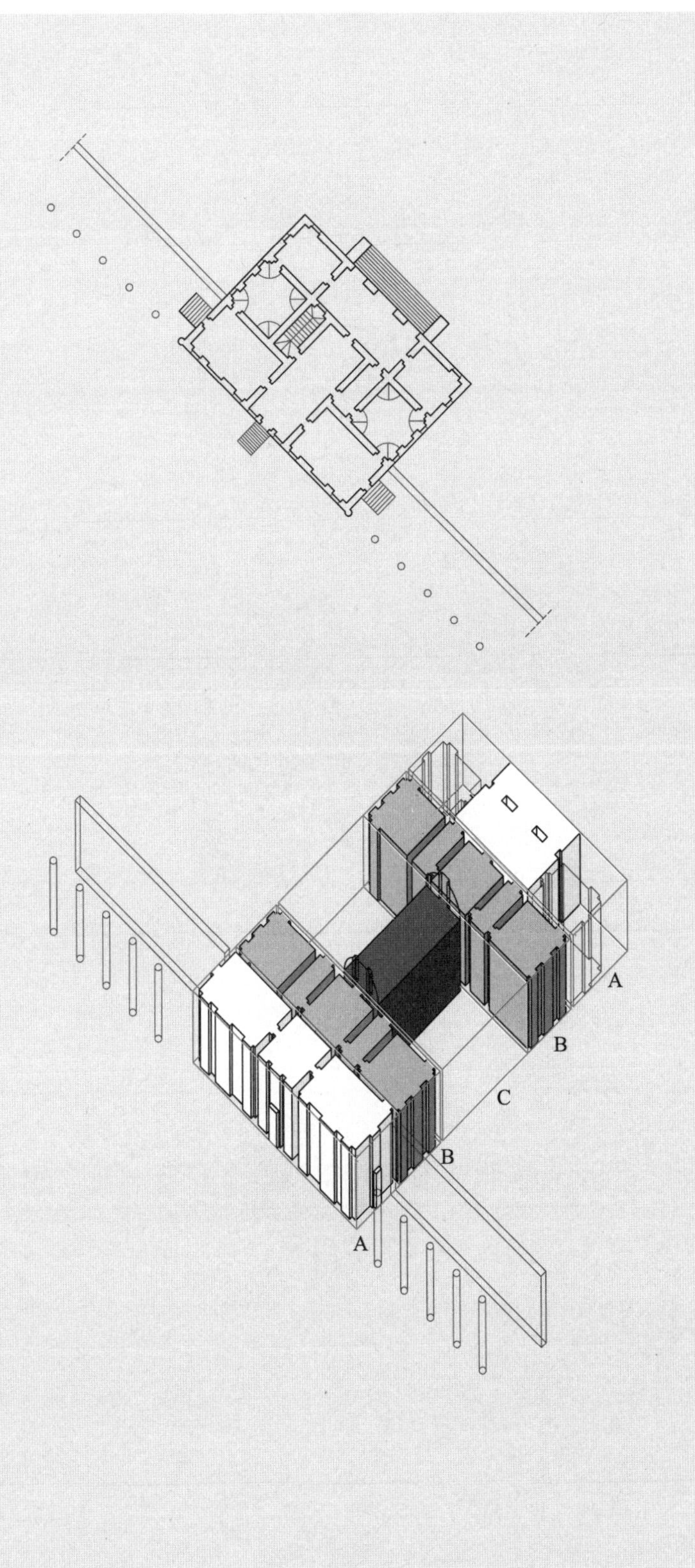

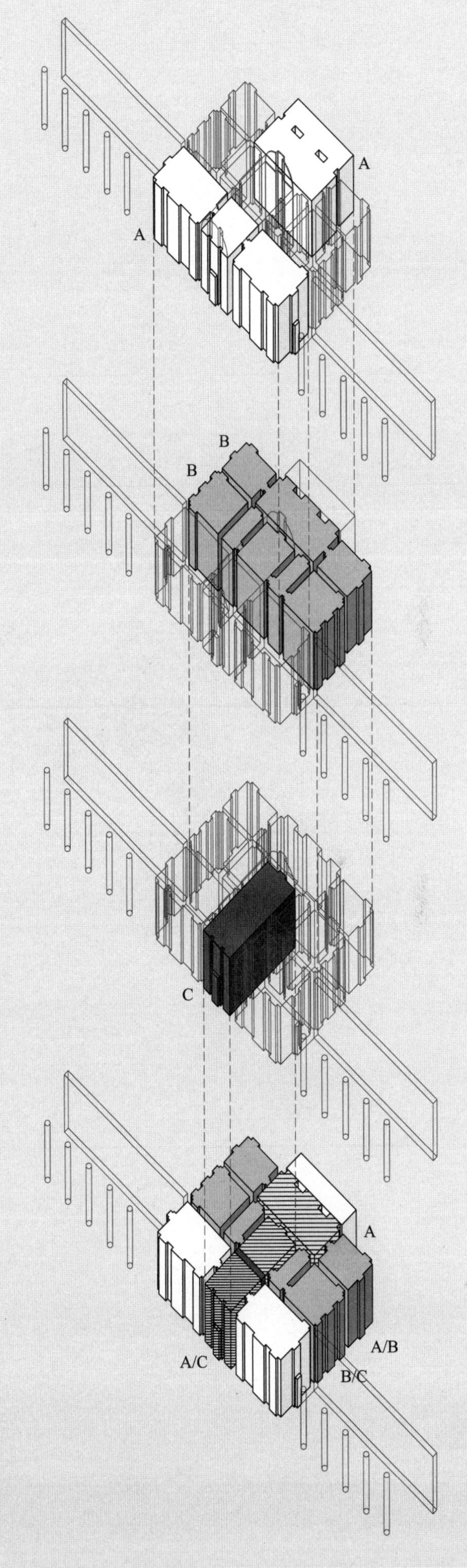

图 11.13　泽诺别墅的理想与虚拟图解。对泽诺组织方式的第二种诠释则是基于对两部侧楼梯的可能性阅读，它们从谷仓通入别墅，被视为入口空间 A（而不是流线空间或 B 空间），又与中央 C 空间重合，形成一种 A/C 标识

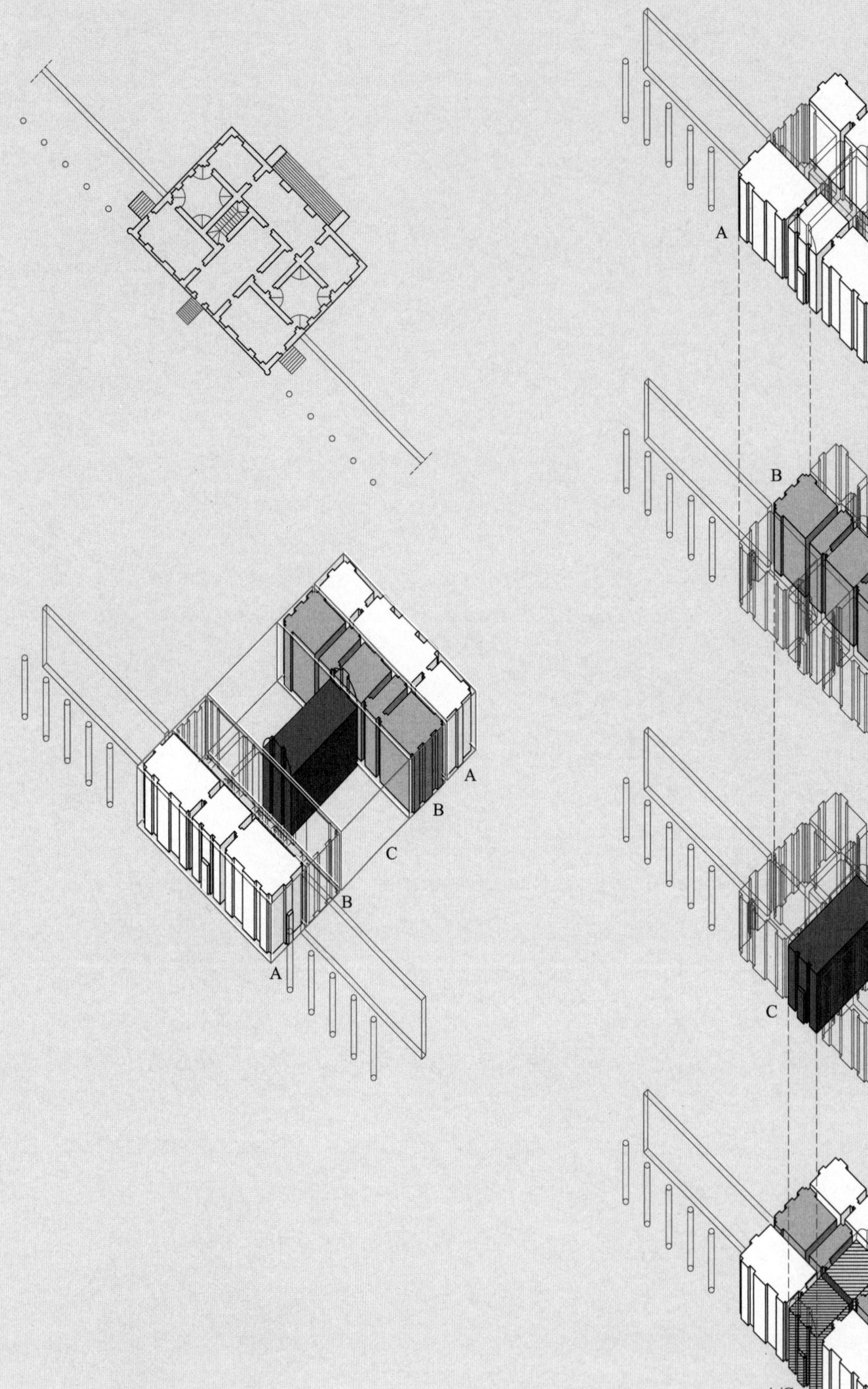

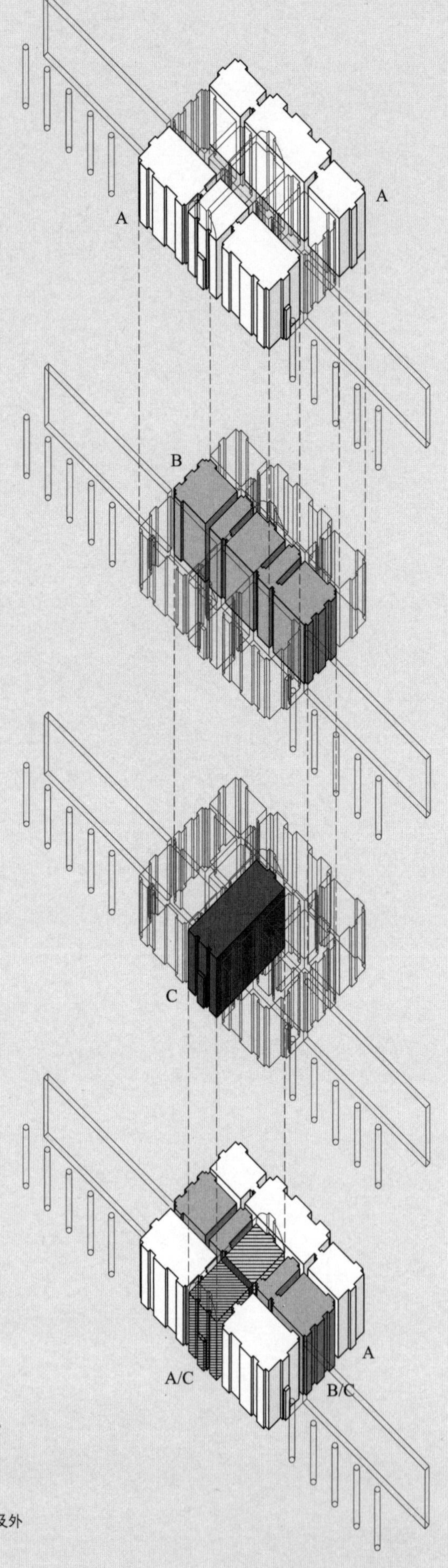

图 11.14　泽诺别墅的理想与虚拟图解。第三种虚拟阅读涉及三个开间的室内组织，以及外部前门廊的缺失和发生重合的内部后门廊

对别墅空间秩序和密度的多重解读不仅在整体平面中清晰可辨，同样存在于细节中；比如在柱子与墙的关系中。在泽诺别墅中柱子与室外敞廊之间三种不同的情况很值得注意（图 11.15）。首先，在庭院转角处有一根圆柱（与皮萨尼、安加拉诺和特里西诺中的方形柱子不同）。其次，在庭院敞开的正面，敞廊的端部是由一根方柱与马厩端壁的相交处标记的。在平面上，它可以被理解为与此墙内缘紧密结合的一根壁柱。然而在帕拉第奥的立面图中，（看似圆形）的柱子从墙的外缘是可见的（参见图 11.2）。平面与立面之间的不匹配揭示了定义建筑项目的界限时的一种怪异的模糊性。一方面，平面表现了一个内外翻转的体量，庭院的空间向建筑体量压入；另一方面，排成一列的柱子可以被视为一种表皮，把谷仓内部包裹起来。这种阅读受到泽诺别墅中第三种柱子情况的挑战：四分之三圆形嵌壁柱出现在主建筑立面的正面转角处。类似的柱子也出现在安加拉诺别墅中（在奇科尼亚的提耶内别墅中出现了一种反常的翻转做法），尽管它们都是脱离于谷仓的自主元素。

另一个值得注意的重要现象是后门廊柱子被扁平地压入泽诺别墅的主体。这使人联想起提耶内宫庭院的矩形柱子，这里，柱子被视为别墅后墙的碎片，当它们与门廊转角处的墙相遇时就变成了扁平的壁柱。这些扁平的柱子——阿尔伯蒂称其为四角柱（columni quadranguili），或者矩形柱——相继在皮萨尼和戈迪别墅的门廊中出现。参考了阿尔伯蒂把墙视为首要的而柱子只是装饰的建议之后，帕拉第奥开始质疑柱子和墙之间的传统关系，与此同时打破了别墅与谷仓之间的区别。

在这个意义上，作为整体的别墅的单一而稳定的概念在泽诺别墅中难觅其踪。别墅的主体一部分坐落在谷仓中，另一部分在花园墙外。虽然花园墙可被视作一条穿过中央空间的对称轴，但从侧房间通向中央空间的开口的分布并不对称（图 11.16）。这就在中央空间和两翼房间（它们的背面是对齐的）之间制造了摇摆，其中的中央空间看似滑向背面，而小一些的侧房间向正立面滑动。两幅图解进一步说明了相对于花园墙暗示的对称性，别墅内部存在不对称性。第一个将别墅视作 3 × 5 的开间布局，意味着两堵前后方向的墙从后门廊中缺席了（图 11.17）。第二个描述了壁龛与别墅侧房间开口的微小错位，这是在一系列别墅项目中不断发生演化的情形（图 11.18）。这些内部的错位，结合别墅本身与谷仓之间悬而未决的关系，说明了泽诺别墅的复杂性，尽管这种复杂性被相对平庸的室外所隐藏。

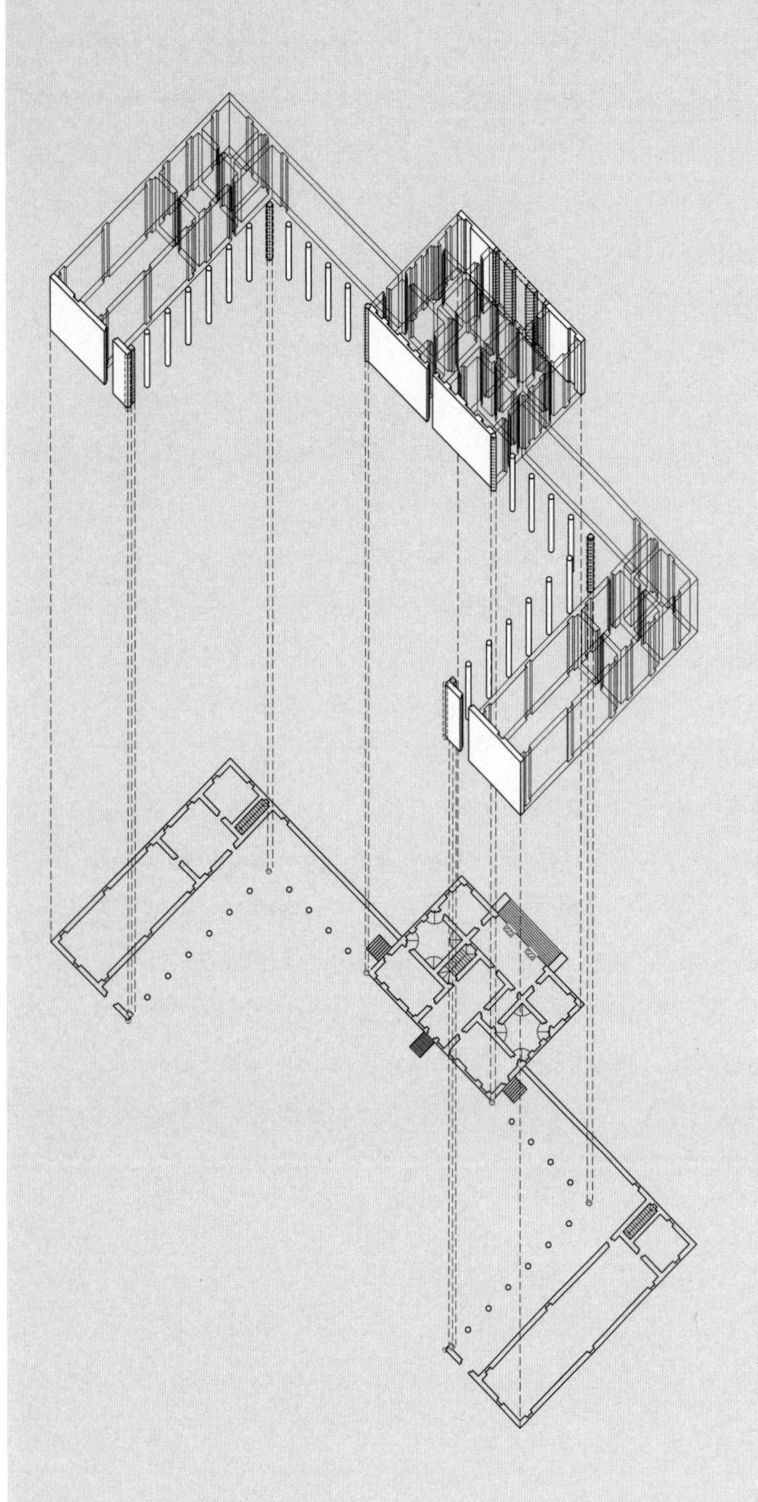

图 11.15　泽诺别墅的理想与虚拟图解。室外敞廊中柱子的不同情况

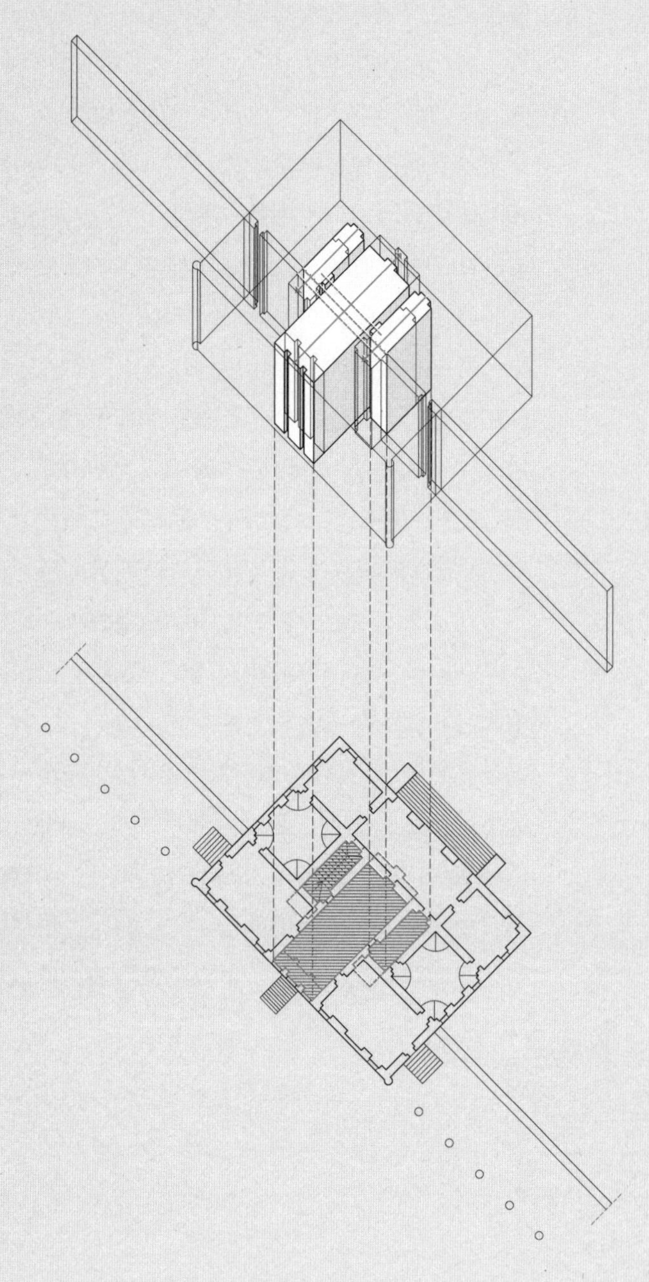

图 11.16　泽诺别墅的理想与虚拟图解。虽然花园墙可被视作一条穿过中央空间的对称轴，但从侧房间通向中央空间的开口的分布并不对称

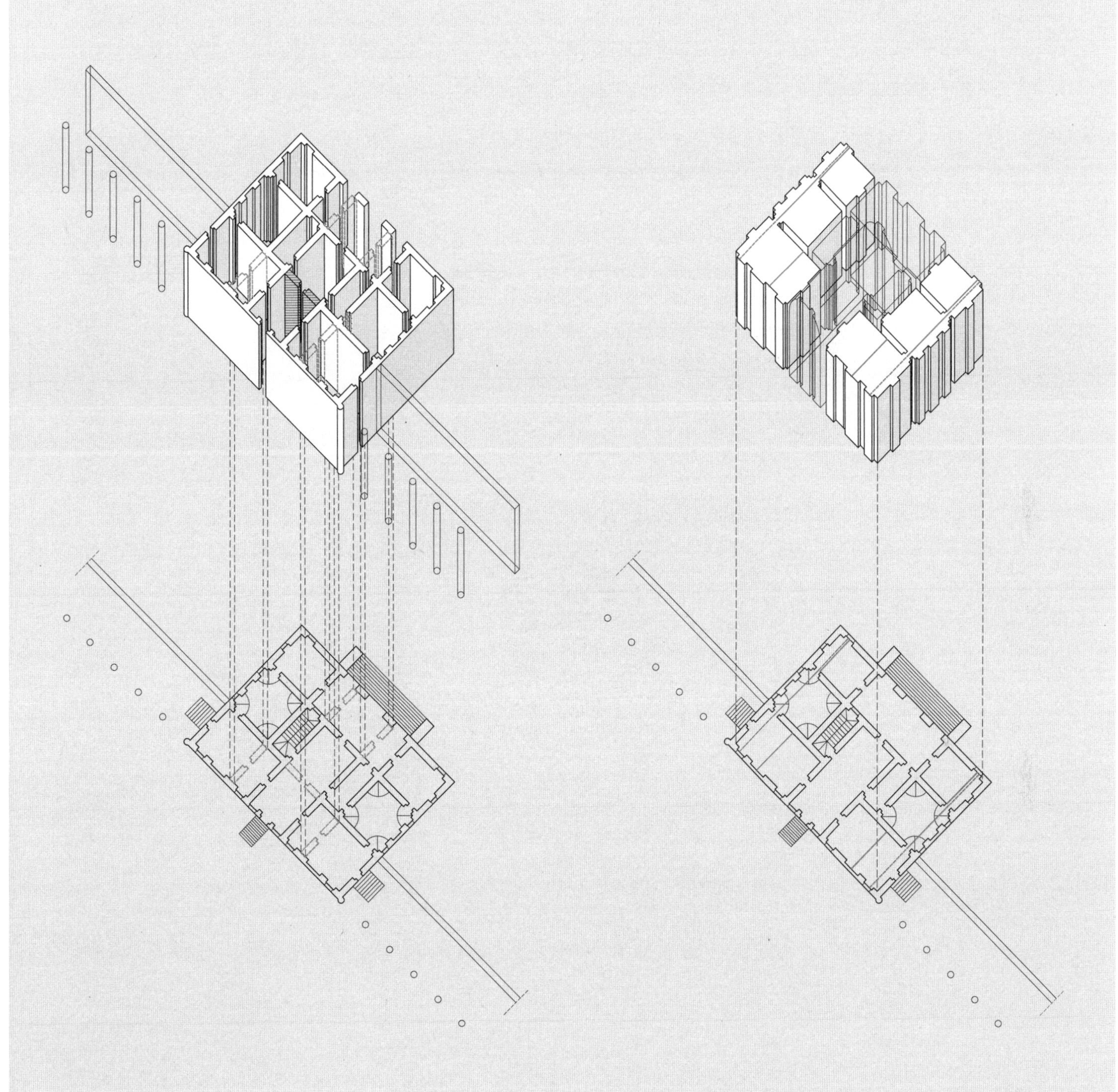

图 11.17 泽诺别墅的理想与虚拟图解。别墅被视作 3×5 的开间布局，意味着两堵前后方向的墙从后门廊中缺失了

图 11.18 泽诺别墅的理想与虚拟图解。别墅侧房间中的壁龛与别墅侧房间开口有小幅错位

安加拉诺别墅

1548 年

维琴察的安加拉诺别墅（图 12.1）坐落在两片平行花园墙之间，从这个别墅开始融入谷仓计划中不断演化的母题：带拱廊的前院、平行的外屋，以及别墅主体和后花园墙之间特定的位置关系。别墅由带拱廊的三面围合，这些围合也穿过了别墅主体。前花园的中央插入了一个巨大的、未多加修饰的半圆形敞厅（exedra）。安加拉诺别墅也是第一个使用大型半圆形敞厅的项目（约 11 年前的戈迪别墅在后庭院中亦有一个小型半圆敞厅）。安加拉诺别墅中也出现了巨大的双层柱式，占据了整个前立面，尽管门廊位于背面。当主立面和入口的倒置作为母题出现在巴巴罗别墅中时，显得更加令人疑惑。

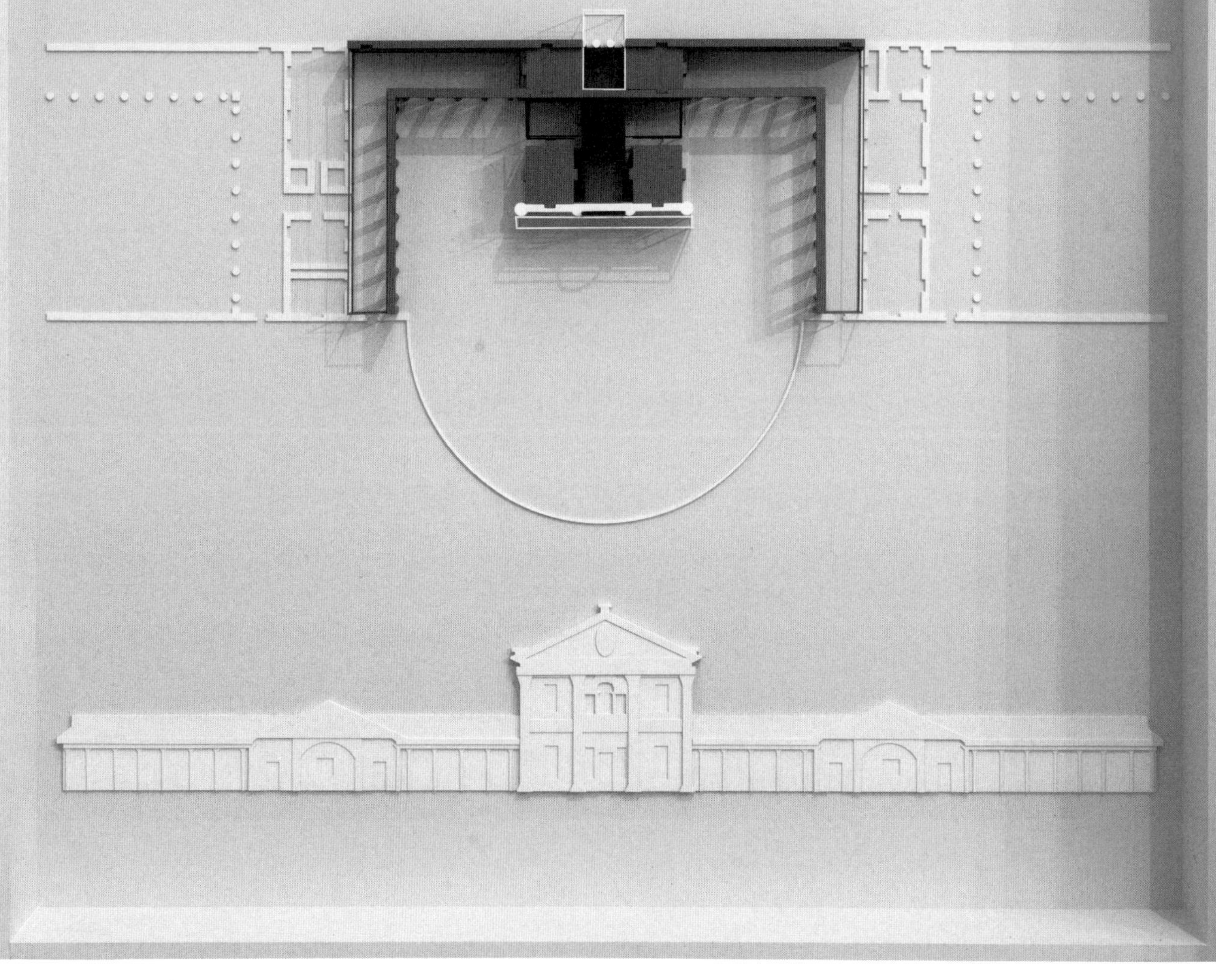

图 12.1　安加拉诺别墅分析模型

第 12 章

安加拉诺别墅，维琴察，1548 年

Villa Angarano，Vicenza

维琴察的安加拉诺别墅坐落在两片平行花园墙之间，这个别墅开始融入谷仓计划中不断演化的母题：带门廊的前院，前后方向和左右方向的外屋，还有别墅主体和后花园墙之间特定的位置关系（图 12.2）。别墅由带拱廊的三面围合，这些围合也穿过了别墅主体。前花园的中央插入了一个巨大的、与之脱离的半圆形敞厅（exedra）。安加拉诺别墅也是第一个使用大型半圆形敞厅的项目（约 11 年前的戈迪别墅在后庭院中亦有一个小型半圆敞厅）。安加拉诺中也出现了巨大的双层柱式，占据了整个前立面，尽管入口门廊看起来在背面。主立面和入口倒置的做法在此前的多个别墅项目中都曾出现，在之后的巴巴罗别墅中成为更为复杂的母题。

安加拉诺在很多方面都与泽诺别墅类似，它们都有从谷仓进入别墅的侧入口。在《建筑四书》中，泽诺别墅的主入口位于平面图的顶部。而安加拉诺则不同，别墅主体在谷仓和拱廊庭院的内侧，所以侧入口就成了在“背面”而不是“正面”，或者说是在别墅的主入口侧。这些差异的缘由是醒目的、带有巨大柱式的双层门廊，压入“背面”或者庭院立面并且延展开来。这就消解了入口的标识，有关门廊和过渡空间位置的 A、B 解读的多种可能性随之而来。所有这些动作都被花园墙内的巨大半圆形敞厅统领着。

帕拉第奥别墅中反复出现的是别墅主体与其所在大环境之间的关系。在这个意义上，安加拉诺与巴巴罗是相似的——谷仓中包含了一个精致的双层花园墙，外侧的墙采用了巨大的中央半圆形敞厅形式。门廊包含了别墅整体的宽度，与巴巴罗中巨大的门廊标识相仿。转角处的四分之三圆形嵌壁柱和中央的半圆形嵌壁柱使得门廊看起来像是压入了别墅的主体。奇怪的是，并没有楼梯连入面向庭院、看似别墅正面的那个面。又因为主楼梯和门廊在背面，可以假定这才是正面，这就造成了正面与背面的倒置。像泽诺别墅一样，安加拉诺别墅质疑了有关正面、背面的既有概念。通常情况下，正面是由一部宏大的楼梯和形似凯旋门的门廊所标记的，无论是压入立面还是独立存在。这里凯旋门主题的门廊位于别墅正面通常所在的位置，但是没有楼梯或者门廊前厅；相反，它们处于背面。

分析模型

分析模型中别墅前后方向的模糊性与 ABCBA 标识系统的诸种解释有重合之处，这也进一步加强了把帕拉第奥空间视为异质而非同质的可能性。再一次的，基于阿尔伯蒂的定义，异质空间所暗示的是对一座建筑中单个构件（既包含字面、实体意义上的部分——门廊、墙体、柱子等——也包含空间或体量部分）的离散属性的直接表达，这些构件组成了一个连续的整体。异质空间（也就是说这里的空间被认为是概念

S E C O N D O.   63

LA SEGVENTE fabrica è del Conte Giacomo Angarano da lui fabricata nella ſua Villa di Angarano nel Vicentino. Ne i fianchi del Cortile vi ſono Cantine, Granari, luoghi da fare i uini, luoghi da Gaſtaldo: ſtalle, colombara, e più oltre da una parte il cortile per le coſe di Villa, e dall'altra vn giardino: La caſa del padrone poſta nel mezo è nella parte di ſotto in uolto, & in quella di ſopra in ſolaro: i camerini coſi di ſotto come di ſopra ſono amezati: corre appreſſo queſta fabrica la Brenta fiume copioſo di buoniſsimi peſci. E' queſto luogo celebre per i precioſi uini, che ui ſi fanno, e per li frutti che ui vengono, e molto più per la corteſia del padrone.

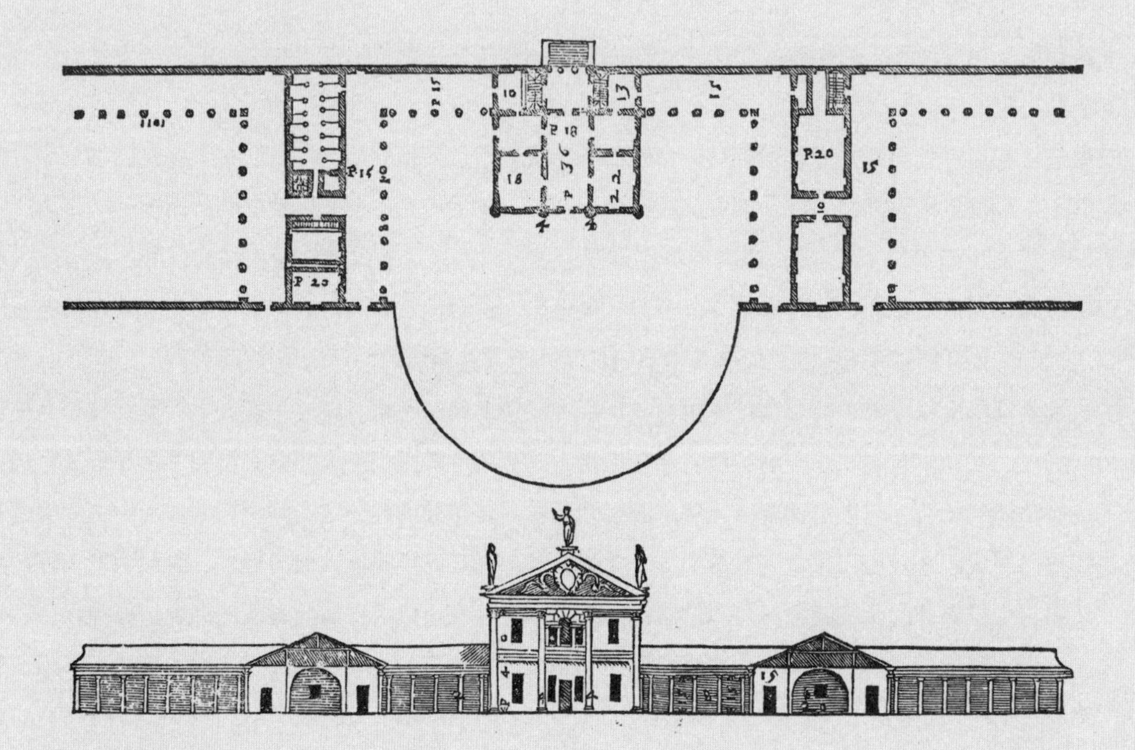

I DISEGNI

图 12.2 帕拉第奥，安加拉诺别墅的平面图和立面图，《建筑四书》，1570 年

上活跃的）暗示了对非连续整体作多种阅读的可能性。尽管在实体上必然离散，这些构成非连续整体的部分描述的叠合和重合（A/B，B/C 等）造成了不同的空间密度。空间密度不是字面意义上的而是概念上意义的，各组成部分可以同时以不同的方式来解读。帕拉第奥的作品创造出一种建筑异质空间的可能，这在 16 世纪是开拓之举。

首先，模型对门廊和入口门廊作出了区分，门廊与别墅主体的宽度一致，看似被压入庭院立面，而背后的入口门廊与中央空间 C 的宽度一致，插入别墅主体。庭院立面被表达为一堵拉伸出的白色实墙和一个白色线框体量，以此表达立面的虚拟或暗示的深度，在这个立面以外是一组过渡或 B 空间。第一个室内开间内的两个外侧体量被表达为实体或概念上被动的（也就是同质的），用灰色表示；而中央空间则被表示为一个虚空的黑色拉伸体量——它在概念上是活跃的，这是对其作为中央十字 C 空间前臂的另一种理解。把中央 C 空间视作十字形（中央的黑色实体体量被四个中空的“臂”环绕着），与将其视为与庭院立面紧邻的矩形体量这种名义上的理解是对立的。这两种理解都是通过模型中实体、线框和拉伸的黑色构件来表达的，这也说明没有一种理解方式占绝对主导地位。最后，两堵花园墙，即看似穿过别墅主体的拱廊和后墙，在模型中被表示为灰墙 B；位于两堵墙之间以及背面入口门廊两侧的两个房间采用了同样的表示方式。庭院敞廊的 L 形空间从别墅主体的第三个开间中伸出，用灰色线框体量表示。

几何图解

以下数个几何图解以更清晰的方式描述了别墅主体与谷仓之间的演化关系。这些图解也支持了帕拉第奥建筑计划的概念是异质的而非同质的，尽管与分析模型的意义略有不同。安加拉诺的第一、二张图解说明了这点。独立来看，平面图与一个理想正方形的最基础的叠加框定了别墅主体，包括加厚的庭院立面和它巨大的嵌入式柱式，但是没有包括背面的主入口楼梯（图 12.3）。在图解系列中，当这个理想正方形以及一同出现的别墅主体与庭院的几何（庭院的宽度与进深比例接近与 2 ∶ 1）形成对比时，就显得失去意义了。别墅主体中的第一堵侧墙看似只与内部比例或者九宫格布局有关，但是在第二张图解中能清晰地看到它的位置可以被视为与整体庭院的布置有所关联（图 12.4）。

另外两张图解关注的是别墅主体的内部布局。第一张图解包含了别墅九宫格平面中前两个开间的进深，两个理想正方形之间重合的空间与中央 C 空间和后门廊的宽度一致（图 12.5）。第二张图解考虑到的是别墅后两个开间的进深，正方形重合的空间与后入口门廊的两根立柱之间的宽度，以及庭院立面上狭窄门道的宽度是一致的（图 12.6）。这些差异在一开始显得微不足道，却十分重要，因为正是它们传达了别墅空间维度中暗示的摇摆。比如安加拉诺别墅的中央开间，也就是前两张图解中的理想正方形共有的部分，使得对别墅内部布局的解读在究竟是与中央 C 空间的尺寸相关还是与狭窄开口的尺寸相关这两者之间摇摆不定。

最后两个几何重合图再次审视了别墅主体中看似次要的细节与谷仓的关系。背面入口门廊两柱间的空间和前门廊中的狭窄门道一方面定义了前两个图解中两个正方形在内部重合的部分，另一方面它们也定义了两个更大的、与前庭院深度一致的正方形之间的空间（图 12.7）。再一次地，看似 2 ∶ 1 的比例没能在数学上得到完美解答，由此产生的差异遂体现在一个看似无足轻重的细节中——门廊柱子间的空隙。尺度之间的关系——小到一对柱子之间的距离，大到谷仓作为整体的布局——是阿尔伯蒂式的（就像他的

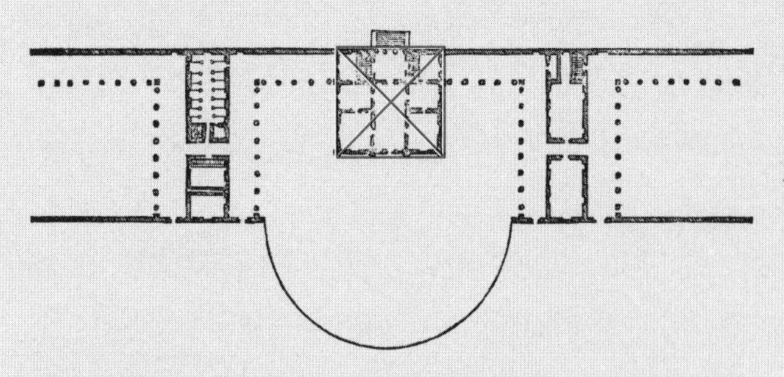

图 12.3 安加拉诺别墅几何图解。平面图与一个理想正方形的最基础的叠加框定了别墅主体，包括加厚的庭院立面和它巨大的嵌入式柱式，但是没有包括背面的主入口楼梯

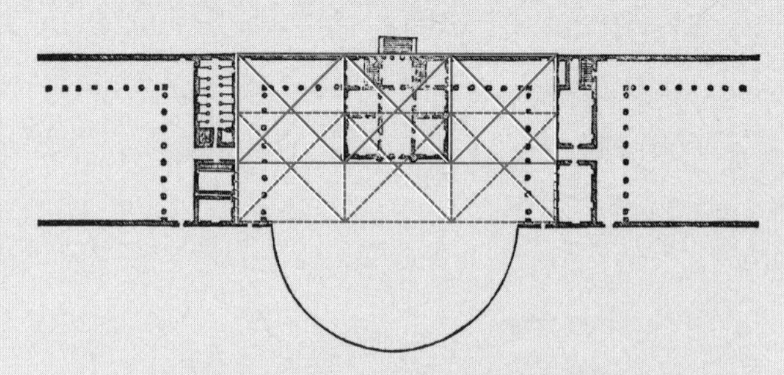

图 12.4 安加拉诺别墅几何图解。别墅主体中的第一堵侧墙看似只与内部比例或者九宫格布局有关，但是在第二张图解中能清晰地看到它的位置可以与整体庭院的布局发生关系

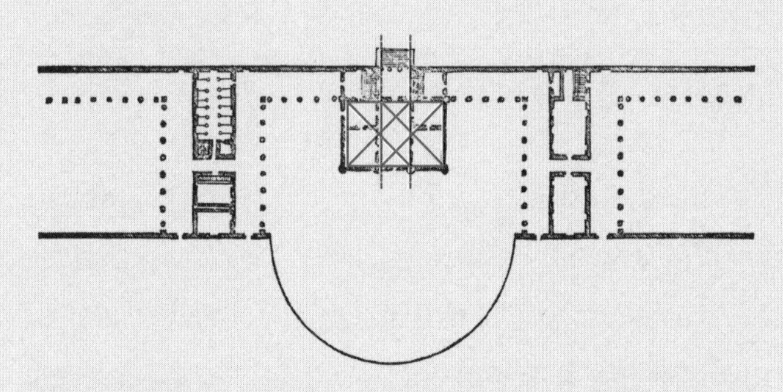

图 12.5 安加拉诺别墅几何图解。在第一张图解中包含了别墅九宫格平面中前两个开间的深度，两个理想正方形之间重合的空间与中央 C 空间和后门廊的宽度一致

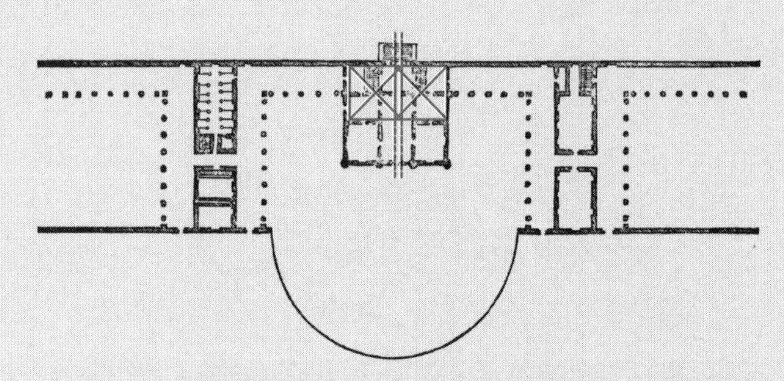

图 12.6 安加拉诺别墅几何图解。别墅后两个开间的深度，正方形重合的空间与后入口门廊的两根立柱之间的宽度，以及庭院立面上狭窄门道的宽度是一致的

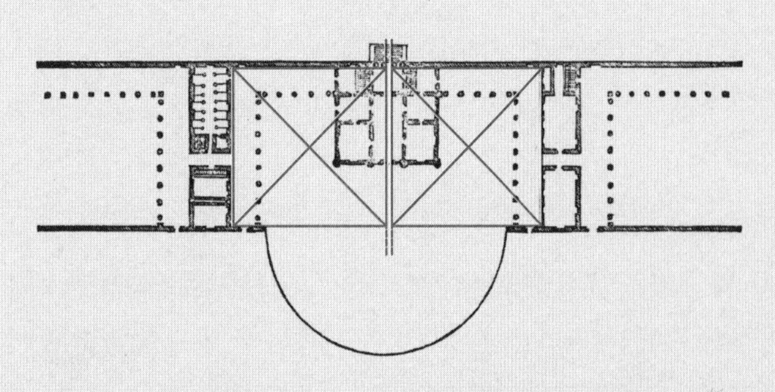

图 12.7 安加拉诺别墅几何图解。背面入口门廊两柱间的空间和前门廊中的狭窄门道一方面定义了前两个图解中两个正方形在内部重合的部分，另一方面它们也定义了两个更大的、与前庭院深度一致的正方形之间的空间

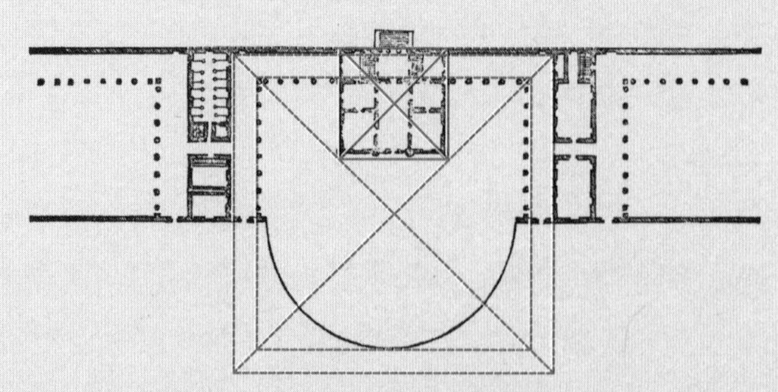

图 12.8 安加拉诺别墅几何图解。一系列正方形将别墅主体的比例和它与花园墙位置的关系放到这个时而扩大时而收缩的背景中

名言，房子是一座小城市，城市是一座大房子），但要说能强调一种意外的关系，这是帕拉第奥所独有的能力。最后一张图解将别墅主体的比例和它与花园墙位置的关系放到这个时而扩大、时而收缩的背景中（图 12.8）。

理想图解与虚拟图解

帕拉第奥别墅的独特之处在于，无论平面还是立面的组织都几乎无法被压缩到一个单一的基础状态，这种异质空间的特质在安加拉诺别墅中表露无遗。有很多不同的基础可能性在混淆或质疑前 / 后、旁边 / 中央或别墅 / 谷仓的定义，这些都能同时作用或者来回摇摆。没有单一的形式图解能表达一种理想或者初始的条件。任何类似的图解，比如九宫格或者四宫格最多只能揭示别墅潜在的可能性，但并不能在任何古典意义上将其确立或使其稳定。在安加拉诺别墅的理想 ABCBA 布局图解中存在着这样一种变体（在分析模型中有所表述），其背面入口门廊和庭院立面是作为 A 空间出现的，尽管在这里字面意义上的门廊是缺失的（图 12.9）。与背面门廊发生重叠的第三个室内横向开间被视为 B 空间，因为这里包含了真正的室内流线——在门廊室内部分两侧的一组楼梯。这使得别墅后半段生成了 A/B 标识。尽管正立面附近没有流线元素的迹象，第一个室内横向开间仍能因为自身与前门廊的位置关系而被认为是 B 空间。中间的矩形空间被标记为 C，与前部的 B 空间重合，在紧贴正立面内侧处造成了 B/C 空间。

安加拉诺平面布局的第二张虚拟图解包含了室内的第一个横向开间（在之前的图解中是 B 标识的一部分），这部分横向开间连同正立面标记为入口空间 A（图 12.10）。从序列和位置来看，中间的横向开间应当标记为 B，与之前的图解一样，接着的是别墅背面的 B 和 A 空间。相同的中央 C 空间仍然存在。在这个虚拟图解中，把前侧的横向开间理解为 A 而不是 B 造成了从庭院到后门廊的罕见序列：A、A/C、B/C、A/B 和 A，排除了对独立空间 C 的表达。在这种诠释中，虚拟和理想图解之间的对比再次强调了别墅项目中挤压的强度，这种挤压导致形成了内部空间的密度，也支撑了异质的概念以及多样的、非连续部分的建筑构成。

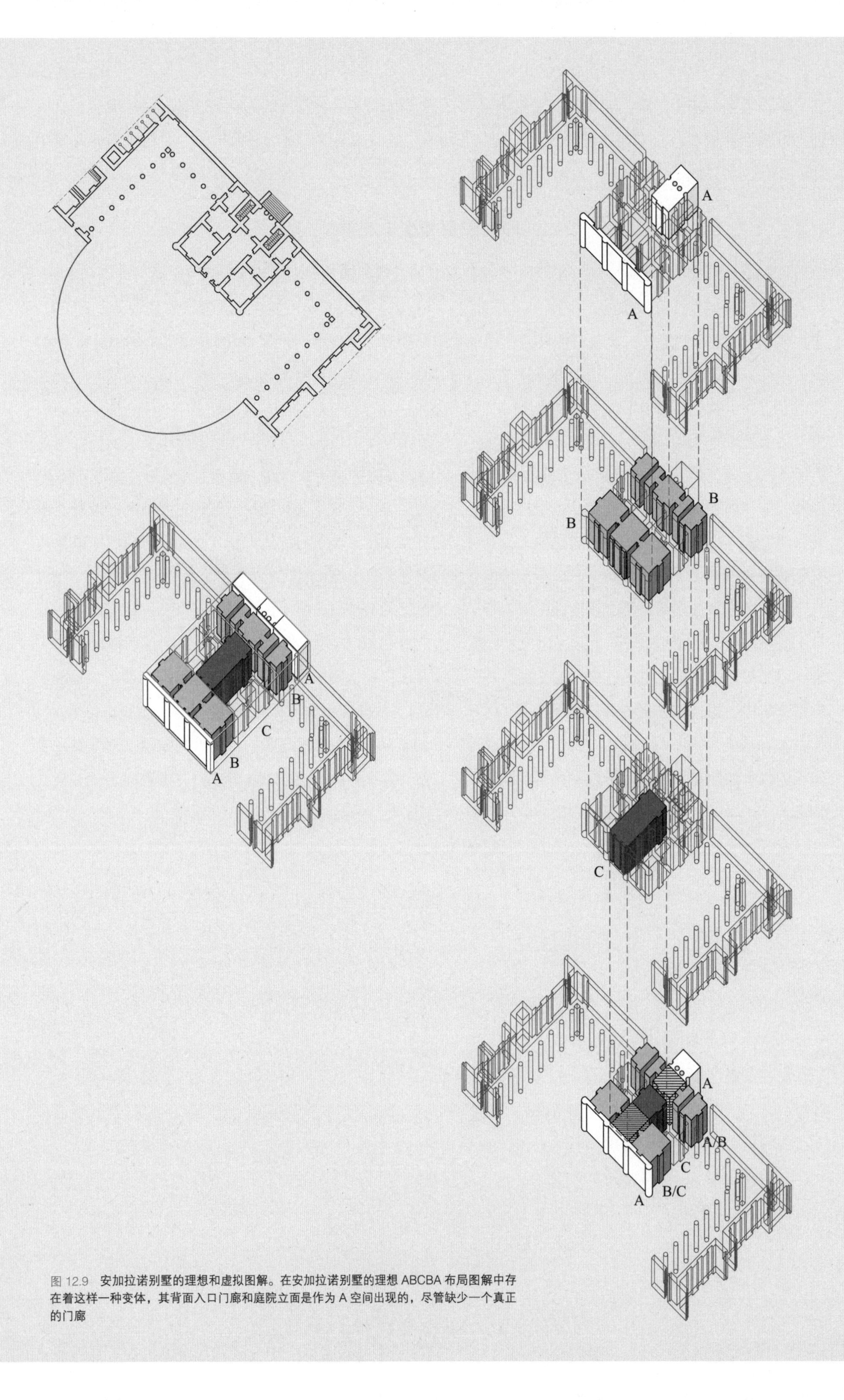

图 12.9 安加拉诺别墅的理想和虚拟图解。在安加拉诺别墅的理想 ABCBA 布局图解中存在着这样一种变体，其背面入口门廊和庭院立面是作为 A 空间出现的，尽管缺少一个真正的门廊

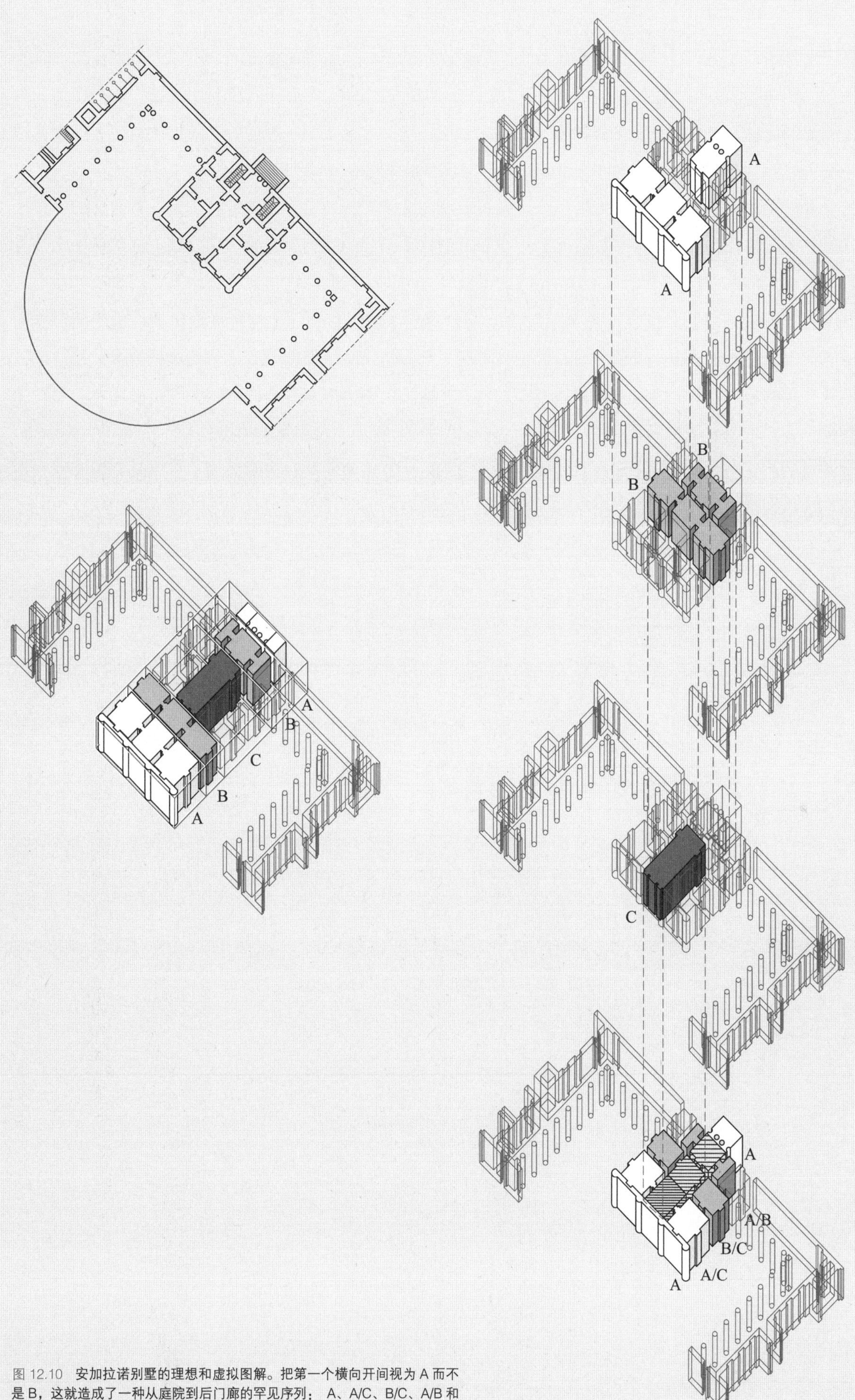

图 12.10　安加拉诺别墅的理想和虚拟图解。把第一个横向开间视为 A 而不是 B，这就造成了一种从庭院到后门廊的罕见序列： A、A/C、B/C、A/B 和 A，且排除了对独立空间 C 的表达

在安加拉诺别墅的构成中有两幅显而易见又迥然不同的图解，二者的叠置强调了以上观点。与正、背立面平行的侧房间的方向、中央 C 空间和周边房间之间的门道暗示了存在于九宫格平面图中的十字形。占据了正立面的巨柱以及穿过别墅主体的连续拱廊和后花园墙，暗示了另一种前后向的层次化或者平面化的解读（图 12.11）。这两个图解同时在别墅中作用，与序列化的 ABCBA 标识截然不同。

另一个重要的标识出现在拱廊的转角处，一根方形的柱子把转角定义为转折点。另一根相似的方柱嵌入在别墅外侧的墙体，成为类似壁柱的元素。四根方形柱子组成的序列（隐含在别墅墙上的壁柱中）让人联想到正立面上的四根巨柱（图 12.12）。相同的尺度手法可见于四根巨柱与组成背面入口门廊的四根小柱子的关系里（两根独立，两根嵌入）（图 12.13）。尽管这些小柱子在比例上与背立面协调，但是与正立面的柱子相比，它们看上去像是受到挤压，向中央靠拢。在这里，对填充部分表达的精读很重要。比如说三组由四根柱子构成的柱列之间的变换关系使得别墅主体既可被视为压入谷仓的空间，又可被视为从后花园墙中拉伸出来或者外挂着的元素（图 12.14）。最后两张图解描述了内部微小的错位和不对称，室内墙体、壁龛和开口的位置与方向都暗示了这点（图 2.15，图 12.16）。这些不同的图解描述了一座具有内部复杂性的别墅，这座别墅正要开始打破别墅与谷仓在类型上的差异。

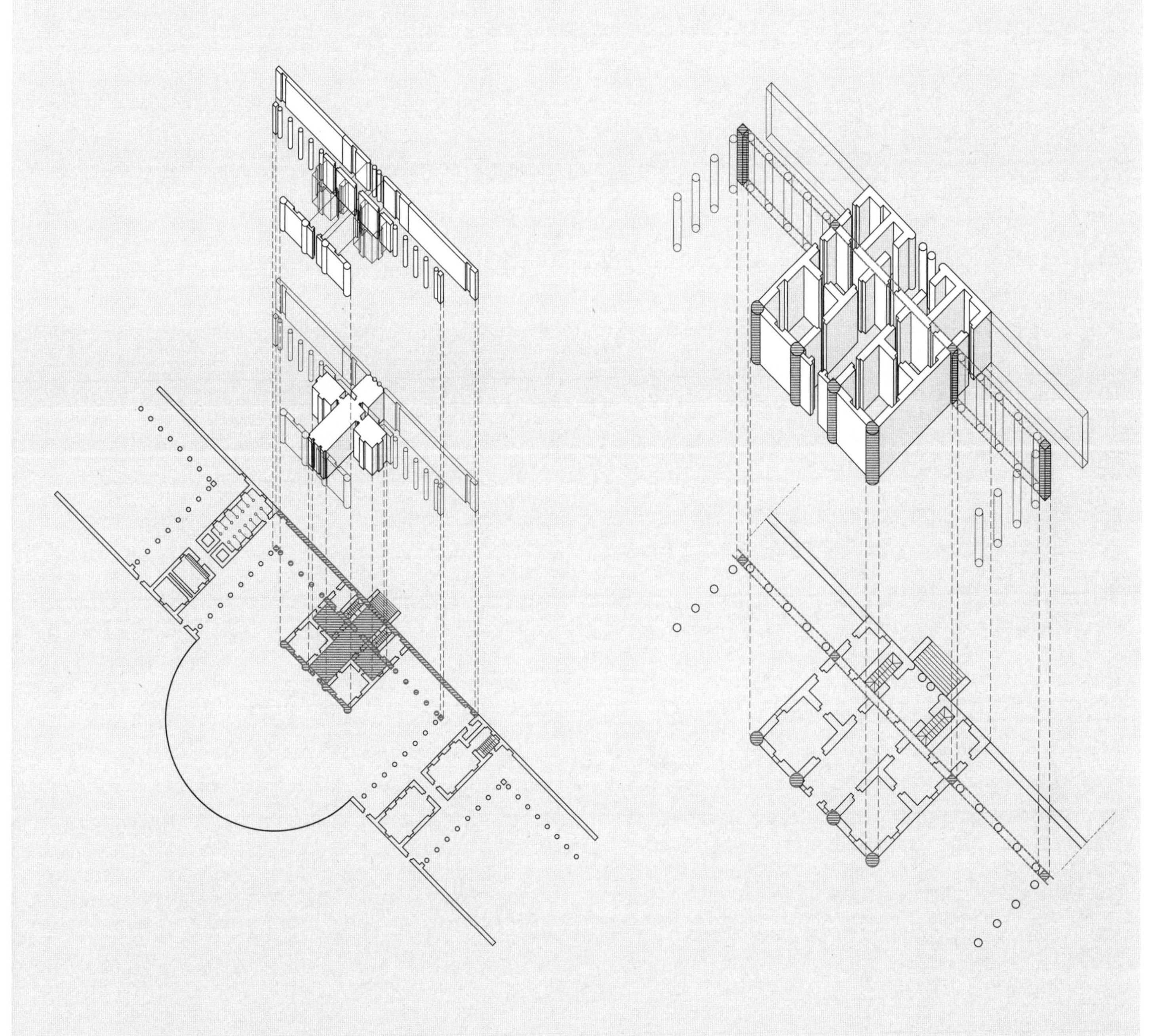

图 12.11　安加拉诺别墅图解。占据了正立面的巨柱以及穿过别墅主体的连续拱廊和后花园墙暗示了另一种前后向的层次化或者平面化的解读

图 12.12　安加拉诺别墅图解。四根方形柱子组成的序列（隐含在别墅墙上的壁柱中）让人联想到正立面上的四根巨柱

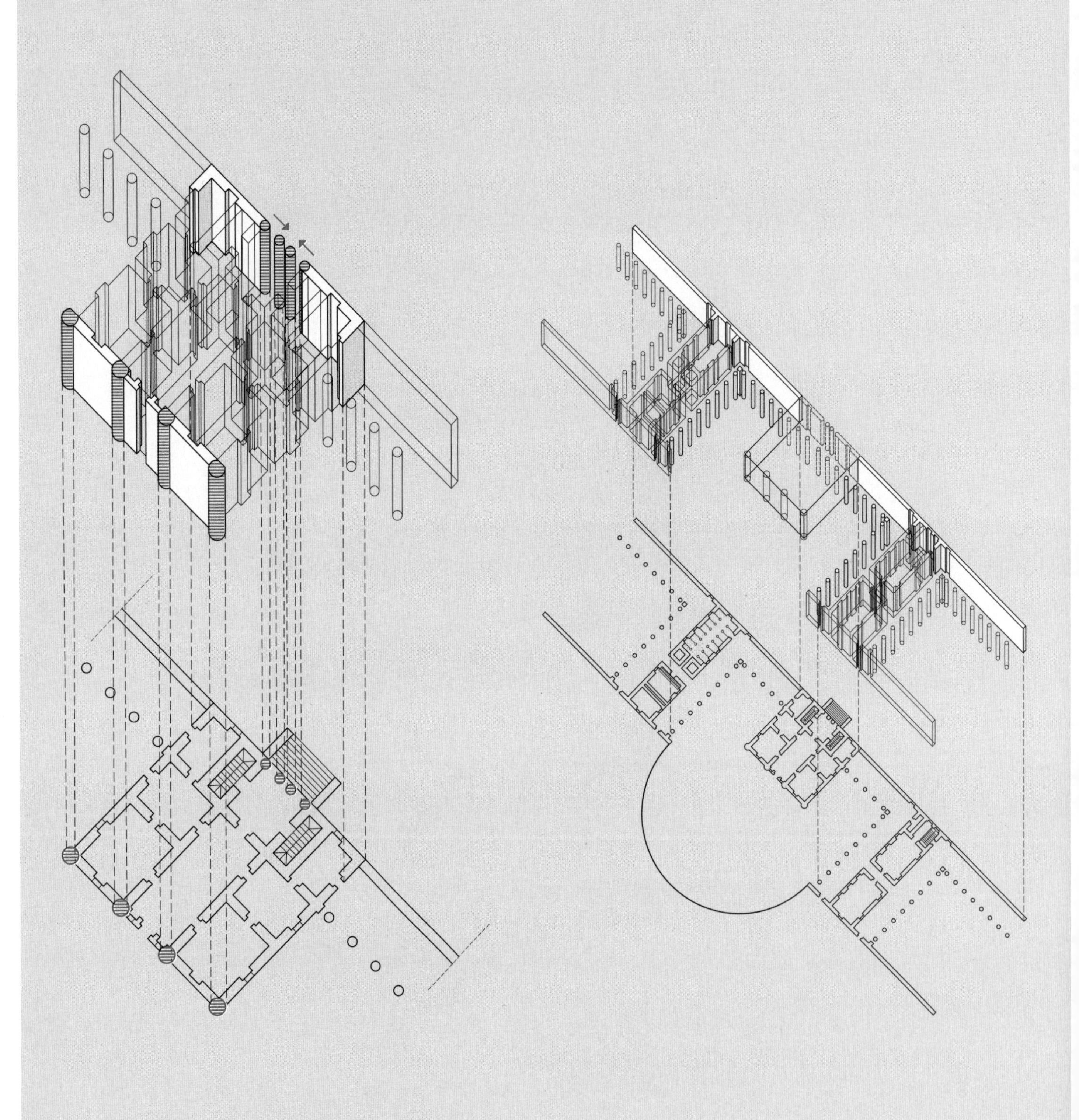

图 12.13 安加拉诺别墅图解。小柱子尽管在比例上与背立面相匹配，与正立面的柱子相比更像是压向中心

图 12.14 安加拉诺别墅图解。三组由四根柱子构成的柱列之间的变换关系使得别墅主体既可被视为压入谷仓的空间，又可被视为从后花园墙中拉伸出来或者外挂着的元素

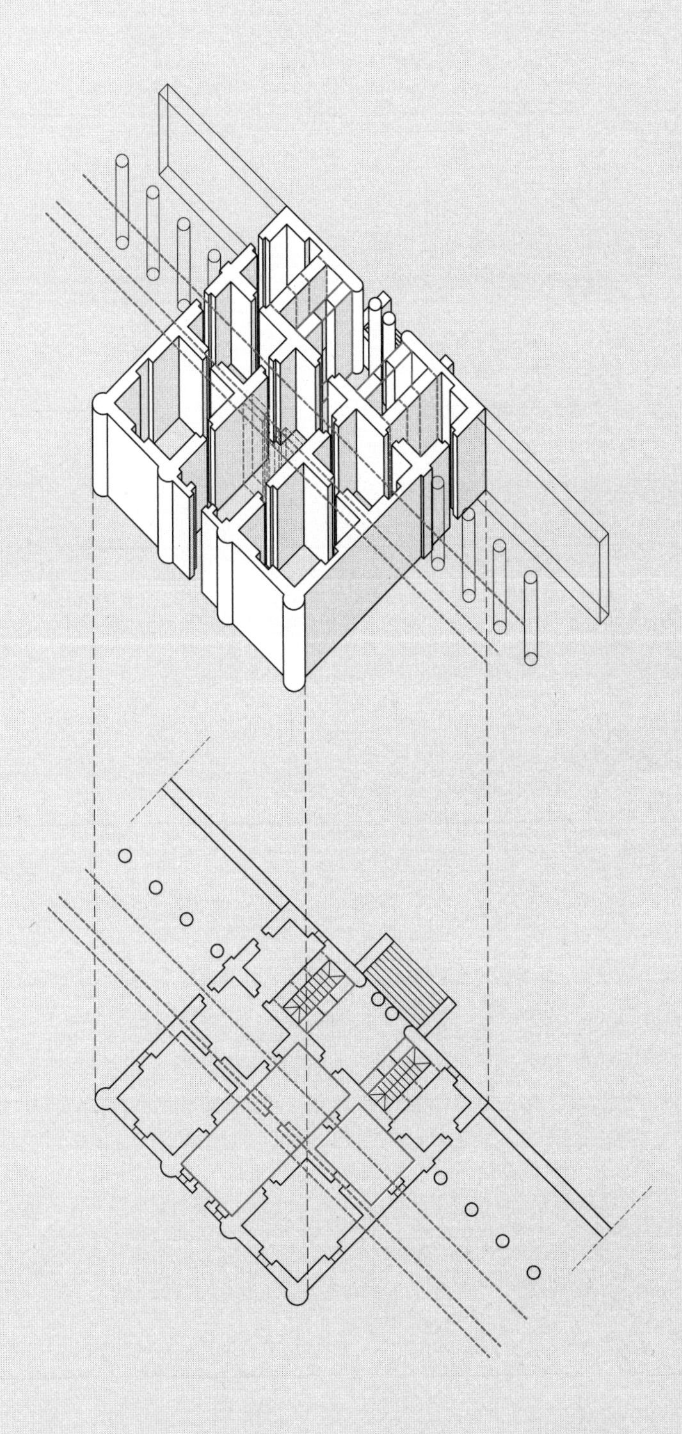

图 12.15 安加拉诺别墅图解。别墅内部有微小的错位和不对称，室内墙体、壁龛和开口的位置与方向都暗示了这一点

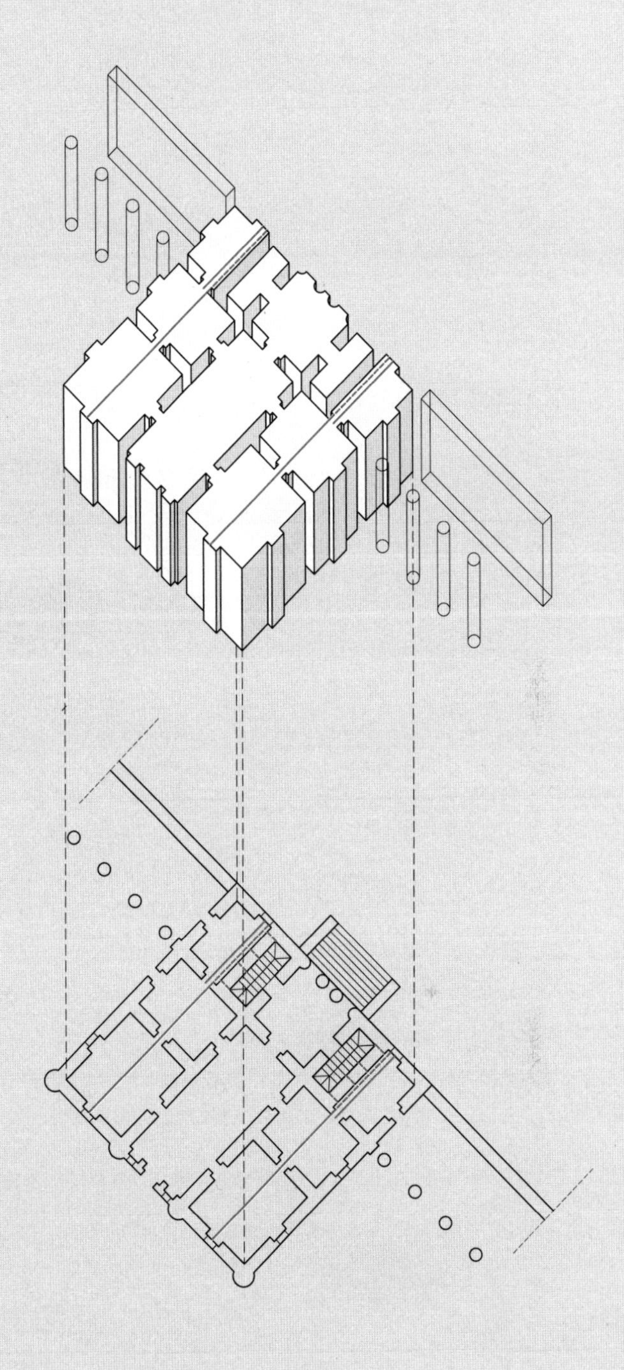

图 12.16 安加拉诺别墅图解。别墅内部有微小的错位和不对称，室内墙体、壁龛和开口的位置与方向都暗示了这一点

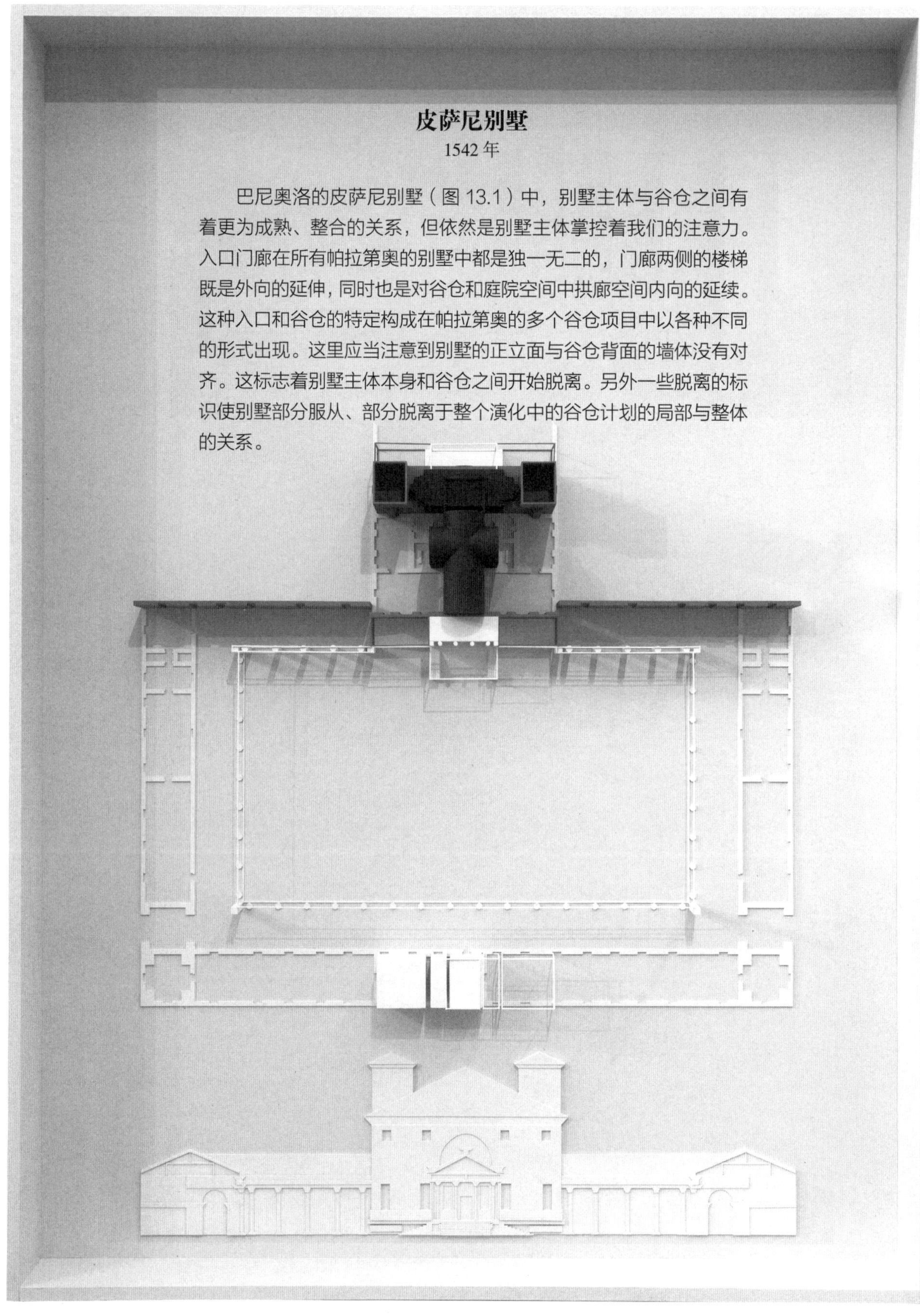

皮萨尼别墅

1542 年

巴尼奥洛的皮萨尼别墅（图 13.1）中，别墅主体与谷仓之间有着更为成熟、整合的关系，但依然是别墅主体掌控着我们的注意力。入口门廊在所有帕拉第奥的别墅中都是独一无二的，门廊两侧的楼梯既是外向的延伸，同时也是对谷仓和庭院空间中拱廊空间内向的延续。这种入口和谷仓的特定构成在帕拉第奥的多个谷仓项目中以各种不同的形式出现。这里应当注意到别墅的正立面与谷仓背面的墙体没有对齐。这标志着别墅主体本身和谷仓之间开始脱离。另外一些脱离的标识使别墅部分服从、部分脱离于整个演化中的谷仓计划的局部与整体的关系。

图 13.1 **皮萨尼别墅的分析模型**

第 13 章
皮萨尼别墅，巴尼奥洛，1542 年

Villa Pisani，Bagnolo

与泽诺别墅和安加拉诺别墅相比，巴尼奥洛的皮萨尼别墅在主体与谷仓之间有着更为成熟、整合的关系，但依然是别墅主体掌控着我们的注意力（图 13.2）。入口门廊在帕拉第奥所有的别墅中都是独一无二的，在门廊两侧的楼梯的烘托下既是外向的延伸，同时也是对谷仓和庭院空间中拱廊空间内向的延续。这种入口和谷仓的特定构成在帕拉第奥的多个谷仓项目中以各种不同的形式出现。这里应当注意到别墅的正立面与谷仓背面的墙体没有对齐。这标志着别墅主体和谷仓之间开始脱离。另外一些脱离的标识使别墅部分服从、部分脱离于整个演化中的谷仓计划的局部与整体的关系。

分析模型

皮萨尼的模型阐明了这些标识——从正立面和花园墙的位移开始。这种位移所否定的是通过入口序列把别墅与谷仓作为整体关联起来的理解。整个前院为白色线框 A，而方形的角柱与靠近前门廊台阶的拱廊则是实体的、被动的白色入口元素。这使得前院与实际的前门廊（事实上位于正立面的外侧）发生对话。门廊台阶用线框的、活跃的白色体量表示，而门廊本身则是表示为实心或被动的白色体量。在这种情况下，门廊空间 A 应当被视为概念上静态的，因为对于两侧楼梯而言，这是一个主导元素，而楼梯被表示为线框或者说虚拟的体量 B。在谷仓正面横向两翼中虚实体量间的变化也说明，把入口序列作为一个整体阅读时，产生了局部轻微的不对称感。

别墅的第一个室内开间通常被视为 B 空间，但是在皮萨尼别墅中，只有正立面和花园墙用实体体量 B 表示，与线框表示的外侧楼梯 B 空间相邻。相反，第一个开间的中心被视为中央十字形 C 空间的一部分，用实体的黑色元素表示；而侧房间用浅浮雕的方式表示，在概念上是不活跃的。尽管从前院到门廊到中央空间的序列上包含着一系列错位和干扰，但相对来说是同质的；这是指所有元素是离散的，因此在概念上可以被视为被动的。然而皮萨尼别墅的第三进开间和后门廊可以被视为帕拉第奥所有项目中最活跃，也是异质化最为密集的部分之一。在那里各种元素重合，但没有一个占主导，模型中有好几处都表达了这种情形。

首先，这里有中央十字空间 C 之外的第二个填充空间，也可以称其为图形化的实体，被表现为一个黑色实体的菱形元素。在这第二个 C 体量上重叠着中央十字图形 C 的（虚拟或暗示的）延伸线框。这个延伸补齐了原本不对称的十字图形。尽管并不真的存在，在概念上仍然可以看到两个不仅是紧挨着的、离散的 C 图形，同时也是双重的 C/C 空间，即一个背面的实体菱形 C 图形与十字形 C 图形延伸出来的“虚空”或者用线框表示的一翼之间的叠加。这个 C/C 空间接着与灰色 B 空间叠加，后者包含了第三进开间整体宽度，

DE I DISEGNI DELLE CASE DI VILLA DI ALCVNI nobili Venetiani. Cap. XIIII.

LA FABRICA, che ſegue è in Bagnolo luogo due miglia lontano da Lonigo Caſtello del Vicentino, & è de' Magnifici Signori Conti Vittore, Marco, e Daniele fratelli de' Piſani. Dall'vna, e l'altra parte del cortile ui ſono le ſtalle, le cantine, i granari, e ſimili altri luoghi per l'uſo della Villa. Le colonne de i portici ſono di ordine Dorico. La parte di mezo di queſta fabrica è per l'habitatione del Padrone: il pauimento delle prime ſtanze è alto da terra ſette piedi: ſotto ui ſono le cucine, & altri ſimili luoghi per la famiglia. La Sala è in uolto alta quanto larga, e la metà più: à queſta altezza giugne ancho il uolto delle loggie: Le ſtanze ſono in ſolaro alte quanto larghe: le maggiori ſono lunghe un quadro e due terzi: le altre un quadro e mezo. Et è da auertirſi che non ſi ha hauuto molta conſideratione nel metter le ſcale minori in luogo, che habbiano lume viuo (come habbiamo ricordato nel primo libro) perche non hauendo eſſe à ſeruire, ſe non à i luoghi di ſotto, & à quelli di ſopra, i quali ſeruono per granari ouer mezati; ſi ha hauuto riſguardo principalmente ad accommodar bene l'ordine di mezo: il quale è per l'habitatione del Padrone, e de' foreſtieri: e le Scale, che à queſt'ordine portano; ſono poſte in luogo attiſsimo, come ſi uede ne i diſegni. E ciò ſarà detto ancho per auertenza del prudente lettore per tutte le altre fabriche ſeguenti di un'ordine ſolo: percioche in quelle, che ne hanno due belli, & ornati; ho curato che le Scale ſiano lucide, e poſte in luoghi commodi: e dico due; perche quello, che uà ſotto terra per le cantine, e ſimili uſi, e quello che và nella parte di ſopra, e ſerue per granari, e mezati non chiamo ordine principale, per non darſi all'habitatione de' Gentil'huomini.

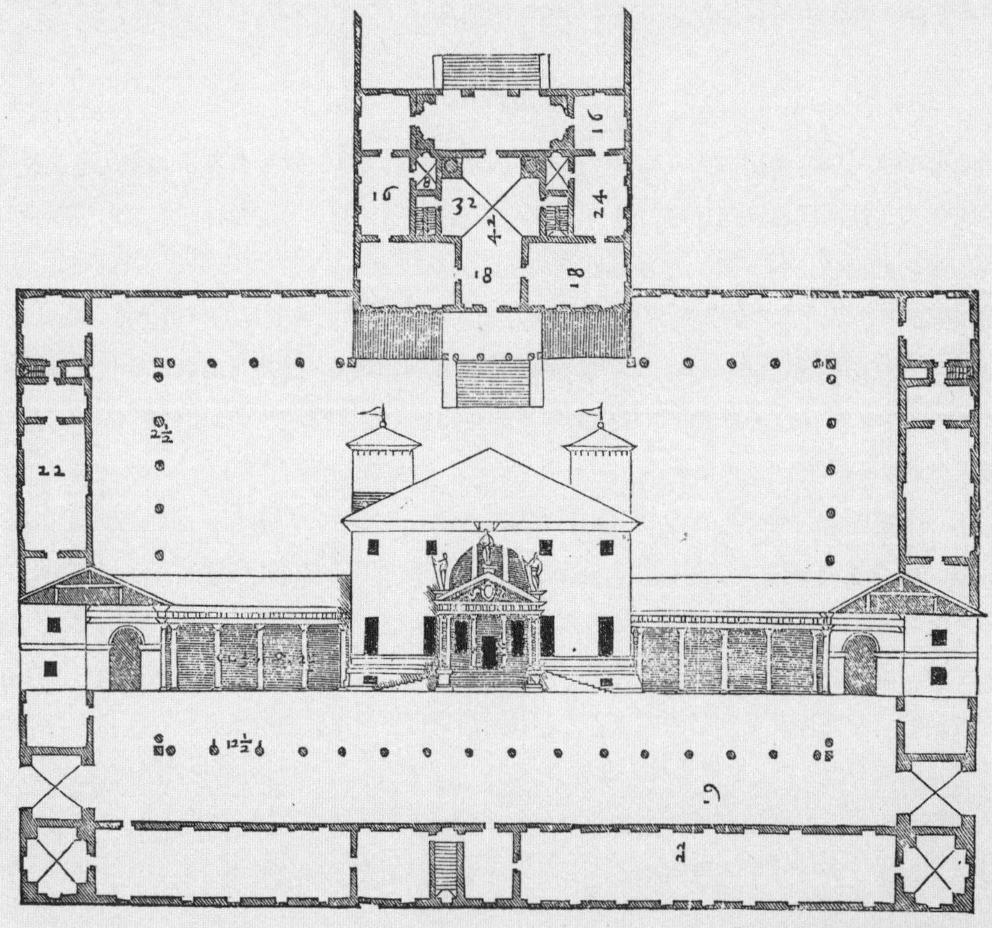

LA SEGVENTE

图 13.2 帕拉第奥，皮萨尼别墅的平面图和立面图，《建筑四书》，1570 年

两侧拉伸而成的塔形中空元素进一步强调了这点。后门廊可以被理解为相继与 C/C 和 B 空间重合，因此被表现为一个线框，或者概念上活跃的体量 A。最后，背面台阶被表现为一个横跨别墅主体的灰色线框体量 B，暗示了被压入背面开间的空间是一个异质化特征强烈的空间。

几何图解

一系列几何的重合开始验证皮萨尼别墅主体与谷仓之间关系的复杂性。最基本的图解是与正立面和侧立面对齐的正方形，前门廊和两侧楼梯并不包含在构图中（图 13.3）。图解清晰地展示出别墅主体是如何在别墅后部受到挤压的——即便纵向谷仓墙体向后延伸，直至超过后门廊。第二幅图解调整了正方形的位置，与前侧的横向楼梯外缘（也就是门廊的正面）对齐（图 13.4）。移动后的正方形与中央十字形的中心重合，但是与后门廊台阶的关系不大。第三幅图解描述了别墅主体中矩形的体量与主导性的中央开间之间的关系，后者由两个主要的 C 元素组成（图 13.5）。两个正方形的大小与别墅主体的进深一致，二者之间重合的空间就等于中央开间，从而在图形空间与两侧房间之间建立了关系。第四幅图解将中央十字形的宽度与别墅从入口门廊正面到后门廊台阶的距离作了关联（图 13.6）。这些成比例关系的图解描述了一系列别墅室内外元素中隐藏的关系，这种关系是无法由第一、二幅图解中那种更大尺度的正方形来表达的。

另一套图解再次阐明了别墅主体与谷仓之间构图中的分离性。第五幅图解描述了开放的矩形前院与特定室内尺度之间的关系：两个大正方形之间重合的部分与前门廊台阶的宽度一致，这也就建立起一条“脊柱”，围绕着脊柱布置着主要的室内图形（图 13.7）。当这两个正方形扩大，直到与谷仓侧翼和别墅正立面之间的距离等宽的时候（此时，在别墅延伸入庭院空间的位置留有一条窄缝），重合的空间与中央开间的宽度一致（图 13.8）。最后，当正方形把庭院的整体进深（这是由谷仓侧臂的内侧决定的）包括进去时，两者之间重合的部分与十字形较窄的一边宽度一致（图 13.9）。尽管别墅庭院、室内空间各式各样的尺度之间关系甚微，室内与室外变化的尺度造成了一种不稳定的、异质的空间感，于是谷仓、庭院和别墅主体之间的差别就不太可能依靠它们的重合与相邻来分辨。

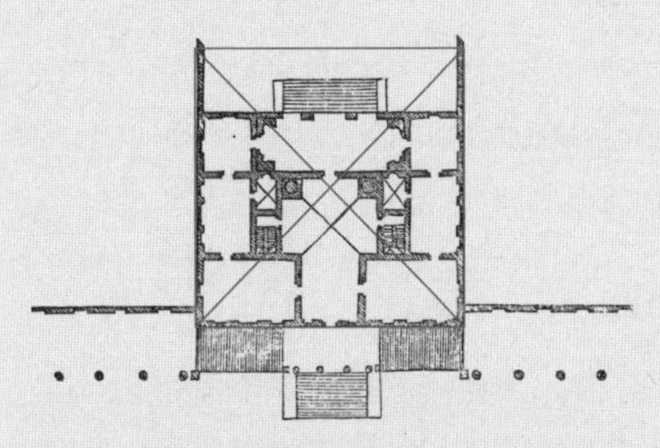

图 13.3　皮萨尼别墅几何图解。最基本的图解是与正立面和侧立面对齐的正方形，前门廊和两侧楼梯并不包含在构图中

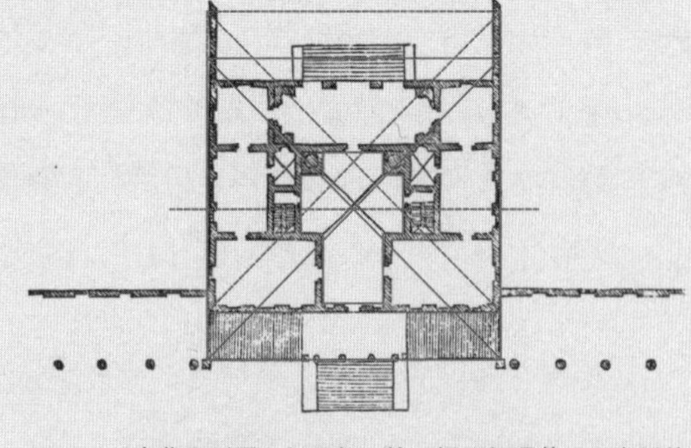

图 13.4　皮萨尼别墅几何图解。第二幅图解调整了正方形的位置，与前侧的横向楼梯外缘（也就是门廊的正面）对齐

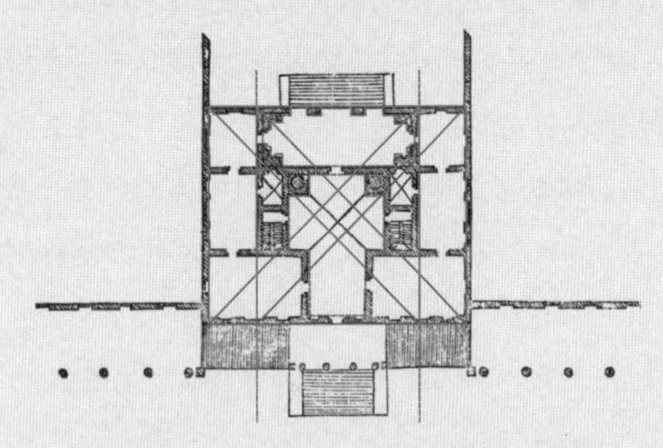

图 13.5　皮萨尼别墅几何图解。第三幅图解描述了别墅主体中矩形的体量与主导性的中央开间之间的关系，后者由两个主要的图形 C 元素组成

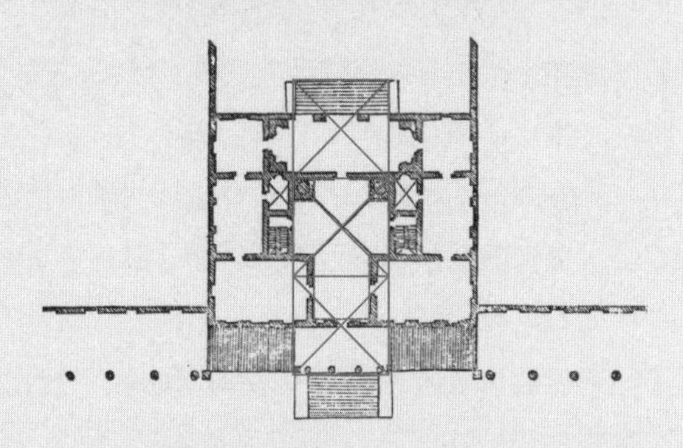

图 13.6　皮萨尼别墅几何图解。第四幅图解将中央十字形的宽度与别墅从入口门廊正面到后门廊台阶的距离作了关联

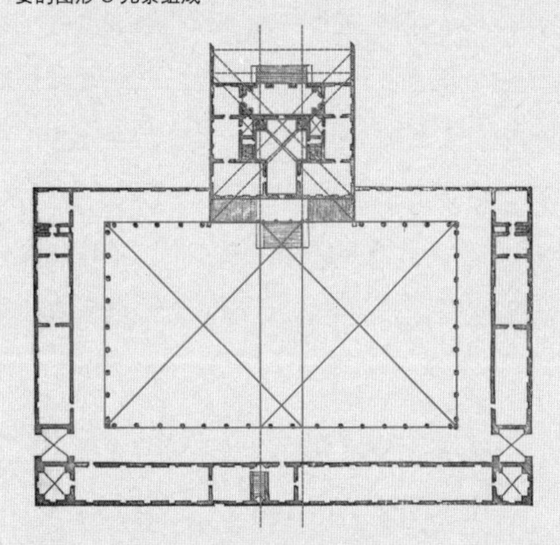

图 13.7　皮萨尼别墅几何图解。第五幅图解描述了开放的矩形前院与特定室内尺度之间的关系：两个大正方形之间重合的部分与前门廊台阶的宽度一致，这也建立起一条“脊柱”，围绕着脊柱布置着主要的室内图形

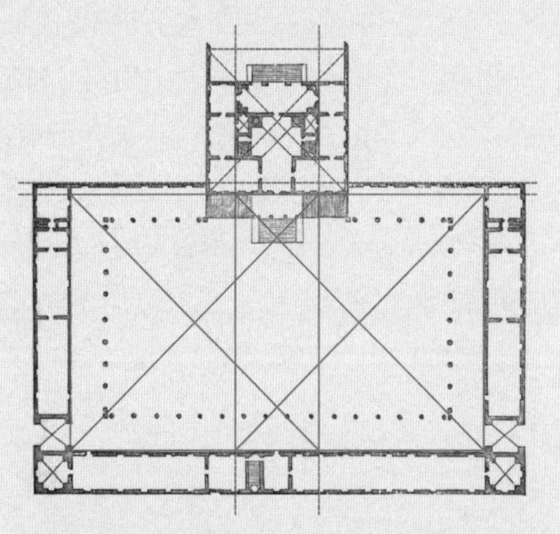

图 13.8　皮萨尼别墅几何图解。当这两个正方形扩大，直到与谷仓侧翼和别墅正立面之间的距离等宽的时候（此时，在别墅延伸入庭院空间的位置留有一条窄缝），重合的空间与中央开间的宽度一致

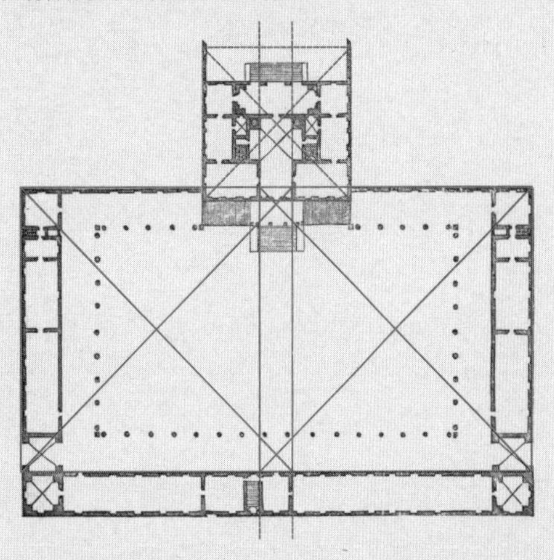

图 13.9　皮萨尼别墅几何图解。当正方形把庭院的整体进深（这是由谷仓侧臂的内侧决定的）包括进去时，两者之间重合的部分与十字形较窄的一边宽度一致

理想图解与虚拟图解

皮萨尼在很多方面都是独特的，因为它具有两个填充图形空间，在分析模型中，最初可将它们解读为两个 C 空间（图 13.10）。这种解读是第一个虚拟图解的基础。这里前门廊的外侧和后门廊的内侧可以被看作 A 空间。正面两侧的台阶和别墅在背面的第一个开间可以看作 B 空间。在双重 C 空间之外，这使得虚拟图解呈现出很少见的 A、A/B、C、A/B/C、A 序列。因为别墅侧墙向背面的延伸，后门廊可以有两种理解：既可以被看作推入了过渡空间 B，也可以是与填充空间 C 发生了重合。理想图解忽略了第二个 C 空间中的图形特征，由此得到了更典型的前后向序列，ABCBA。

两部横向台阶将别墅与谷仓拱廊相连。因此别墅主体与谷仓的关系与泽诺别墅类似。然而泽诺别墅中的侧入口直接连入别墅主体。在皮萨尼别墅中，这些入口可以看成是形成了一个大型的前门廊，也暗示了对别墅的第二种解读（图 13.11）。在这种解读中，是内部的第一个横向开间而不是室外楼梯的空间被看作 B 空间，因为它的位置在前门廊 A 的内侧。基于室内楼梯的位置，第二个 B 或者流线空间占据了别墅的一部分中央开间。在这一理解中，C 空间仅仅是一个双向对称的十字图形，而背面的填充空间被视为后门廊 A 的一部分，这同样是出于位置的原因，而非基于功能或者细部刻画。在虚拟图解中，这使得别墅中央形成 B/C 重合，而门廊和正面的过渡开间依旧是自主的（autonomous）。第三个虚拟图解（图 13.12）是把中央十字图形叠置在内部过渡空间 B 中来理解，正如在先前的图解中一样，这占据了别墅的第一个室内横向开间。这也造成了与正立面相邻的少量 B/C 重叠。这里的门廊被看成是位于别墅主体空间的外缘，而没有受到挤压；背面的填充开间被解读为 B 空间，而不是另一个 C 空间。这些情况是皮萨尼别墅多样而不稳定的异质空间中的一部分。

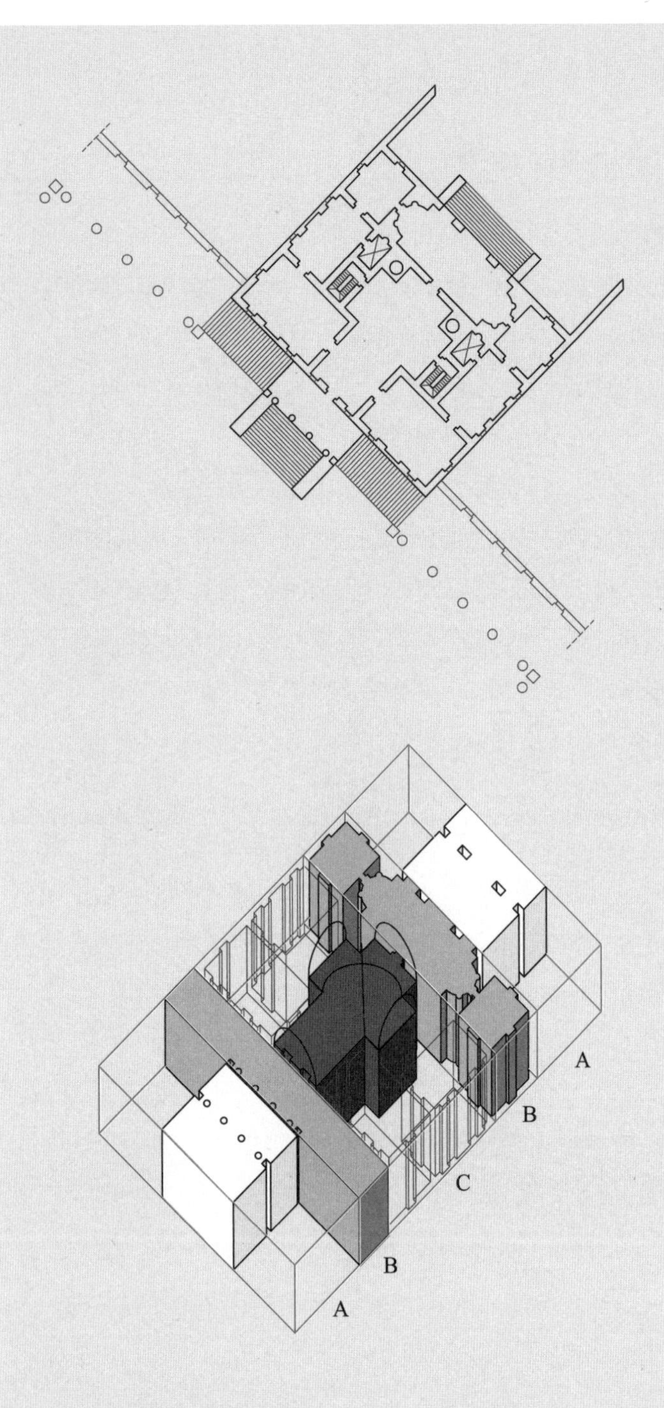

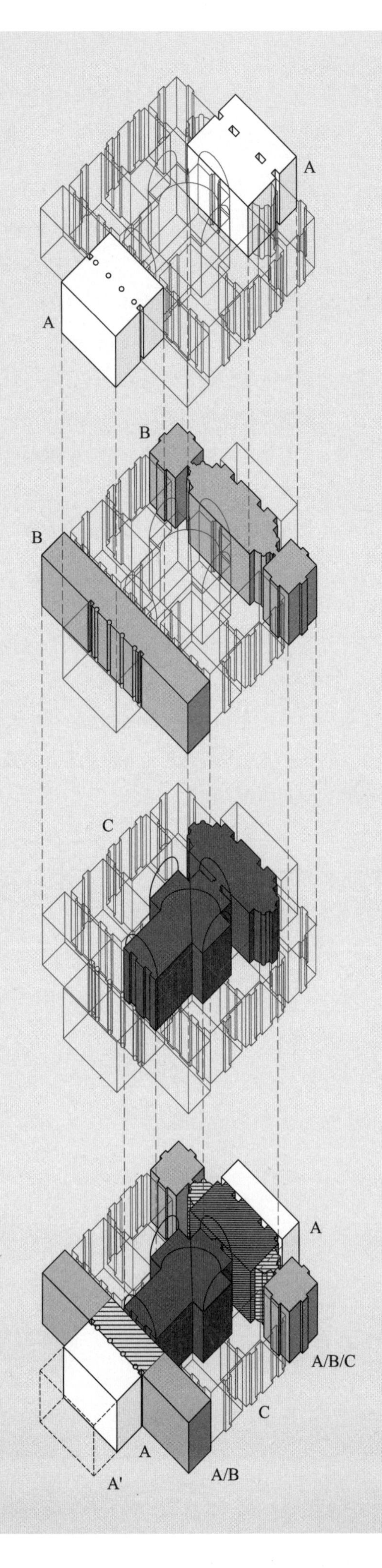

图 13.10 皮萨尼别墅的理想图解和虚拟图解。皮萨尼别墅在很多方面都是独特的，因为它具有两个填充图形空间，可以在一开始被视为两个 C 空间

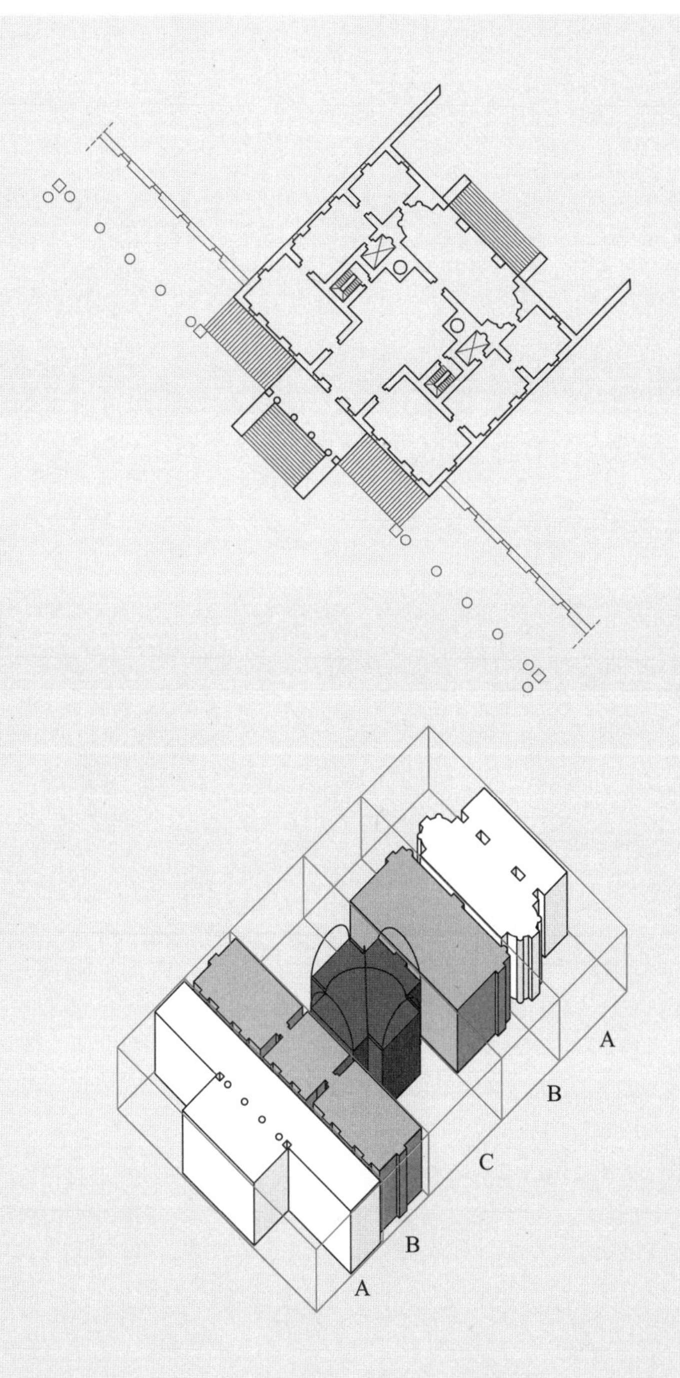

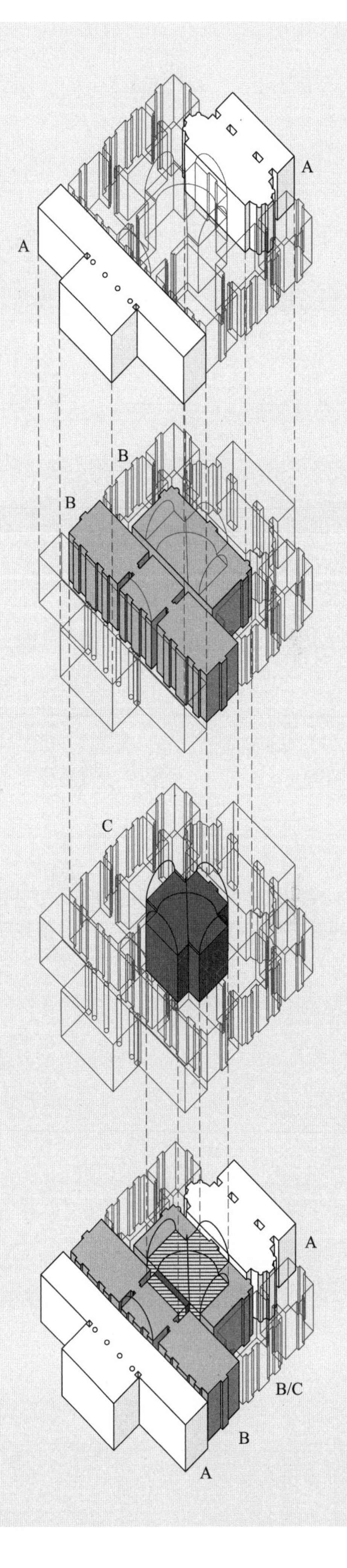

图 13.11　皮萨尼别墅的理想图解和虚拟图解。别墅中央产生 B/C 重合，但门廊和前端过渡开间保有自主性

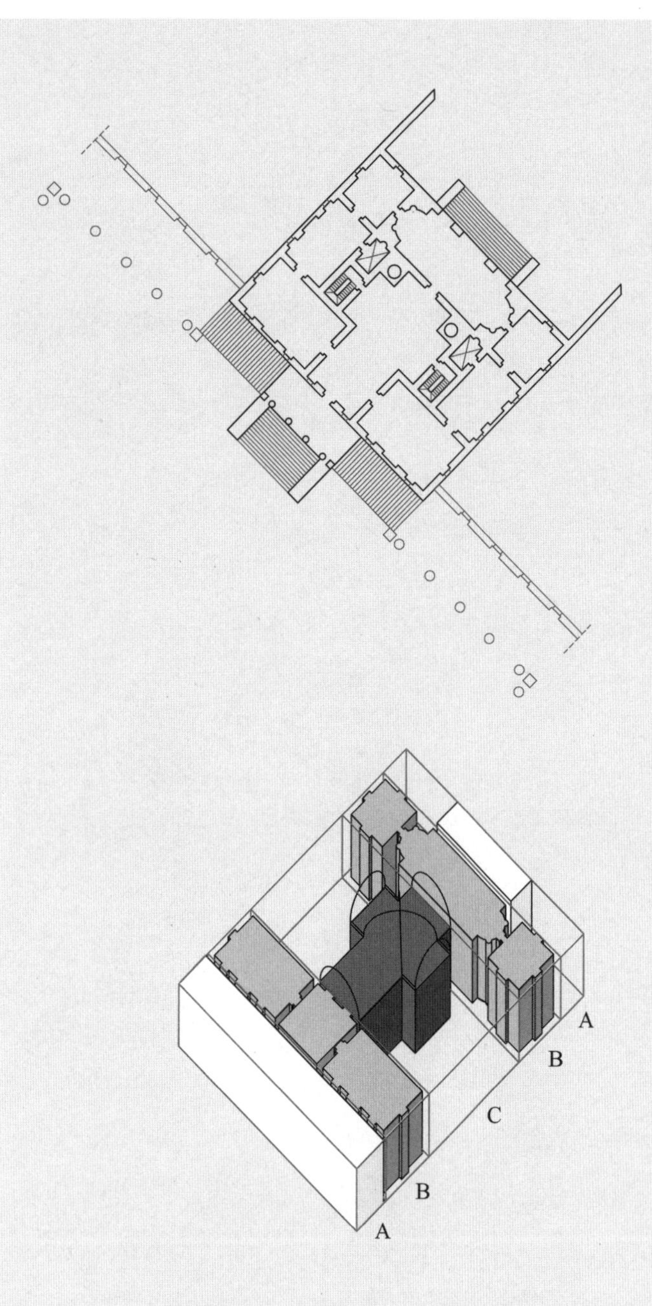

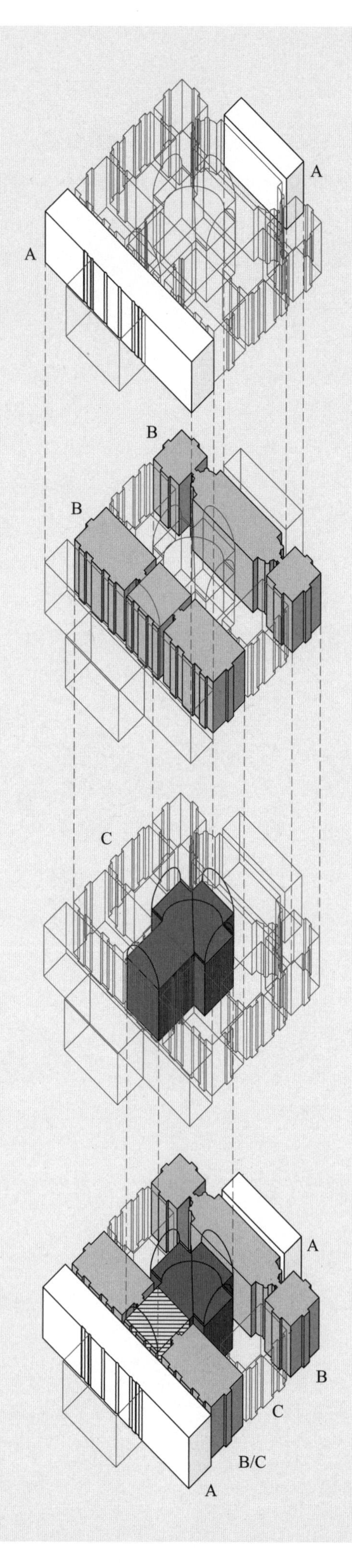

图 13.12 皮萨尼别墅的理想图解和虚拟图解。中央十字形与室内过渡空间 B 重叠的部分位于别墅室内的第一个横向开间之中

若干表示分离的标识启发了上述对 ABCBA 及其后续叠置的解读，这些标识在皮萨尼别墅中的不同尺度上都有所体现。首先，庭院转角处的柱子是方的而不是圆的，尽管它们被圆柱所包围，这也是帕拉第奥在谷仓计划中反复使用的元素；其次，勾勒出前门廊的方柱稍微突出于楼梯本身，标志着另一种分离；再次，就像在泽诺别墅中一样，后门廊中扁平的柱子使得门廊的垂直面看起来像是从立面中切出来的一样（图 13.13）；最后，这里出现了十字形中央空间，类似的做法只有在福斯卡里别墅（又称“马孔坦塔”）有所表达；此外这里首次出现了两个或者说双重的 C 空间，这是一个用填充表达的图形元素（就像提耶内宫的后部空间）。这种双重的 C 空间在帕拉第奥的作品中既是分离又是明确的。如本书曾提到的那样，如果手法主义依赖于既有的稳定语言以超越这种语言，那就很难把帕拉第奥的作品定义为手法主义，因为它最终无法被简化为一种稳定的语法或句法。这种非稳定阅读的任何理论结论恰恰来自一种对立的观点，也就是把预设的基础状态或语言视为非稳定的；在本案例中，这种基础状态就是指一个有别于入口或过渡空间的、单独的图形化 C 空间。这样一种原本或者一开始就不稳定的建筑语言不应被视为手法主义。

在皮萨尼别墅中，被截断的中央十字形空间有两种可能但却是相反的解读。一种解读是，可以认为十字形从 C 空间的常规位置向 B 空间发生了延伸；在另一种解读中，可以认为它被压入别墅后部（图 13.14）。这些交替变换的解读暗示了帕拉第奥作品中一种重要的状态：那就是这些作品不能再被视为一种单一或者理想化基础状态的变形，而是往往从两个或者更多种可能的情形中演变而来——这种情形要么是指 C 空间稳定地占据别墅的实际中央位置，要么是它位于靠近别墅主体前侧或者后侧的更为非常规的位置。在皮萨尼别墅中，十字形可以被视为同时占据了这些可能位置中的任何一个。随着 C 空间从稳定的中央位置滑出，它与其他解读的重叠造成了一种空间的异质性。

别墅中主要的“实 / 虚”图解同样存在着多种可能的理解，该图解阐释了皮萨尼别墅与马孔坦塔别墅以及波亚纳别墅的关系，同时也与二者区分开来。一种理解是把别墅外侧的房间视为填充，而双重的 C 空间被从中挖出（图 13.15a）；另一种理解是把中央空间视为填充，而侧边空间挖空（图 13.15b）。基于入口楼梯的位置和范围，可以把初始的几何体视为与楼梯前方对齐的正方形（其中心与十字形的中心重合），这就造成一种正、背立面被压入别墅的感觉（图 13.16a）。这种标识也可以理解为是对谷仓与别墅连接点以及前院拱廊与门廊连接点的剪断（a shearing action）。建筑的体量看起来像是被剪断或者压出谷仓的边线，但与此同时门廊柱子（在细部上与拱廊柱子十分类似）被推回到楼梯前缘的内侧。这种双重受剪的情况（从谷仓边线和从拱廊柱子开始的挤压）实际上在前端楼梯以外造就了一个 B 空间［也可以换一种理解方法将其看作 A/B，即门廊与这个“垫圈式”空间（gasket space）的重合］。十字形的一臂压向立面，这一解读进一步明确了上述垫圈式或者过渡空间的横向延伸。对这种初始几何的另一种理解是：一个矩形与别墅主体的前部对齐，暗示着背立面从后花园墙端部被压入（图 13.16b）。

所有这些理解中，填充这一概念至关重要。皮萨尼别墅有着帕拉第奥所有别墅中对填充的最活跃的表达。当谷仓后墙与别墅正立面发生剪断时，填充与前楼梯的关系从位于其外缘转变为位于其内缘（图 13.17）。填充的这一反转表明别墅从前至后发生了扭曲或畸变。类似的反转发生在别墅后部，图形空间 A/B/C 的填充看起来向外翻转，好似将自身翻卷起来。从前到后地看，这些转变发生在别墅的外墙、标记着庭院拱廊端点的方柱和中央开间的室内墙这三者之间（图 13.18）。

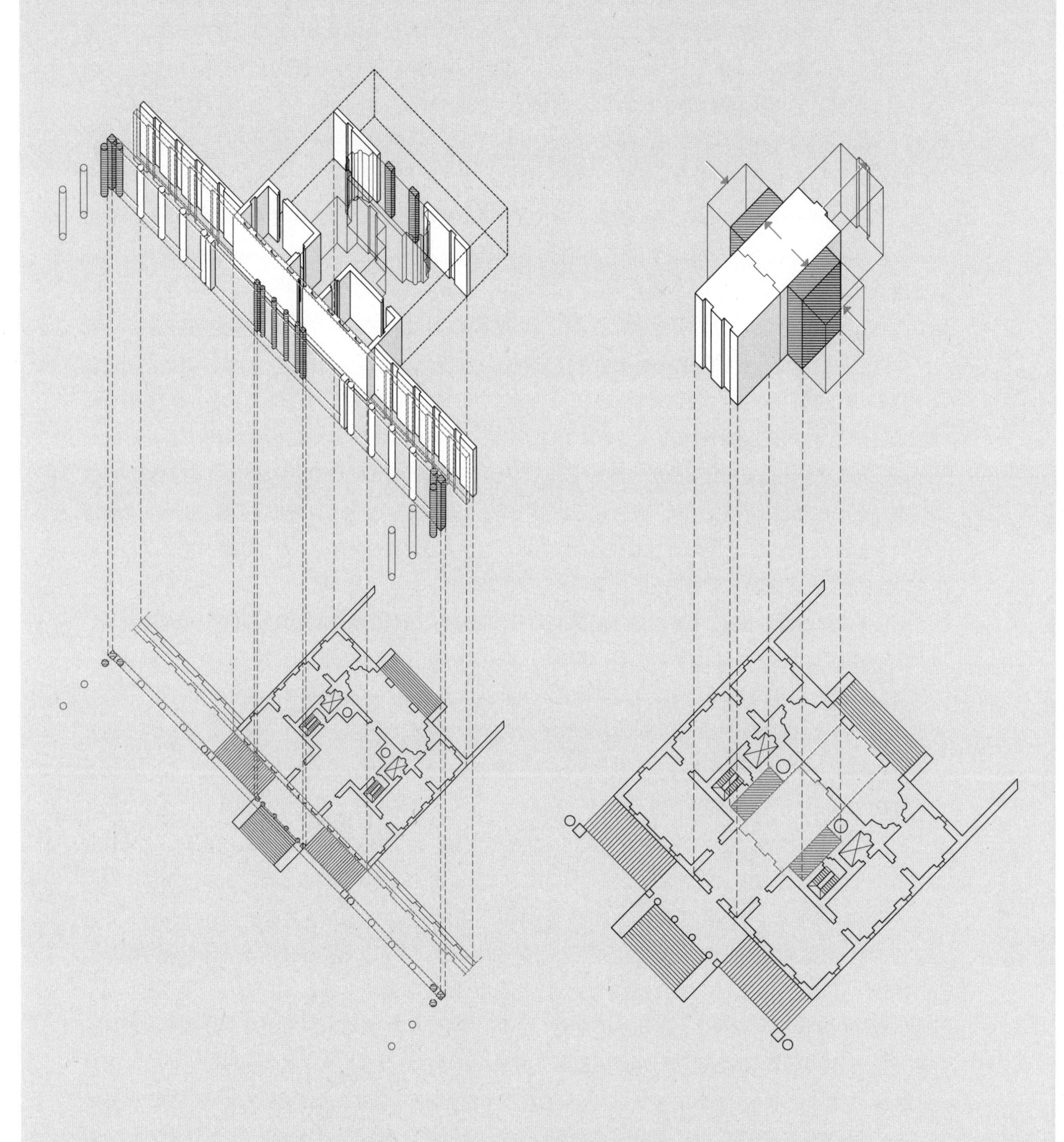

图 13.13　皮萨尼别墅图解。对 ABCBA 的理解和由此带来的重合被特定的分离标识所激活，比如不同的柱子类型和所在位置

图 13.14　皮萨尼别墅图解。被截断的中央十字形空间有两种可能但相反的解读。第一种解读是，可以认为十字形从C空间的常规位置向B空间发生了延伸；在另一种解读中，可以认为它被压入别墅后部

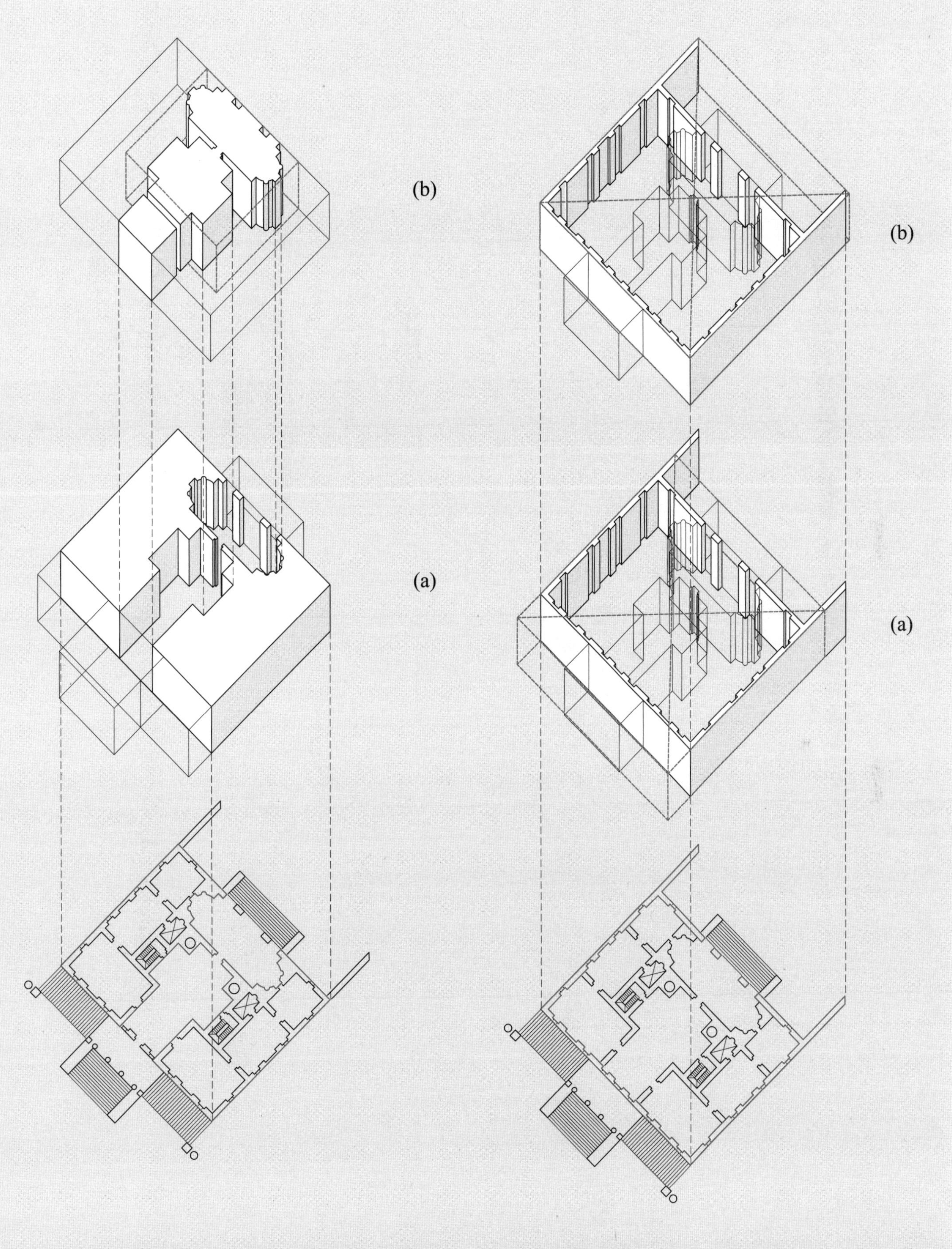

图 13.15　皮萨尼别墅图解。别墅中主要的“实 / 虚”图解存在多种可能的理解

图 13.16　皮萨尼别墅图解。基于入口楼梯的位置和范围，存在两种解读初始正方形的可能

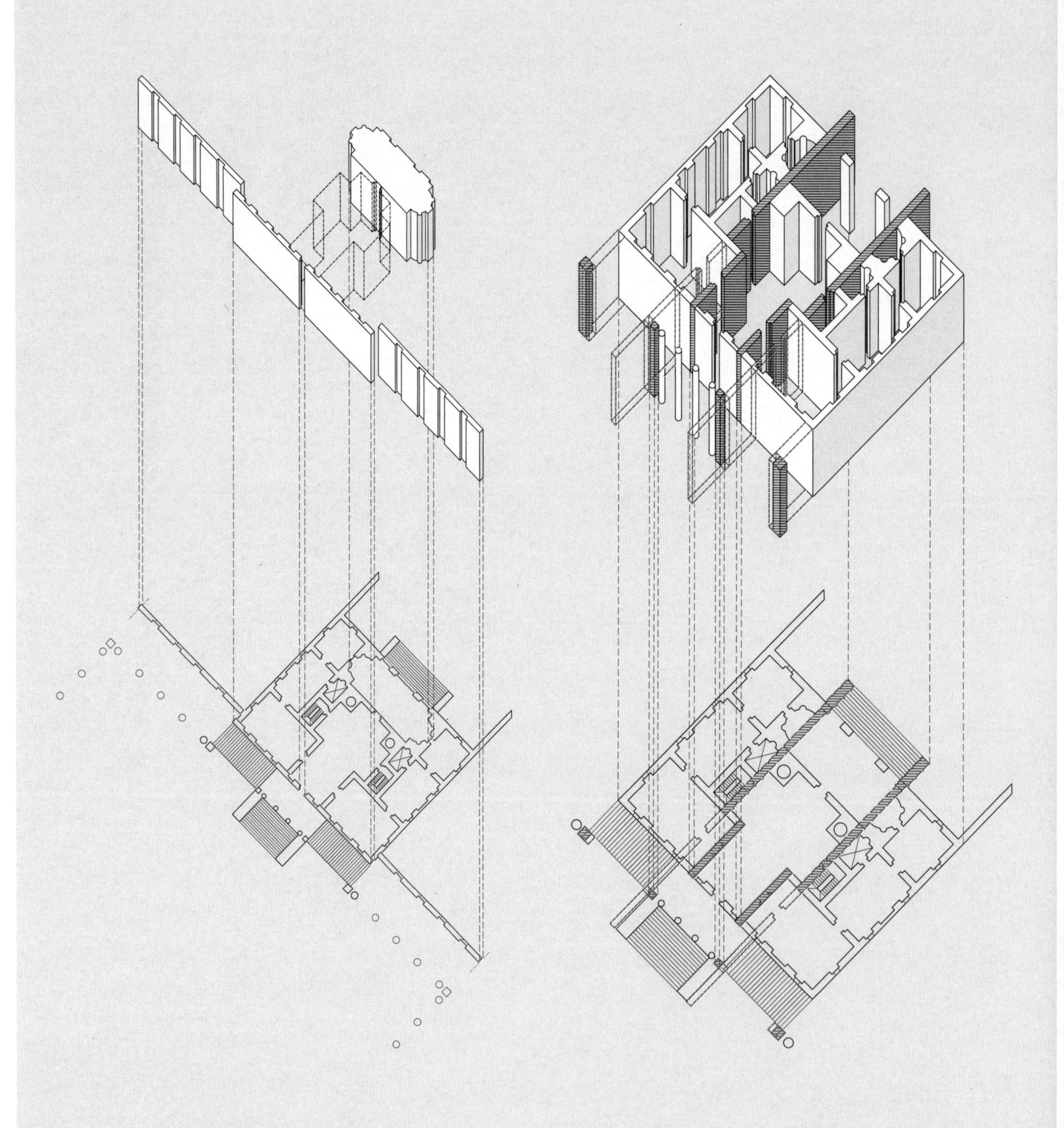

图 13.17 皮萨尼别墅图解。当谷仓后墙与别墅正立面发生剪断时，填充与前楼梯的关系从位于其外缘转变为位于其内缘

图 13.18 皮萨尼别墅图解。从前到后地看，转变发生在别墅的外墙、标志着庭院拱廊端点的方柱以及中央开间的室内墙这三者之间

填充可被视为一种差异化元素，这一解读可以类推到谷仓。在谷仓中，位于建筑群前端的马厩的前后向与左右向侧翼之间存在一个缺口。横向元素中的外侧房间在平面中表达为角塔（尽管在剖面上不是以塔的方式出现），这使得位于前端的元素可以被理解为独立的横条。如果说安加拉诺别墅中敞厅式的前庭（exedra forecourt）把波亚纳别墅和泽诺别墅中就已存在着的那种开放式谷仓闭合了起来，那么在皮萨尼别墅中，这种源自罗马浴场的半圆形形式就被拉直成了条状。

回到立面，皮萨尼别墅中的与众不同之处在于它的第二中心特征：在主门廊之上存在着第二个类似门廊的元素，就像马孔坦塔或者泽诺别墅中那种受到挤压的门廊。皮萨尼别墅中存在着类似的策略：一条中央嵌板和两条侧嵌板的做法，也就是后来为人熟知的帕拉第奥式窗这一母题。这里只有非常细微的重合。举例来说，它不像马孔坦塔那样完全占据了中央开间。通常用来定义外侧嵌板的内侧窗户被移走了，所以高窗层（clerestory）[也就是作为圆拱形窗户而非弓形拱（segmented arch）的山墙]与柱子一起像残留的痕迹那样出现在立面。空白的嵌板被移到立面的侧边，这样三段式的窗户能得到最充分的表达。如果从上到下而非从左到右来阅读立面，就会发现夸张化的留白会对理解主楼层所在的位置造成困难。水平向束带层（string course）这种用来定义楼层线的主要元素，在皮萨尼别墅立面中被省略了。随着最外侧窗户被移到边缘，由此造成的立面中间部分的空白使得立面贯穿着一种横向的边缘张力。

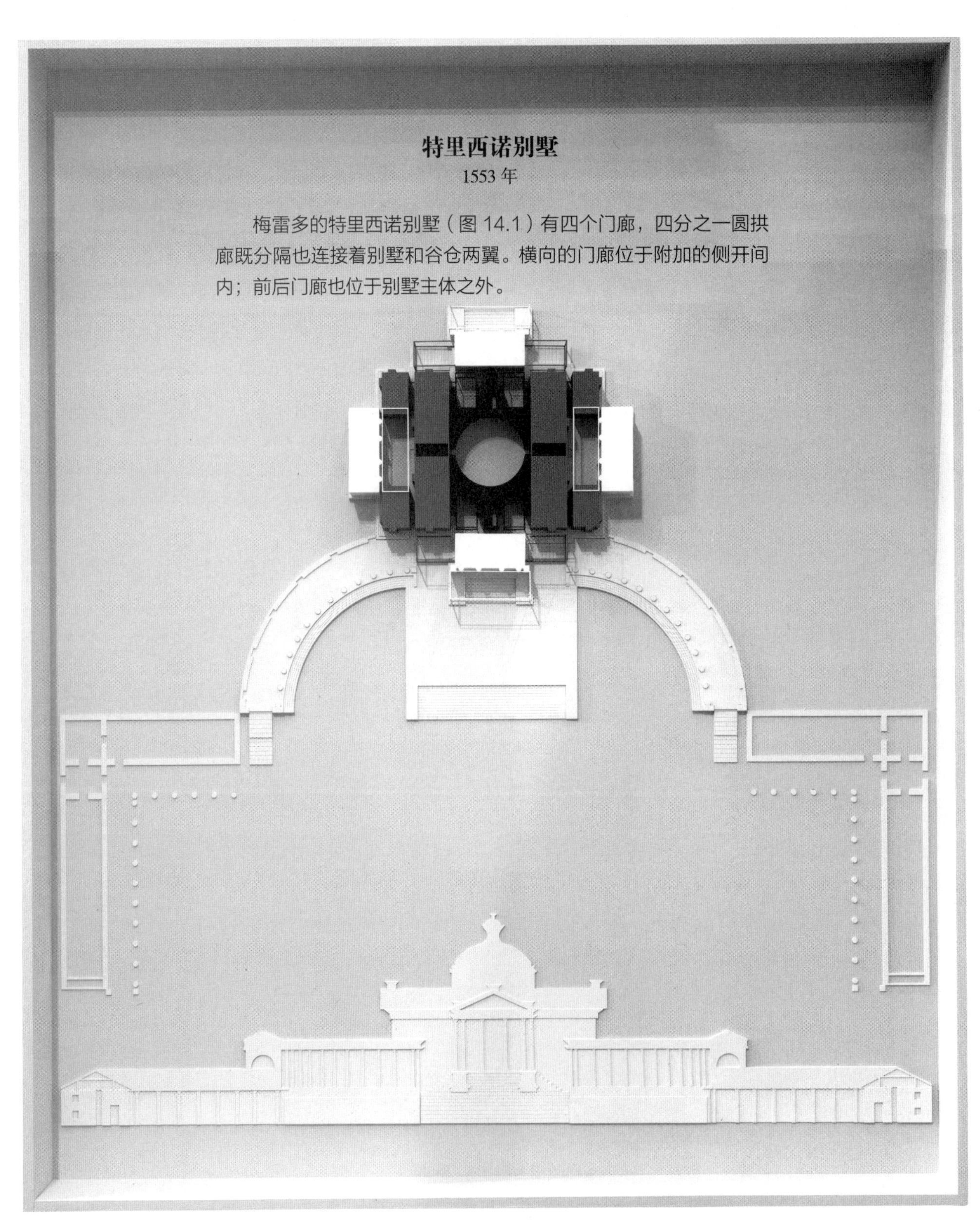

图 14.1　特里西诺别墅的分析模型

第 14 章

特里西诺别墅，梅雷多，1553 年

Villa Trissino，Meledo

所谓的“谷仓计划”系列中的最后一个，也代表了别墅向景观延伸的不同可能性的作品正是特里西诺别墅（图 14.2），它与帕拉第奥在 1538 年到 1545 年间绘制的蒂沃利大力神庙（Temple of Hercules in Tivoli）有关。它们展现出一种构件上的相似性：一个半圆形敞厅、一组类似的台阶以及带着四个门廊（其中一个用作主入口）的四分构图。特里西诺别墅可以被视为是比圆厅别墅更为精致的版本。它有着三层阶梯状的剖面，顶部是四个圆厅别墅式的、双轴对称的巨大门廊。两个四分之一圆的拱廊（quarter-arcades）既分隔也连接着别墅和谷仓两翼。有意思的是，帕拉第奥把这些原型（蒂沃利的神庙和他自己的圆厅别墅）变成了别的东西。也就是在这个“别的东西”中，一度反复出现的帕拉第奥式情境变得明显起来，比如帕拉第奥处理前庭、柱子和转角的方式。重要的是要认识到帕拉第奥是如何重新利用他自己所绘制的古罗马重构图——这些图纸并不一定与历史完全吻合，但它是对帕拉第奥所见之物的诠释，以及他如何把自己看到的转译到特定的别墅计划中。在这么做时，他同样把自己的观察转译到更加宽泛的建筑思想中，包括局部与整体的关系、墙和柱子的差别以及柱子和壁柱的差别——就像阿尔伯蒂做的那样。

分析模型

如同圆厅别墅的模型，特里西诺的模型也结合了理想与现实的特质。尽管在体量的表现上与圆厅别墅相似，但特里西诺别墅明确了若干重要差异。首先，在圆厅别墅的模型中，前后门廊都用实体、静态的 A 空间来表示；而横向门廊则是白色线框，相对于包含着 B、C 空间的别墅主体而言是中性的。而特里西诺别墅模型中的四个门廊，包括附属台阶，都显示为实体与虚空的混合；前后门廊或者 A 体量反转了对横向体量的理解。靠近中央 C 图形（用黑色表示）的实心或者说被动的前后门廊体量表明它们位于别墅主体外侧；前后台阶用中性的空心空间表示。那些嵌入侧边灰色 B 体量的用线框表示——即在概念上是活跃的；白色体量显示了横向门廊如何压入别墅主体空间，也就是将实体挖空，而侧台阶则表现为实体。其次，圆厅别墅中的空间层次与主轴线呈垂直关系，但在特里西诺别墅中，同样的 B 或者过渡层却与入口轴线平行——附加的 B 层次即正面和背面的室外台阶除外；室外台阶表示为挖空的灰色体量（中立元素），包围在前后门廊的白色实体体量两侧。最后，中央 C 空间在圆厅别墅和特里西诺别墅中的表现方式有一个重要的差异：由于圆厅别墅内的体量主要由空间所定义，所以中央的鼓形空间是一个图形化的实体；在特里西诺别墅中，对填充的细致刻画定义了这个体量，因此表现为一个图形化的虚部，它向前后门廊延伸，进而阐明了与主轴线平行的层次组织。尽管谷仓在特里西诺别墅中是一个重要的图形元素，但在模型里还是以

LA SEGVENTE fabrica è ſtata cominciata dal Conte Franceſco, e Conte Lodouico fratelli de' Triſsini à Meledo Villa del Vicentino. Il ſito è belliſsimo: percioche è ſopra un colle, il quale è bagnato da vn piaceuole fiumicello, & è nel mezo di vna molto ſpacioſa pianura, & à canto ha vna aſſai frequente ſtrada. Nella ſommità del colle ha da eſſerui la Sala ritonda, circondata dalle ſtanze, e però tanto alta che pigli il lume ſopra di quelle. Sono nella Sala alcune meze colonne, che tolgono ſuſo un poggiuolo, nel quale ſi entra per le ſtanze di ſopra; lequali perche ſono alte ſolo ſette piedi; ſeruono per mezati. Sotto il piano delle prime ſtanze ui ſono le cucine, i tinelli, & altri luoghi. E perche ciaſcuna faccia ha belliſsime uiſte; ui uanno quattro loggie di ordine Corinthio: ſopra i fronteſpicij delle quali ſorge la cupola della Sala. Le loggie, che tendono alla circonferenza fanno vn gratiſsimo aſpetto: più preſſo al piano ſono i fenili, le cantine, le ſtalle, i granari, i luoghi da Gaſtaldo, & altre ſtanze per vſo di Villa: le colonne di queſti portici ſono di ordine Toſcano: ſopra il fiume ne gli angoli del cortile ui ſono due colombare.

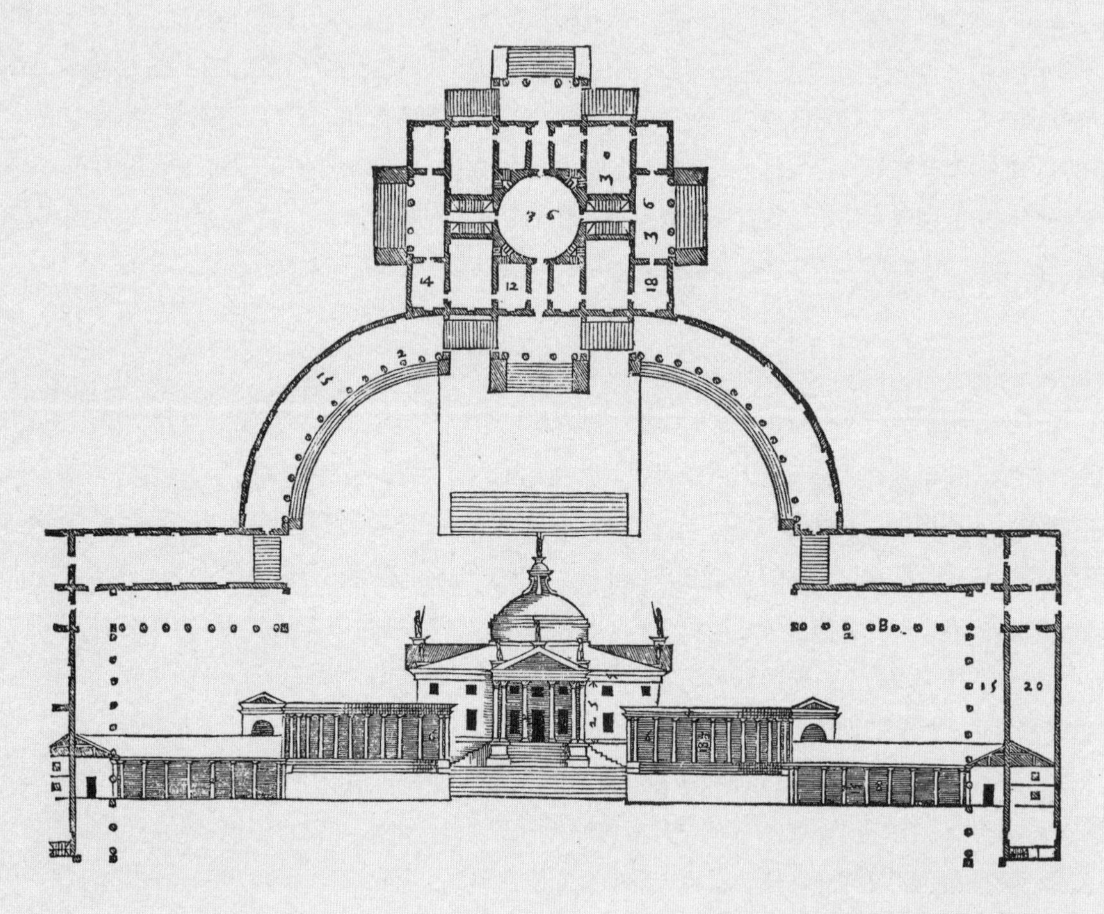

LA FABRICA

图 14.2 帕拉第奥，特里西诺别墅的平面图和立面图，《建筑四书》，1570 年

浅浮雕表示，因为它在概念上是不活跃的。

几何图解

可以将两个不同的正方形用作对特里西诺别墅做几何分析的基础图。一个正方形包含了所有四个门廊和它们附带的矩形房间，无论其内部关系如何；而另一个较小的正方形则包围着中央圆厅和其边界上的开间（图 14.3）。虽然第二个正方形中没有包含最外侧的两个开间，但在之后的图中，它为理解别墅中的空间关系提供了更多的选择。这个内部的正方形并没有包含外部和嵌入的门廊，也没有包含谷仓。第二个几何图解把四个门廊的柱子作为其尺寸的基准。这个正方形将正面和背面的外侧台阶包含在内，并超出了别墅主体的实际边界（后者在平面上实为矩形而非正方形）（图 14.4）。在第三个几何图解中，最初的内部正方形扩展为两个重合的正方形，把最外侧门廊的内侧空间包含在内（图 14.5）。第四个图解扩充为三个重合的正方形，把两边门廊的外侧台阶也包含在内（图 14.6）。这么一来，它们定义了从中央圆厅到正面、背面门廊的内部通道的尺寸。值得注意的是，虽然存在诸如此类的对齐关系，但也有相当多的元素被遗落在这些图解的实际与概念边界之外。所以当一些元素对齐了，另一些元素就无法对齐，没有任何几何规律能统摄这样的错位。

特里西诺别墅的第五幅图解与前两幅相似，但是把起始正方形前后移动，造成了正方形的密集重叠（图 14.7）。第六幅图解与第五幅步骤相似，把原先的正方形一分为二并向前后移动，直到覆盖前后门廊台阶（图 14.8）。这也意外地定义了从中央圆厅到两侧门廊的横向通道的宽度；这里的两侧门廊在占主导地位的纵向布局中被视为外部元素。在这个图解中，正方形继续向前移动，把入口平台也纳入进来，同时描述了前门廊台阶的尺寸。这六种对正方形的不同布置展示了特里西诺别墅在不同语境下对不同诠释所具有的独特包容性。没有哪一种布置比其余的更正确。不能认为特里西诺别墅在本质上是综合的（synthetic），因为本来就不存在什么“初始”图解，只存在潜在初始图解的局部视角。

理想图解与虚拟图解

拥有四个门廊和一个中央穹顶的特里西诺别墅有着看似对称的布局，而这种对称性却在隐约地消散，如同在圆厅别墅中那样。理想的对称关系开始消散，第一条线索就是楼梯与门廊关系的移位；第二条是门廊本身的位置。一系列内部的操作将对称性打破。对平面的一种理解始于别墅主体中占主导地位的纵向分层；在这一解读中，虚拟图解包含了两个侧门廊即 A 空间、双开间的 B 空间和以穹顶为中心的十字状中心组织。而理想图解则把五开间的矩形虚拟状态整合成与圆厅别墅平面更为接近的样子（图 14.9）。

在另一种解读中，前门廊 A 后紧随着 B 开间，后者把门廊与穹顶下的 C 空间分隔开来。别墅两侧和背面存在另一层 B 空间或者说“垫圈式”空间（gasket spaces），在某种程度上可以说它们的端头被横向门廊扣住。在这种理解中，虚拟图解表达出来的与实际状况更接近；那就是，前后门廊位于建筑主体之外，两个侧门廊则被纳入建筑主体之内，这也令别墅主体的分层方向变为与入口主轴线（从前侧构造复杂的谷仓进入建筑）平行（图 14.10）。相比于上述解读，理想图解所表达的是一种更为复杂的同心式布局。基于谷仓和前院的布局，有一种更为传统的从前到后来理解别墅的方式；这一解读使得别墅自身很大部分在概念上保持不活跃状态，也无法解释室内各种微妙的错位和分离（图 14.11）。

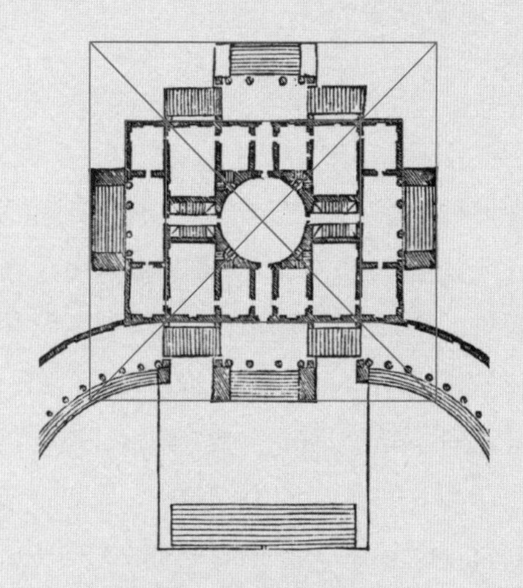

图 14.3　特里西诺别墅几何图解。两个正方形：一个包含了所有四个门廊和它们附带的矩形房间，不管它们内在关系如何；而第二个较小的正方形则包围着中央圆厅和其边界上的开间

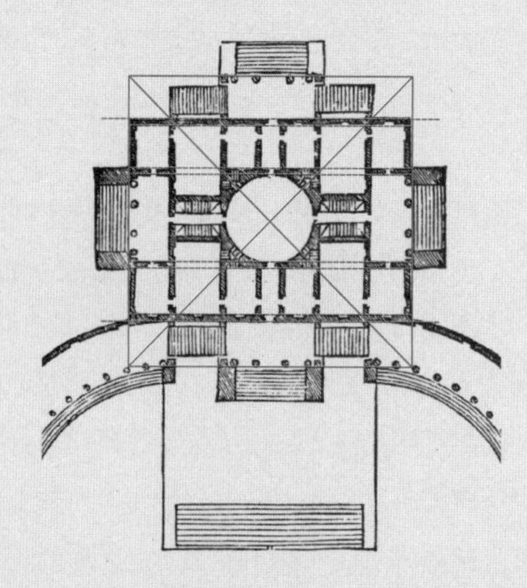

图 14.4　特里西诺别墅几何图解。第二个正方形把四个门廊的柱子作为其尺寸的基准，将正面和背面的外侧台阶包含在内，并超出了别墅主体的实际边界（后者在平面上实为矩形而非正方形）

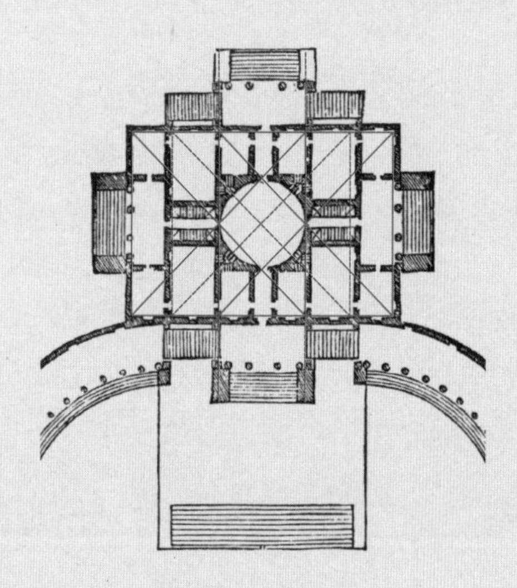

图 14.5　特里西诺别墅几何图解。两个重叠的正方形覆盖了两边门廊的内侧空间

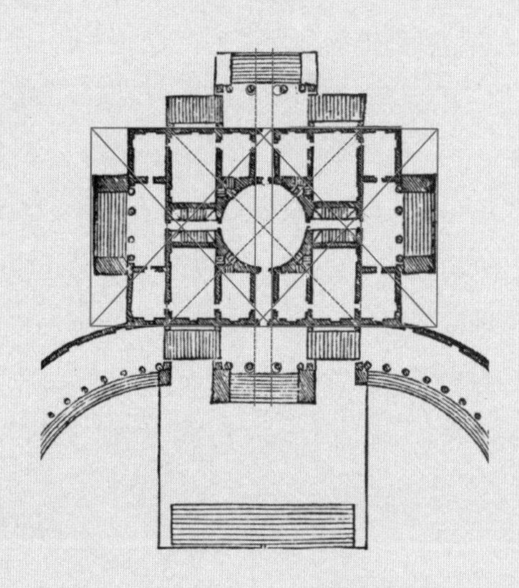

图 14.6　特里西诺别墅几何图解。三个重叠的正方形计入了两边门廊外侧台阶的尺寸

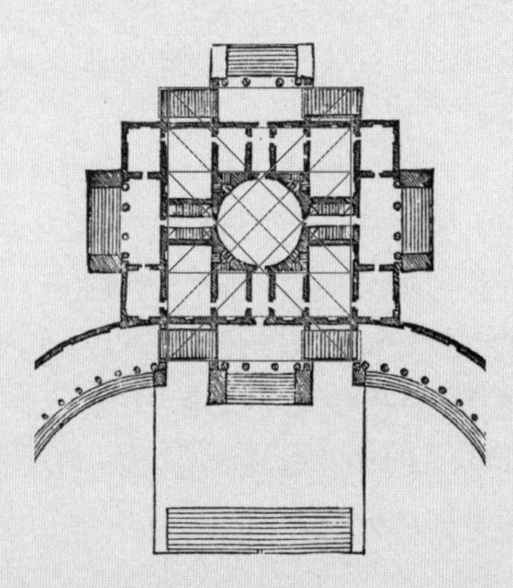

图 14.7　特里西诺别墅几何图解。初始正方形的前后移动造成了正方形的密集重合

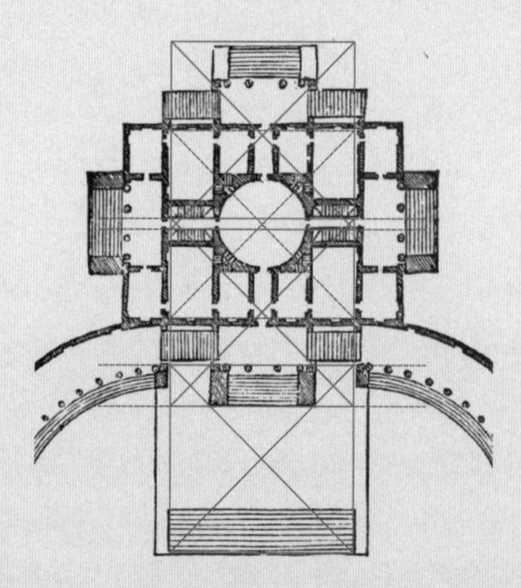

图 14.8　特里西诺别墅几何图解。把原先的正方形一分为二并向前后移动，直到覆盖前后门廊台阶

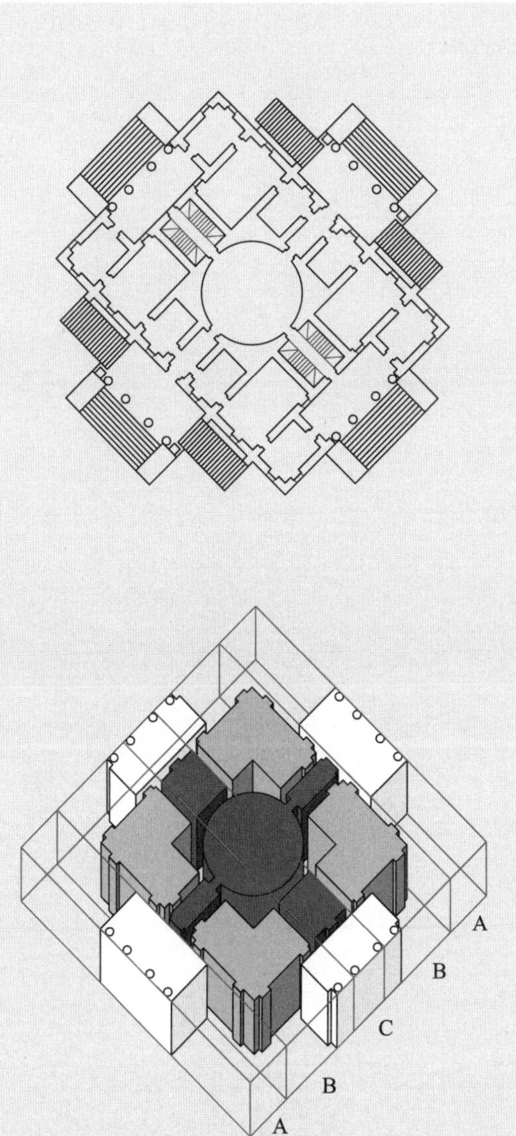

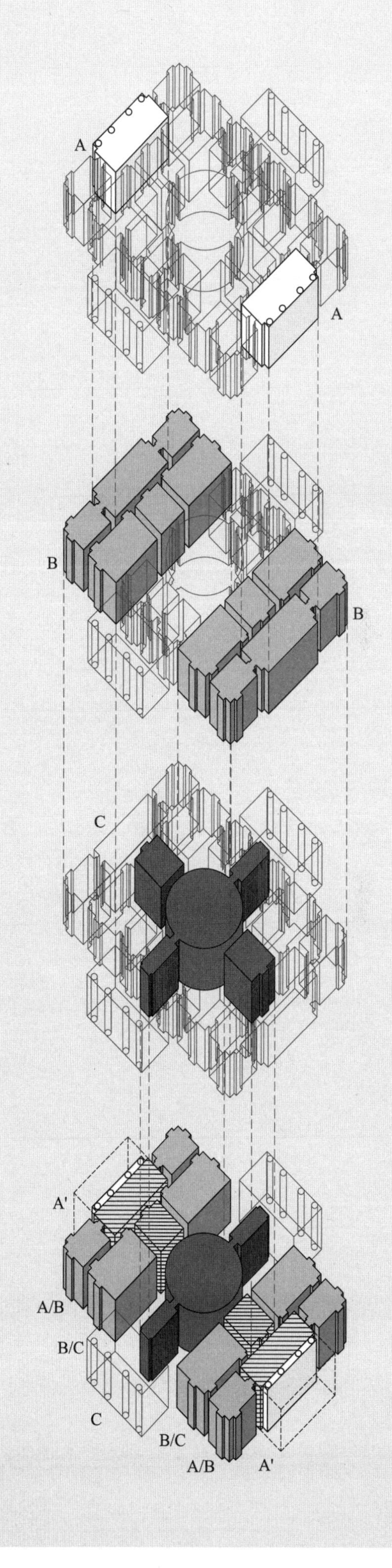

图 14.9 特里西诺别墅的理想图解和虚拟图解。对平面的一种理解始于别墅主体中占主导地位的纵向分层； 在这一解读中，虚拟图解包含了两个侧门廊即 A 空间、双开间的 B 空间和以穹顶为中心的十字状中心组织

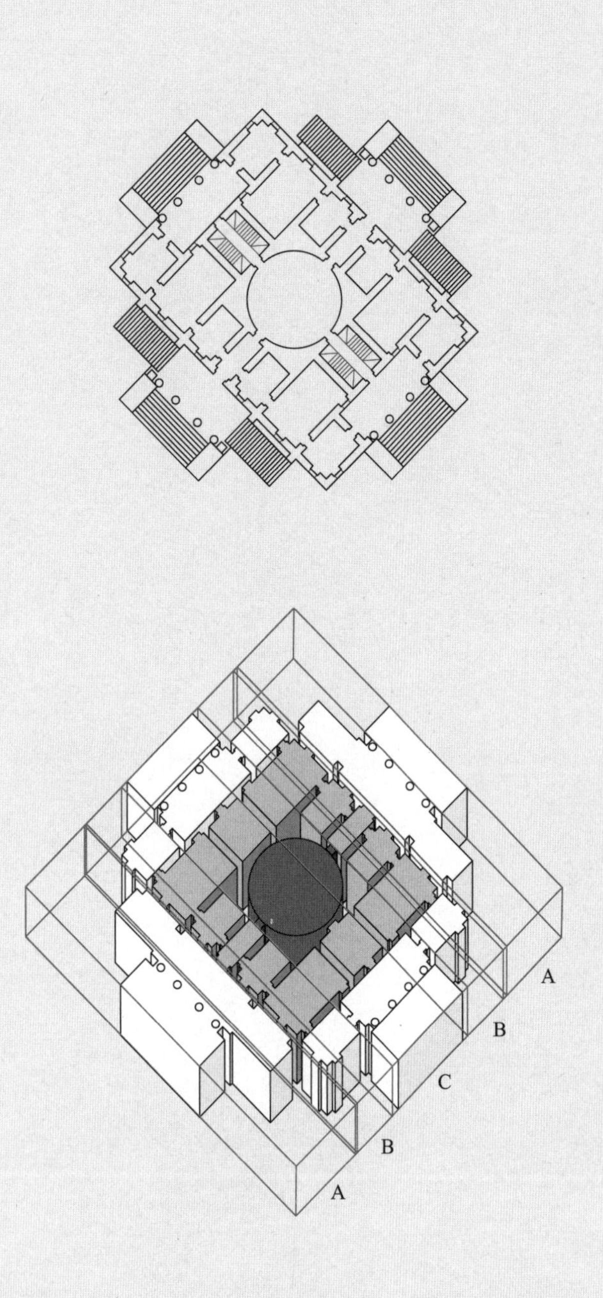

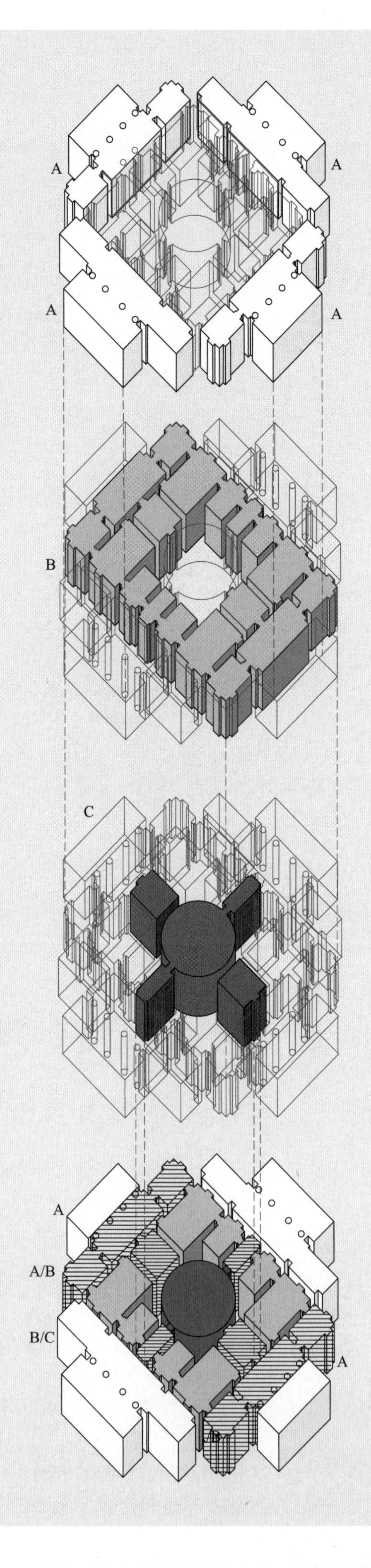

图 14.10　特里西诺别墅的理想图解和虚拟图解。两个侧门廊被纳入建筑主体之内，这也令别墅主体的分层方向变为与入口主轴线（从前侧构造复杂的谷仓进入建筑）平行

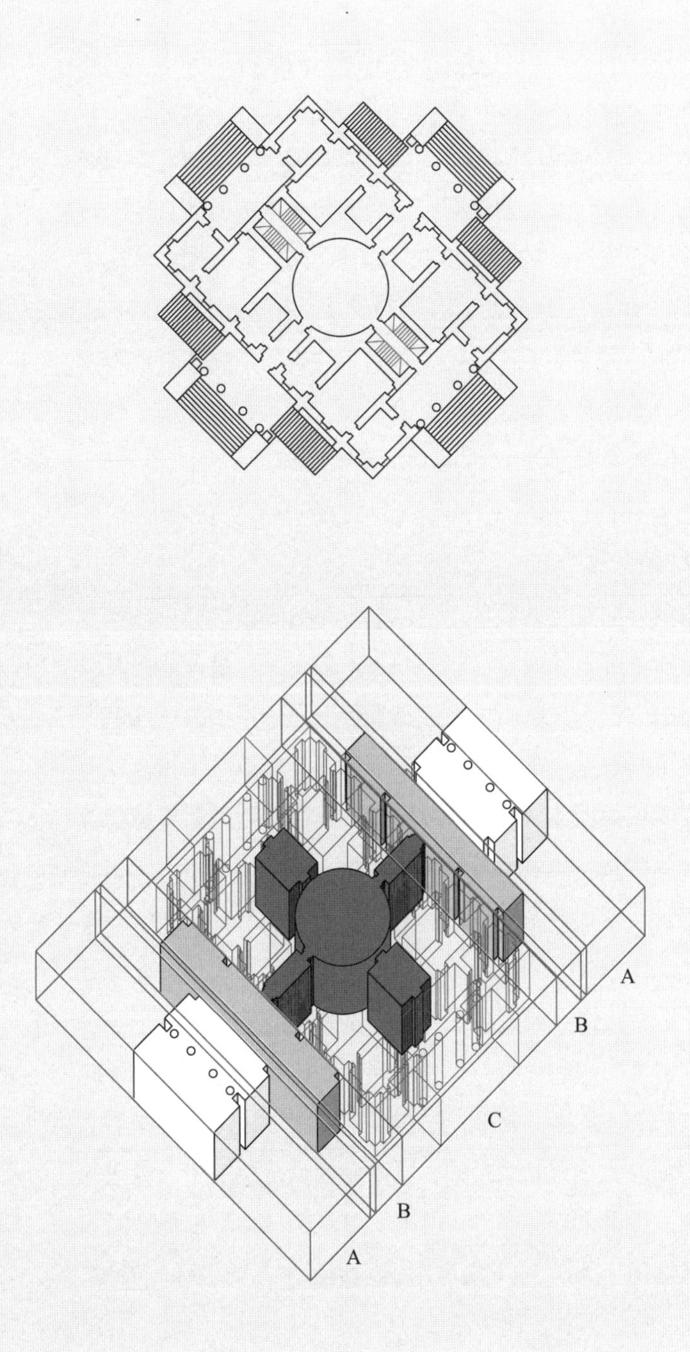

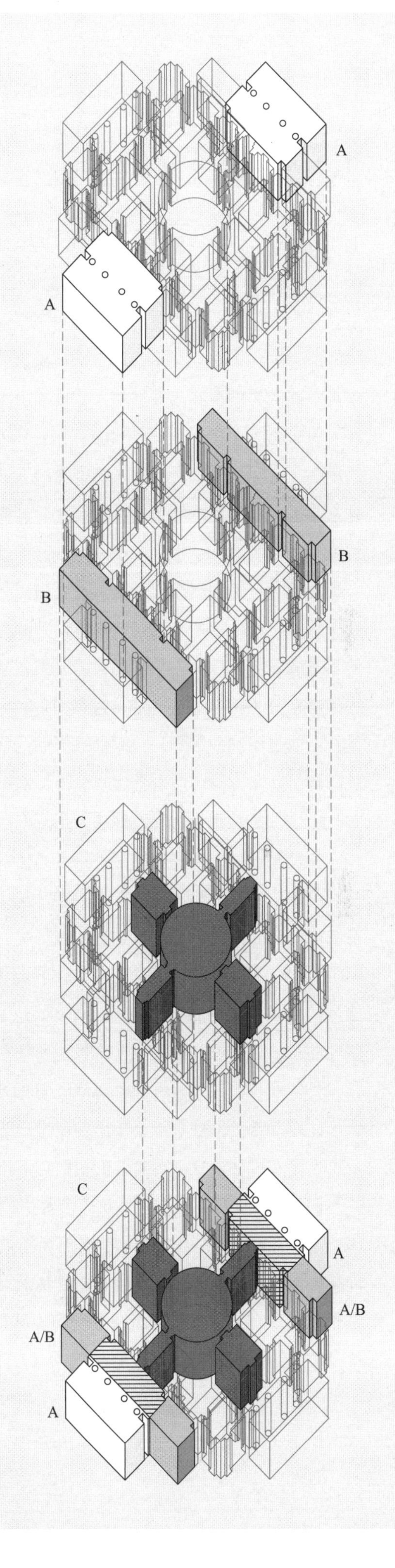

图 14.11　特里西诺别墅的理想图解和虚拟图解。基于谷仓和前院的布局，有一种更为传统的从前到后来理解别墅的方式；这一解读使得别墅自身很大部分在概念上保持不活跃状态，也无法解释室内各种微妙的错位和分离

与圆厅别墅不同，特里西诺别墅中的两个侧门廊属于别墅主体两侧附加的开间，而前后门廊被保留在主体之外（图 14.12）。就像在圆厅别墅中一样，室内和室外存在区分，但是又有两个重大的不同。特里西诺别墅中室内空间纹理的方向与前后方向的主轴线平行，这与圆厅别墅中不同，后者的纹理与前后方向的主轴线垂直。这导致别墅主体量与门廊之间的关系发生重大转变。两侧门廊因为转角处附加的两对方形房间而被深埋在主体量里。这种情况在两侧和前方门廊中造成了一种明显的不对称性，与圆厅别墅的情况类似。一方面，门廊的不对称明确了前、后、侧门廊之间的关系，但与此同时应当留意一种与之相对的解读。虽然外侧横向入口台阶将前后门廊与别墅主体分隔开来，但事实上前后门廊从属于拉长的中央图形或者说"脊柱"，这无非是强化了前后方向的层次，即平面的内在能量。从这种意义上来说，嵌入别墅主体、临近中央空间的侧门廊和流线空间，变成了中央体量的延伸和组成部分（图 14.13，图 14.14）。

乍看之下，特里西诺别墅是由墙体定义的，这些墙体同时阐明了内部理想与内部虚拟状态的可能性。这里的一个小细节之后会在巴铎别墅（Villa Badoer）中重现，这个细节再次将特里西诺与圆厅别墅区分开来。独立来看时，别墅外墙上的方形壁柱看起来像是室内墙体向谷仓的延伸；墙体似乎穿透了由别墅主体确立的框架（图 14.15）。在这个理解中，壁柱延续了阿尔伯蒂对方柱或者支柱（pillar）的定义，仅仅是墙在数个地方被洞穿后的残余。当这些壁柱被当作嵌入墙体的方柱来理解时，也能被看作遍布别墅中的柱列系统的一部分，而这一系统为双向对称的理想型项目提供了某种框架。这些柱子自身的差异也是两个相互制衡的系统的重要标识：一个相加；另一个相减。与把柱子视为墙体延伸的解读相反，作用于特里西诺别墅中的加合系统（additive system）遵循另一种阿尔伯蒂式的定义，把柱子理解为装饰物，对于整体而言，它们是补充或者附加的图形。构成前后门廊的六根方柱就是这个加合系统的一部分，而由两侧门廊四周墙体相交所得的隐含方柱（左右各四根）则可以被视为某种减除系统（subtractive system）所留下的痕迹。在加合系统中，柱子是作为装饰出现的，在减除系统里则是作为结构出现。

在别墅正面，这些壁柱是把别墅主体的扁平化或者说层次化形制与谷仓的图形和体量表达结合起来的一种方法。作为别墅和谷仓的铰接点（hinge），这些方柱时而相互成组，时而与圆柱成组，乃至柱子不会在缺少转角壁柱的情况下单独作为柱子存在。换句话来说，它们是冗余的，既是装饰也是结构。三段式的 ABA 布局贯穿了别墅的正面，最宽的开间位于正中央。侧开间被压向中央开间，这从圆柱到方柱再到嵌入墙体的壁柱之间的相邻性中可以读到。这种圆柱和方柱在不同尺度下的运用延续到了附属的拱廊和外屋，室外的一系列错位和微调令人联想到别墅室内各种各样的分离和位移（图 14.16）。

具体而言，四分之一圆拱廊空间与正方形前院之间的衔接处出现了另一种不同寻常的转角处理。谷仓弧形柱廊端部的方柱和围合矩形前院敞廊的方柱之间存在不对齐的现象。这使得两套谷仓体系交叠的位置上出现了双方柱。这里转角处的重叠与伯鲁乃列斯基在佛罗伦萨圣洛伦佐大教堂（San Lorenzo in Florence）中对转角的模棱两可的处理方式或者卢西亚诺·劳拉纳（Luciano Laurana）对乌尔比诺公爵宫（Palazzo Ducale in Urbino）庭院转角的诠释有所不同。帕拉第奥通过铰接点这一概念向转角发问，这种铰接既不是连续的也不是同质的，它不会把一种情况无缝地连接到另一种；相反，它是一种异质的情况。特里西诺别墅中，发生在双方柱上的重合在字面上和概念上都是解体的表现，是对通常连续不断的元素的一种分裂。这是帕拉第奥异质空间的一个方面。

图 14.12　特里西诺别墅的理想图解和虚拟图解。与圆厅别墅不同，特里西诺别墅中两个侧门廊属于别墅主体两侧附加的开间，而前后门廊被保留在主体之外

图 14.13　特里西诺别墅的理想图解和虚拟图解。虽然外侧横向入口台阶将前后门廊与别墅主体分隔开来，但事实上前后门廊从属于拉长的中央图形或者说“脊柱”

图 14.14　特里西诺别墅的理想图解和虚拟图解。嵌入别墅主体、临近中央空间的侧门廊和流线空间，变成了中央体量的延伸和组成部分

图 14.15　特里西诺别墅的理想图解和虚拟图解。单独来看时，别墅外墙上的方形壁柱看起来像是室内墙体向谷仓的延伸；墙体似乎穿透了由别墅主体确立的框架

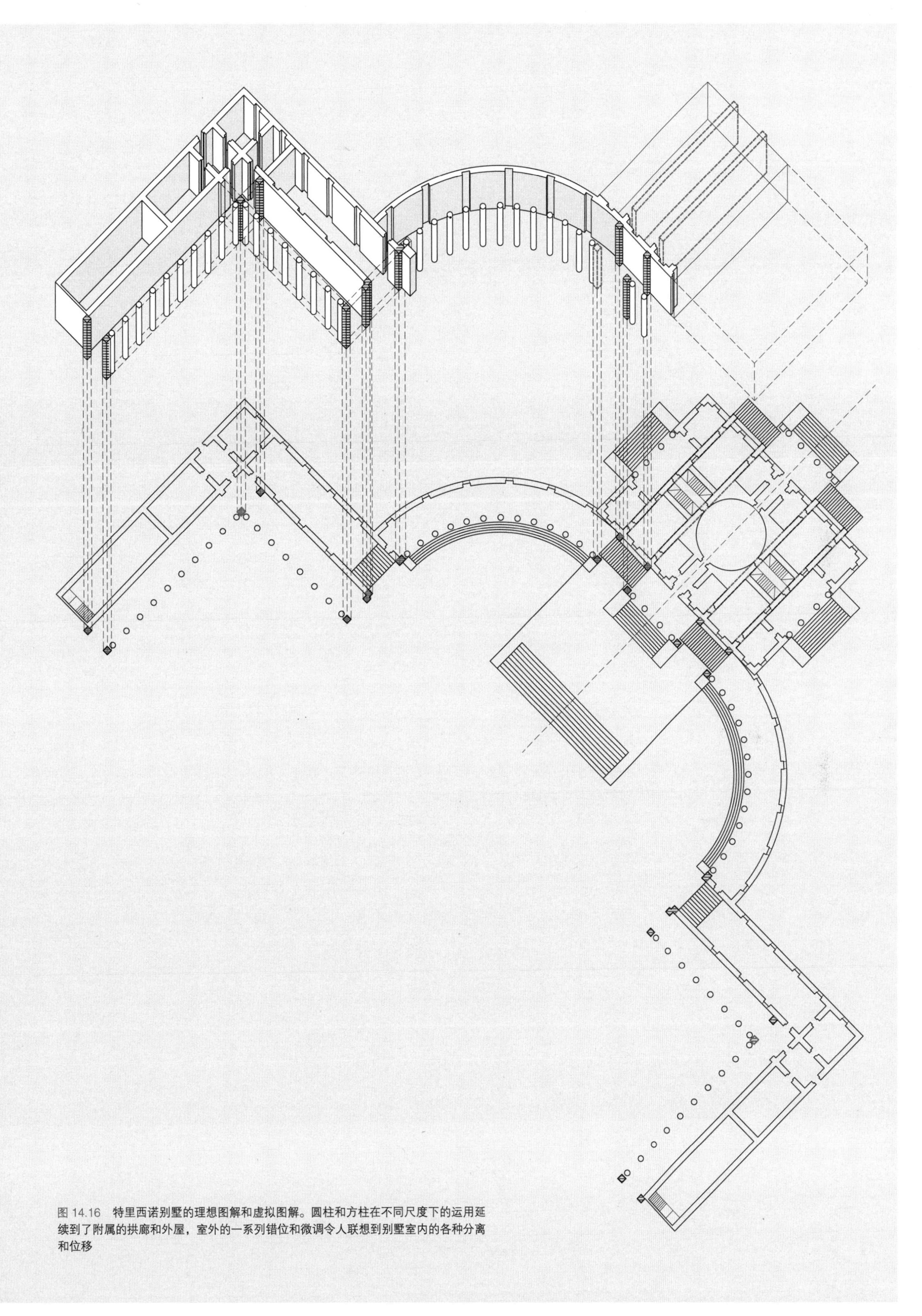

图 14.16 特里西诺别墅的理想图解和虚拟图解。圆柱和方柱在不同尺度下的运用延续到了附属的拱廊和外屋，室外的一系列错位和微调令人联想到别墅室内的各种分离和位移

第三部分

虚拟别墅：别墅类型的消散

The Virtual Villa：The Dissipation of the Villa Type

提耶内别墅（奇科尼亚）

1556 年

奇科尼亚的提耶内别墅（区别于提耶内宫）（图 15.1）是最早期的消散式谷仓的方案之一，它跨坐在两面花园墙上，墙体向侧面延伸形成前院，由小型附属建筑锚固着。别墅主体一开始看起来是对称而稳定的，只有和前、后花园墙的关系放在一起看时才会注意到别墅主体内部的不对称性。和瓦尔马拉纳别墅一样，提耶内别墅是极少数内部体量在左右方向分层的别墅之一，这点与后来 19 世纪服务与被服务空间的网格相似。这点并不寻常，因为大多数帕拉第奥别墅包含着串联的室内体量。提耶内别墅同样由两个门廊限定，一个在正立面的外侧，一个在背立面的内侧。两种情况下，柱子的结构都与立面对齐。

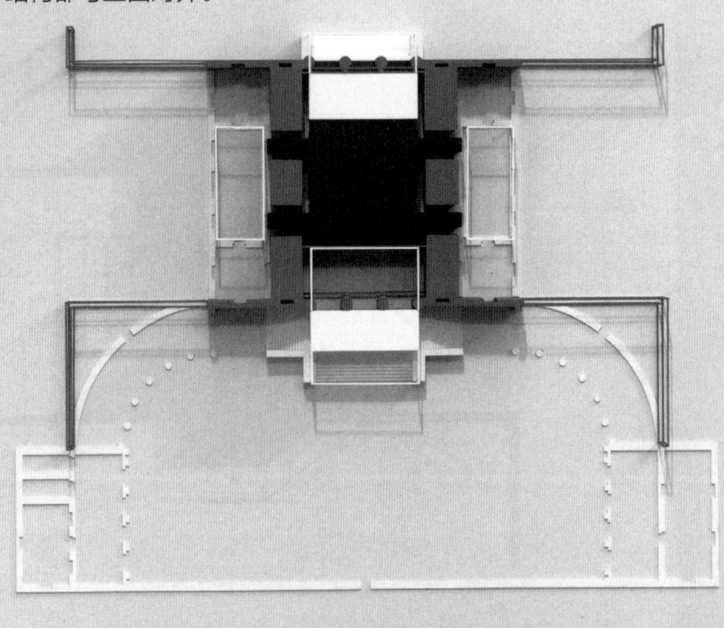

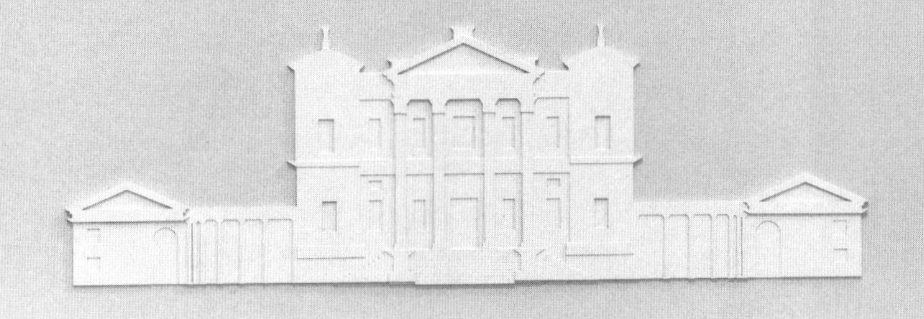

图 15.1　提耶内别墅的分析模型

第 15 章

提耶内别墅，奇科尼亚，1556 年

Villa Thiene，Cicogna

奇科尼亚的提耶内别墅（正是同一个家族委托帕拉第奥设计了维琴察的提耶内宫）是最早期的谷仓解体方案之一，也是本书最后一类项目：“虚拟别墅：别墅类型的消散”中的首个。提耶内别墅跨坐在两片向侧面延伸的花园墙上，正面形成了一个前院，由小型附属建筑锚固着（图 15.2）。别墅主体一开始看起来是对称而稳定的，但是当它和两个门廊连同花园墙放在同一关系中阅读时，平面内在的不对称性就显现出来。尤其和瓦尔马拉纳别墅、特里西诺别墅一样，提耶内别墅是少有的内部体量在左右方向分层的别墅，这与之后 19 世纪出现的服务与被服务空间的网格相似。这点并不寻常，因为大部分帕拉第奥别墅包含着串联的室内体量。提耶内别墅同样由两个门廊入口所标示，一个在正立面的外侧，另一个在背立面的内侧。两种情况下，门廊柱子结构分别与正立面、背立面平齐。像此前的皮萨尼别墅和特里西诺别墅一样，提耶内宫的特点也是复杂的三段式正面台阶构造；就像花园墙的布置一样，这一构造也使得别墅和谷仓之间的关系变得模糊不定，二者难以区分。尽管在帕拉第奥的立面图中，提耶内别墅本身占据了主要位置，但是在平面表达里，别墅却开始分解为一系列墙体和庭院。

分析模型

花园墙对于别墅主体的构成意义越来越重要，这点在提耶内别墅的分析模型中显而易见。谷仓形如两个翻转的括弧，夹在“括弧”之间的别墅体量看似受到了挤压。这两个“括弧”用灰色线框 B 体量表示，暗示了正、背立面内在的连续性，一直向景观延伸；这两个立面被表示为拉伸的灰色实墙。前门廊与正立面直接相连的部分在概念上是被动的，因此被表示为白色实体 A 体量（门廊台阶表示为白色线框体量 A，因为它们是门廊主要部分暗示的或虚拟的延伸）。相较于门廊本身，门廊的柱子看起来与立面之间的关系更为紧密，它们被表示为隶属于 B 空间的灰色实心拉伸体量，门廊与该空间重叠。正立面内侧的 A/B 空间在概念上是活跃的，因为在它的解读中 A 或 B 都不占主导，因此表现为“虚部”。无论是基于其位置或者类型，它都是入口序列中重要的部分。两侧的房间被当作实体过渡层 B，这里没有与前门廊空间重合。线框的 A/B 体量紧靠 C 空间的图形化拉伸体量，后者用黑色实体表示；与这个中央空间连接的四臂都表示为黑色的拉伸体块——这让人联想起圆厅别墅和特里西诺别墅里中央鼓形大厅的拉伸。包围着中央图形和前、后门廊的是六个灰色实体 B 体量，用来表示室内楼梯和相邻过渡空间的位置。

后门廊与别墅主体的关系可以被理解为是别墅主体与前门廊关系的反转。在模型中，背立面以外的空间——这种情况下仅指门廊台阶——被标示为白色线框 A 体量。门廊本身是对正面室内门廊完全一致的镜

62 LIBRO

LA SEGVENTE fabrica è del Conte Odoardo, & Conte Theodoro fratelli de' Thieni, in Cigogna ſua Villa, la qual fabrica fu principiata dal Conte Franceſco loro padre. La Sala è nel mezo della caſa, & ha intorno alcune colonne Ioniche, ſopra le quali è vn poggiuolo al pari del piano delle ſtanze di ſopra: Il volto di queſta Sala giugne ſino ſotto il tetto: le ſtanze grandi hanno i uolti à ſchiffo, e le quadrate à mezo cadino, e ſi alzano in modo, che fanno quattro torricelle ne gli angoli del la fabrica: i camerini hanno ſopra i loro mezati: le porte de' quali riſpondono al mezo delle ſcale. Sono le ſcale ſenza muro nel mezo, e perche la ſala per riceuere il lume di ſopra è luminoſiſsima, eſſe ancora hanno lume à baſtanza, e tanto più che eſſendo uacue nel mezo; riceuono il lume ancho di ſopra: in vno de' coperti, che ſono per fianco del cortile ui ſono le cantine, e i granari, e nell'altro le ſtalle, e i luoghi per la Villa. Quelle due loggie, che come braccia, eſcono fuor della fabrica; ſono fatte per vnir la caſa del padrone con quella di Villa: ſono appreſſo queſta fabrica due cortili di fabrica vecchia con portici, l'vno per lo trebbiar de' grani, e l'altro per la famiglia più minuta.

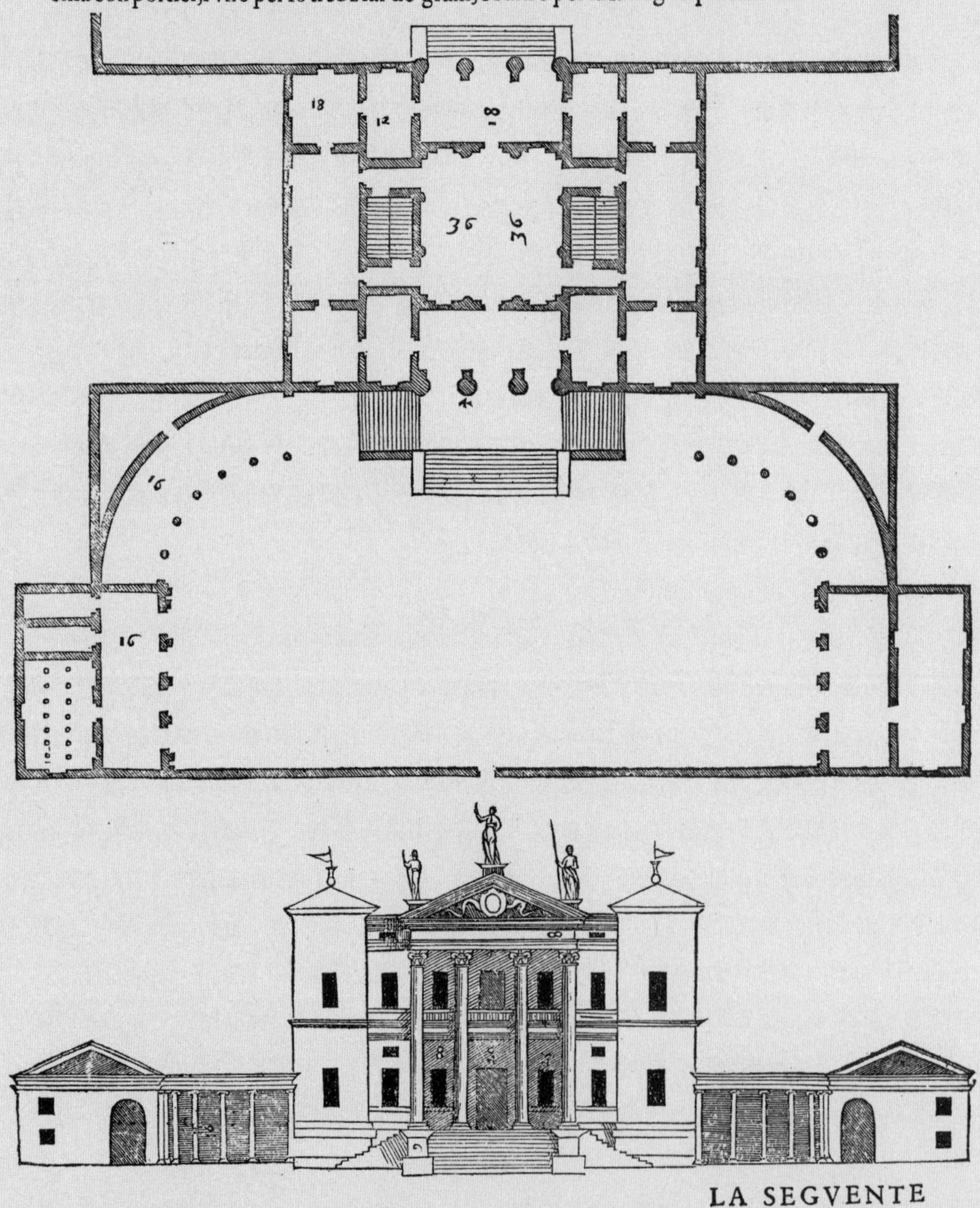

LA SEGVENTE

图 15.2 帕拉第奥，提耶内别墅的平面图及立面图，《建筑四书》，1570 年

像，它占据了背立面中 A/B 的位置，用一个白色实体体量表示。换句话说，后门廊在概念上是不活跃的，它的位置和类型决定了其作为 A 或者入口空间的特征压倒了作为 B 或者过渡空间的特征。即便前后门廊在别墅主体边界内完全一致，但是当放在前台阶的构图和谷仓布局中就成了非常不同的元素。最后，别墅里两个有着和门廊同样比例的矩形侧房间被表示为虚拟门廊，用白色体量表示。它们在位置和比例上与特里西诺的侧门廊几乎一致。在提耶内别墅的主体内，尽管前后向主轴线占据了明显的主导位置，同样能看到圆厅和特里西诺别墅中的四门廊双向轴线。

几何图解

从提耶内别墅中能看到别墅消散作为一种连续、稳定类型发展的最早迹象。几个不同于早先别墅中出现过的几何重合方式证明了这种消散，从一个看起来格格不入的理想正方形开始，它包含了别墅主体的宽度以及整个后门廊，但是前门廊的踏步不算在内（图 15.3）。这些矩形暴露了别墅 – 谷仓关系中一系列的不连续性，同时从前到后出现在不同位置中——与正立面对齐（进而将正方形伸入后花园中）、与前门廊的踏步对齐（但不包含后门廊的踏步），还有与谷仓正面的墙体对齐（将正方形投射到别墅的第一个开间）（图 15.4）。在第三个图解中，起始矩形在水平方向上移动，描述了前后门廊中构型奇特的柱子之间的空间（图 15.5）。第四个图解中可以发现两个正方形的边长与位于两堵花园墙体之间的别墅进深一致，它们重叠时的部分就是别墅的中央开间（图 15.6）。两个相似的正方形与谷仓正面墙对齐；它们与前述两个正方形之间所留出的空间中包含了别墅前端两侧的横向台阶。尽管在图解的一种理解中，前台阶在构图上看起来像是从别墅向前院伸出，但在上述这个理解中，前院与别墅主体的空间相当，楼梯则被遗留在外。

第五张图解再次显示了确认一个连续、稳定的几何起始正方形的困难性。与别墅中央三开间宽度相同的正方形，与后楼梯及中央空间的前缘对齐（图 15.7）。但是当正方形开始移动，试图与前楼梯或者中央空间的后缘对齐时，正方形总有一边无法与空间中的任何元素对齐。第六张和第七张图解中，正方形与中央空间的尺度一致。当与前后立面对齐时，两个正方形之间留出的宽度与壁柱之间的距离相同，是这两根壁柱限定了中央空间中侧墙的位置（图 15.8）。当这些正方形开始移动，直到与内部的转角对齐——这些转角在内门廊的填充中有清晰的表达，正方形在中央空间的中部微微重叠（图 15.9）。与之前别墅不同，那些别墅的内部有着更清晰的比例关系，而在提耶内别墅中，这些内部的关系因为平面、别墅主体与谷仓之间的关系而变得愈加含混。这些细微的不一致之处与看似稳定的局部到总体的布局相悖，它们可以被视为帕拉第奥空间中异质性的一个特征。

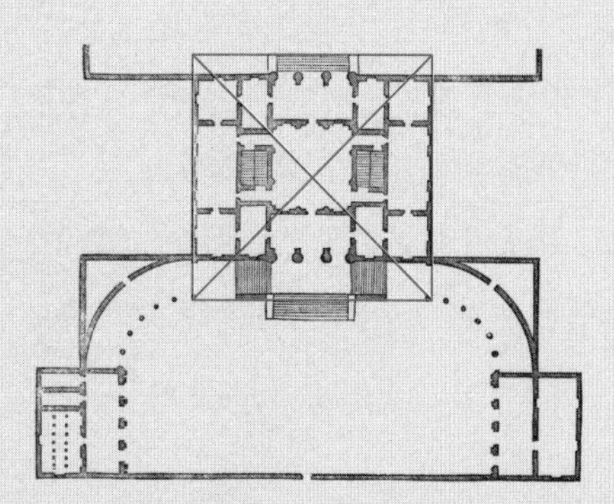

图 15.3　**提耶内别墅几何图解。一个理想正方形中包含了别墅主体和整个后门廊，前门廊台阶不计入内**

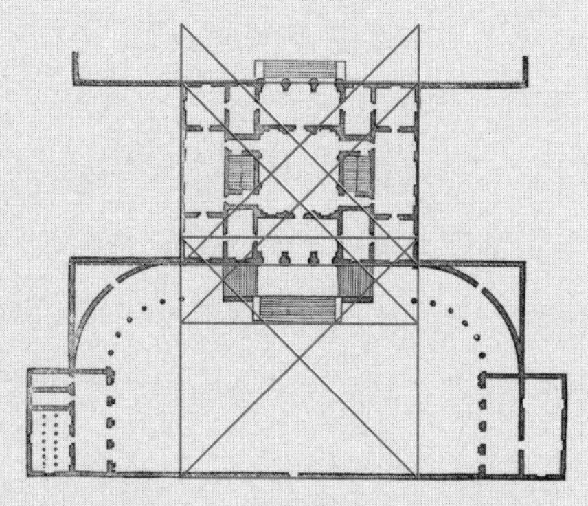

图 15.4　**提耶内别墅几何图解。几个正方形从前到后移动到不同位置，也揭示出别墅－谷仓关系中一系列不一致性**

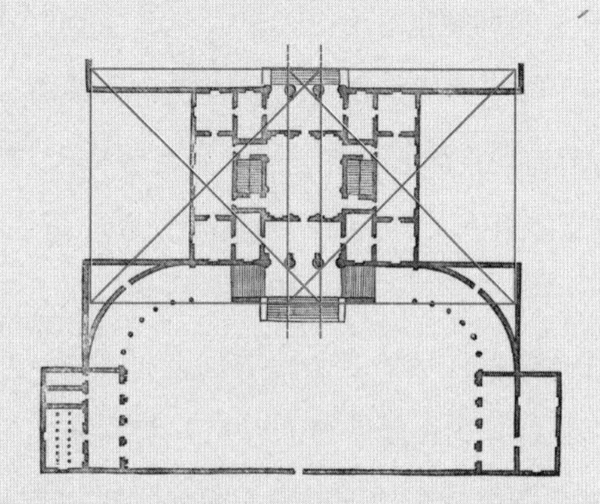

图 15.5　**提耶内别墅几何图解。起始正方形从一侧移动到另一侧，界定了前后门廊中构型奇特的柱子之间的空间**

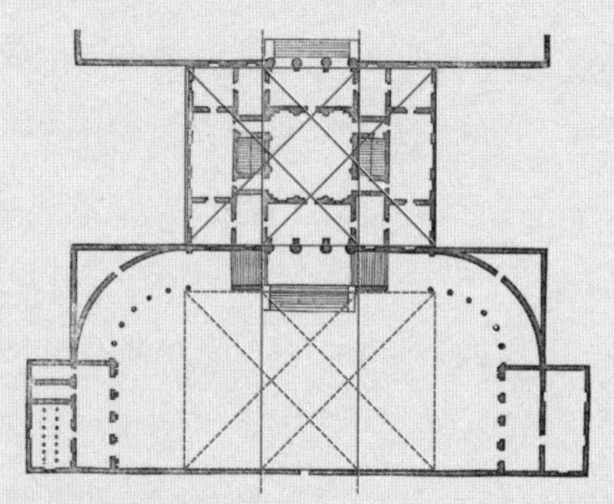

图 15.6　**提耶内别墅几何图解。两个正方形的边长与位于两堵花园墙之间的别墅进深一致，它们重合的部分正是别墅的中央开间**

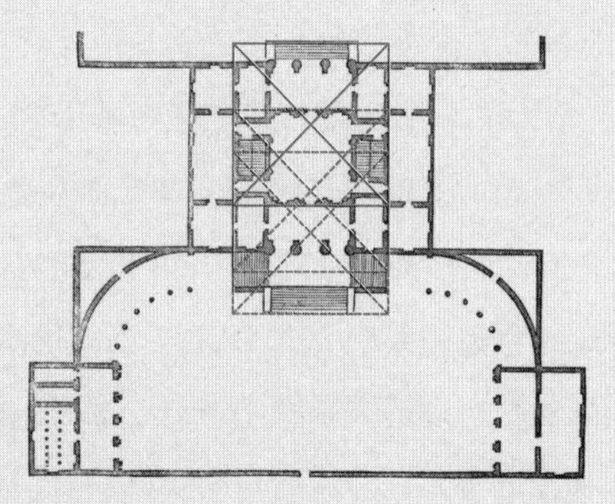

图 15.7　**提耶内别墅几何图解。一个正方形与别墅中央三开间的宽度一致，且与背面台阶、中央空间前缘对齐**

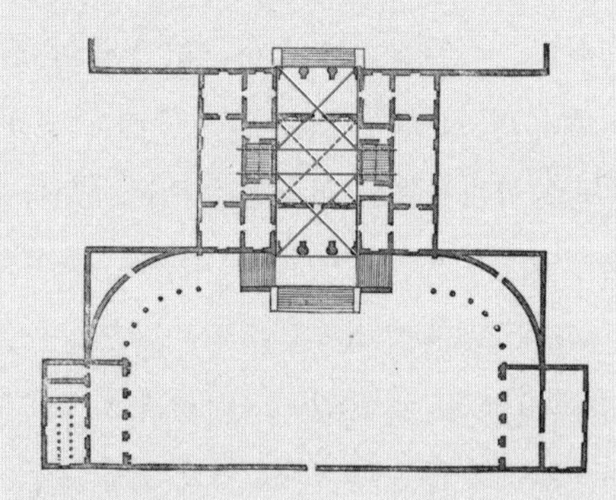

图 15.8　**提耶内别墅几何图解。两个正方形分别与前后立面对齐，它们之间的距离与两侧壁柱之间的距离相同，这些壁柱限定了中央空间中侧墙的位置**

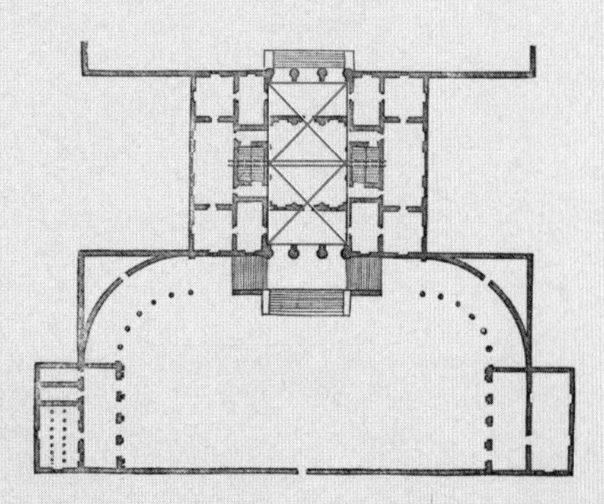

图 15.9　**提耶内别墅几何图解。正方形开始移动到与内部的转角对齐——这些转角在内门廊的填充中有清晰的表达，这两个正方形在中央空间的中部微微重叠**

理想图解与虚拟图解

除了前台阶的构图，提耶内别墅比帕拉第奥的其他任何项目都更接近于双轴线对称布局。前台阶能够以不同的方式来解读。在第一重诠释中，只有门廊空间自身连同它伸入别墅体量内的部分可以被视为A空间，室外两翼即侧台阶则不算。后门廊台阶和室内体量构成了另一个A空间，而别墅正面、背面的第一个开间都被视作B空间，这就在别墅内部产生了两个近乎对称的A/B空间（图15.10）。中心的C空间是一个由细致的填充定义的图形化空间，它是独立于A、B空间的，这表现在虚拟和理想图解之间仅有的细微变化中。在第二个虚拟图解中，门廊空间A与先前的图解一样，但是侧台阶此时被视为B空间。这就在别墅主体以外造成了不常见的A/B空间（图15.11）。在这个变体中，C空间中包含了向侧房间延伸的四条小走廊。后方的B或者流线空间是由类型而并非位置决定的，它包含了由室内楼梯暗示的体量，这使得它与图形化的C空间发生重叠，由此产生的B/C空间占据了虚拟图解的中央位置。

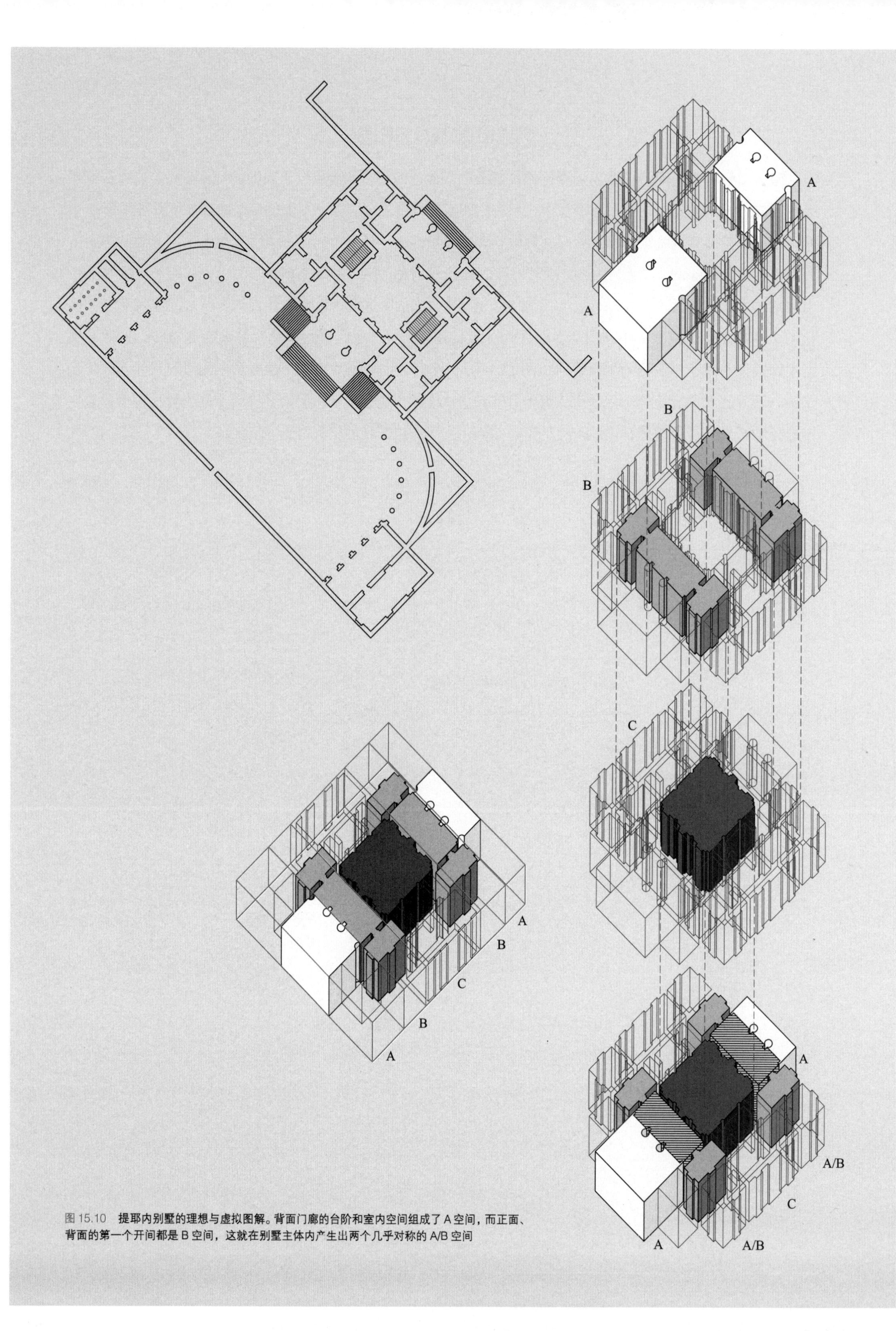

图 15.10　提耶内别墅的理想与虚拟图解。背面门廊的台阶和室内空间组成了 A 空间，而正面、背面的第一个开间都是 B 空间，这就在别墅主体内产生出两个几乎对称的 A/B 空间

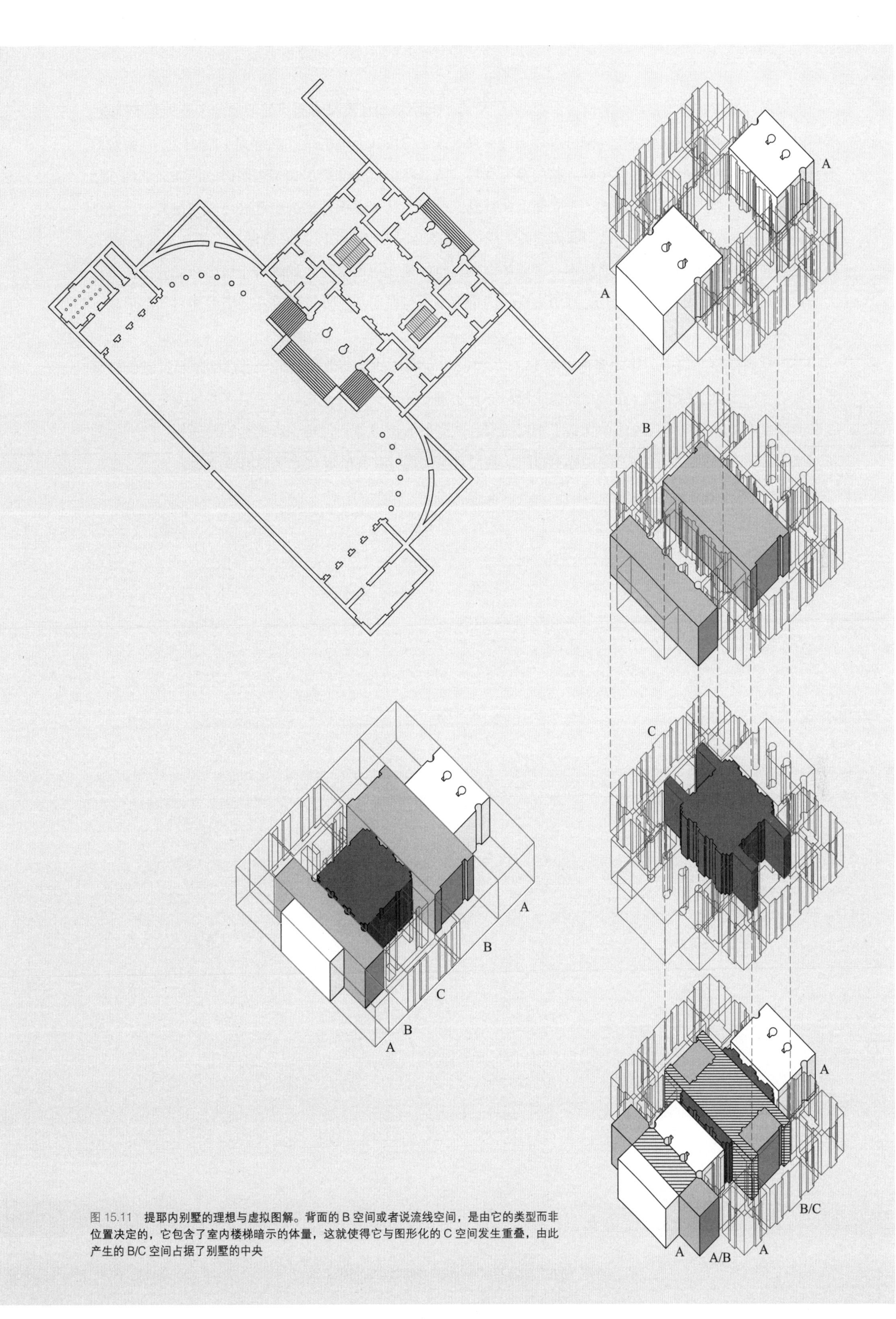

图 15.11　提耶内别墅的理想与虚拟图解。背面的 B 空间或者说流线空间，是由它的类型而非位置决定的，它包含了室内楼梯暗示的体量，这就使得它与图形化的 C 空间发生重叠，由此产生的 B/C 空间占据了别墅的中央

提耶内别墅也是发展最成熟的网格方案之一，室内空间中房间和流线空间之间明确的区分表明了这点。然而网格这点并没有在别墅的室外部分得到展现，只表现了三段式而非五段式的解读（图 15.12）。前院的组合与三段式的入口台阶让人联想到此前的多个项目，从马孔坦塔到皮萨尼和特里西诺，但在提耶内别墅中，门廊的柱子与正立面是平齐的。正立面上能看到三个层，从墙端头伸出的小壁柱可以被视为一层墙体所残留的痕迹（图 15.13）。柱子从门廊前端的常规位置移动到与立面平齐，这一移动是以两种方式表现的。这种位移既体现在圆柱和方壁柱之间不寻常的接合中，也体现在中央空间里那附着于极为精细的内向填充之上的半圆形嵌墙柱中（图 15.14）。对中央空间的精细刻画与横向别墅外墙以及花园墙的相对简洁形成了对比（图 15.15）。

别墅室内网格布局中的移动变化（图 15.16）以及谷仓墙体的复杂演化预告了后续的项目，它们将呈序列地记录别墅类型的消散。尤其是戈迪别墅与巴多尔别墅使别墅与谷仓之间的关系变得更为复杂。虽然提耶内别墅在对填充空间的表达中保留了别墅与谷仓之间的些许区分，但是，以戈迪别墅为例，对别墅和花园墙中的填充空间的处理方式变得近乎相同，这便对至此仍旧存在的形式等级提出了质疑。

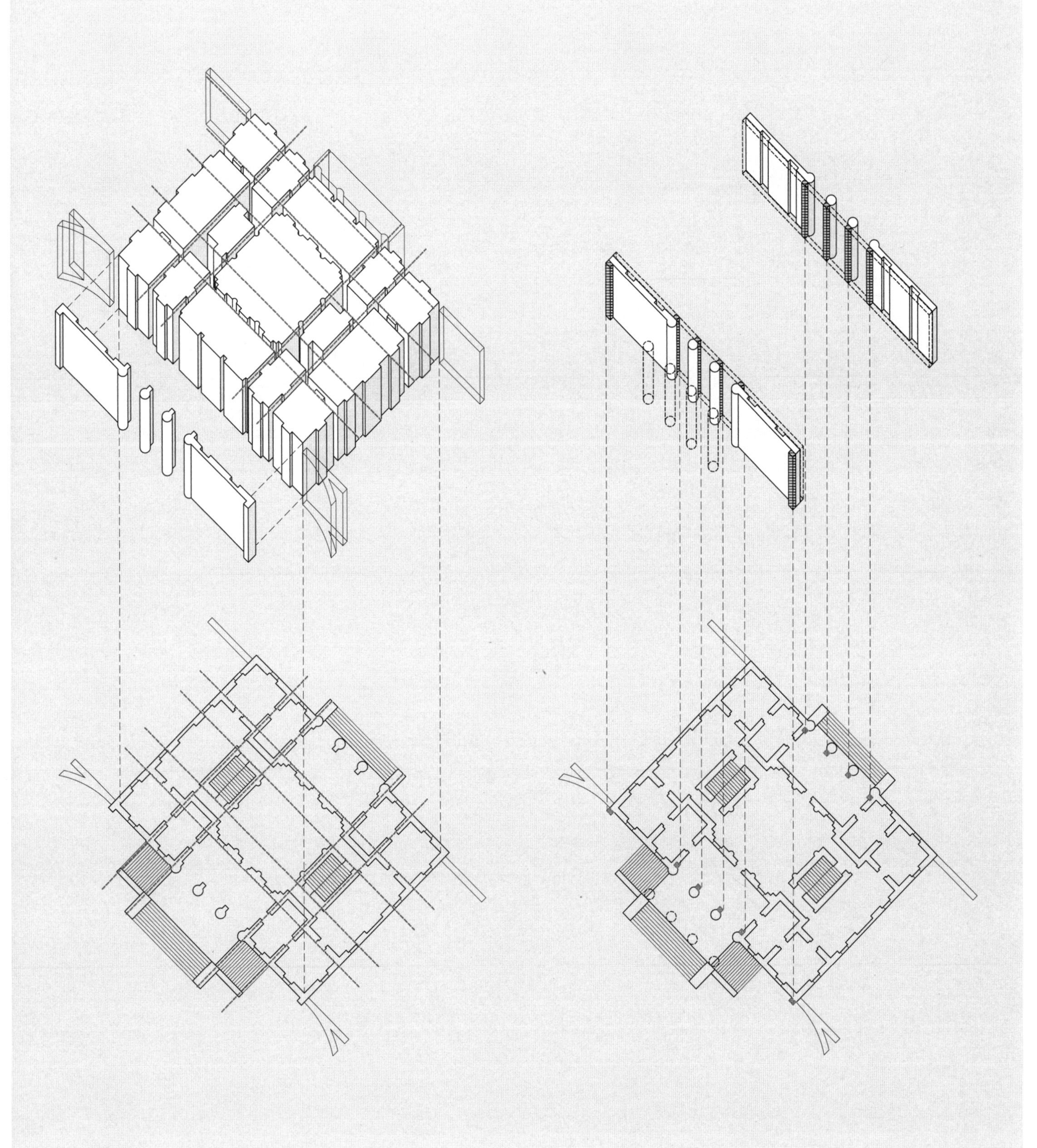

图 15.12　提耶内别墅图解。方形网格对室内空间作了区分，却没有在别墅外部立面上表达，只是表现了三段式而非五段式的横向解读

图 15.13　提耶内别墅图解。正立面上有三个层，从墙端头伸出的小壁柱可以被视为一层墙体的痕迹

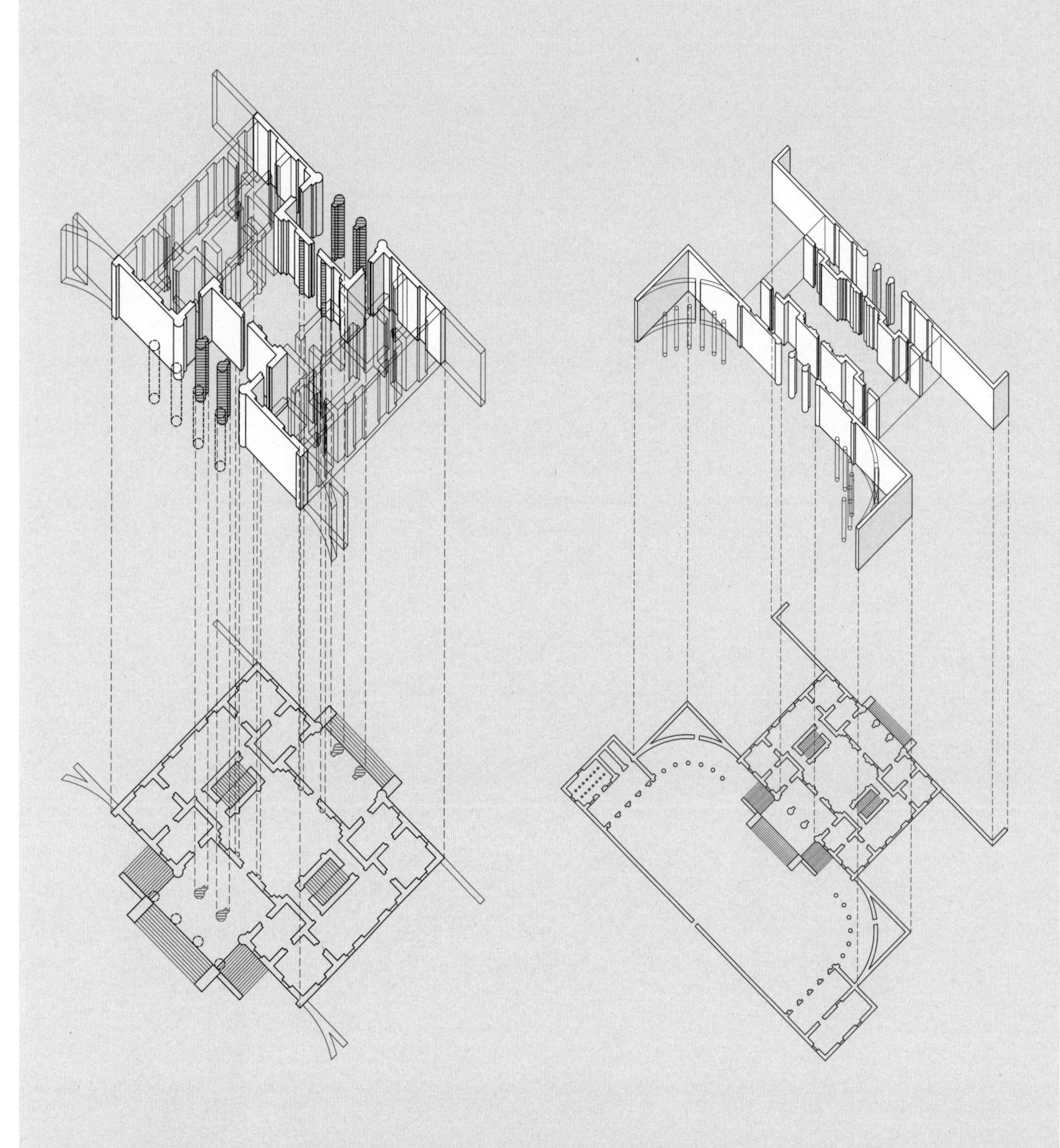

图 15.14 提耶内别墅图解。柱子从门廊前端的常规位置移动到与立面平齐，这种位移既体现在圆柱和方壁柱之间不寻常的接合中，也体现在中央空间里那附着于极为精细的内向填充之上的半圆形嵌墙柱中

图 15.15 提耶内别墅图解。对中央空间的精细刻画与横向别墅外墙以及花园墙的相对简洁形成了对比

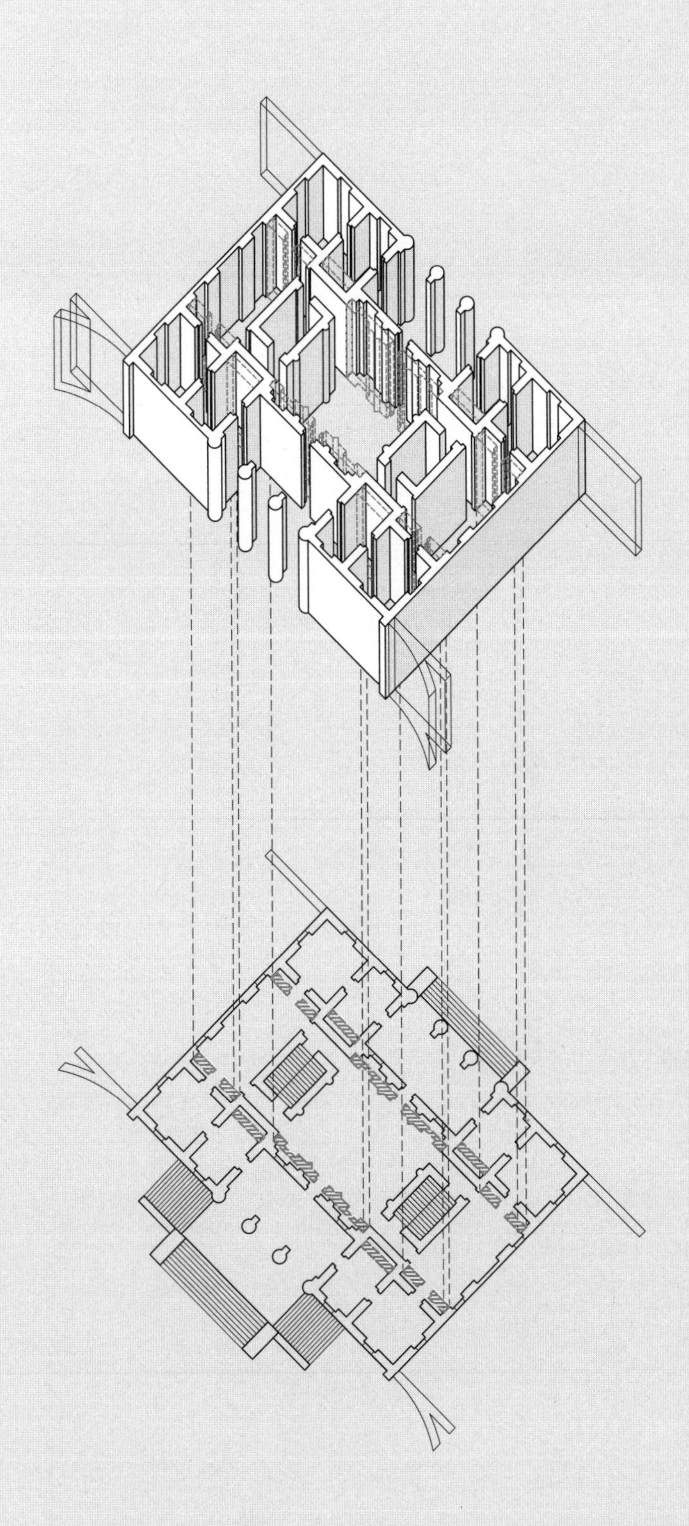

图 15.16 **提耶内别墅图解。在别墅内部网格布局中的移动变化**

戈迪别墅

1537 年

位于洛内多的戈迪别墅（图 16.1）就像一座独立别墅与其谷仓之间引人入胜的对话。与其他别墅不同，这里的谷仓是从别墅自身的平面加建中演变而来，直到中间尺度的花园墙和拱廊，最后再到最大尺度的整个谷仓组织。组成别墅和组成谷仓的部分之间几乎没有差别。戈迪别墅的批评者称其为帕拉第奥计划中的败笔，因为它与理想系统的诠释不符。事实上，戈迪别墅作为最早期的项目之一，也是帕拉第奥项目突变最强烈的一例，因为它指向了别墅 - 谷仓辩证中“理想”概念的局限。

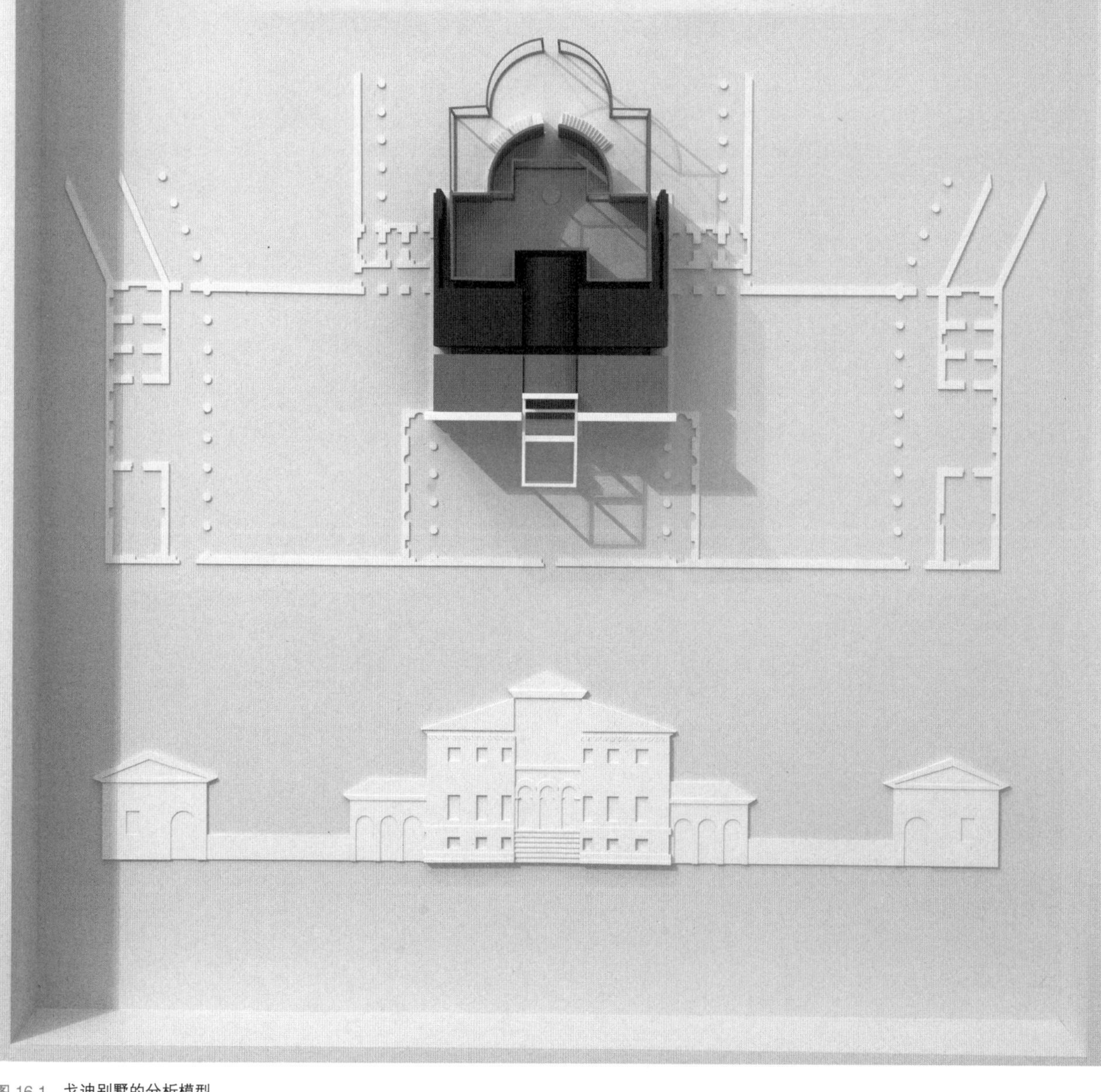

图 16.1 戈迪别墅的分析模型

第 16 章

戈迪别墅，洛内多，1537 年

Villa Godi，Lonedo

位于洛内多的戈迪别墅就像一座自成一体的别墅与其谷仓之间引人入胜的对话。与其他别墅不同，这里的谷仓是从别墅的平面加建中演变而来，直到中间尺度的花园墙和拱廊，最后再到最大尺度的整个谷仓组织。在戈迪别墅中，组成别墅和组成谷仓的部分几乎没有差别。戈迪别墅的批评者称其为帕拉第奥计划中的败笔，因为它与理想系统的诠释不符。事实上，戈迪别墅是最早期的项目之一，也是帕拉第奥项目突变最强烈的一例，因为它指向了别墅 – 谷仓辩证中“理想”概念的局限，无论是别墅还是谷仓自身都很难被定义为帕拉第奥作品中的“理想”。

分析模型

戈迪别墅的分析模型中透露出一种与理想概念相关的悖论。一方面，戈迪别墅的平面构成表现为墙体与柱子的集合，于是别墅自身作为这些元素的密集集合得以呈现。另一方面，室内的比例和布局使别墅自身与谷仓区分开来（图 16.2）。模型关注 A、B 和 C 元素之间产生的套筒效应。首先是正立面，它是断裂的，是被压入别墅主体正中围绕着门廊的部分，它被表示为一个白色实体元素 A。门廊空间所在的实际位置还有其所暗示的“理想”位置（临近而不是压入立面），都被表示为白色体量。因为门廊嵌入别墅主体，所以被认为在概念上是活跃的，于是用线框而非实体表示体量。第一间室内开间被表现为灰色的 B 体量；第二个开间，其中也包括通向别墅背面狭长的延伸，被表示为黑色实体的 C 体量。实际的中央空间 C 位于第二个开间的中央，该空间伸入后庭院，是一个图形化的空间，因此与筒形拱顶一起出现，就和前端 B 体量的中央部分一样。后庭院被表现为一个拉伸的灰色 B 空间，又叠加了一个灰色的线框体量。这是因为第二个 B 体量所标记的是后庭院的虚拟位置，如若不然，这个庭院则会看似有如嵌入别墅后部，进而将其包围。最后，紧贴后花园墙的台阶表现为中性的、白色实体 A 元素，因为别墅主体的背面并不存在真实的门廊。

几何图解

戈迪别墅的平面图从不同方面展示了别墅传统构件及比例的“空间标识”与潜在“理想”之间的关系。这些多样的可能性以及内部关系中潜在或虚拟的表达在此被定义成异质空间的特征。

第一个图解中的正方形与别墅主体宽度相同，它与门廊台阶的前沿以及构成了背面半圆形敞厅的花园墙平齐，但花园入口不在其中（图 16.3）。这可以被视为一种基准状态，尽管也结合了次级甚至三级元素。在第二个图解中，基准正方形可以前后移动。其中一个正方形的正面是由别墅中间的墙体确定的，背面则

IN LONEDO luogo del Vicentino è la ſeguente fabrica del Signor Girolamo de' Godi poſta ſopra vn colle di belliſsima uiſta, & a canto un fiume, che ſerue per Peſchiera. Per rendere queſto ſito commodo per l'vſo di Villa ui ſono ſtati fatti cortili, & ſtrade ſopra uolti con non picciola ſpeſa. La fabrica di mezo è per l'habitatione del padrone, & della famiglia. Le ſtanze del padrone hanno il piano loro alto da terra tredici piedi, e ſono in ſolaro, ſopra queſte ui ſono i granari, & nella parte di ſotto, cioè nell'altezza de i tredeci piedi ui ſono diſpoſte le cantine, i luoghi da fare i uini, la cucina, & altri luoghi ſimili. La Sala giugne con la ſua altezza fin ſotto il tetto, & ha due ordini di feneſtre. Dall'vno e l'altro lato di queſto corpo di fabrica ui ſono i cortili, & i coperti per le coſe di Villa. E' ſtata queſta fabrica ornata di pitture di belliſsima inuentione da Meſſer Gualtiero Padouano, da Meſſer Battiſta del Moro Veroneſe, & da Meſſer Battiſta Venetiano; perche queſto Gentil'huomo, il quale è giudicioſiſsimo, per redurla a quella eccellenza & perfettione, che ſia poſsibile; non ha guardato a ſpeſa alcuna, & ha ſcelto i più ſingolari, & eccellenti Pittori de' noſtri tempi.

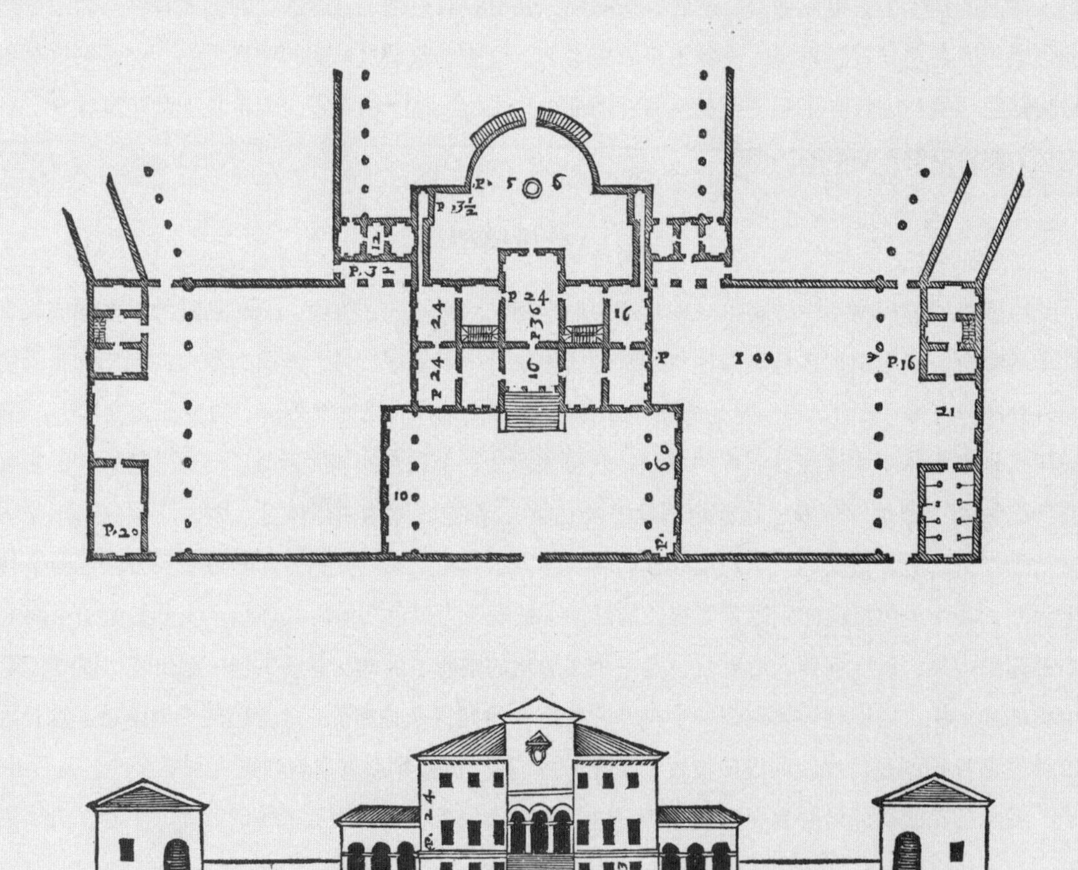

II A SANTA

图 16.2 帕拉第奥，戈迪别墅的平面图及立面图，《建筑四书》，1570 年

是由花园入口确定的。另一个正方形则是由谷仓的前缘确定的（图 16.4）。在这两个正方形之间是一个间隙空间，松散地将两部室内楼梯容纳其中。基准正方形也能向侧边移动，与围合出更大的、开敞的后庭院的花园墙中的任何一面对齐（图 16.5）。这两个正方形重叠的部分覆盖了狭长的中央开间，其中包含了门廊和中厅。第四个图解对别墅主体的描述揭示了 2 ∶ 1 理想比例的又一种微妙变化。两个边长与别墅主体进深相同的正方形在中央重叠，并与两侧外墙对齐（图 16.6）。重叠的宽度与前庭院的开口宽度一致，也与门廊中央两个方柱的间距一致。

第五个图解将谷仓的尺寸也纳入考虑范围，描述了别墅与谷仓之间三种可能的基础布局或比例关系：一个底边与别墅主体正立面平齐的正方形，向前伸出越过前院；第二个正方形与前花园墙平齐，包含了前院和别墅主体；第三个正方形中的一条底边与正立面平齐，包含了别墅主体与后庭院（图 16.7）。第六个图解描述了一系列与侧庭院宽度一致、与前院和别墅主体进深一致的较大的正方形。这些正方形之间的重叠进一步强化了别墅侧墙那种伸入前院或者成为柱廊的感觉（图 16.8）。第七个图解明确了围合起来的后庭院的宽度，与花园墙的尺度一致，而后者定义了更大的开放庭院（图 16.9）。这里的重叠空间又一次与半圆形敞厅墙间狭窄的空隙一致，它贯穿了由前门廊正中的柱子限定出的室内开口。第八个图解与第三个类似，描述了两个正方形之间重叠的空间。它们在进深上与前院、别墅主体和后院的总长相同。重叠的空间与外谷仓内缘对齐，宽度与中央开间一致（图 16.10）。

理想图解与虚拟图解

与所有的前后向、两开间别墅一样，戈迪别墅提供了很多类型学理解上不同的可能性——尤其是在别墅背面，侧墙从主体伸出、包围后院的情况下。继而，这也可以理解为 B 空间被墙体延伸所定义，再加上一个 A 空间——半圆形的敞厅。那么别墅正面的发展则可以被理解为一个 B 转换空间上叠合的 A 门廊（A/B），以及第二个 B 空间上叠合的 C 空间（C/B）（图 16.11）。或者说整个后院可以被视为 B 空间，是背面的花园楼梯暗示的门廊与别墅主体之间的一种过渡。前门廊可以被视为一个自成一体的 A 空间，由它的位置来看，别墅背面的开间能够被视为第二个 B 空间。于是就出现了别墅背面的 B/C 重合和后院的 A/B 重合（图 16.12）。第三种解读所考量的是：前门廊（只包括被压入别墅的台阶部分而不包括该入口的室内空间）、别墅主体内的 B 空间以及被视为第二个 A 空间的后院。因为 C 空间并入后院，这种解释让中央空间显得悬而未决，在概念上既不是活跃的，也不是被动的或中性的；部分是 B/C，部分是 A/C（图 16.13）。一如波亚纳别墅等两开间进深的别墅，戈迪别墅的中央 C 空间的差别就显得很小。

不同于之前的别墅中对谷仓加建部分相似的复杂演绎，在戈迪别墅正面只有一个入口台阶。而背面的楼梯——在花园墙外侧——则成了门廊的残迹，它被表现为直达地景的花园楼梯，这创造出标识与标识之间不同寻常的关系。看似对称的两开间主体量在正面入口受到门廊的挤压，并伸入后院。向别墅背面的延展与壁龛轴线偏移的关系一致——从前排房间的中央移动到了后排房间的背部（图 16.14）。对于室内体量中暗含的对称关系还有各种各样的解读。当门廊本身被压入别墅主体，各种对 A 和 B 空间的重释由此出现。与此同时，假如入口台阶被视为门廊的一部分，那么也可以认为门廊从别墅主体向外位移，因为台阶正处在别墅正面墙内侧和外侧的正中间。如果门廊本身（不包括入口台阶）和中央空间被视为一个组合体（看起来像是被移动到别墅背面），那么别墅的中心线就在组合体的中点与分割了别墅的横向承重墙的中线之

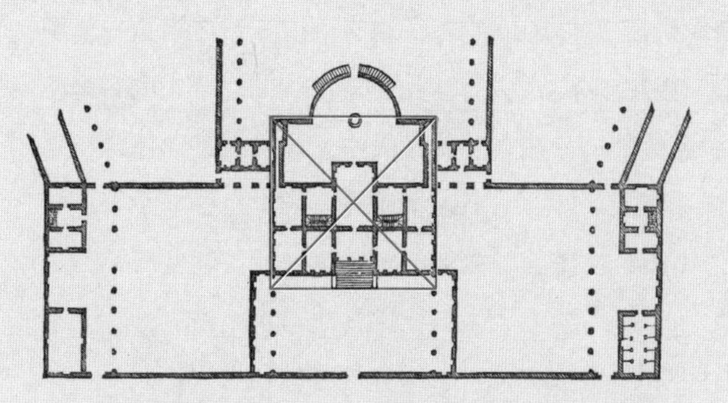

图 16.3　戈迪别墅几何图解。第一个图解中的正方形与别墅主体宽度相同，它与门廊台阶的前沿以及构成了背面半圆形敞厅的花园墙平齐，但花园入口不在其中

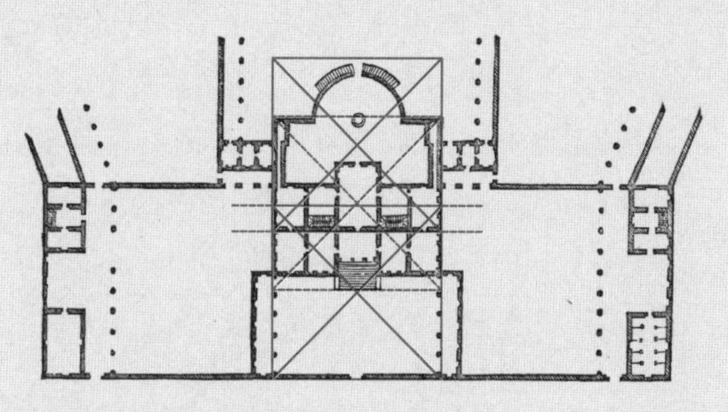

图 16.4　戈迪别墅几何图解。在两个移动后的正方形之间是一个间隙空间，松散地将两部室内楼梯结合在一起

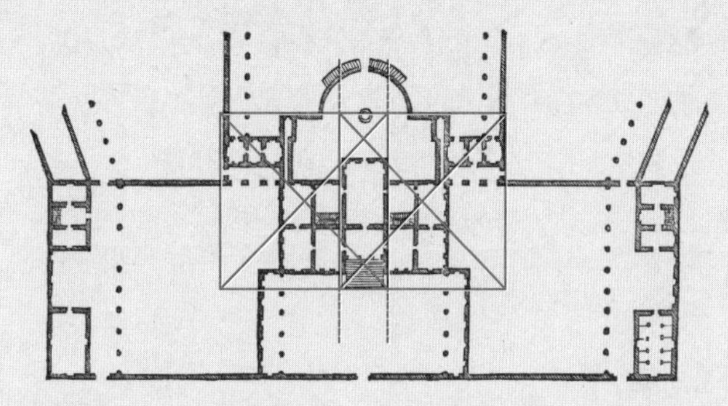

图 16.5　戈迪别墅几何图解。基准正方形也能向侧边移动，与围合出更大的、开敞的后庭院的花园墙中的任何一面对齐

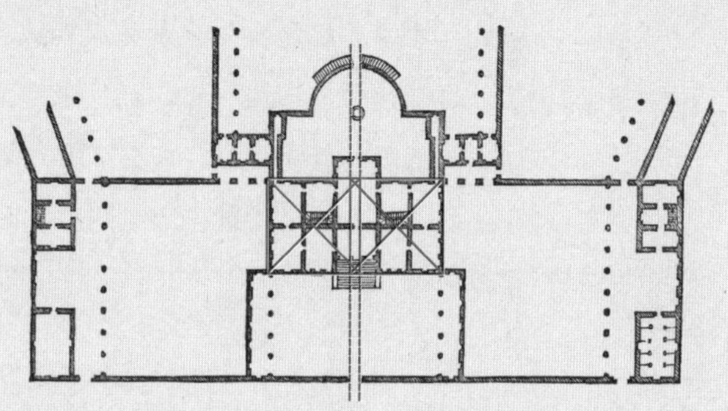

图 16.6　戈迪别墅几何图解。两个边长与别墅主体进深相同的正方形在中央重叠，与两侧外墙对齐

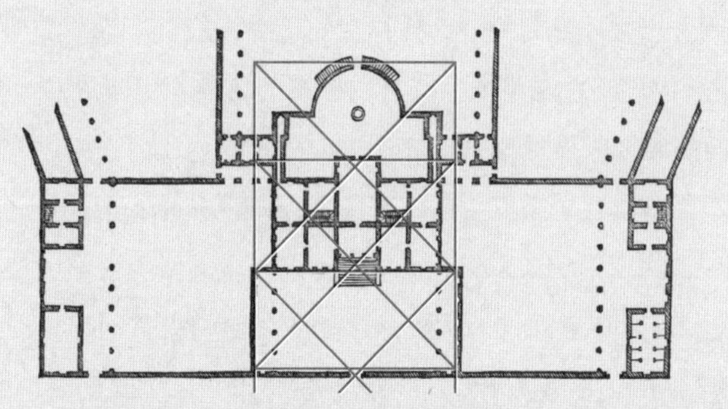

图 16.7　戈迪别墅几何图解。前后移动的正方形将谷仓的尺寸纳入考虑，描述了别墅与谷仓之间三种可能的基础布局或比例关系

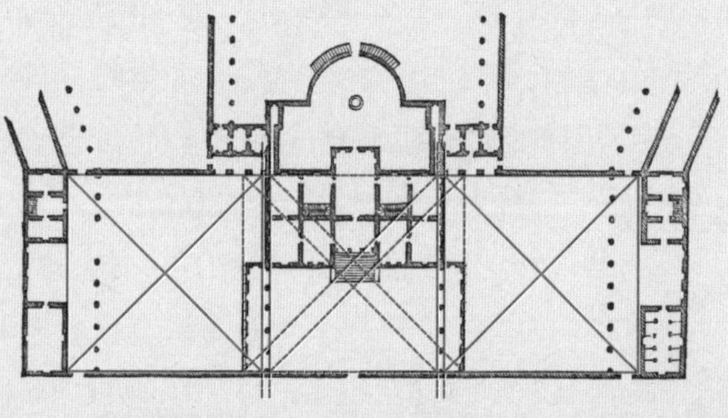

图 16.8　戈迪别墅几何图解。一系列与侧庭院宽度一致、与前院和别墅主体进深一致的较大的正方形。这些正方形之间的重叠进一步强化了别墅侧墙那种伸入前院或者成为柱廊的感觉

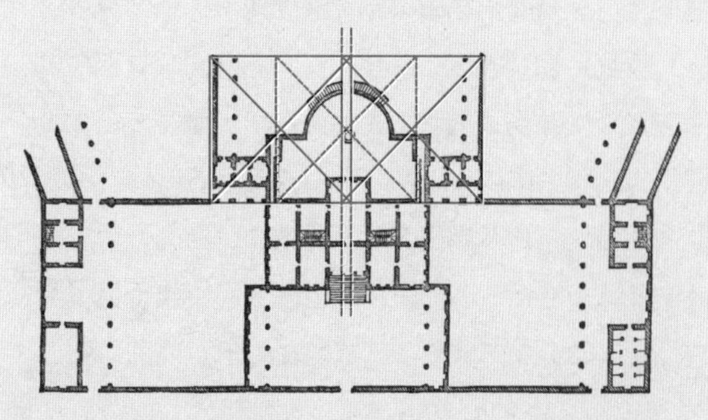

图 16.9　戈迪别墅几何图解。三个正方形重叠的空间与室外半圆形敞厅墙体间狭窄的空隙一致，它贯穿了由前门廊正中的柱子限定出的室内开口

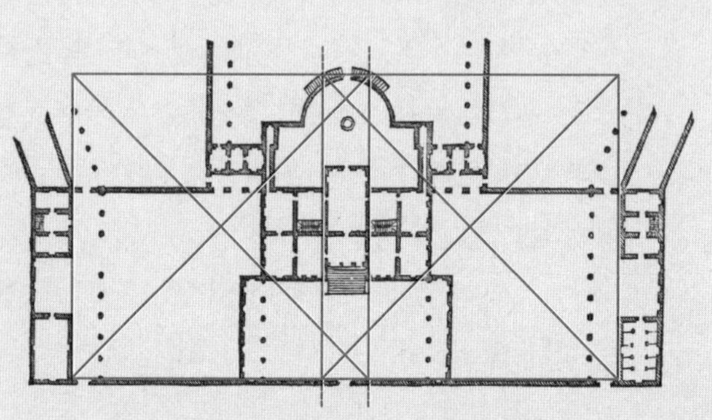

图 16.10　戈迪别墅几何图解。重叠的空间与外谷仓内缘对齐，宽度与中央开间一致

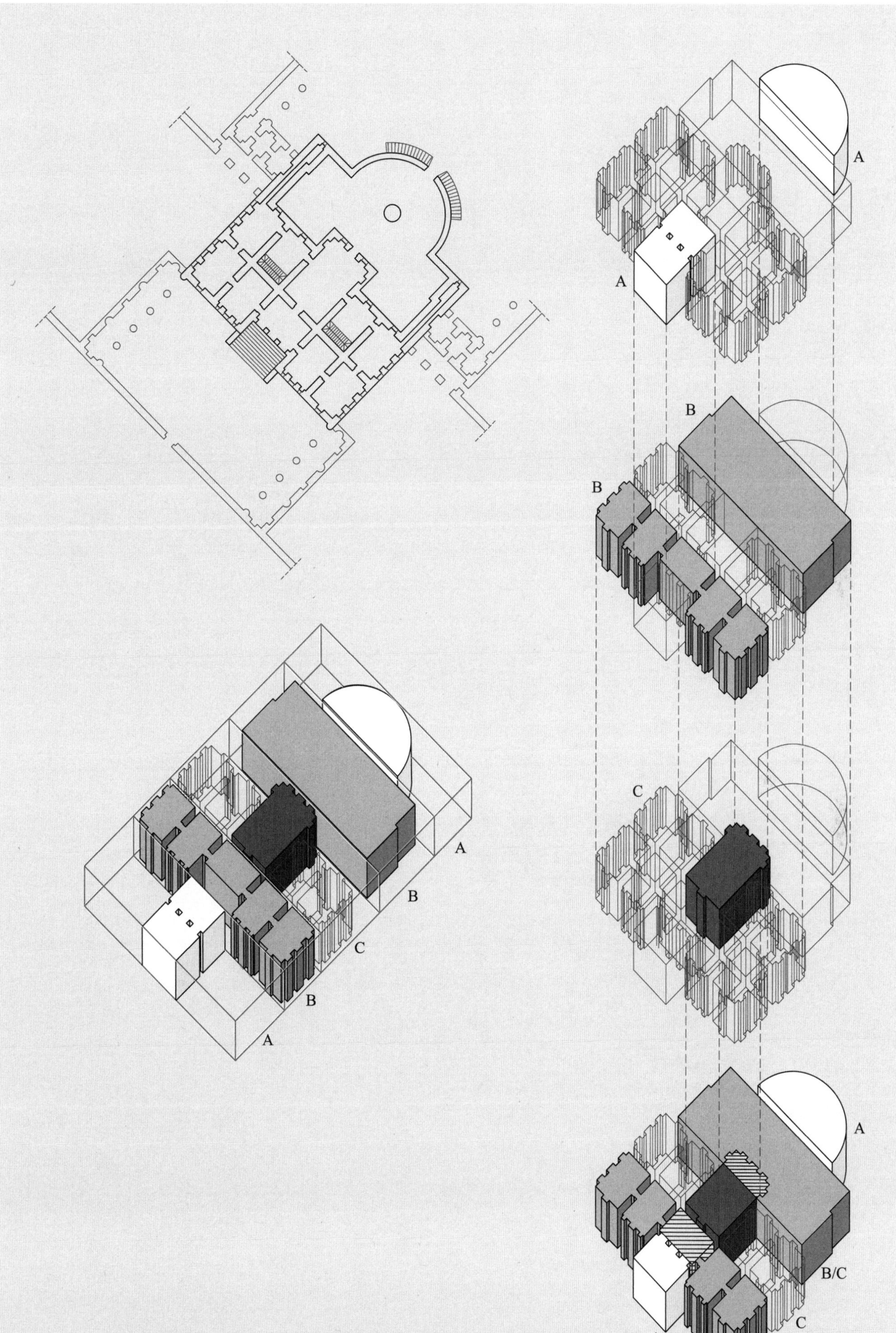

图 16.11　戈迪别墅的理想与虚拟图解。正面的发展可以被理解为一个 B 过渡空间上叠合了 A 门廊（A/B），以及第二个 B 空间上叠合了 C 空间（C/B）

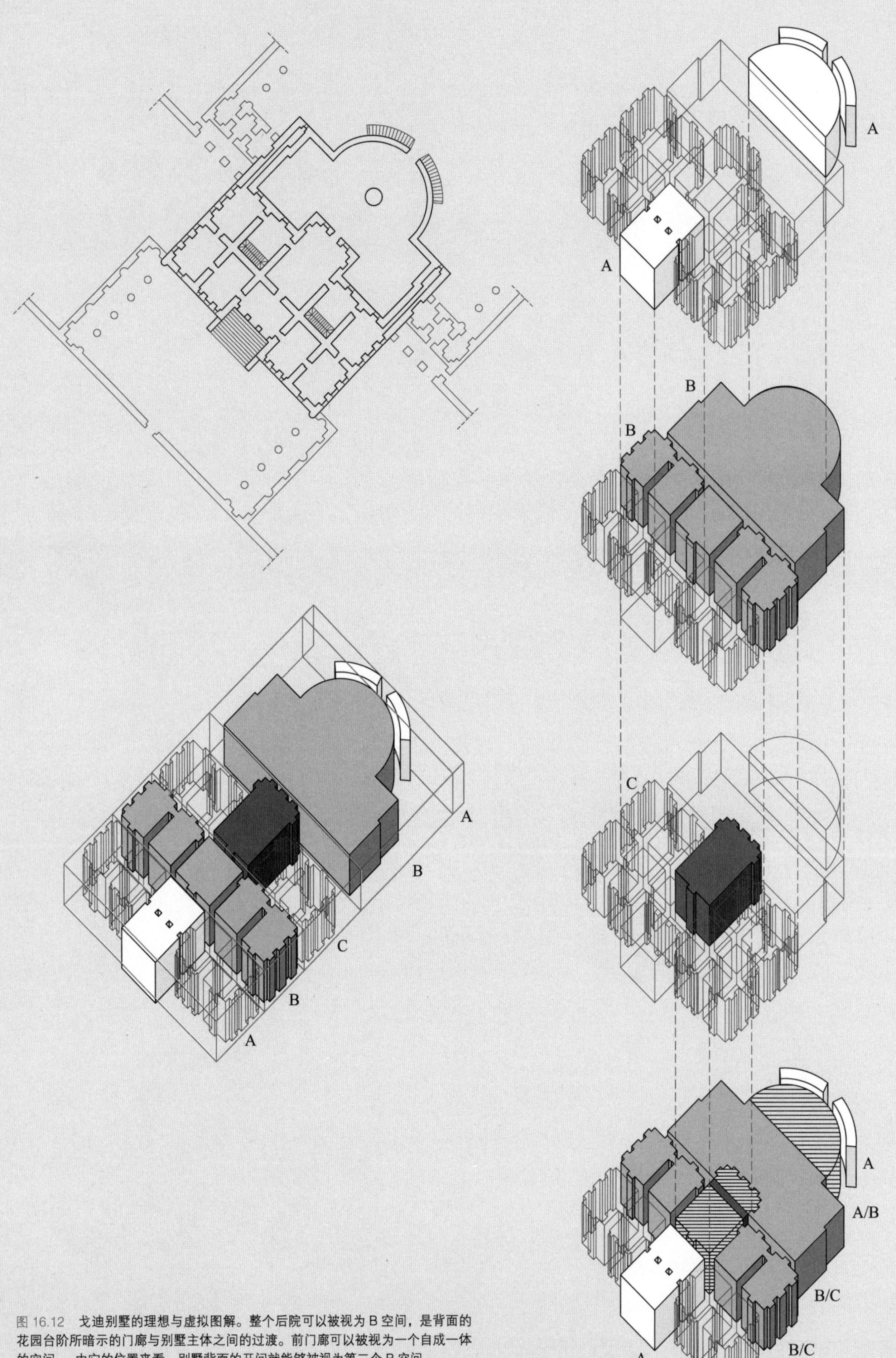

图 16.12　戈迪别墅的理想与虚拟图解。整个后院可以被视为 B 空间，是背面的花园台阶所暗示的门廊与别墅主体之间的过渡。前门廊可以被视为一个自成一体的空间；由它的位置来看，别墅背面的开间就能够被视为第二个 B 空间

图 16.13　戈迪别墅的理想与虚拟图解。因为 C 空间并入后院，中央空间在概念上变得具有模糊性； 部分是 B/C，部分是 A/C

间摇摆（图 16.15）。另外，入口台阶和门廊的总进深大致等于中央空间的进深，因此产生了关于横向承重墙相对对称的效果，但也有微小的偏差（图 16.16）。这三种不同的理解都是可行的，即使横向承重墙第一眼看上去是主要的对称线，但也能很清楚地看到没有任何一种对称方式是占主导的。如果轴线被移动到一个非对称的位置，就会重新建立主空间内的对称关系；如果轴线与侧面房间是对称关系，那么就会在主空间内造成非对称性。没有一种阅读是稳定的，而这里呈现出的波动性正是阅读帕拉第奥建筑时会遇到的典型问题，可以被称为异质空间的一个特征。

从正面到背面的压迫，还有花园和别墅墙体在平面上向内和向外的诸多变化（图 16.17，图 16.18），也体现在横向和竖向的立面上。首先，侧开间压入中央门廊，门廊立面继而向上延伸。因为横向的压迫和向上的延伸，通常呈对称分布的窗户有如受到剪力的作用，事实上变得不再是对称的。正面的楼梯看似在竖直抬升别墅的中央部分，直至穿破屋顶结构，造成一种双山墙的情况，并且伴随着多重的压迫感，这点也可以在门廊的拱廊中注意到。这有别于提耶内别墅中门廊柱距的宽松感，而且看起来两侧有如做了裁切。相比于皮萨尼别墅和提耶内别墅中转角的塔楼，戈迪别墅只有一个中央塔楼穿过建筑主体抬升起来。

戈迪别墅是帕拉第奥别墅中唯一一个台阶局部处于别墅主体正面内部的项目。尽管在众多别墅中，门廊空间都被压入正面的过渡空间 B（有时被压入看似是主中央空间的部分），台阶始终位于门廊和室内之间的分割面的外侧。在戈迪别墅中，由中央塔楼在立面上定义出来的门廊开间看起来像是切入了建筑主体。这一点在窗户的分布位置上得到了明确（除却这些窗户，门廊两侧的墙面原本并无更多刻画）（图 16.19）。门廊开间两侧立面上分别有三组窗（每组三个）——分别位于地下层、主楼层和阁楼。照理说居中的那列窗户应与两侧开间的中心对齐，然而中间那列窗户却并不在开间的正中；它们都向门廊开间偏移，造成一种朝向中心的挤压，使得窗户内侧和凹陷的门廊之间的间距变得异常狭窄。再者，主楼层和阁楼层窗户之间立面上空白的部分看起来延伸了，而地下室层的窗户看起来压缩了。在这之前，开窗主要是为了功能考虑；它们在概念上并不是“活跃”的。在这个作品中，帕拉第奥通过窗户来激活立面的表皮。立面中实体的部分（而不是窗户）反而可以被视为虚部，因此在帕拉第奥的话语中变成是活跃的。实和虚之间的互动使得立面几乎看不到任何稳定状态，尤其是考虑到平面上的虚实关系同样复杂。类似的，别墅主体与谷仓之间也难以找到稳定的关系，很难分辨或者区分出两者。因此，戈迪别墅中任何一个能辨认出的理想模型都只能沦为一个徒有其表的图解，因为存在许多重合、叠置的分析可能性。对于帕拉第奥的空间句法和形式刻画（Formal inscription），这些虚拟的状态提供了同时活跃且同等合理的阐释。

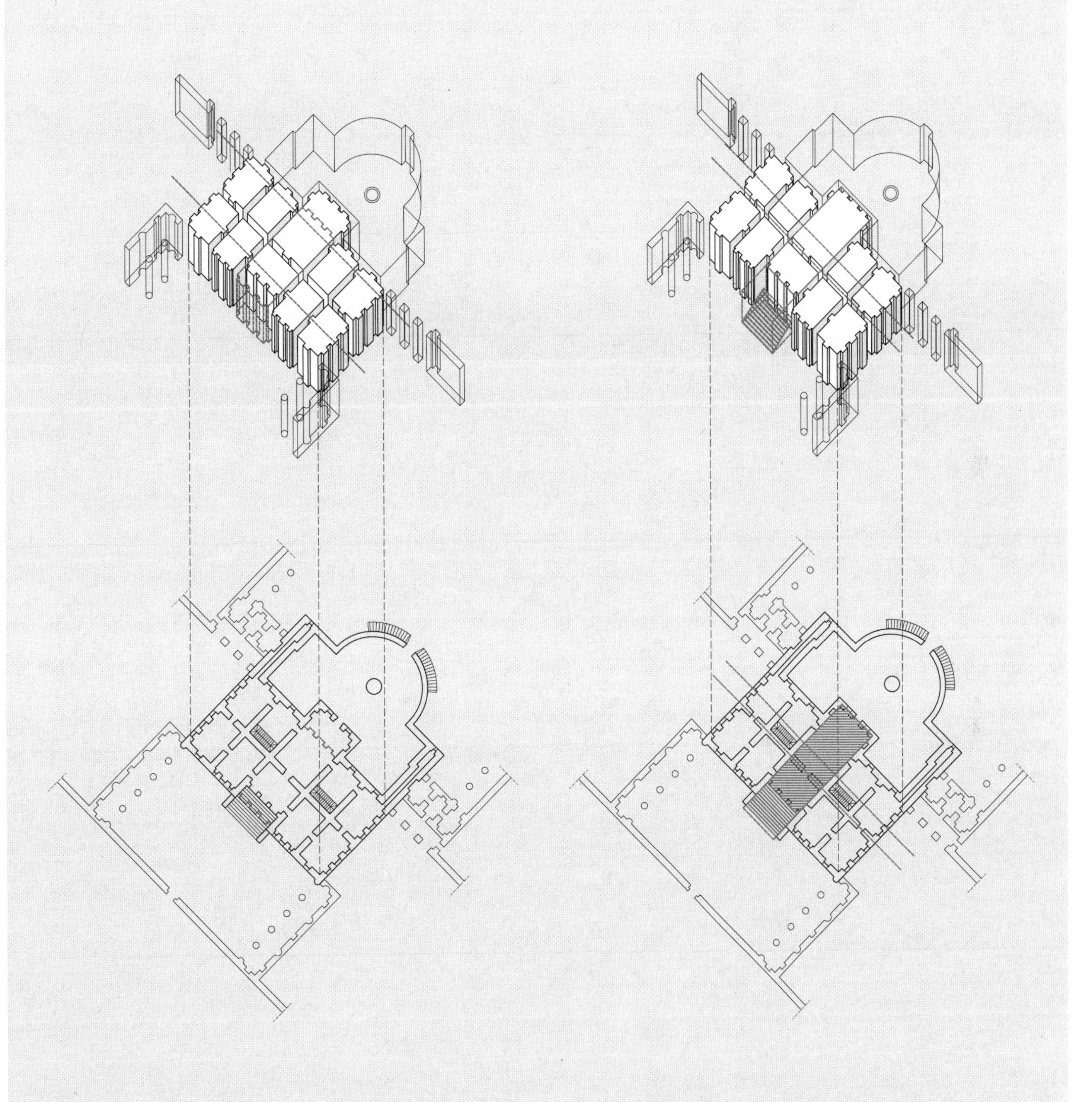

图 16.14　戈迪别墅图解。向别墅背面的延伸与壁龛轴线偏移的关系一致——从前排房间的中央移动到了后排房间的背部

图 16.15　戈迪别墅图解。如果门廊本身和中央空间被视为一个组合体，那么别墅的中心线就在组合体的中点与分割别墅的横向承重墙的中线之间摇摆

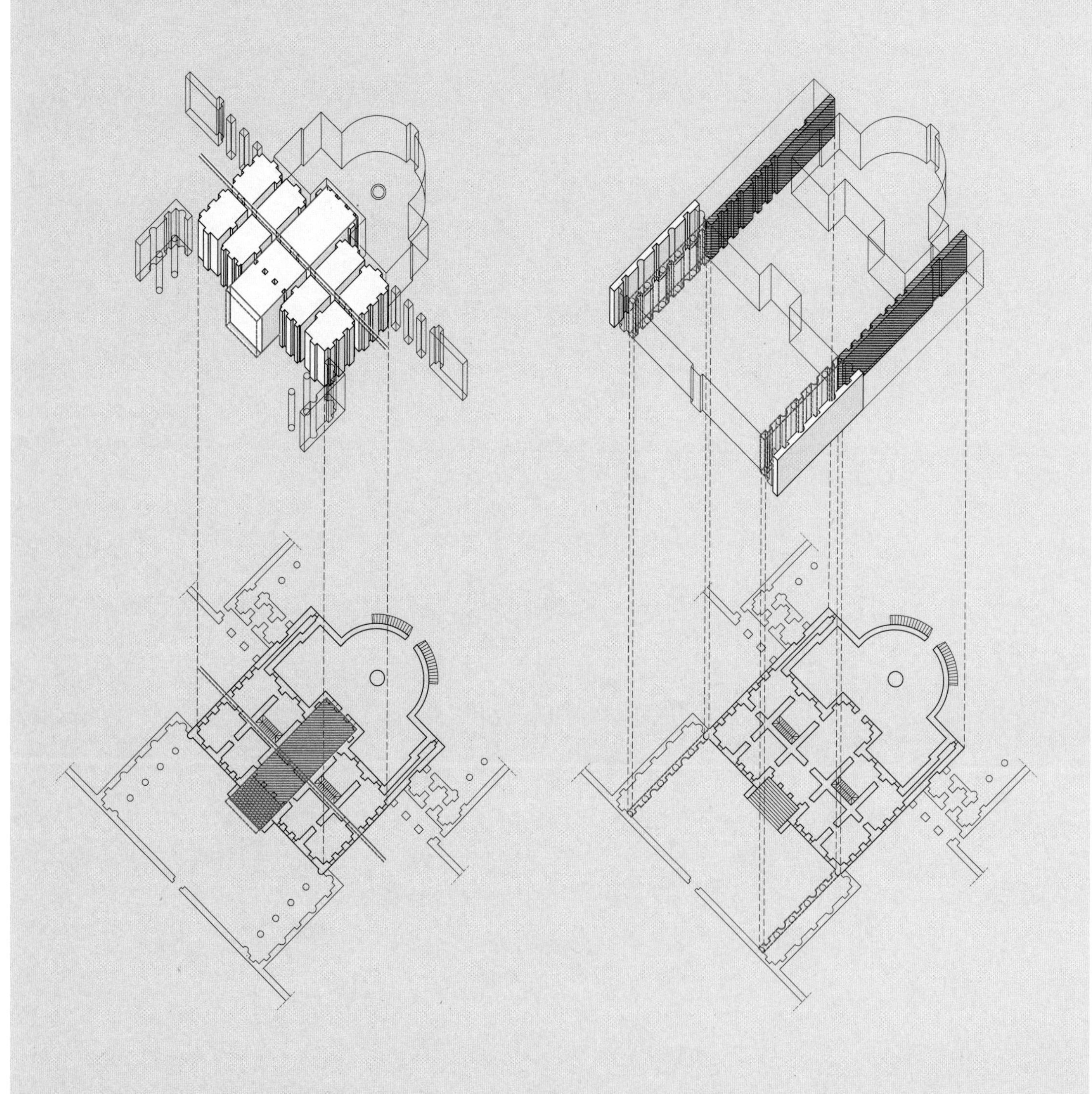

图 16.16　戈迪别墅图解。入口台阶和门廊的总进深大致等于中央空间的进深，因此产生了关于横向承重墙相对对称的效果，但也有微小的偏差

图 16.17　戈迪别墅图解。从正面到背面的压迫，还有花园和别墅墙体在平面上向内和向外的诸多变化

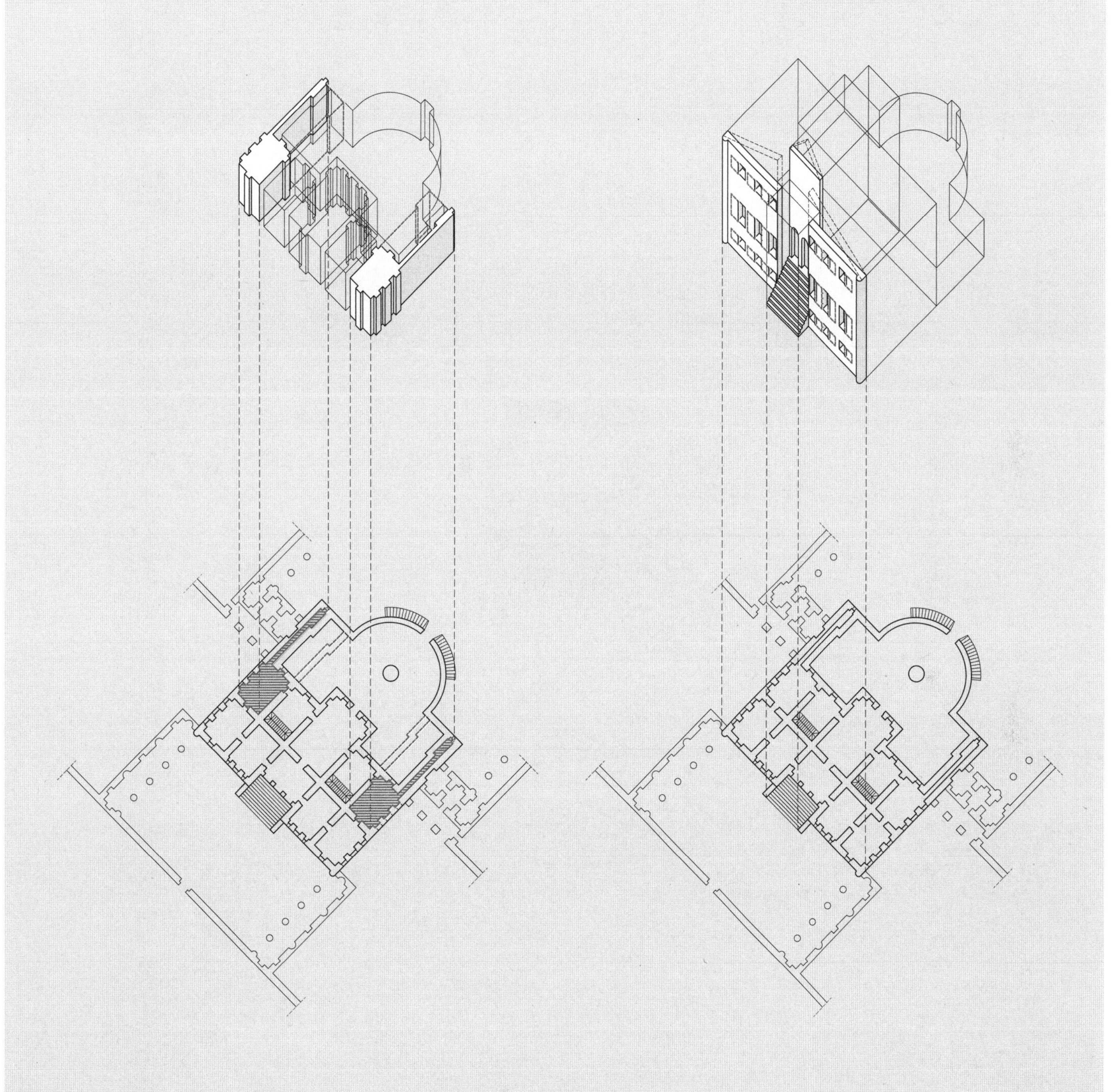

图 16.18 **戈迪别墅图解。从正面到背面的压迫，还有花园和别墅墙体在平面上向内和向外的诸多变化**

图 16.19 **戈迪别墅图解。中列的窗户却并不在开间的正中，它们都向门廊开间偏移，造成一种朝向中心的挤压，使得窗户内侧和凹陷的门廊之间的间距变得异常狭窄**

巴多尔别墅

1555 年

弗拉塔波莱西内的巴多尔别墅（图 17.1）中，别墅与谷仓之间的关系比泽诺、皮萨尼或提耶内别墅更精妙复杂。别墅通过一个图形化、半圆形的拱廊与谷仓“系缚”在一起，在谷仓正面创造出一个入口集合体。与提耶内别墅类似，巴多尔别墅有着三段式的入口楼梯，但是在抵达门廊前还另有一个梯段，梯段同样压入别墅主体。尽管巴多尔的大多数表达似乎在正面，但背面也存在一个三段式楼梯构造，与特里西诺别墅之间存在颇多相似之处。必须注意的是，“在帕拉第奥所绘制的图中，巴多尔别墅是唯一一栋被花园墙包围整个别墅主体的项目。”

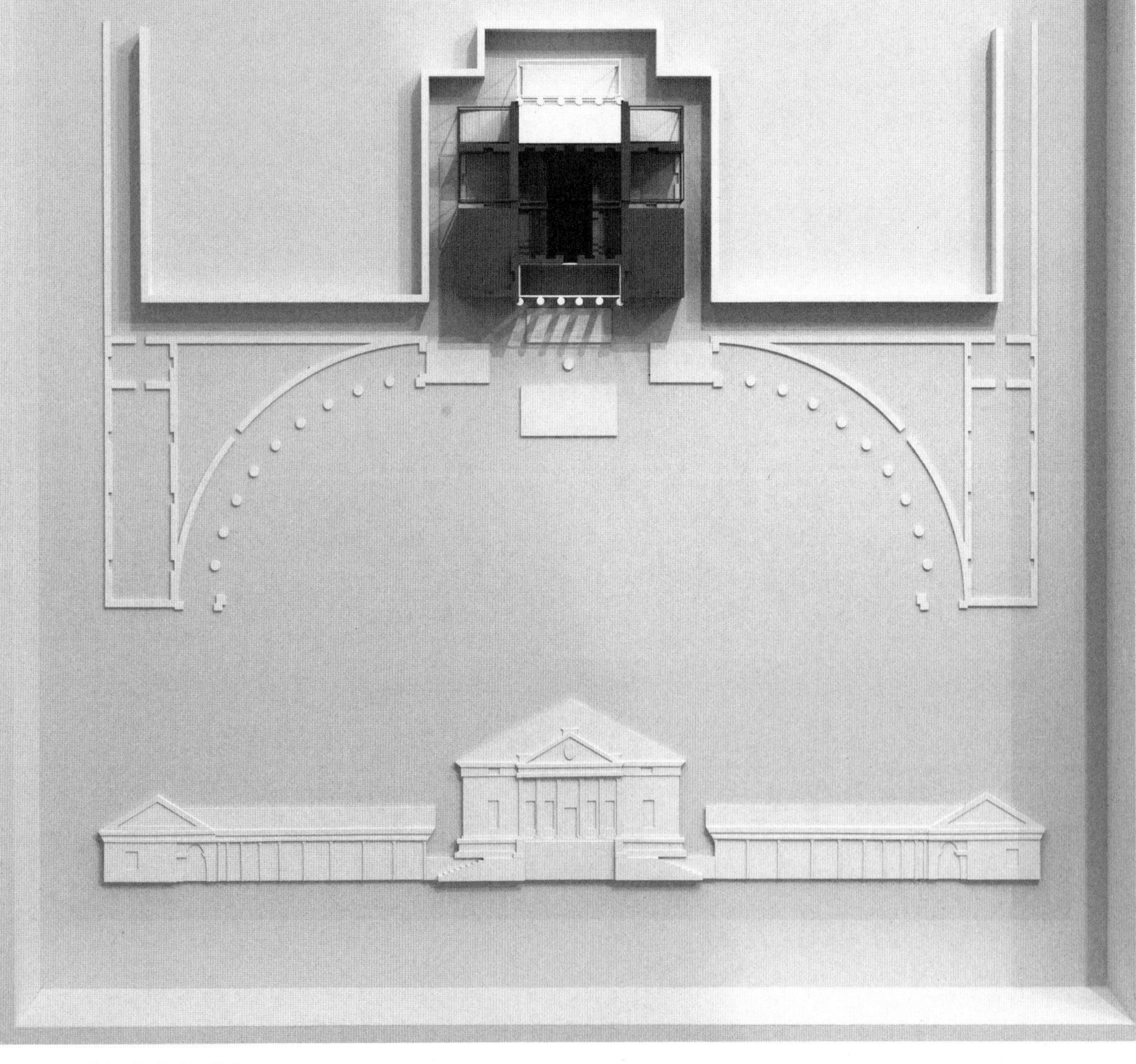

图 17.1　巴多尔别墅的分析模型

第 17 章

巴多尔别墅，弗拉塔波莱西内，1555 年

Villa Badoer，Fratta Polesine

就类型和比例而言，某些与位置及方位相关的拓扑状态是帕拉第奥作品中所独有的。在位置（location）这个概念（而非尺度、比例或对称性等概念）之中存在这样的可能性：门廊、流线空间、中央房间这些看似稳定的形式，可被理解成不稳定的元素。这样的例子包括压入别墅主体的门廊，或者从中心位移的中央房间（两种情况都存在于戈迪别墅中）。这些看似稳定的形式可以被看成同时占据了稳定和不稳定的位置，在局部和整体之间没有简单或直接的联系。乍看之下，巴多尔别墅的主体有着稳定、对称的布局，局部与整体之间的联系显而易见。然而通过进一步的分析，位置条件就会被视为具有干扰性或者分解性的。比如巴多尔别墅的主体与谷仓的关系比此前讨论过的诸多别墅要更为复杂，正是因为其构件所在的位置。它与谷仓之间通过一个图形化的半圆形拱廊相连，在别墅正面创造出一个入口集合体。别墅自身不同的内部复杂性则不仅通过位置，也通过类型显现出来（图 17.2）。

就像在提耶内别墅中一样，巴多尔别墅也有一个三段式的入口楼梯，但是在抵达门廊以前还有一个额外的梯段。门廊序列两侧的楼梯都与半圆形谷仓相连接，谷仓终止于附属建筑的墙端。这是一种构图策略的起始，在这种构图策略中，别墅体量变成了一种更包罗万象的论点的一部分。别墅的主体看似被压入形似半圆敞厅的谷仓。值得注意的是转角的柱子结构，它在帕拉第奥的别墅项目中得到了不同形式的发展。在这里，半圆形拱廊结束于成组的双方柱。类似的情况也出现在两侧楼梯端部。虽然大多数细节刻画看似发生在正面，但巴多尔别墅的背面也有一个三段式的楼梯构造，与特里西诺别墅之间存在颇多相似之处。必须注意的是，在帕拉第奥所绘制的图中，巴多尔别墅是唯一一栋被花园墙包围整个别墅主体的项目。尽管这里分析的是解体型别墅系列项目中靠后的一个，但巴多尔别墅并没有遵循之前的类型划分，因为那些能够将这个别墅定义为某种特定类型的诸多元素并不属于对整体的解读。比如门廊自身是对称的，但是放到建筑主体的关系中时就成了非对称的。

分析模型

巴多尔别墅展现了内部的多种不连续性，它们是异质空间的标志。尽管前后门廊在类型上完全一致，但是与别墅主体之间呈现出截然不同的拓扑关系，在模型中也展示出两种面貌。立面以内的前门廊空间看起来像是压入别墅主体，所以用一个线框的或者说中空的白色体量来表示其概念上的活跃性，也就是标记或者镌刻一个室内空间结构。由此产生的空间可以被理解为半门廊、半过渡空间（A/B），但是其作为入口的位置意味着“门廊”才是首要特征，尽管 A 或 B 都不占主导地位。由于前门廊台阶可以被视为谷仓四

48 L I B R O

LA SEGVENTE fabrica è del Magnifico Signor Franceſco Badoero nel Poleſine ad vn luogo detto la Frata, in vn ſito alquanto rileuato, e bagnata da un ramo dell'Adige, oue era anticamente vn Caſtello di Salinguerra da Eſte cognato di Ezzelino da Romano. Fa baſa à tutta la fabrica vn piedeſtilo alto cinque piedi: a queſta altezza è il pauimento delle ſtanze: lequali tutte ſono in ſolaro, e ſono ſtate ornate di Grotteſche di bellisſima inuentione dal Giallo Fiorentino. Di ſopra hanno il granaro, e di ſotto la cucina, le cantine, & altri luoghi alla commodità pertinenti: Le colonne delle Loggie della caſa del padrone ſono Ioniche: La Cornice come corona circonda tutta la caſa. Il fronteſpicio ſopra loggie fa vna bellisſima uiſta: perche rende la parte di mezo più eminente de i fianchi. Diſcendendo poi al piano ſi ritrouano luoghi da Fattore, Gaſtaldo, ſtalle, & altri alla Villa conueneuoli.

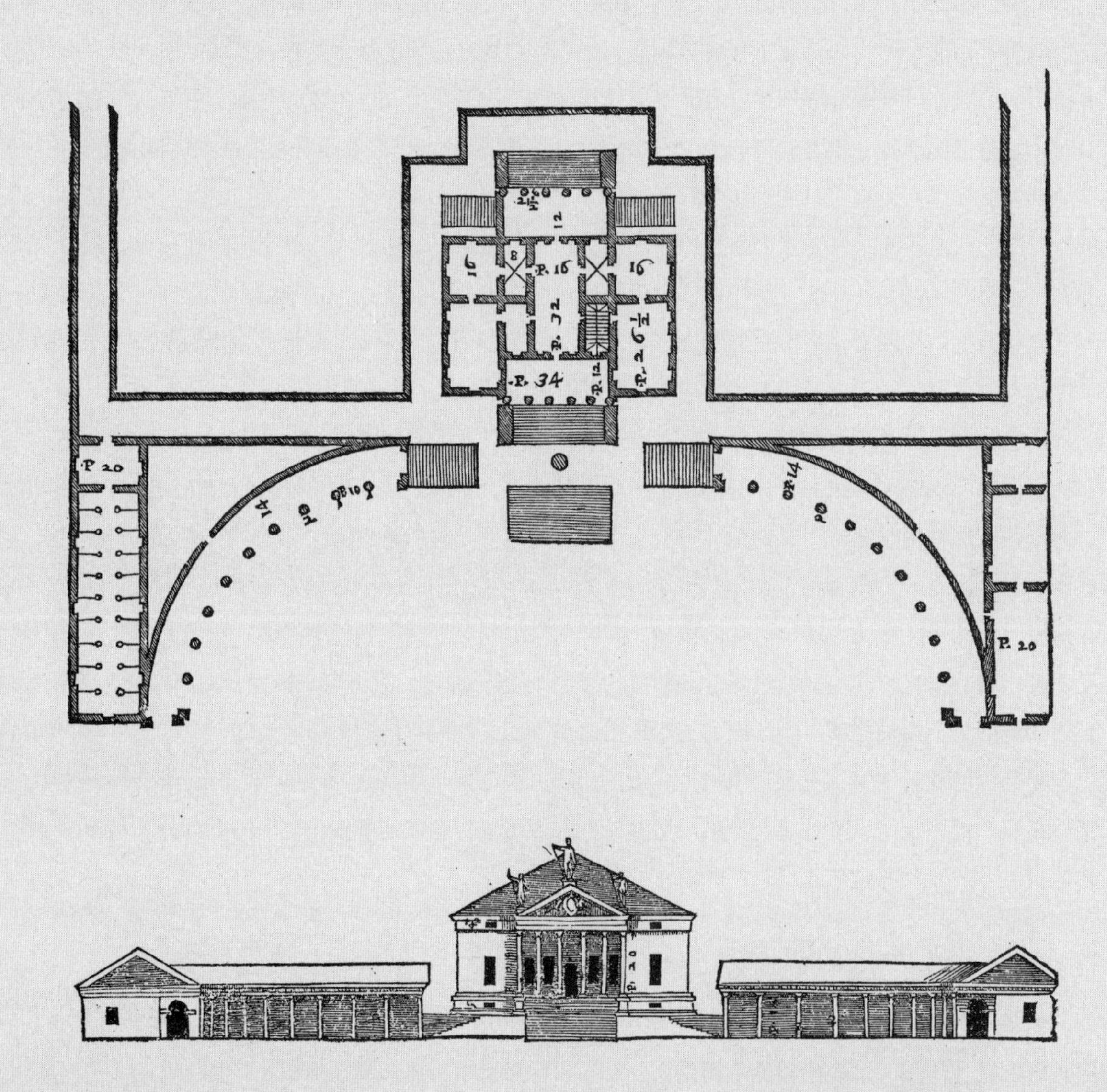

IL MAGNIFICO

图 17.2　帕拉第奥，巴多尔别墅的平面图及立面图，《建筑四书》，1570 年

段式台阶序列中的一部分，因此是入口序列的组成部分。尽管如此，前门廊台阶在概念上并不是活跃的。然而后门廊却以相反的方式呈现——台阶用白色线框体量表示，在概念上是中立的。门廊本身被表示为白色实体体量，在概念上是静态的，这是因为相对于两侧的台阶以及过渡空间 B（表示为灰色中性的线框体量）而言，位于此处的门廊占据主导地位。

正立面沿着门廊内壁向内转，而后门廊比两侧台阶微微前置，这两者都表示为实体的或者说不活跃的灰色拉伸体量 B；从别墅中部向后门廊立柱伸出的两堵墙也是如此。前入口周围的矩形侧室代表了从入口到中央空间或明显或假定的过渡，因此被表现为实体的中性灰色 B 体量。尽管中央空间 C 比侧室的尺寸更小，却被很明确地划定出来。在模型中被表示为黑色实体的体量中心带有一个凹口，暗示了内部侧墙在横向的连续性。这堵墙同时标记了别墅从正门廊外缘到后门廊的中心线。靠近别墅背面的过渡空间表示为灰色线框体量，与立面相比，它们是次一级的或者说中性的。最后，尽管谷仓基本上以浅浮雕的形式表示为非活跃元素，但环绕别墅的花园墙则被表现为实体拉伸元素，即在概念上被认为是“在场”的，尽管相对于别墅主体而言它是被动的。

几何图解

巴多尔别墅中的异质空间可以通过一系列几何图解说明，但没有一个能完整描述对平面众多可能的诠释。最基础的图解是令一个与别墅主体宽度一致的正方形与门廊发生关联。第一个图解（图 17.3）将这个正方形与前门廊台阶的边缘对齐。对齐时，正方形包含了背面两侧的台阶，但是后门廊台阶不纳入其中。当正方形向背面移动，将后门廊台阶包含在内时（图 17.4），就与别墅主体的正立面对齐，但是前门廊台阶被排除在外。第三幅图解将同样的正方形与从谷仓延伸出的前台阶关联起来（图 17.5）。一个与背立面平齐的正方形包含了别墅主体和前门廊，但没有将正面两侧的楼梯全部包含进去。取而代之的是，它与标记着谷仓柱廊端头的方柱背面是对齐的。当正方形在正面与属于谷仓的台阶平齐时，它随之与划分了别墅主体的侧墙中心线对齐。巴多尔别墅中的比例关系并没有被明确地表示出来，谷仓、门廊和别墅主体的布局相当复杂。

第四幅图解在侧开间、中央开间与别墅主体的进深之间建立关系，其中，别墅主体包含了背立面与两侧楼梯之间的间隙空间（图 17.6）。尽管这个间隙存在于别墅主体以外，却能被视为别墅体量的一部分。第五幅图解聚焦于别墅中央的门廊开间。由此画出一个包含了中央空间和其两侧狭窄过渡房间（和室内楼梯）的正方形（图 17.7）。当这个正方形前后移动直到与前后门廊的台阶对齐时，它将原先的正方形大致分为三等份，进一步强调了室内侧墙是别墅空间布局的决定性元素。第六幅图解再一次审视别墅主体和谷仓的关系；包围别墅的连续花园墙定义了一个空间，这幅图解就始于与这个空间宽度一致的正方形（图 17.8）。这个正方形将后门廊的柱子与前院柱廊末端方柱的前缘对齐。正方形位置发生变换后，它所描述的则成了别墅背立面与伸入前院的楼梯之间的关系。在这两种情况中，理想正方形与相关的元素——楼梯、柱子等——之间都存在着些许错位。最后，第七幅图解描述了巴多尔别墅的整体构成，其比例大约为 3 ：2，不过大正方形在横向分布上有重叠，该重叠界定了花园墙的宽度（图 17.9）。

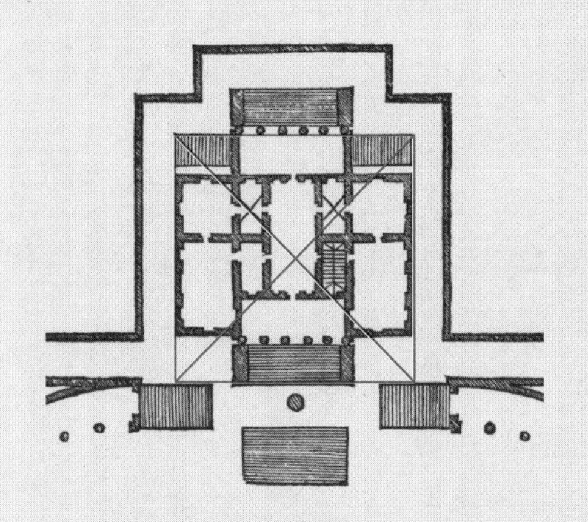

图 17.3　巴多尔别墅几何图解。一个与别墅主体宽度一致的正方形与门廊发生关联，它包含了背面两侧的楼梯，但是后门廊台阶不纳入其中

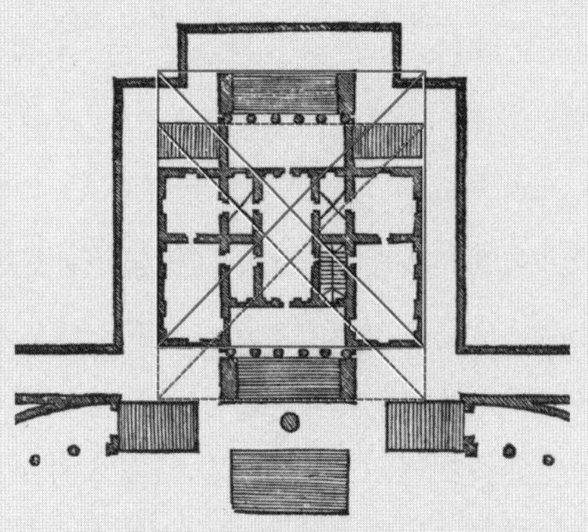

图 17.4　巴多尔别墅几何图解。正方形向背面移动，将后门廊台阶包含在内，它与别墅主体的正立面对齐，但是前门廊台阶被排除在外

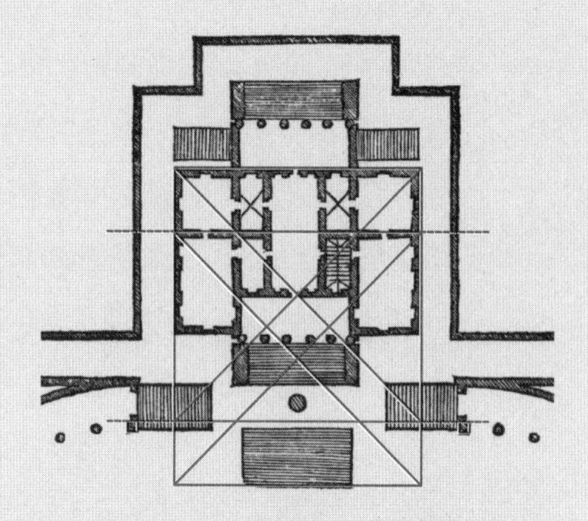

图 17.5　巴多尔别墅几何图解。一个与背立面平齐的正方形包含了别墅主体和前门廊，但没有将正面两侧的楼梯全部包含进去

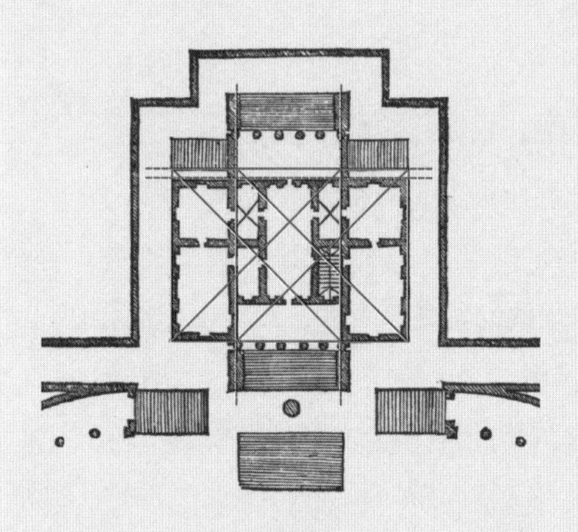

图 17.6　巴多尔别墅几何图解。侧开间、中央开间与别墅主体的进深之间存在关联，其中，别墅主体包含了背立面与两侧楼梯之间的间隙

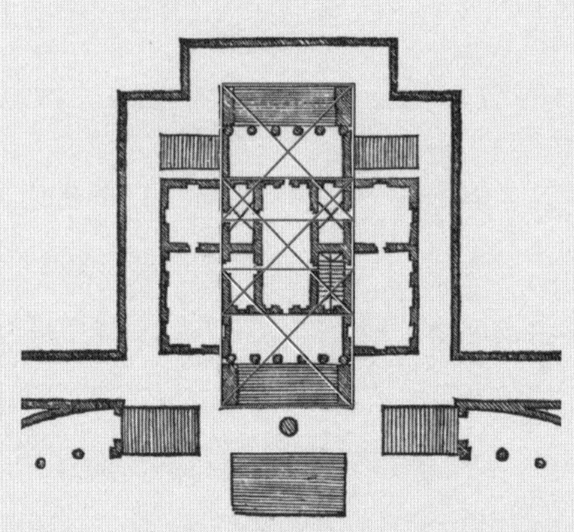

图 17.7　巴多尔别墅几何图解。这里画出了一个包含中央空间和其两侧狭窄过渡房间（和室内楼梯）的正方形。当这个正方形前后移动直到与前后门廊的台阶对齐时，它将原先的正方形大致分为三等份

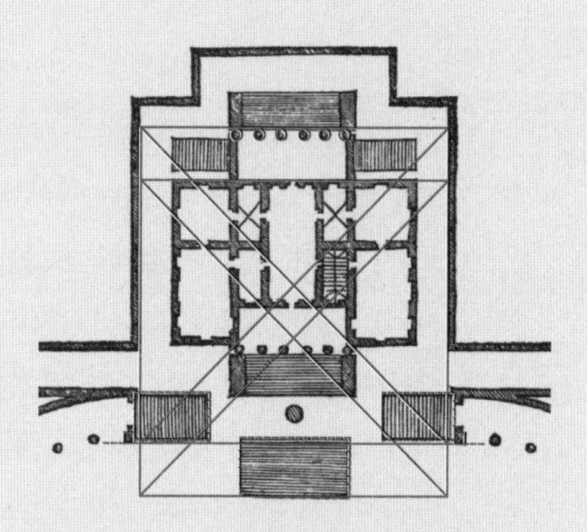

图 17.8　巴多尔别墅几何图解。两个正方形描述了别墅背立面与伸入前院的楼梯之间的关系

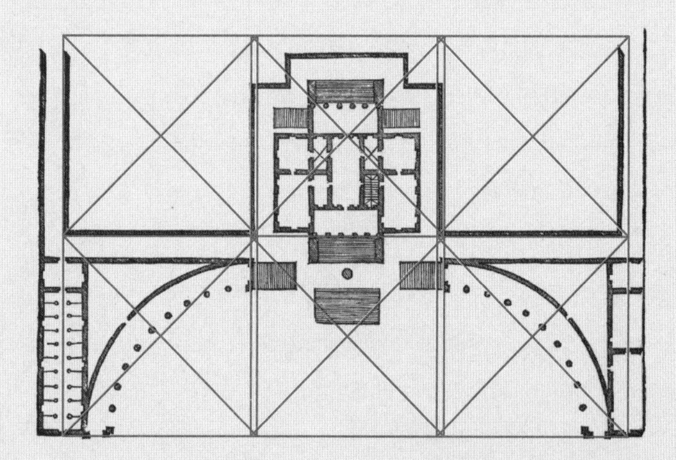

图 17.9　巴多尔别墅几何图解。六个正方形描述了巴多尔别墅的整体构成，其比例大约为 3 ： 2，不过大正方形在横向分布上有重叠，该重叠界定了花园墙的宽度

理想图解与虚拟图解

对门廊 A、楼梯和转换空间 B 以及中央空间 C 的位置有着诸多可能的诠释，这表明为巴多尔别墅的布局找到一个单一的、稳定的或者主导的解读是困难的。虽然最简单的理想图解从前到后确立了 ABCBA 的清晰解读，但与之对应的虚拟图解却产生了不常见的 A、A/B、A、C、A/B、A 序列（图 17.10）。在这一解读中，前门廊被认为覆盖了通往别墅正面的两组楼梯的总进深。横穿这个门廊或者说入口空间的是一个空间 B，这个空间 B 由两侧台阶暗示而得，这也是帕拉第奥作品中最早对谷仓与别墅主体之间的过渡作出刻画的例子之一。C 空间占据了中央房间，而背后的 B 空间又一次位于别墅主体之外；在这一理解中不存在室内 B 空间。后门廊 A 包含了台阶和门廊空间本身，这个门廊空间与背面的 B 空间相叠加，进而其本身也成了 B 空间。

对虚拟别墅的第二种解读不考虑前台阶的复杂布局，而是关注别墅主体量内部的挤压和重叠（图 17.11）。这里标记为 A 的门廊只包含附近柱子内的空间。因为巴多尔别墅有一个两开间进深的布局，与戈迪别墅类似（区别于三开间或者九宫格结构），所以两个室内开间都可以被视为过渡空间或者 B 空间。因此虚拟图解中的 C 空间与 B 空间完全重合，生成了两套内部的 B/C 标识。前门廊压入别墅主体量，产生了 A/B 空间，它紧挨着 B/C 空间，跟着的是别墅背面明确的 A 空间。

在第三种理解中，标记为 A 的前、后门廊结合了台阶和门廊空间本身（图 17.12）。第一个室内开间又可以被视为 B 或者过渡空间，而背面两侧的台阶所暗示的横向空间可以被视为叠加在后门廊之上的 B 空间。在这种理解中，C 空间包含了中央房间及其周围的四个更小的房间。这种理解导致别墅前端产生半 A/B、半 B/C 的情况；而在背面，过渡开间和门廊的叠加生成了一个 A/B 空间。剩下的是一个狭窄的横向 C 开间，紧邻别墅的背立面。

图 17.10 巴多尔别墅的理想与虚拟图解。虽然最简单的理想图解从前到后确立了ABCBA的清晰解读，但与之对应的虚拟图解却产生了不常见的A、A/B、A、C、A/B、A序列

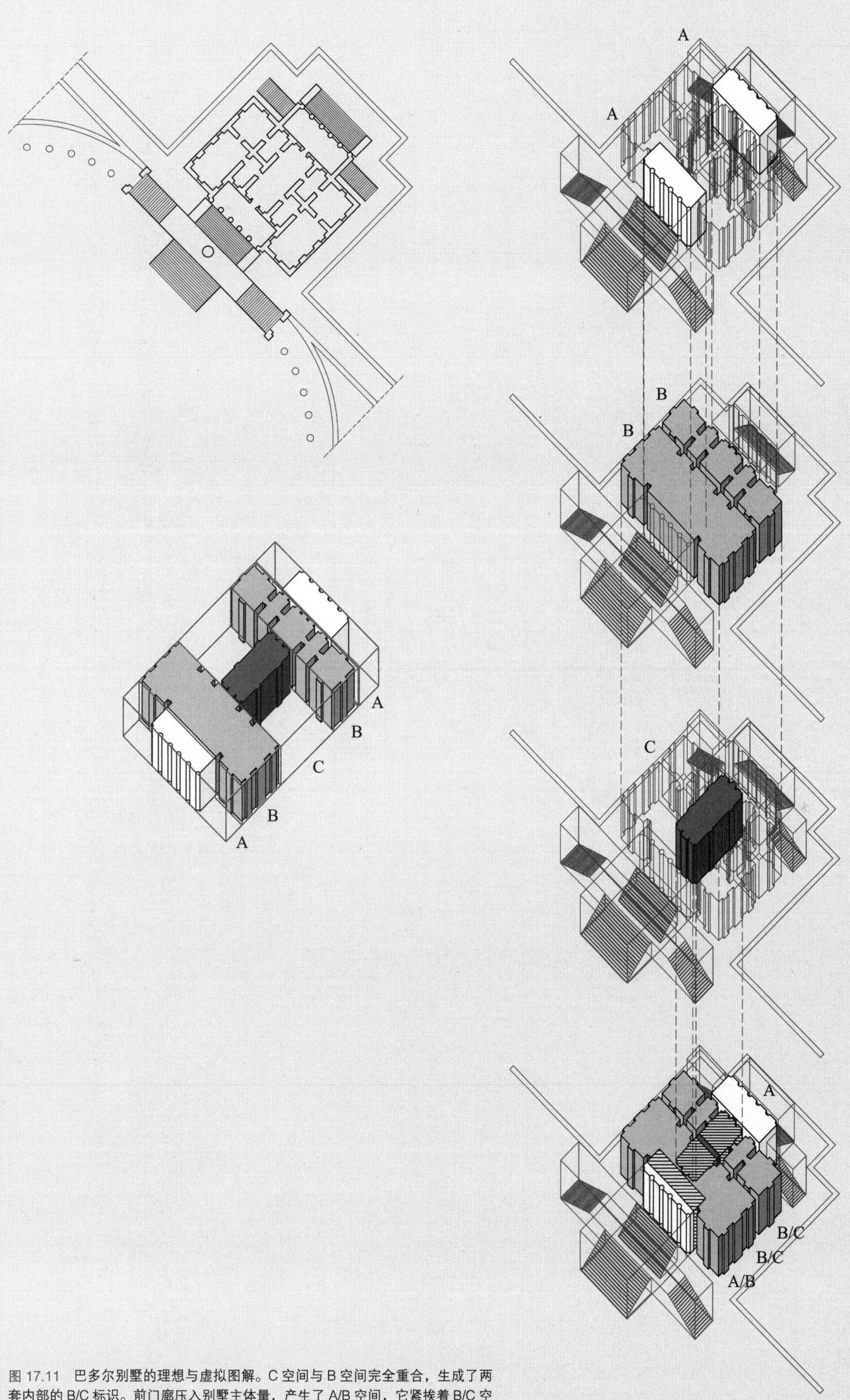

图 17.11　巴多尔别墅的理想与虚拟图解。C 空间与 B 空间完全重合，生成了两套内部的 B/C 标识。前门廊压入别墅主体量，产生了 A/B 空间，它紧挨着 B/C 空间，跟着的是别墅背面明确的 A 空间

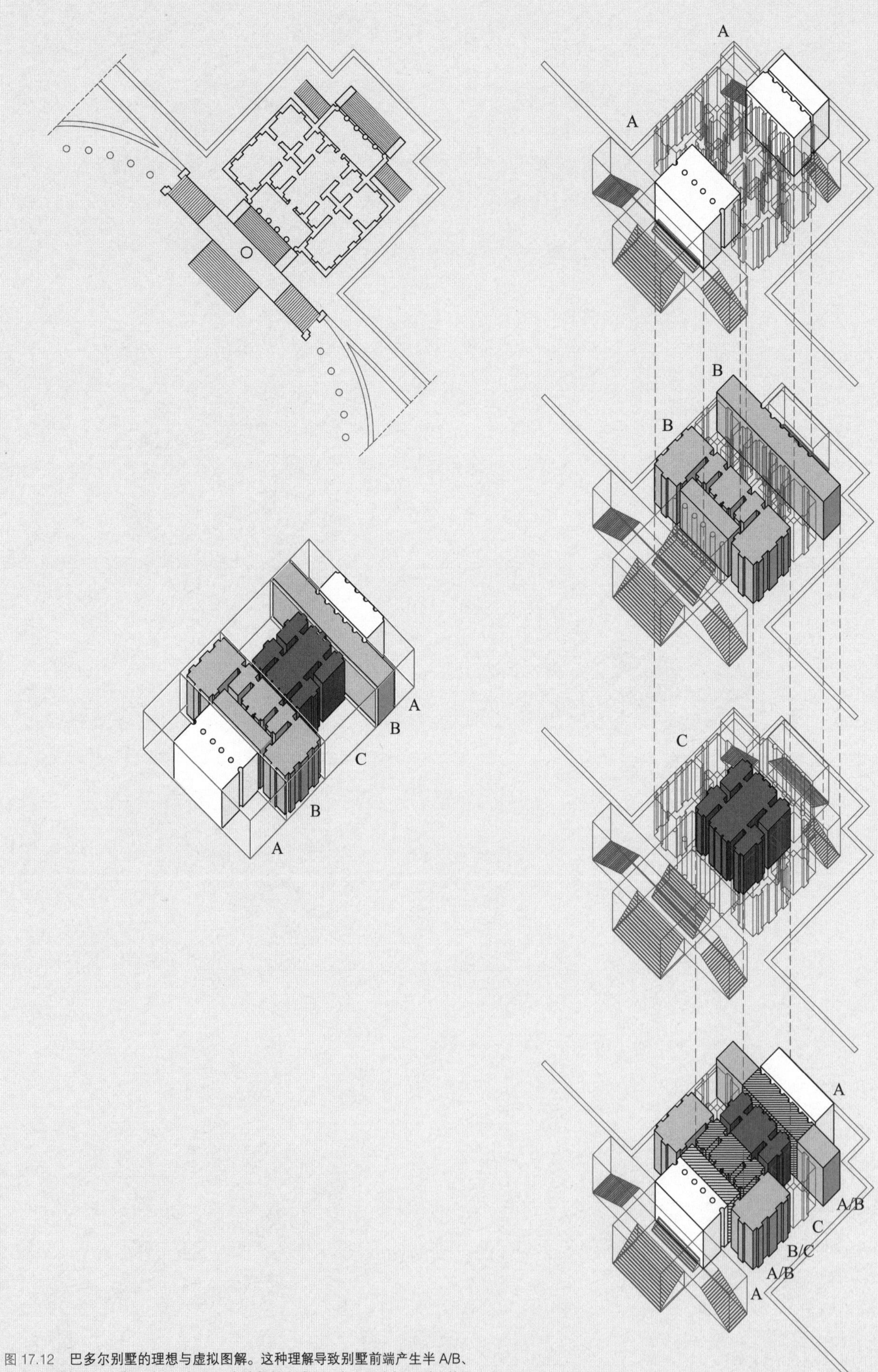

图 17.12　巴多尔别墅的理想与虚拟图解。这种理解导致别墅前端产生半 A/B、半 B/C 的情况，而背面过渡开间和门廊的叠加生成了一个 A/B 空间。剩下的是一个狭窄的横向 C 开间，紧邻别墅的背立面

尽管巴多尔别墅属于两开间别墅的类型，但与戈迪别墅不同，它在前后方向上区分了主要空间和次要空间。事实上，两个入口处的楼梯都主导着别墅在概念上的发展。正面楼梯由四部分组成（图 17.13），带有一个精巧的、延长的楼梯平台。真正的门廊像是被压入了别墅；由于两侧房间的朝向是垂直于横轴的，且形状细长，因此门廊显得没有那么重要。C 空间，或者说主要空间，几乎跨越了两开间侧室的整个进深。这使得后门廊处在一个模棱两可的处境，游离在别墅主体之外，却仍然被从主体伸出的墙体包含着。这是令别墅开始消解的一个可能性。主导背面入口的三段式楼梯并没有正面那么复杂。

很值得注意的是巴多尔别墅的填充空间，它们也标志着正面和背面存在巨大的区别。在别墅主体的背面，门廊位于室外，其两侧的剖面填充部分是连续的（图 17.14）。在别墅的正面，门廊被压入主体量，填充部分则被壁龛打断了。这种打断使得前门廊能以两种方式来理解：其一，它压入建筑，框定了中央空间 C；其二，它衔接了由一排六根柱子（包含转角处四分之三圆壁柱）组成的立面中段，使其成为对别墅主体正面墙体的延续。

这些看似微小的差别在室内空间得到了相似的表达。以别墅主体的中心线为参照，别墅主体内的侧室是非对称的。一组是正方形，另一组是长方形。鉴于从门廊到侧室这一顺序中的所在位置，它们可以在概念上被看作相似的。这是异质空间的又一特质，它既是关于几何学的，也是关于拓扑学的——两个空间在字面意义上是非对称的，但与此同时在概念上可以是相似的。

异质性使得巴多尔别墅中出现各种可能且差异很大的情况。中央开间 C 和侧开间之间存在错位，对它们的不同解读可导致出现不同的中央图形（图 17.15a，图 17.15b）。如果将分割别墅正面和背面的墙当作别墅主体的中线，那么门廊就成了稳定的元素，而侧开间可被认为发生了位移（图 17.16a）。两个门廊的尺度一致，围绕着分割侧室的墙形成对称关系。如果把侧开间的外围尺寸视为基准状态，那么包含前后门廊在内的中央开间就会看似从中央移出（图 17.16b）。最后，包含了后台阶的别墅主体可以被视为一个正方形，且是稳定的。在这样的理解中，能画出一条穿过正方形侧室对称壁龛的中心线，从而发现中央空间和侧室发生了移动（图 17.16c）。

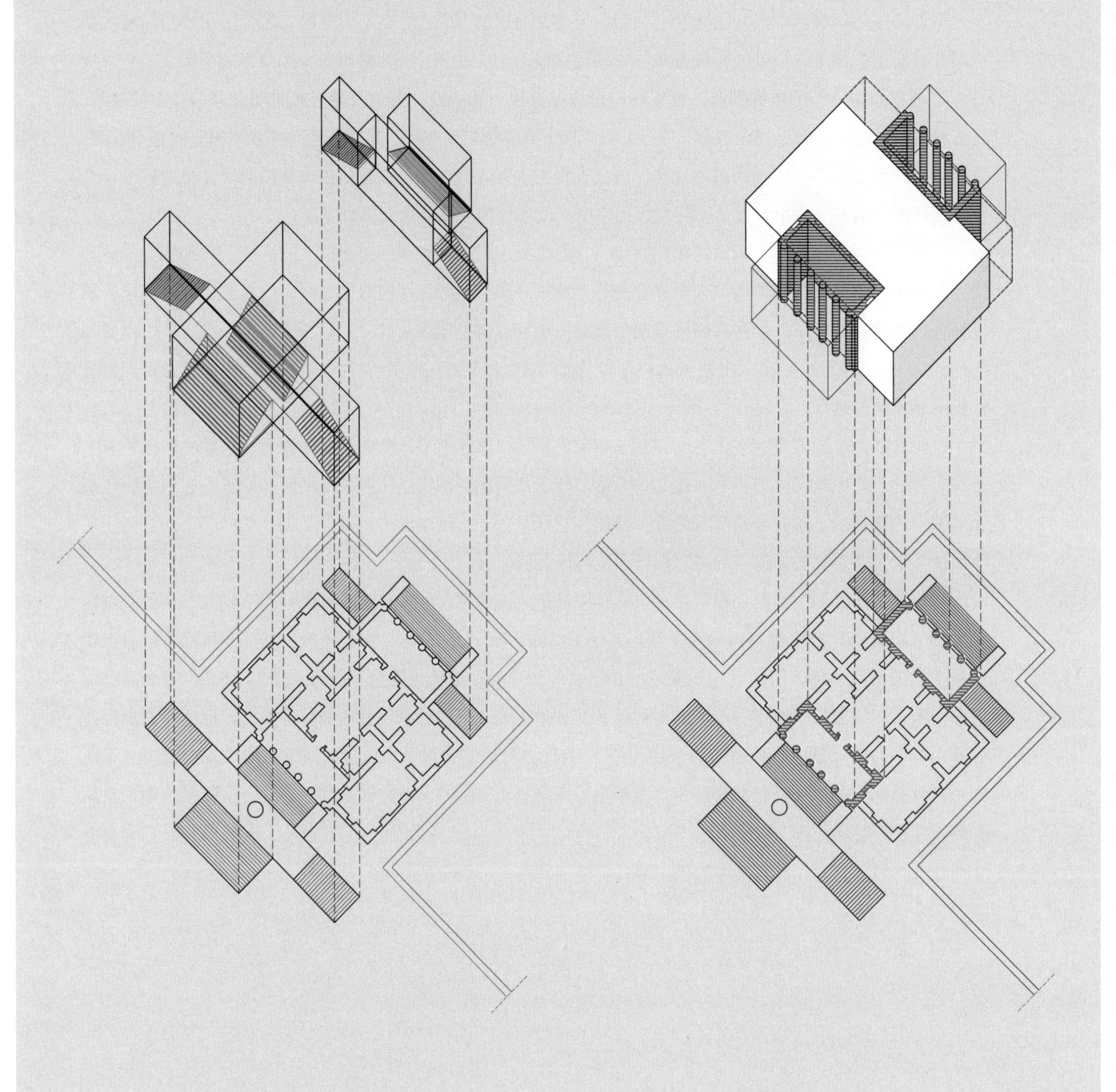

图 17.13　巴多尔别墅图解。两个入口处的楼梯都主导着别墅在概念上的发展

图 17.14　巴多尔别墅图解。在别墅的正面，门廊被压入主体量，填充空间被壁龛打断了。在别墅主体的背面，门廊位于别墅外部，其两侧的剖面填充空间是连续的

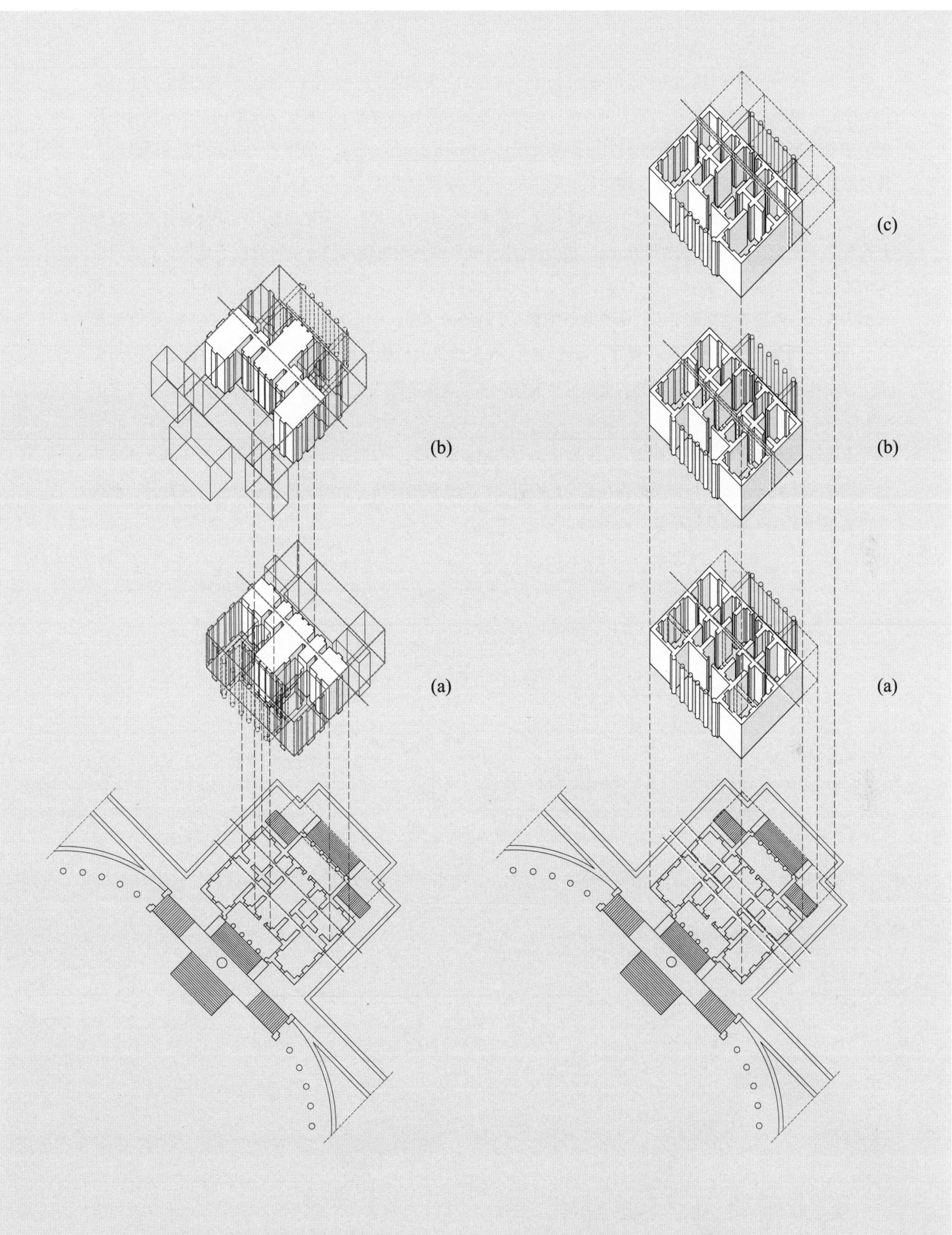

图 17.15　巴多尔别墅图解。中央开间 C 和侧开间之间存在错位，对它们的不同理解（图 a 或图 b）可导致出现不同的中央图形

图 17.16　巴多尔别墅图解。对中心线的一种理解（图 a）给出了一个规则的几何图形，它的两侧发生了位移。另一种理解（图 b）则把侧室的中心线作为中心，门廊看似发生位移；第三种理解（图 c）在后门廊纳入考虑的情况下，移动了别墅的整体

对中心线的一种理解给出一个规则的几何图形，它的两侧发生了位移。另一种理解则把侧室的中心线作为中心，门廊看似发生位移；第三种理解在后门廊被纳入考虑的情况下，移动了别墅的整体。没有一种理解或者图解是主导或者稳定的。这样一种多元解读（multivalent readings）的事实——在空间中活跃着三种可能且截然不同的理解——正是帕拉第奥作品中所谓的空间异质性。

同样值得注意的是巴多尔别墅中一个独一无二的情况：前后的六根柱子把楼梯与门廊分离开来。这种分离标志着别墅体量与谷仓之间的分解。边上的柱子嵌入侧开间的转角，而中间的柱子是独立的，将楼梯的面与主建筑的面“铰接”在一起。此外，端墙略微向前延伸，嵌壁柱也越出建筑边界线。这在建筑背面表现出一种更为活跃的姿态，延伸的墙体越过了两侧的楼梯，与端头的柱子相接（图 17.17）。背面旋转了角度的两侧楼梯与侧开间一样宽，与此同时，在主建筑的后墙与这两个楼梯的内侧之间存在一个虚部。以主体量中心墙为参照，楼梯和虚部可以被视为一组对称平衡元素，将整个建筑构成延伸入景观之中（图 17.18）。

上述过程涵盖两个层面。首先，空间在内部变得越来越复杂，它们开始从同质变为异质；其次，当平面布局越发取决于位置和局部间的内在运动，换言之，当这些局部从一个单一体量中分解开来时，别墅就变得更拓扑化而不那么几何化了。

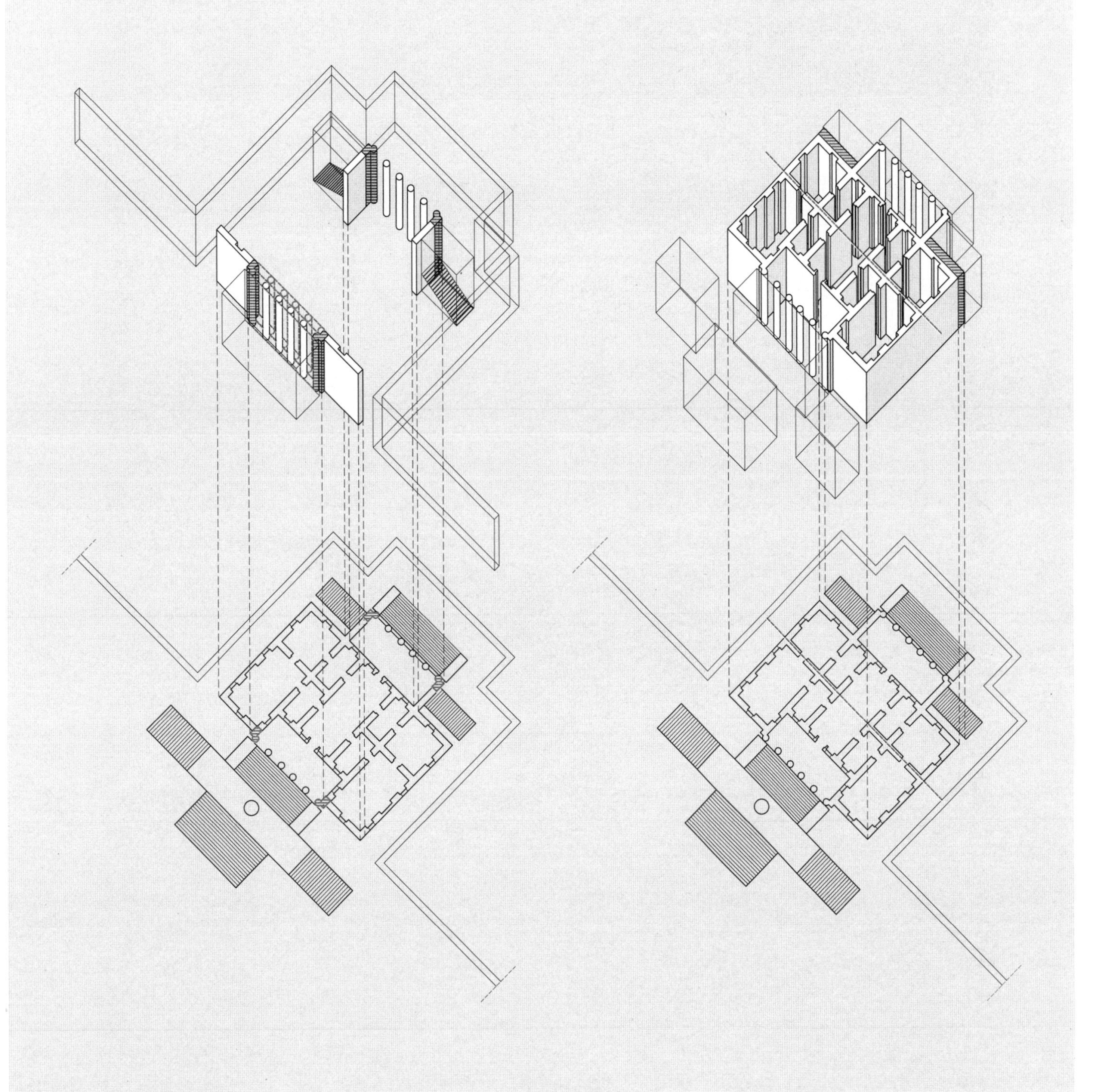

图 17.17　巴多尔别墅图解。前后的六根柱子把楼梯与门廊分离开来。这种分离标志着别墅体量与谷仓之间的分解。边上的柱子嵌入侧开间的转角，而中间的柱子是独立的，将楼梯的面与主建筑的面“铰接”在一起

图 17.18　巴多尔别墅图解。背面旋转了角度的两侧楼梯与侧开间一样宽，与此同时，在主建筑的后墙与这两个楼梯的内侧之间存在一个虚部

巴巴罗别墅

1554 年

马塞尔的巴巴罗别墅（图 18.1）是帕拉第奥最负盛名的别墅之一。通过细读会发现巴巴罗别墅呈现出来的是别墅与一个复杂的谷仓布局之间最为复杂的关系，甚至可以说是谷仓开始主导别墅主体的转折点。两个半圆形敞厅围合起谷仓,对比之下别墅本身显得很小。马孔坦塔别墅中占主导的图形是十字形，在这里，十字形看起来像是花园墙、拱廊和楼梯这个复杂序列的附属物。主体正立面巨大的柱式看起来也像是对别墅整体的一个格格不入的加建。

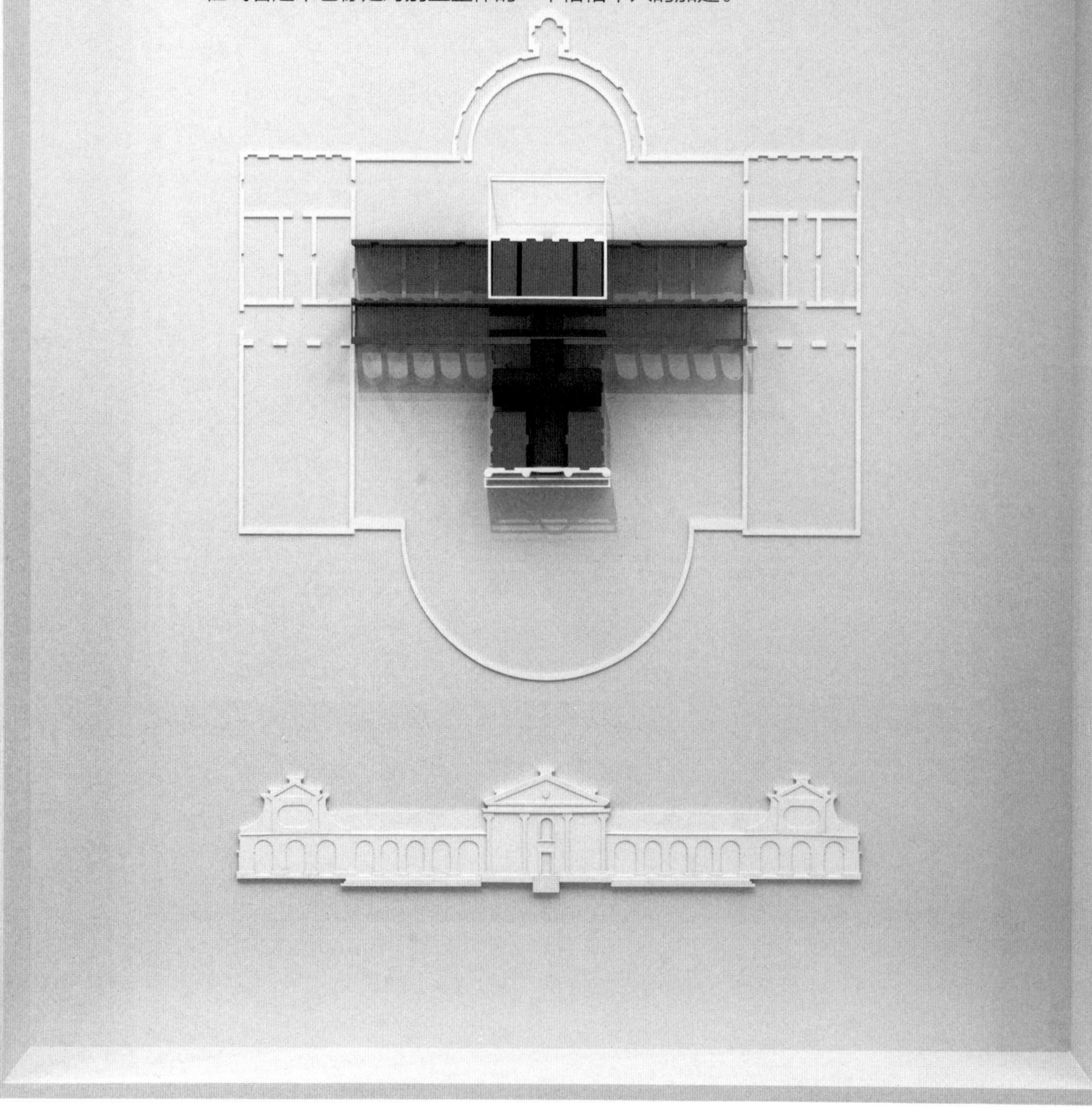

图 18.1　巴巴罗别墅的分析模型

第 18 章

巴巴罗别墅，马塞尔，1554 年

Villa Barbaro，Maser

马塞尔的巴巴罗别墅是帕拉第奥最负盛名的别墅之一，尽管高精度的彩色照片在出版物中俯拾皆是，但对其布局的分析却少之又少。通过细读会发现巴巴罗别墅是帕拉第奥所有别墅中最为复杂的一个。它包含了一个精巧的谷仓布局，主导着别墅主体。与帕拉第奥其他的别墅不同，两个半圆形敞厅勾勒出的前庭环绕着谷仓和别墅主体。福斯卡里别墅中的主导图形是内嵌的十字形（与安加拉诺别墅和皮萨尼别墅相仿），但在这里，十字形看起来像是花园墙、拱廊和楼梯这个复杂序列的附属物。在这个语境中，主体正立面巨大的柱式看起来也像是别墅整体中一个格格不入的加建（图 18.2）。

分析模型

这几个不同寻常的特质定义了巴巴罗的模型，它们同时诠释了别墅主体的图形和谷仓的复杂性。如同安加拉诺别墅，门廊在巴巴罗别墅的正面无迹可寻，因此只有立面以及巨大柱式尺度所暗示的进深被表现为入口，或者说 A 部分。立面自身被表现为一个拉伸出来的白色实体元素，但是其暗示的进深或者说虚拟进深被标记为白色线框体量。紧挨着立面内侧的就是一个过渡空间 B。这个开间中的两个外侧的房间被表现为实体或者不活跃的灰色体量。中央开间同时是过渡空间 B 的一部分，也是中央空间 C 十字图形中的一部分。因为 B 和 C 在这里是重合的，它们在概念上被视为活跃的；也就是说，尽管中央十字形在图形上的一致性很强，但 B 和 C 都不占主导地位。因此，别墅正面空间层里的中央开间被表现为一个活跃的黑色线框体量，被标识为 B/C。

中央十字图形 C 的主要交叉部分被表示为静态的黑色实心体量，而向别墅背面伸出的一翼则是活跃的黑色线框体量，这与正面的一翼一样，因为它被视为与背面 B 空间重合。考虑到从别墅主体到背面谷仓转换的模糊性，有数层墙体和空间被表现为灰色 B 空间。谷仓的三道横墙（第一道是包含着方柱的敞廊）框住了通向中央空间后翼的两对楼梯，这三道墙用实体灰色元素表示，它们延伸至侧面更大的谷仓两翼。背面花园墙的中央部分微微向后园突出。这可以被视为背后的入口空间 A，在模型中表现为一道实心白墙，由一个暗示着虚拟后门廊尺寸的、更大的白色空心体量包围。最后这个隐含的后门廊框住了过渡开间 B，这一开间包含三个矩形房间，用实心灰色体量表示，连接着背后两堵花园墙。

SECONDO. 51

LA SOTTOPOSTA fabrica è à Maſera Villa vicina ad Aſolo Caſtello del Triuigiano, di Monſignor Reuerendiſsimo Eletto di Aquileia, e del Magnifico Signor Marc'Antonio fratelli de' Barbari. Quella parte della fabrica, che eſce alquanto in fuori; ha due ordini di ſtanze, il piano di quelle di ſopra è à pari del piano del cortile di dietro, oue è tagliata nel monte rincontro alla caſa vna fontana con infiniti ornamenti di ſtucco, e di pittura. Fa queſta fonte vn laghetto, che ſerue per peſchiera: da queſto luogo partitaſi l'acqua ſcorre nella cucina, & dapoi irrigati i giardini, che ſono dalla deſtra, e ſiniſtra parte della ſtrada, la quale pian piano aſcendendo conduce alla fabrica; fa due peſchiere co i loro beueratori ſopra la ſtrada commune: d'onde partitaſi; adacqua il Bruolo, ilquale è grandiſsimo, e pieno di frutti eccellentiſsimi, e di diuerſe ſeluaticine. La facciata della caſa del padrone hà quattro colonne di ordine Ionico: il capitello di quelle de gli angoli fa fronte da due parti: i quai capitelli come ſi facciano; porrò nel libro de i Tempij. Dall'vna, e l'altra parte ui ſono loggie, le quali nell'eſtremità hanno due colombare, e ſotto quelle ui ſono luoghi da fare i uini, e le ſtalle, e gli altri luoghi per l'vſo di Villa.

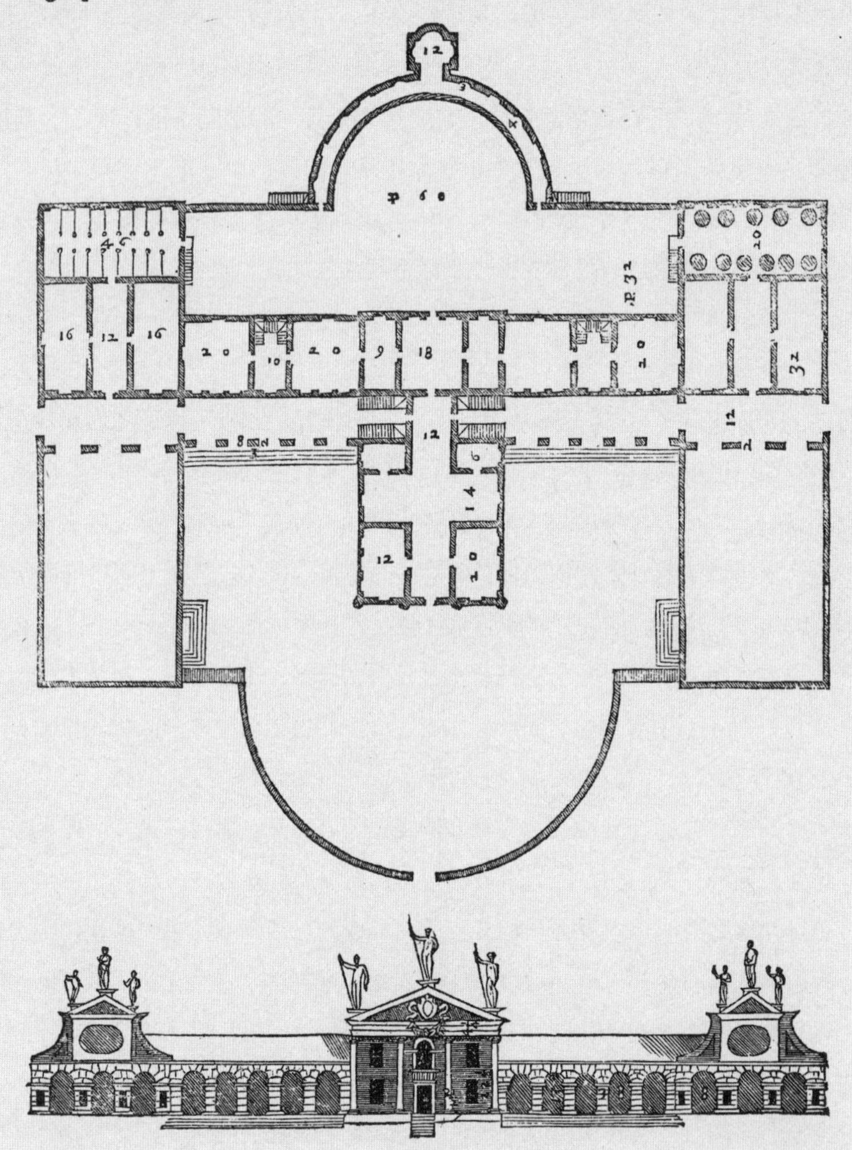

GG 2 LA SEGVENTE

图 18.2 帕拉第奥，巴巴罗别墅的平面图和立面图，《建筑四书》，1570 年

几何图解

数个几何图解强化了别墅主体和谷仓关系上的模糊性。最基本的图解是一个理想矩形，它描述了巴巴罗别墅的主体量，但把很多本可以被视为别墅主体构成的部分排除在外（图 18.3）。当这个矩形向背面移动，使其包含几乎整个别墅主体的进深时，它与原本的矩形发生重合，由此产生的空间与狭窄的矩形房间（紧邻从拱廊通向别墅的楼梯）的进深一致（图 18.4）。第三个图解中有两个重合的正方形，它们的边长与中央十字形所确定的别墅体量进深一致（图 18.5）。这两个正方形与别墅主体的侧墙对齐，也与背面谷仓中与别墅主体相邻的第一组房间对齐。第四幅图解取的是谷仓房间之间的尺寸，再次用一个基础正方形表示，其边长同样与整个别墅主体进深相同（图 18.6）。第五个图解把这个更大的正方形向两侧和前后移动（图 18.7）。当横向移动时，两正方形与纵向谷仓臂（它们框住了前庭）之间的空间对齐，并在中央重合。重合部分与横向谷仓臂中央房间的宽度一致，比中央十字形稍宽一些。向后移动时，两正方形与背面的谷仓横向内缘以及谷仓纵向端壁对齐。第六幅图解中放着两个与竖向谷仓元素进深一致的大正方形，它们重叠的部分与别墅主体宽度一致（图 18.8）。这两个正方形的中心线正好落在敞廊上，划分了整个巴巴罗别墅的构图。

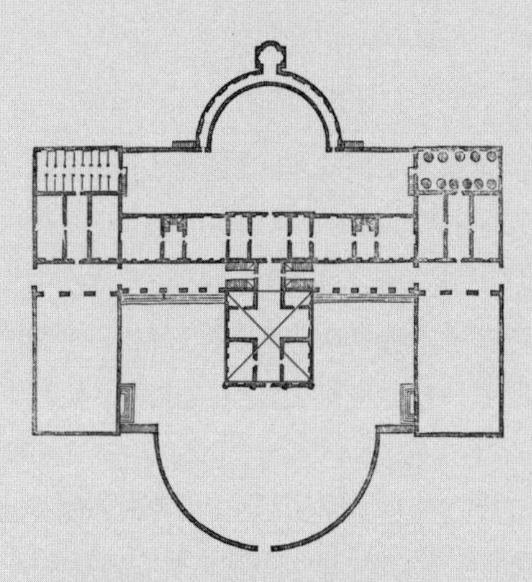

图 18.3　巴巴罗别墅几何图解。一个理想的正方形描述了巴巴罗别墅主体量，但很多本可以被视为别墅主体的部分不计入在内

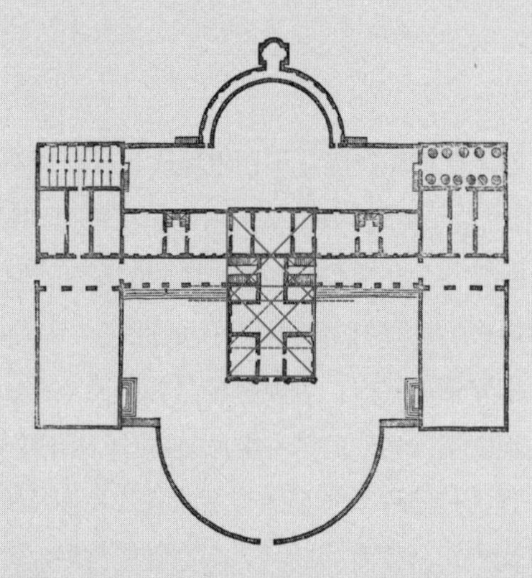

图 18.4　巴巴罗别墅几何图解。当这个初始正方形向背面移动，使其包含几乎整个别墅主体的进深时，它与原本的正方形发生重合，由此产生的空间与狭窄的矩形房间（紧邻从拱廊通向别墅的楼梯）的进深一致

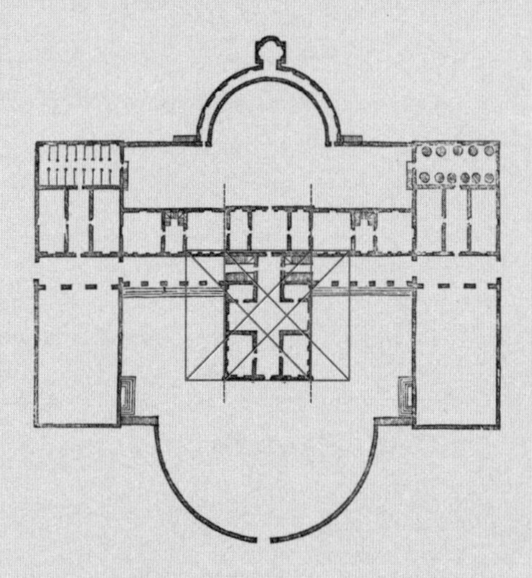

图 18.5　巴巴罗别墅几何图解。两个重叠的正方形的边长与中央十字形所确定的别墅体量进深一致

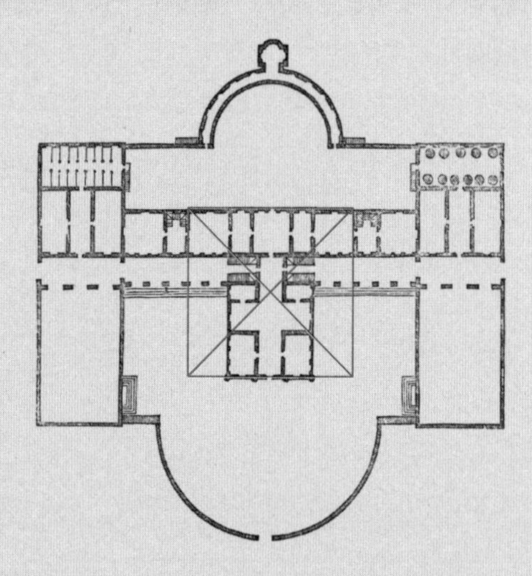

图 18.6　巴巴罗别墅几何图解。单个正方形的边长与整个别墅体量的进深一致

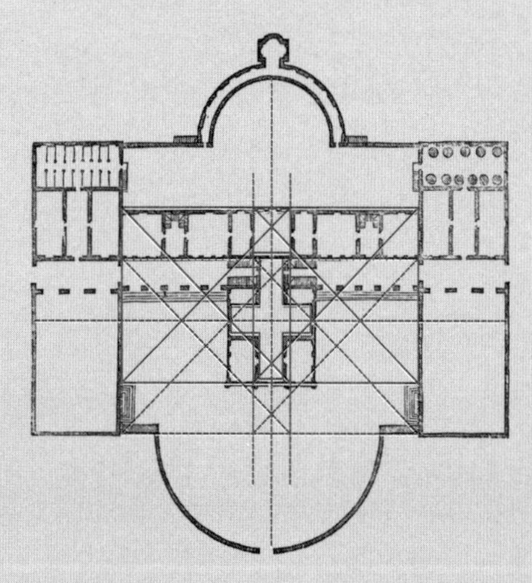

图 18.7　巴巴罗别墅几何图解。当正方形横向移动时，两正方形与纵向谷仓臂（两臂框住了前庭）之间的空间对齐，并在中央发生重合

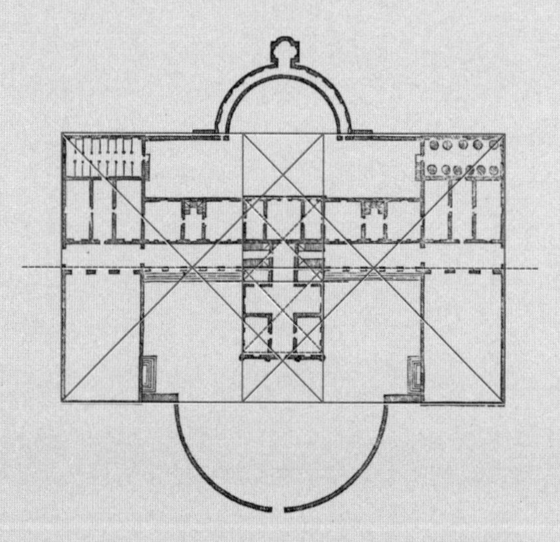

图 18.8　巴巴罗别墅几何图解。两个大正方形的边长与纵向谷仓元素的进深一致，它们在中央重叠，重叠部分与别墅主体宽度一致。这两个正方形的中心线正好落在敞廊上，划分了整个巴巴罗别墅的构图

理想图解与虚拟图解

巴巴罗别墅由两个特殊条件所主导。其一，由于谷仓拱廊穿过十字形中央空间最后端的部分，因此可以把谷仓布局的线形延伸视为对别墅主体的延续。其二是中央的十字空间 C 被插入别墅主体的拱廊所干扰（参见图 18.2）。别墅的整个正立面都被一个嵌入建筑的巨型柱式门廊覆盖着，就像安加拉诺别墅一样。如果把拱廊视为一个入口或者说 A 空间，那么别墅布局的标识就变得很复杂，对别墅主体自身也会产生几种不同的解读。如同分析模型所指示的那样，巴巴罗别墅中第一套 ABCBA 标识把正立面和背后三个为一组的房间均视为 A 或者入口空间（图 18.9）。正面的过渡空间 B 是简单直接的——它紧邻正立面的内侧，但背面的过渡空间包含了三堵横向的谷仓墙以及两侧楼梯的空间。这些空间与中央十字图形 C 重合，从前到后生成不同寻常的 A、B/C、C、B/C、A/B、B 序列。第二种诠释聚焦于中央别墅体量（图 18.10）。A 和 C 保持不变，而背面的过渡空间或者 B 空间在这里则可以被视为只包含两侧楼梯和紧邻中央图形的狭窄矩形内室。这也导致产生了一种更为典型（几乎是对称）的纵向序列 A、B/C、C、B/C、A。在这个情况下的理想图解把 C 空间视为一种横向空间而非十字图形。最后，第三种解释认为，正面入口同时包含了立面和第一个室内开间中的房间，在之前的解读里它们都被当作 B 或者过渡空间（图 18.11）。这里的两层过渡空间占据了谷仓的后侧臂。这又导致产生了一种不寻常的 A、A/C、C、B/C、A/B 序列，双层 B 空间在背面相互紧邻，而这是由花园墙和别墅主体的交叠造成的。

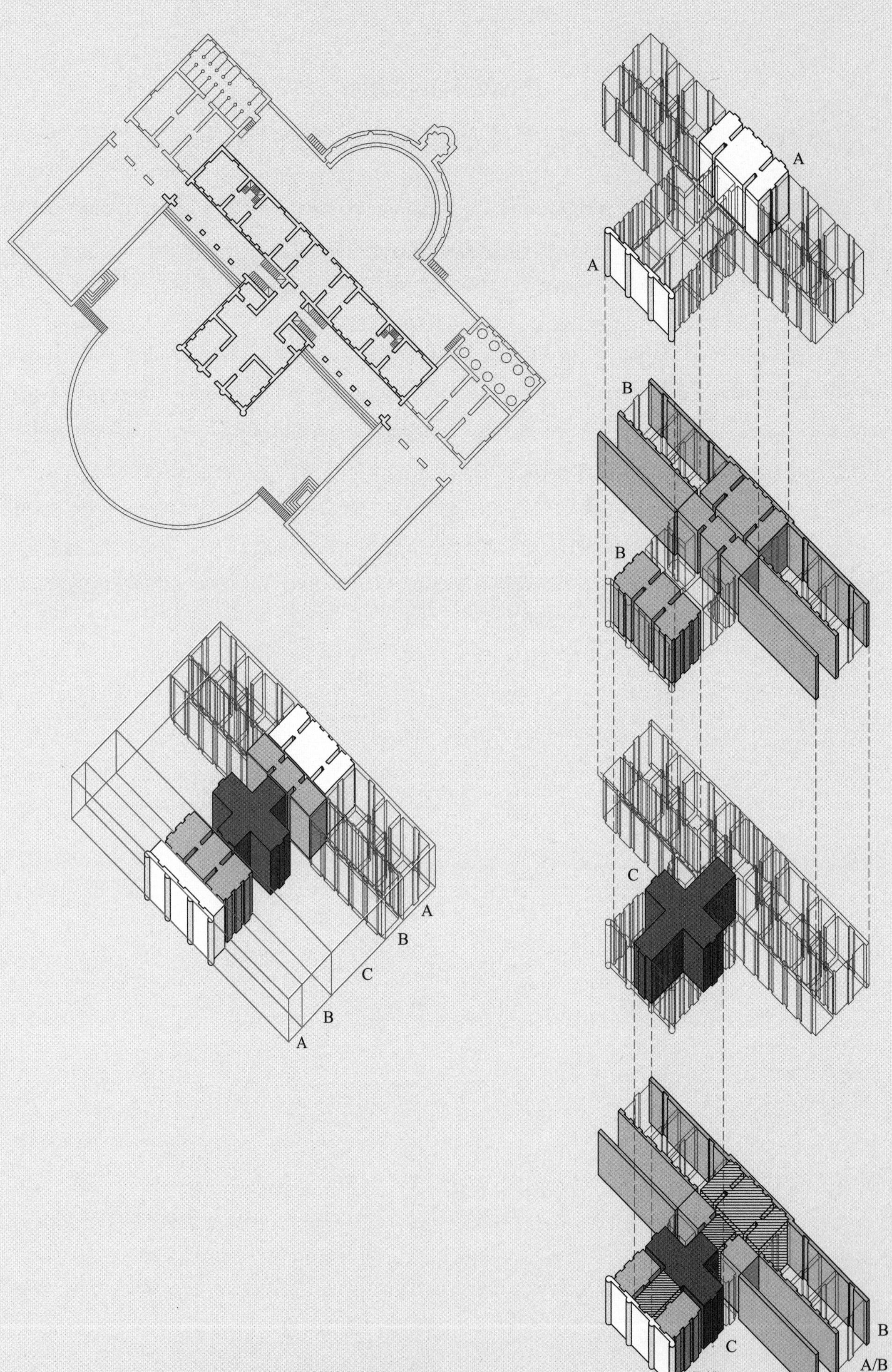

图 18.9 巴巴罗别墅的理想图解与虚拟图解。对巴巴罗别墅的第一种理解是一套 ABCBA 标识，把正立面和背后三个为一组的房间均视为 A 或入口空间

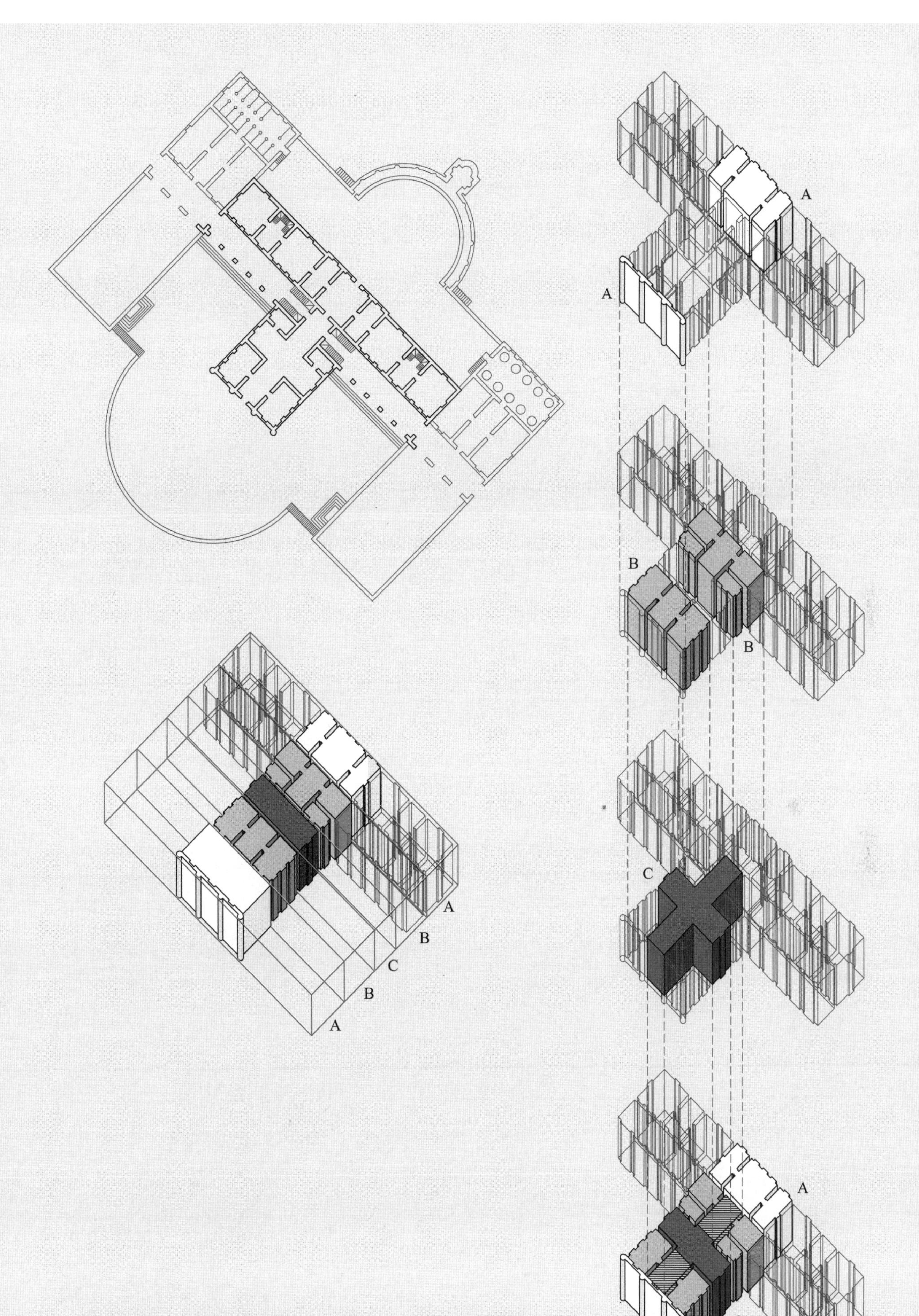

图 18.10　巴巴罗别墅的理想图解与虚拟图解。背面的过渡空间或者说 B 空间可以被视为只包含两侧楼梯和紧邻中央图形的狭窄矩形内室。这也导致产生了一种更为典型（几乎是对称）的纵向序列 A、B/C、C、B/C、A

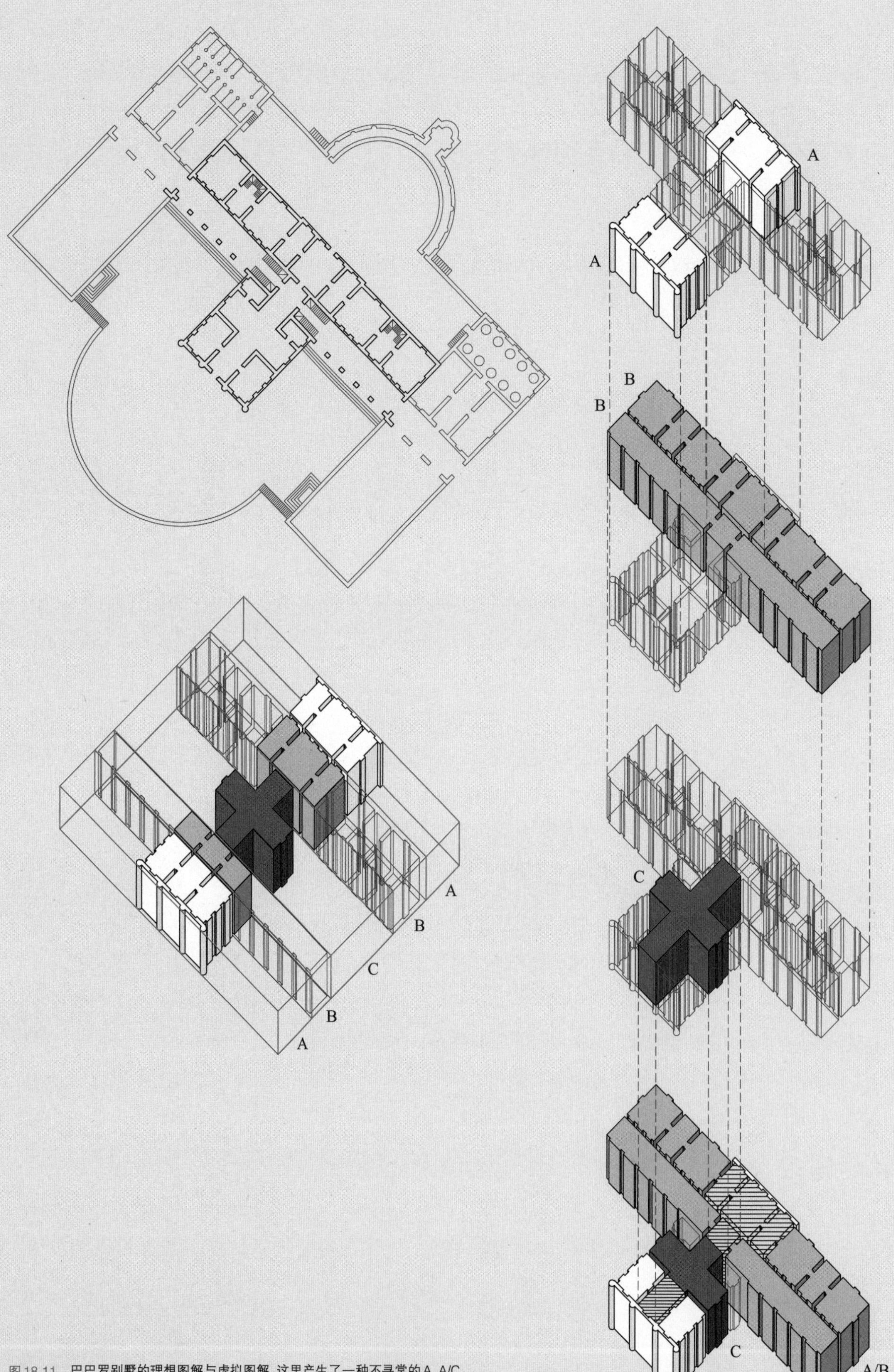

图18.11　巴巴罗别墅的理想图解与虚拟图解。这里产生了一种不寻常的A、A/C、C、B/C、A/B序列，双层B空间在背面相互紧邻，这是由花园墙和别墅主体的交叠造成的

一个十字形与别墅主体平面重合，它被四个尺寸不一的转角房间包围着（背面的两个看似被压扁，正面的两个则被拉长）。背面两个转角房间内嵌入两部楼梯，暗示了十字形向背面花园墙延伸过去的这一解读（图 18.12）。这种延伸在主体外侧得到体现，花园墙在中央微微突起，也回应着别墅主体的宽度。中央的十字图形占据主导地位，这使得别墅主体看似应被理解为对称的，然而这种理解有待商榷——如果把背立面投影部分中所暗含的体量看作别墅主体的一部分而非谷仓的一部分，那么对称轴就不再位于十字形中央，而是更加靠后（图 18.13）。正面、背面矩形房间中，门的位置和不同的朝向进一步动摇了这种对称的解读。背面两侧房间的门朝向十字形横臂，而正面两侧房间的门则是朝向十字形纵轴方向的（图 18.14）。

别墅主体可以被看作一个立方体量，朝向背面的花园延伸，与一系列谷仓长墙连接。别墅的整个正立面由门廊覆盖，其中包含了四根巨大的嵌墙柱，与安加拉诺别墅相仿。转角的柱子是四分之三圆，表明转角处存在一种可能的概念性拐折（图 18.15）。主立方体背面的墙（十字形从这里穿过）朝横向延伸，成为由扁平的矩形柱子组成的柱廊。在别墅两侧，别墅主体沿着这堵墙延伸成了与拱廊柱子平齐的填充结构。这个微微向前的延伸既可以被看成别墅本身的端壁，也可以被视为谷仓或加长的敞廊的一部分（图 18.16）。

巴巴罗别墅的中央十字图形还有个特征。事实上，十字图形是完整的，但是当把它放在虚拟或者隐含位置的关系中时，就可以被看作破碎的。在这样的理解中，对填充空间的表达至关重要。沿着中央十字的横臂，有一处缺少细部表达的、类似于墙体的填充结构，它与横跨别墅主体正立面的细部表达大相径庭。因为十字形向后延伸，嵌入后花园墙中央的三段式房间看起来像是被从主体中推离了出来。紧靠着十字形后缘的填充结构完全扁平，但在十字形后端三个房间的延伸中得到了充分的表达，它也进而导致背面墙上发生微凸（图 18.16）。这些房间要么被看作从别墅后墙的位置（十字形从这里穿过）移出（图 18.17），要么被看作从十字形交叉部分的后缘移出（图 18.18）。如果把这些房间放在这一位置来理解，就能得到关于十字形中心的对称关系，只是三个房间的比例翻转了：两个狭窄的房间共同挟住一个背靠后花园墙的更大的中央房间，而狭窄空间则位于别墅中央。没有哪一种理解是占主导的。多重理解表明了一座建筑里各个部分的关系；在具体情况中，各部分并不能构成一个整体。这些解读不再定义任何以几何为基准的条件，而成了一系列“去稳定化”的拓扑工具，帕拉第奥以它们作为对阿尔伯蒂局部－整体论的辩驳。

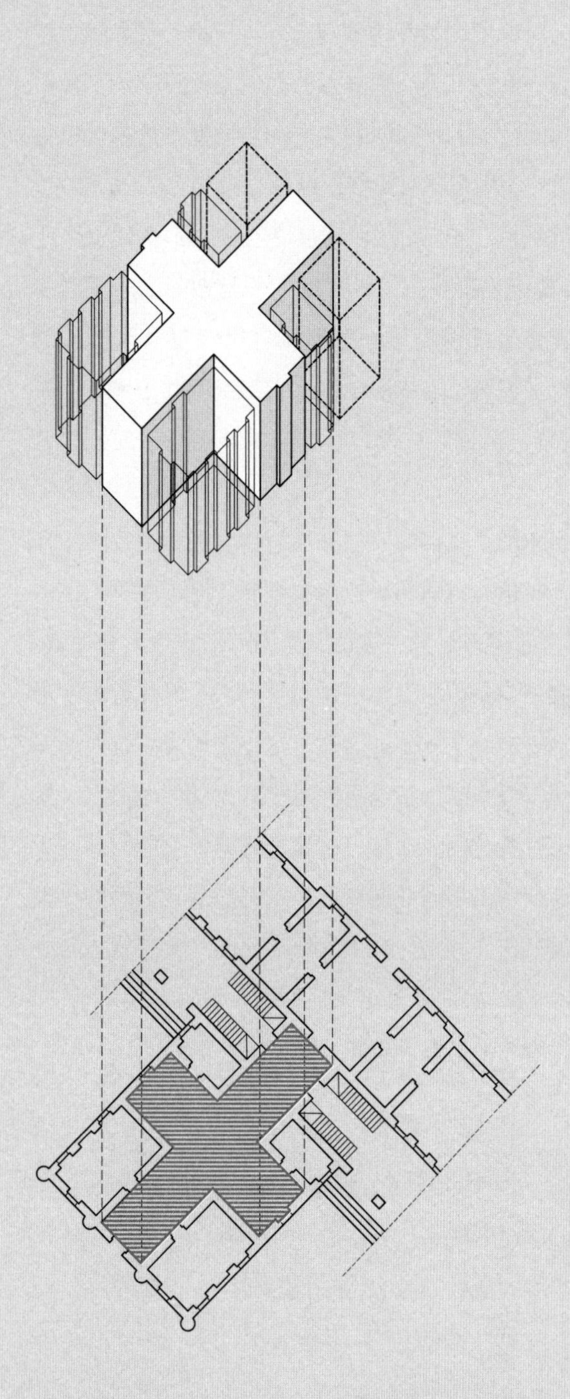

图 18.12　巴巴罗别墅图解。一个十字形与别墅主体平面重合，它被四个尺寸不一的转角房间包围着（背面的两个看似被压扁，正面的两个则被拉长）

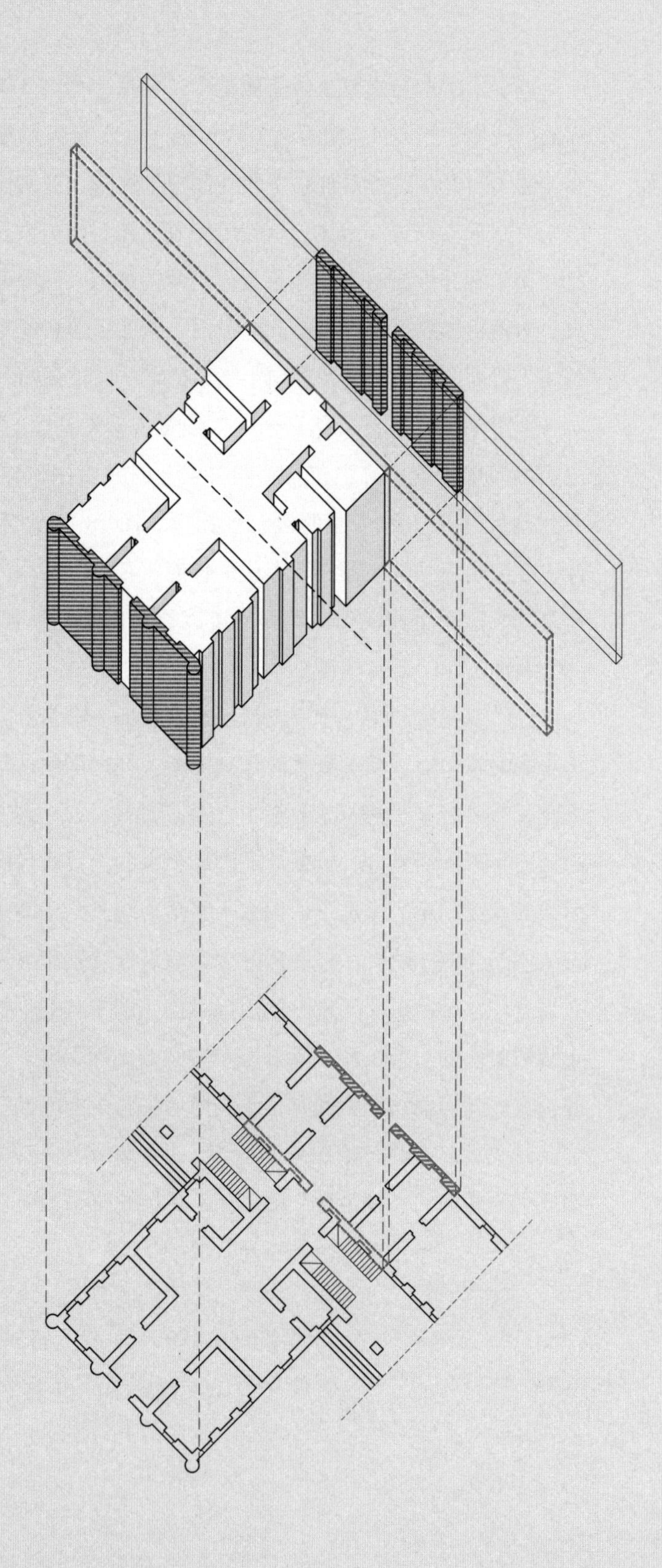

图 18.13　巴巴罗别墅图解。中央的十字图形占据主导地位，这使得别墅主体看似应被理解为对称的，然而这种理解有待商榷——如果把背立面投影部分中所隐含的体量看作别墅主体的一部分而非谷仓的一部分，那么对称轴就不再位于十字形中央，而是更加靠后

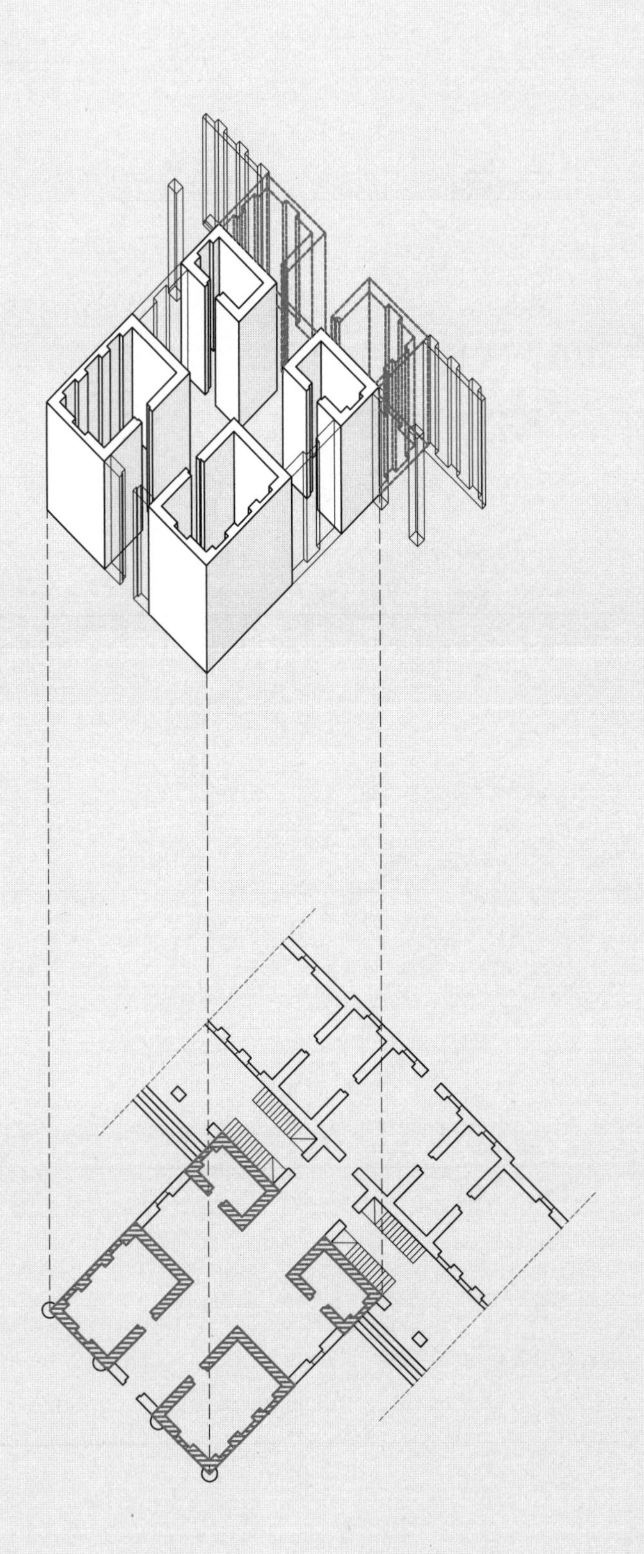

图 18.14　巴巴罗别墅图解。背面两侧房间的门朝向十字形横臂，而正面两侧房间的门则是朝向十字形纵轴方向的

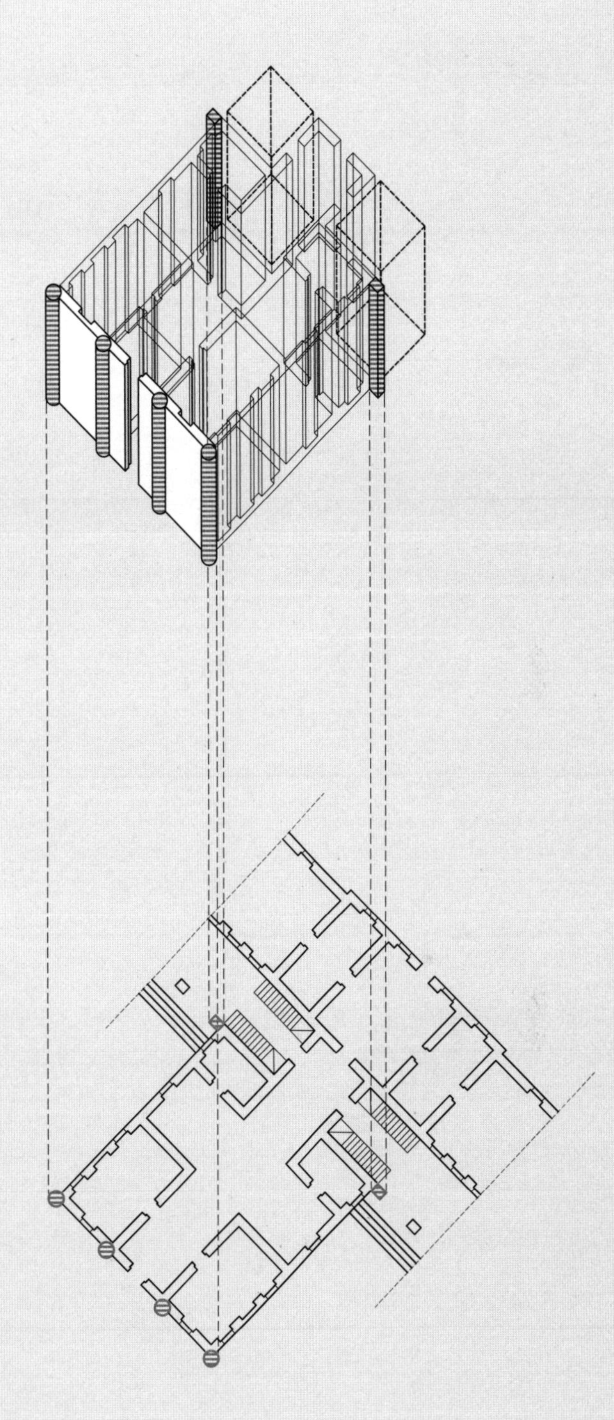

图 18.15　巴巴罗别墅图解。别墅的整个正立面由门廊覆盖，其中包含了四根巨大的嵌墙柱，与安加拉诺别墅相仿。转角的柱子是四分之三圆，表明转角处存在一种可能的概念性拐折

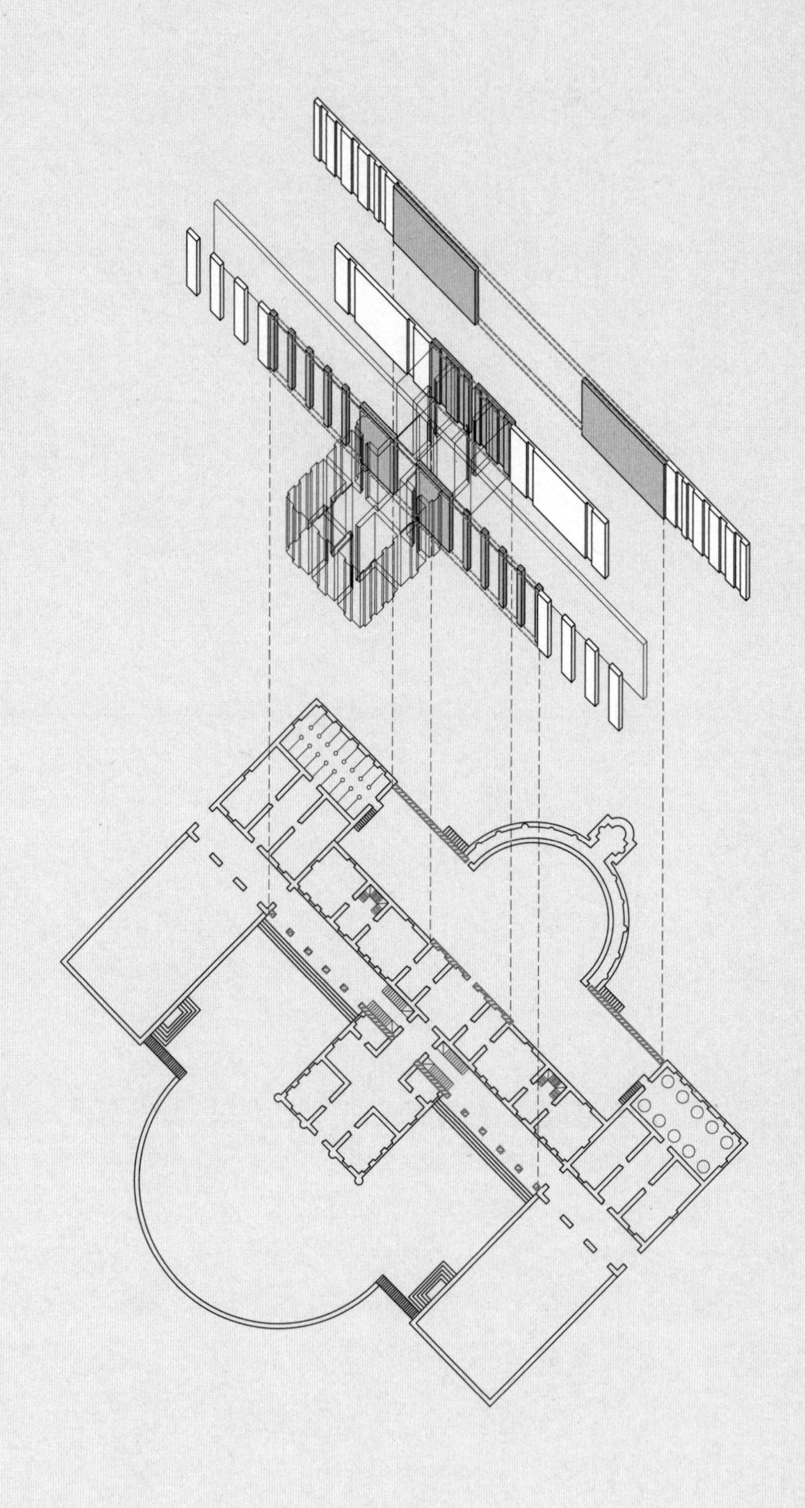

图 18.16　巴巴罗别墅图解。在别墅两侧，别墅主体沿着这堵墙延伸成了与拱廊柱子平齐的填充结构。这个微微向前的延伸既可以被看成别墅本身的端壁，也可以被视为谷仓或加长的敞廊的一部分

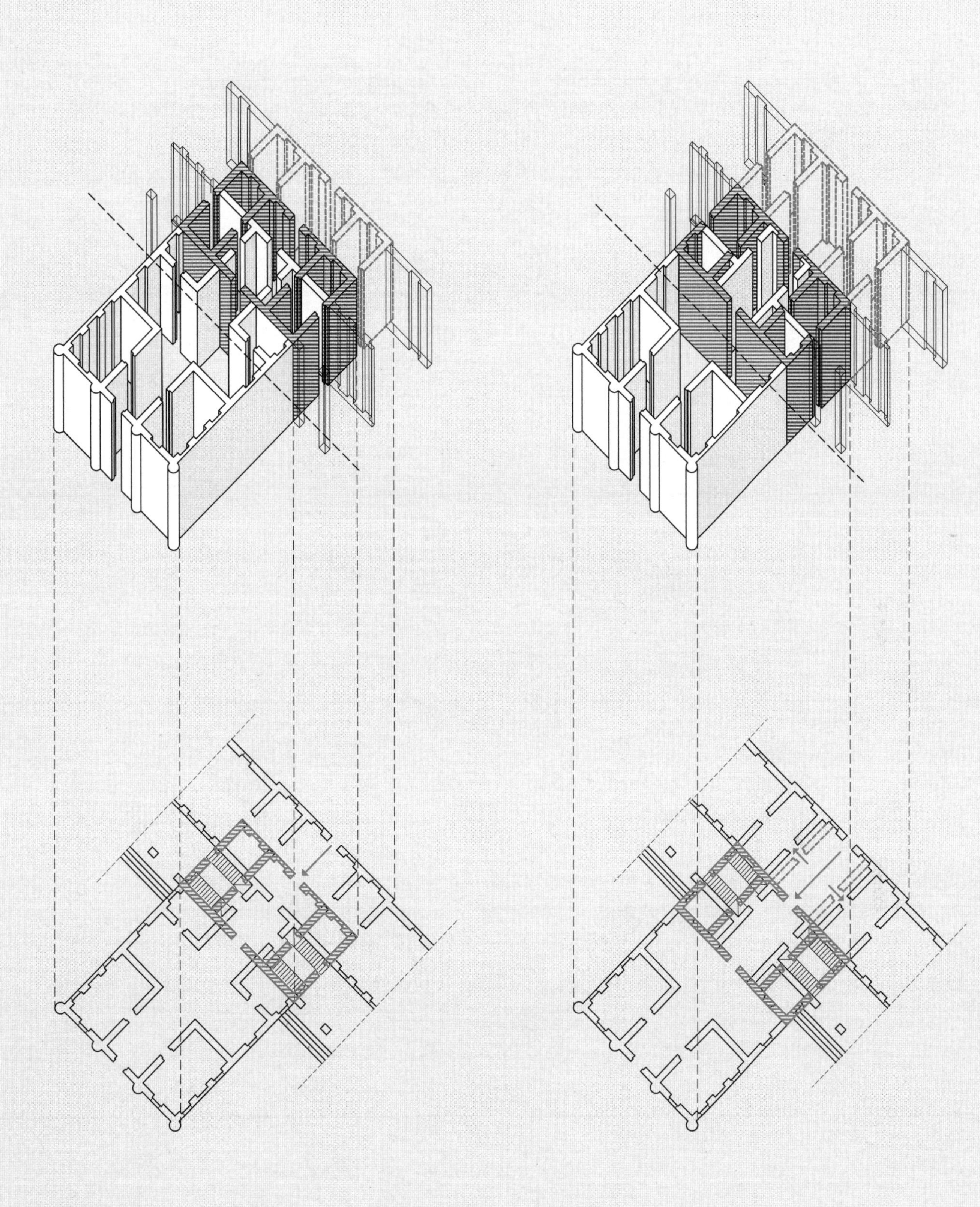

图 18.17　巴巴罗别墅图解。嵌入后花园墙中央的三段式房间看起来像是被从别墅后墙的位置（十字形从这里穿过）移出

图 18.18　巴巴罗别墅图解。在另一个解读中，可以认为三段式布局的房间从十字形交叉部分的后缘移出

雷佩塔别墅

1557 年

按时间顺序，位于坎皮利亚的雷佩塔别墅（图 19.1）属于晚期作品之一，它清楚地说明了从理想到虚拟别墅的转变。整个别墅主体所仅剩的部分是一个朴素的四柱门廊，包含一个“眼窗”（oculus）和位于 U 形谷仓布局交接处的两个转角塔楼。内部的三向拱廊被一个带有巨大中央半圆形敞厅的花园墙打断，也被后者围合。门廊构成了谷仓中唯一一个虚部的正面，这个虚部位于半圆形敞厅正对面的立面中央，这更强调了别墅主体的缺失。这里没有任何中央体量可言，相反，在雷佩塔别墅中，先前谷仓项目中的前院或花园变成了唯一可辨识的中央空间。

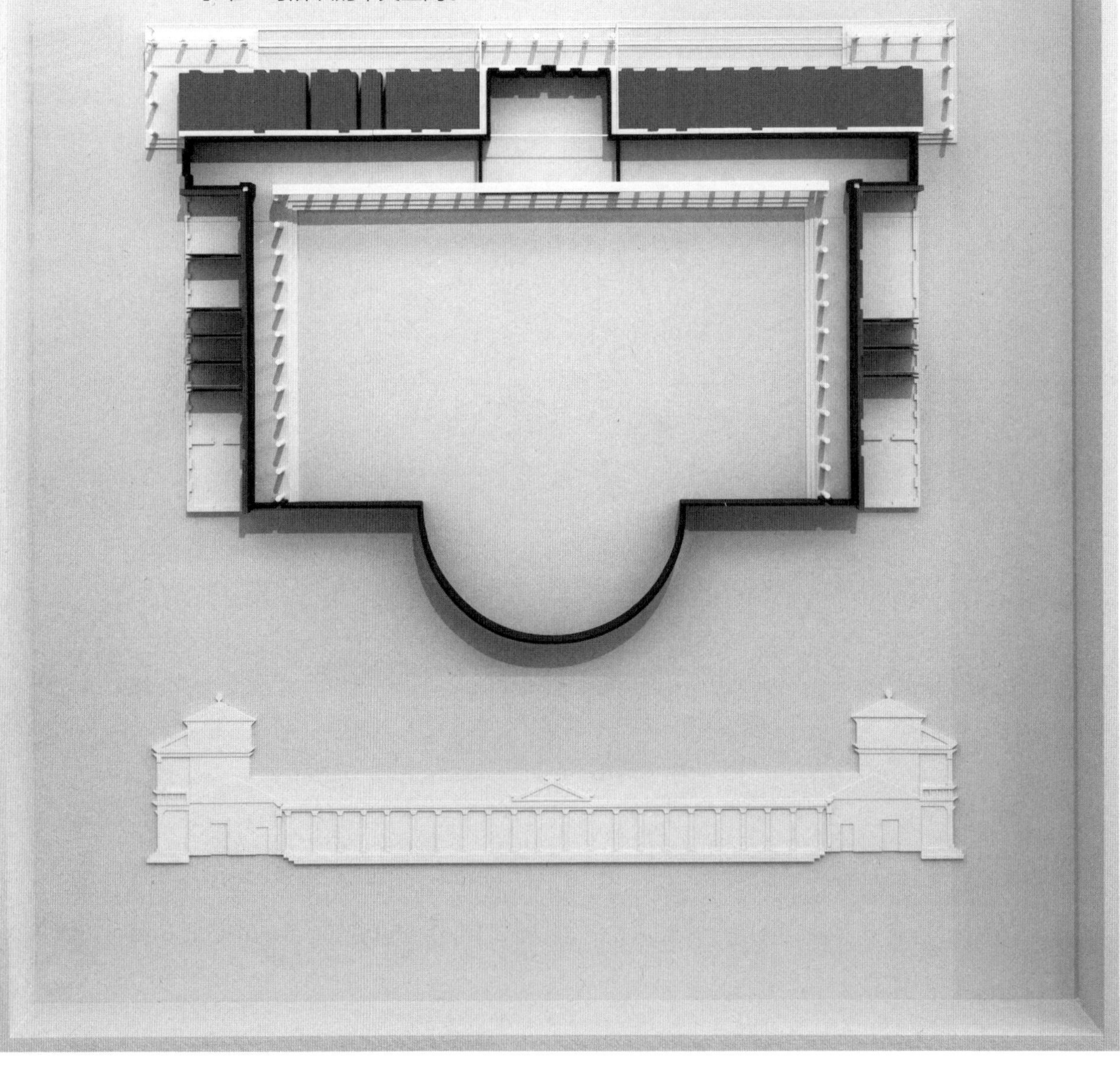

图 19.1　雷佩塔别墅的分析模型

第19章
雷佩塔别墅，坎皮利亚，1557年
Villa Repeta，Campiglia

按时间顺序，位于坎皮利亚的雷佩塔别墅属于晚期作品之一，它清楚地说明了帕拉第奥的别墅是如何与任何理想类型的概念渐行渐远，同时指出它们的虚拟状态是一种整体，并向一种更特殊的、分散或解体的拓扑类型展开。整个别墅主体所仅剩的部分是一个朴素的四柱门廊，包含一个“眼窗”（oculus）和两个转角塔楼。三向拱廊被第四面上的一道带有巨大半圆形敞厅的花园墙打断，这也让人想起巴巴罗别墅的谷仓形式。谷仓里唯一一个虚部的正面有一个门廊（这个虚部位于半圆形敞厅正对面的立面中央），门廊强调了别墅主体的逐渐消失。这里没有中央体量的说法，相反，在雷佩塔别墅中，先前谷仓计划中的前院或花园变成了唯一可辨识的中央及内院空间。

分析模型

除了位于别墅正面的一系列辅助性的房间（帕拉第奥的平面图把入口放在页面顶部而不是底部）（图19.2），雷佩塔别墅模型中主要只包含平面而不是实体体量。对拉伸平面和线框体量的运用强化了对雷佩塔别墅的一种理解，即它不具有别墅类型的传统属性；也就是说，它没有细部明晰的门廊、流线开间或者室内中央空间。别墅由内而外的翻转使得门廊和中央空间在概念上是活跃的，这种状态在模型中通过线框虚部来表达。唯一的实体或者说概念上静态的元素都是组成了B空间的那些部分，它们用灰色表示，布置在隐含的门廊的两侧。

S E C O N D O 61

LA FABRICA ſottopoſta è in Campiglia luogo del Vicentino, & è del Signor Mario Repeta, ilquale ha eſequito in queſta fabrica l'animo della felice memoria del Signor Franceſco ſuo padre. Le colonne de i portici ſono di ordine Dorico: gli intercolunnij ſono quattro diametri di colonna: Ne gli eſtremi angoli del coperto, oue ſi ueggono le loggie fuori di tutto il corpo della caſa, ui uanno due colombare, & le loggie. Nel fianco rincontro alle ſtalle ui ſono ſtanze, delle quali altre ſono dedicate alla Continenza, altre alla Giuſtitia, & altre ad altre Virtù con gli Elogij, e Pitture, che ciò dimoſtrano, parte delle quali è opera di Meſſer Battiſta Maganza Vicentino Pittore, e Poeta ſingolare: il che è ſtato fatto affine che queſto Gentil'huomo, il quale riceue molto uolentieri tutti quelli, che vanno à ritrouarlo; poſſa alloggiare i ſuoi foreſtieri, & amici nella camera di quella Virtù, alla quale eſsi gli pareranno hauer più inclinato l'animo. Ha queſta fabrica la commodità di potere andare per tutto al coperto; e perche la parte per l'habitatione del padrone, e quella per l'uſo di Villa ſono di vno iſteſſo ordine; quanto quella perde di grandezza per non eſſere più eminente di queſta; tanto queſta di Villa accreſce del ſuo debito ornamento, e dignità, facendoſi vguale à quella del Padrone con bellezza di tutta l'opera.

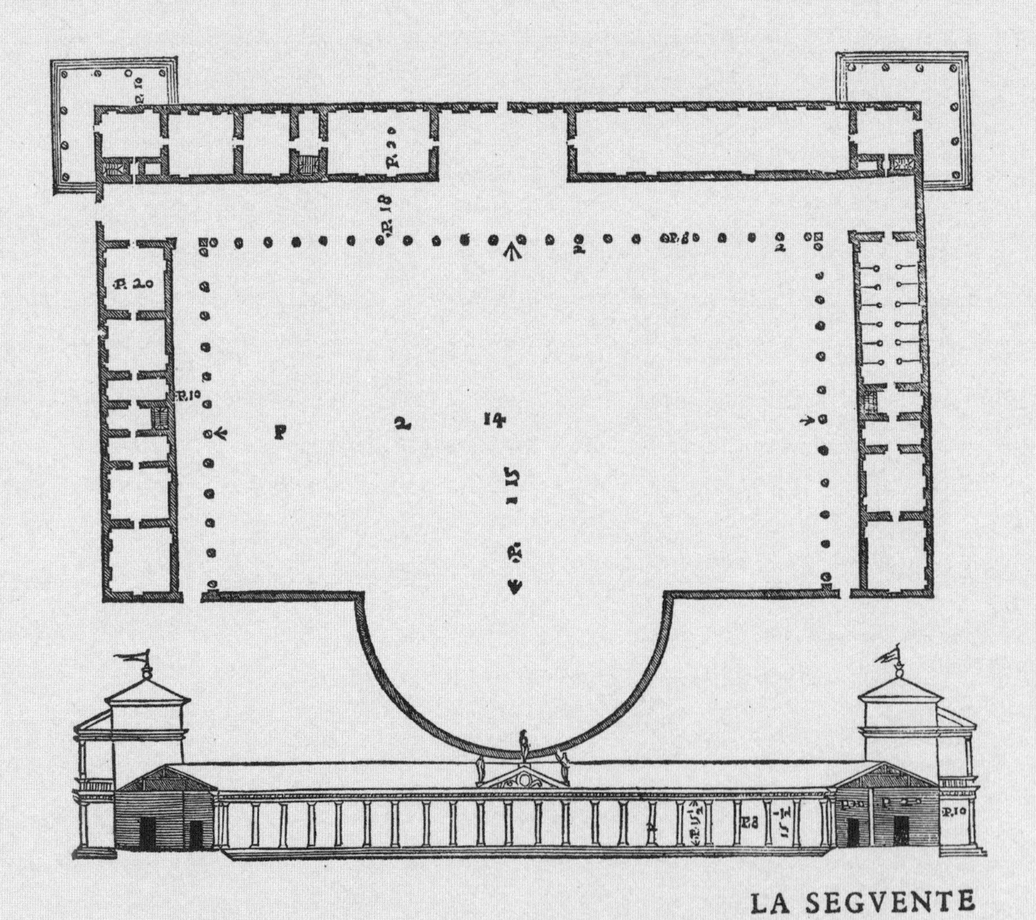

LA SEGVENTE

图 19.2　帕拉第奥，雷佩塔别墅的平面图及立面图，《建筑四书》，1570 年

几何图解

有好几种几何抽象图解能够部分解释雷佩塔别墅的平面。比如，两个重叠的正方形定义了别墅整体边界（图 19.3），但是重合的区域无法定义任何内部布局；若将数个其他尺寸的正方形重叠，结果也是一样。第二幅叠加式图解展示了一个不合常规的几何形，由两个相互嵌套的正方形组成（形成 45° 夹角），这定义了别墅里的两组纵向尺寸，但并不涉及任何横向尺寸（图 19.4）。然而在第三幅图解中，两个重叠的正方形界定了两个转角塔楼的外缘，同时定义了横向谷仓臂中央的虚部（图 19.5）。第四幅几何叠加图框出了谷仓中的三翼，将它们视为两个重叠正方形的边界，重叠的区域同样是定义了谷仓横翼中央的虚部（图 19.6）。为了保持中心线的位置不变且为了使中央虚部内没有重合，原本相叠的正方形要向外移动。另一组正方形靠着正面、背面外墙的内缘放置，它们确定了两个塔楼之间的横向尺寸，但是并没有考虑到塔楼在谷仓横臂后方的进一步延伸（图 19.7）。第六幅图解展示了两个相邻的正方形，它们定义了谷仓两纵臂之间的整体尺寸，别墅后方的横臂不计入其中（图 19.8）。值得注意的是，正方形的尺寸并不像预期的那样与花园墙半圆敞厅相呼应；在这一解读中，半圆敞厅相对于别墅的整体尺寸来说是很小的。最后一幅图解展示了两个邻接的正方形，它们定义了内院空间，且与半圆形敞厅的尺寸更加接近（图 19.9）。

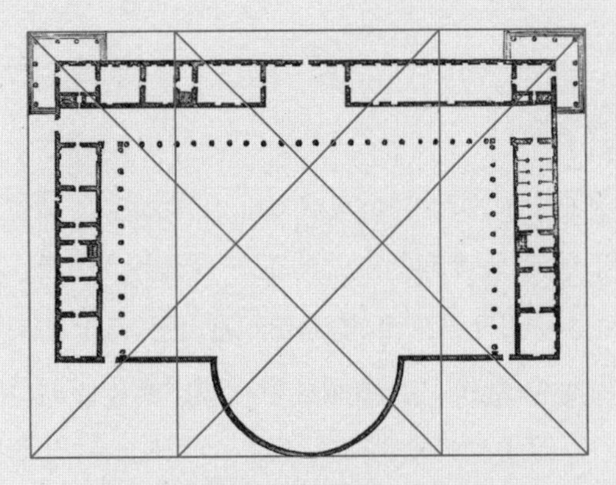

图 19.3　雷佩塔别墅几何图解。两个重叠的正方形界定了别墅的整体边界，但重合的区域没有定义任何内部布局

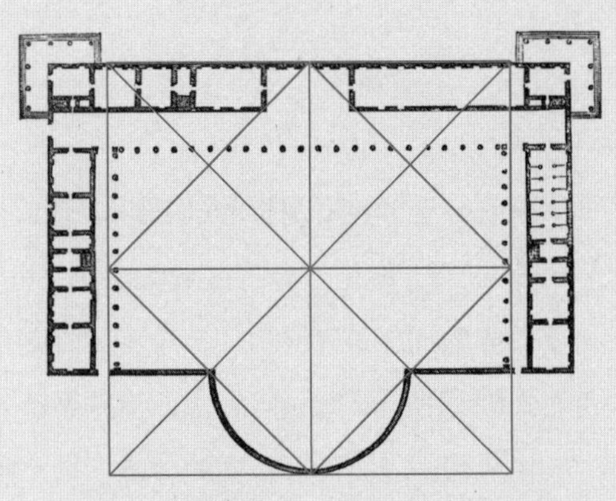

图 19.4　雷佩塔别墅几何图解。两个相互嵌套的正方形（互为 45° 角）定义了别墅里的两组纵向尺寸，但不涉及任何横向尺寸

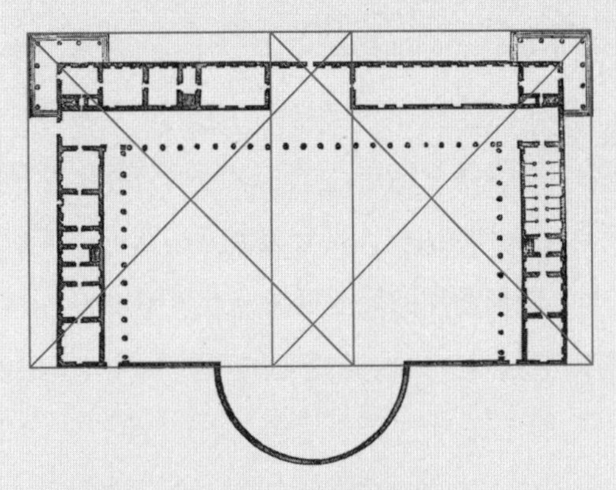

图 19.5　雷佩塔别墅几何图解。两个重叠的正方形界定了两个转角塔楼的外缘，同时定义了横向谷仓臂内的中央虚部

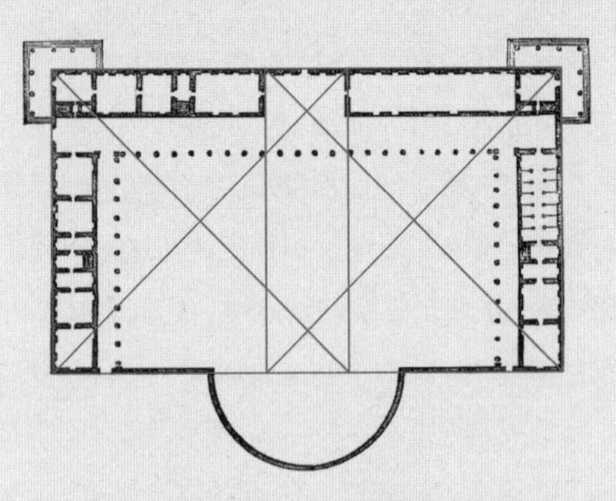

图 19.6　雷佩塔别墅几何图解。两个重叠正方形的边界框出了谷仓的三翼，重叠的区域定义了横翼中的中央虚部

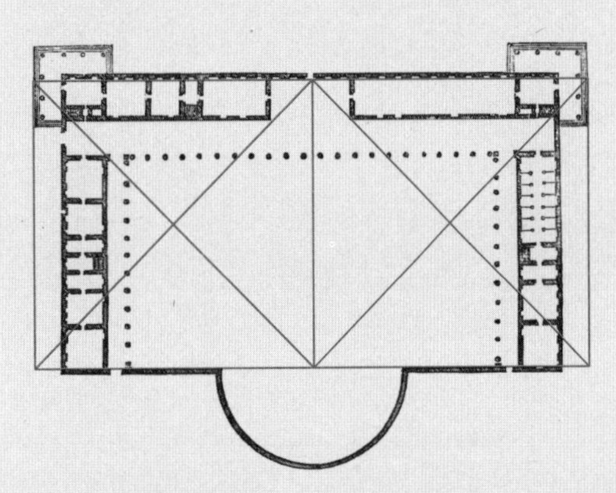

图 19.7　雷佩塔别墅几何图解。一组正方形靠着正面、背面外墙的内缘放置，它们确定了两个塔楼之间的横向尺寸，但是并没有考虑到塔楼往谷仓横臂后方的延伸

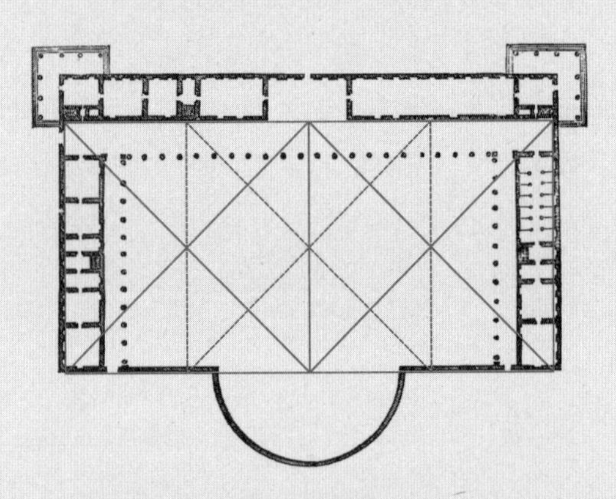

图 19.8　雷佩塔别墅几何图解。两个相邻的正方形定义了谷仓两纵臂之间的整体尺寸，别墅后方的横臂不计入其中

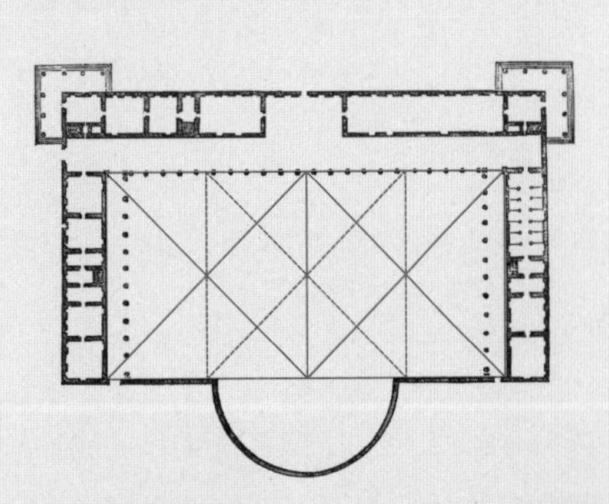

图 19.9　雷佩塔别墅几何图解。两个邻接的正方形定义了内院空间，且与半圆敞厅的尺寸更加接近

理想图解与虚拟图解

任何对雷佩塔别墅的理想投射充其量只是猜测，并没有多少视觉上的依据。比如，必须把拱廊式后院视为中央 C 空间，才有可能解读出一个理想的 ABCBA 型别墅（图 19.10）。任何其他方式所产生的局部之间的布局关系都近乎难以辨认。这里的门廊 A、过渡空间 B 和中央空间 C 被压入前入口的空间。这个版本的雷佩塔别墅的理想布局明晰地建立起这样一种印象，即别墅一半是宫殿或庭院形制，另一半则是虚拟的，通过暗示而非制图表达出来（图 19.11）。

这样一种虚拟的状态存在多种可能的解读。如果将一条隐含的对称轴看作中央庭院的几何中心，那么别墅可以被视为一个具备封闭合院及四个角楼的方案，在布局和尺度上与提耶内宫很相似（图 19.12）。这一解读把中央庭院视为一个已然封闭的空间；后侧花园墙嵌墙方柱这一小细节进一步强化了这种理解。方壁柱与邻近圆柱紧紧相邻，是帕拉第奥常用来处理外部庭院转角的做法。同样的“圆 – 方 – 圆”转角方式也出现在了拱廊的正面，这让背面也可以被视为一个转角。这种理解再次令人想起巴巴罗别墅的布局（图 19.13a），其位于中央的流线开间被视为矩形平面的对称轴，正面和背面各有一个半圆敞厅（图 19.13b）。别墅背面的壁柱或许同样暗示了背面花园墙自身就是一条对称轴线，穿过一个中央有圆形构造物的、更大的正方形庭院，这与圣索菲亚的萨雷戈别墅相似，遵循同样的分析方法（图 19.14）。

一个小细节——花园墙压入拱廊背面，也导致产生了多样的诠释，但没有哪一种理解比其他的更稳固。背面的挤压暗示了雷佩塔别墅正面的实墙从拱廊处延伸出来或者说分割开来，这导致紧贴门廊后侧的位置出现一个空间 B 或过渡开间（图 19.15）。相反，如果别墅的布局名义上采用的是 ABCBA，那么在后花园墙真实与虚拟的位置之间存在一个隐含的“垫层”（gasket）或空间 B（图 19.16）。在整个布局中除了这些微小的位移之外，轴线布置上也有一系列些许不对称和不相接的情况，它们进一步激活了雷佩塔别墅（图 19.17，图 19.18）。无论这些不规则或者错位的情况是发生在内墙、开洞、壁龛或者柱子的位置上，它们都指向一点：建立起从局部到整体的单一、稳定的解读几乎是不可能的。同理，任何试图在平面和立面上确立理想几何图形的努力也会很快瓦解。那些以往被认为具有一致性的要素、那些仍可被认为从属于某种别墅类型的要素，现在都已经变得不一致了，它们不再指向任何一种类型，而是指向一个不确定的起源。

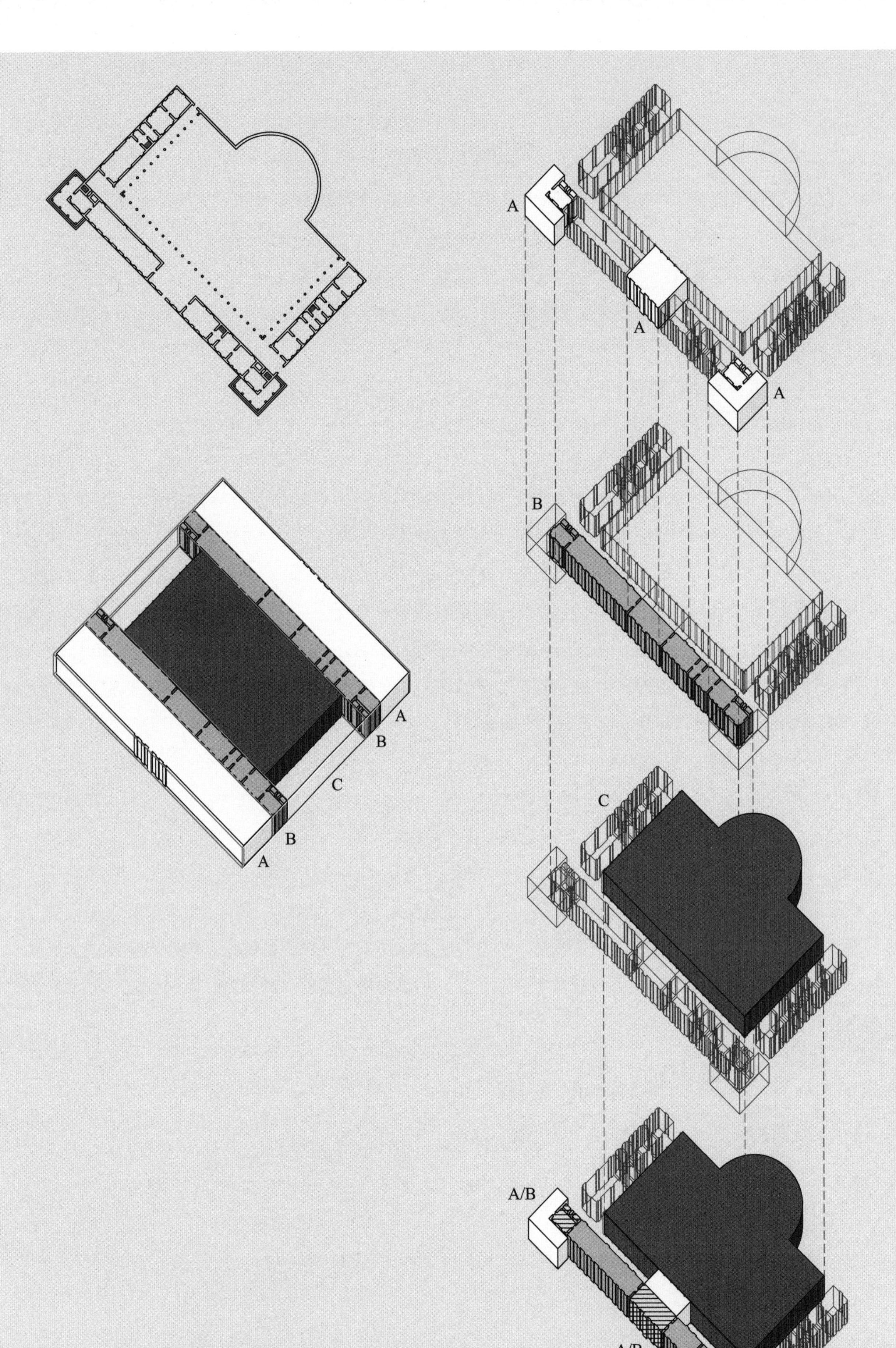

图 19.10　雷佩塔别墅的理想图解与虚拟图解。必须把拱廊式后院视为中央 C 空间，才有可能解读出一个理想的 ABCBA 型别墅

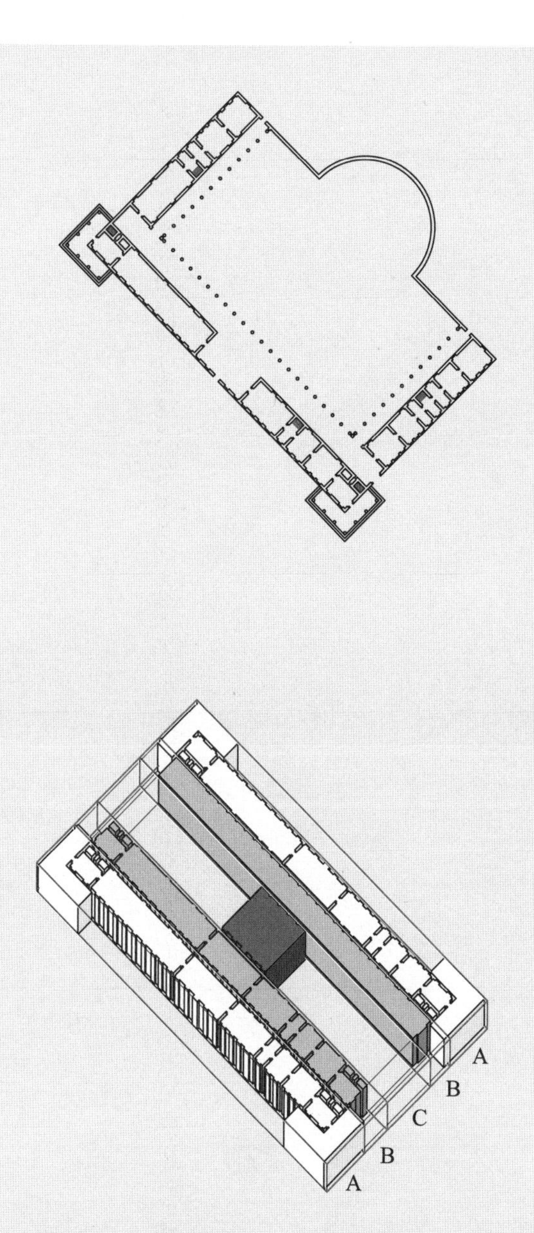

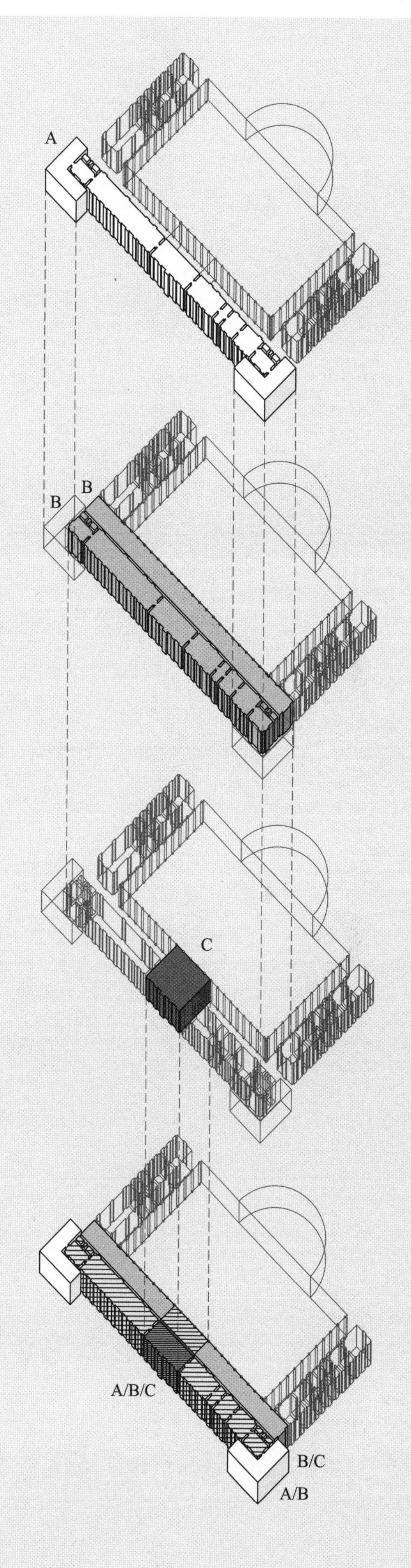

图 19.11　雷佩塔别墅的理想图解与虚拟图解。这里的门廊 A、过渡空间 B 和中央空间 C 被压入前入口的空间。这个版本的雷佩塔别墅的理想布局明晰地建立起这样一种印象，即别墅一半是宫殿或庭院形制，另一半则是虚拟的，通过暗示而非制图表达出来

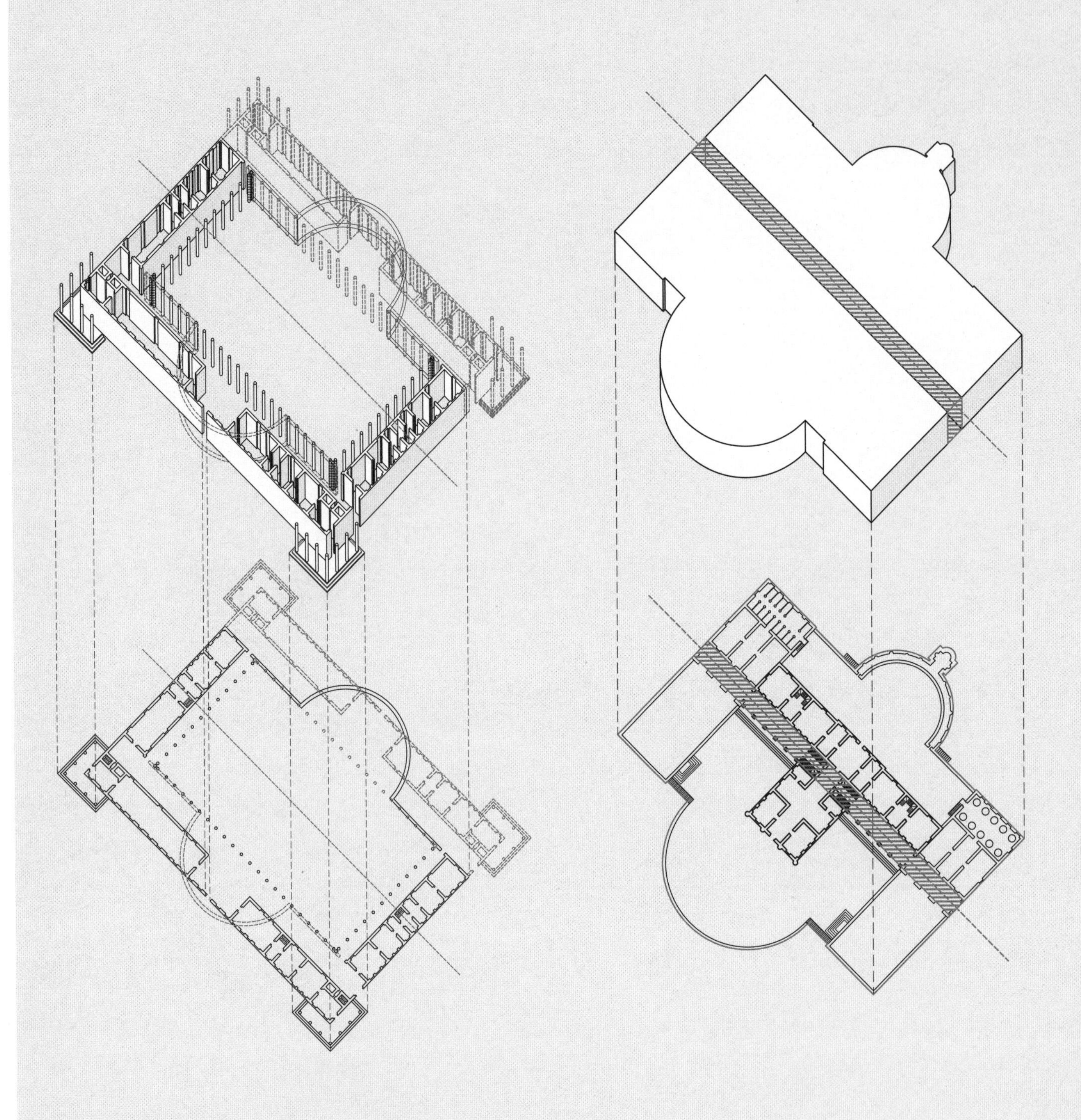

图 19.12　雷佩塔别墅图解。如果将一条隐含的对称轴看作中央庭院的几何中心，那么别墅可以被视为一个具备封闭合院及四个角楼的方案，后侧花园墙嵌墙方柱这一小细节进一步强化了这种理解

图 19.13a　雷佩塔别墅图解。把中央庭院视作封闭空间的解读令人想起巴巴罗别墅的布局

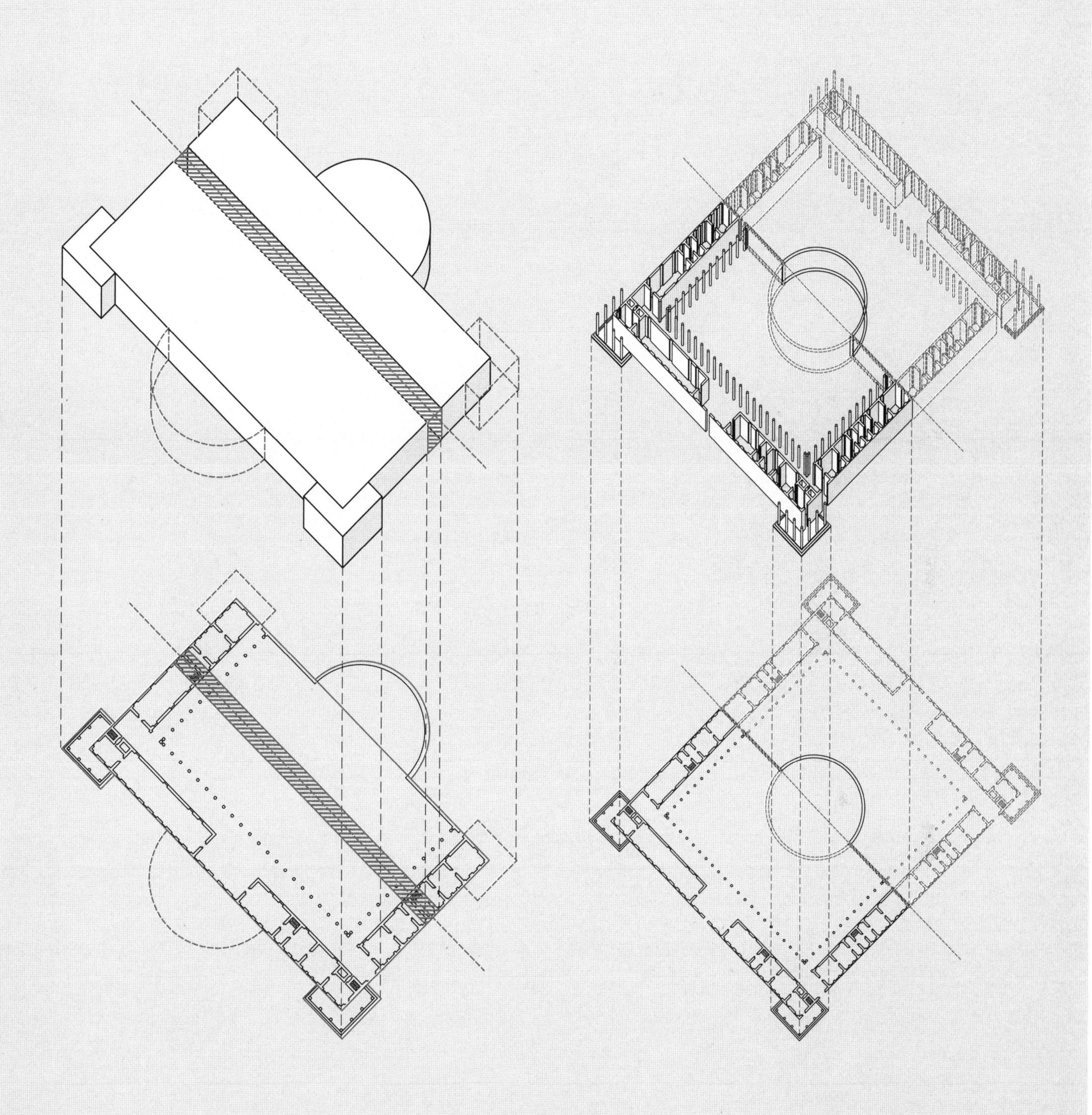

图 19.13b　雷佩塔别墅图解。在巴巴罗别墅和雷佩塔别墅中，中央的流线开间被视为矩形平面的对称轴，正面和背面各有一个半圆敞厅

图 19.14　雷佩塔别墅图解。背面的壁柱暗示了背面花园墙自身就是一条对称轴线，穿过一个中央带有圆形构造物的、更大的正方形庭院

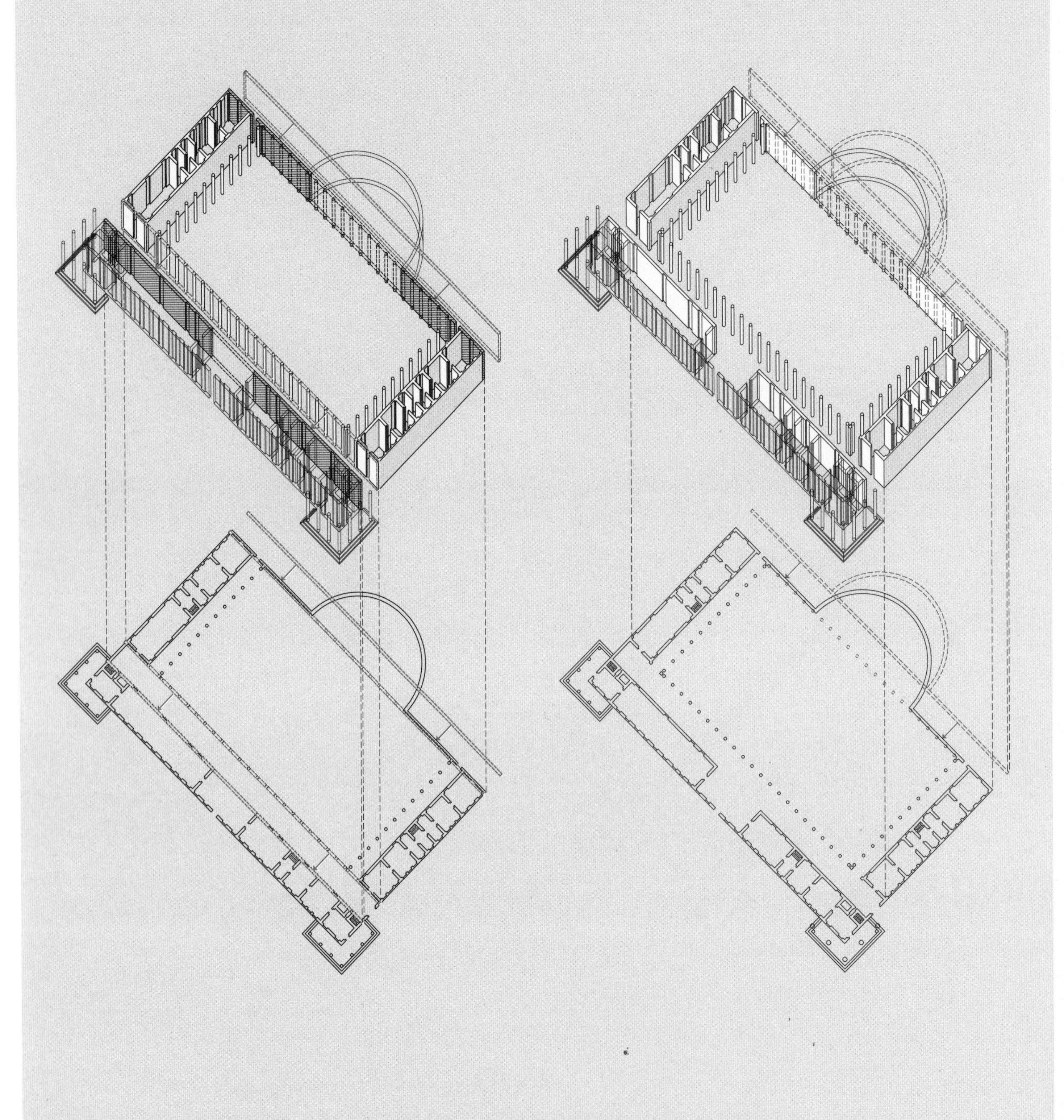

图 19.15　**雷佩塔别墅图解。背面的挤压暗示了雷佩塔别墅正面的实墙从拱廊处延伸出来或者说分割开来，这导致紧贴门廊后侧的位置出现一个空间 B 或过渡开间**

图 19.16　**雷佩塔别墅图解。如果别墅的布局名义上采用的是 ABCBA，那么在后花园墙真实与虚拟的位置之间存在一个隐含的“垫层”或空间 B**

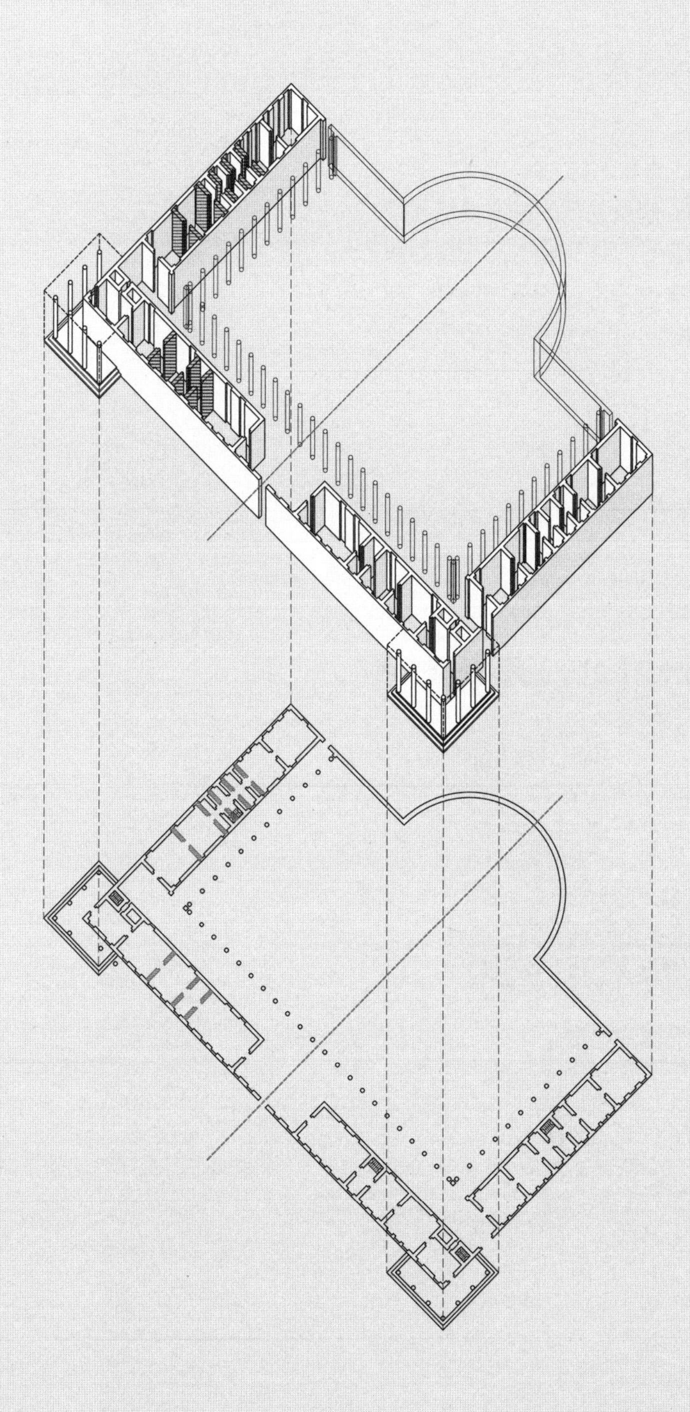

图 19.17　**雷佩塔别墅图解。谷仓臂上的些许不对称与错位**

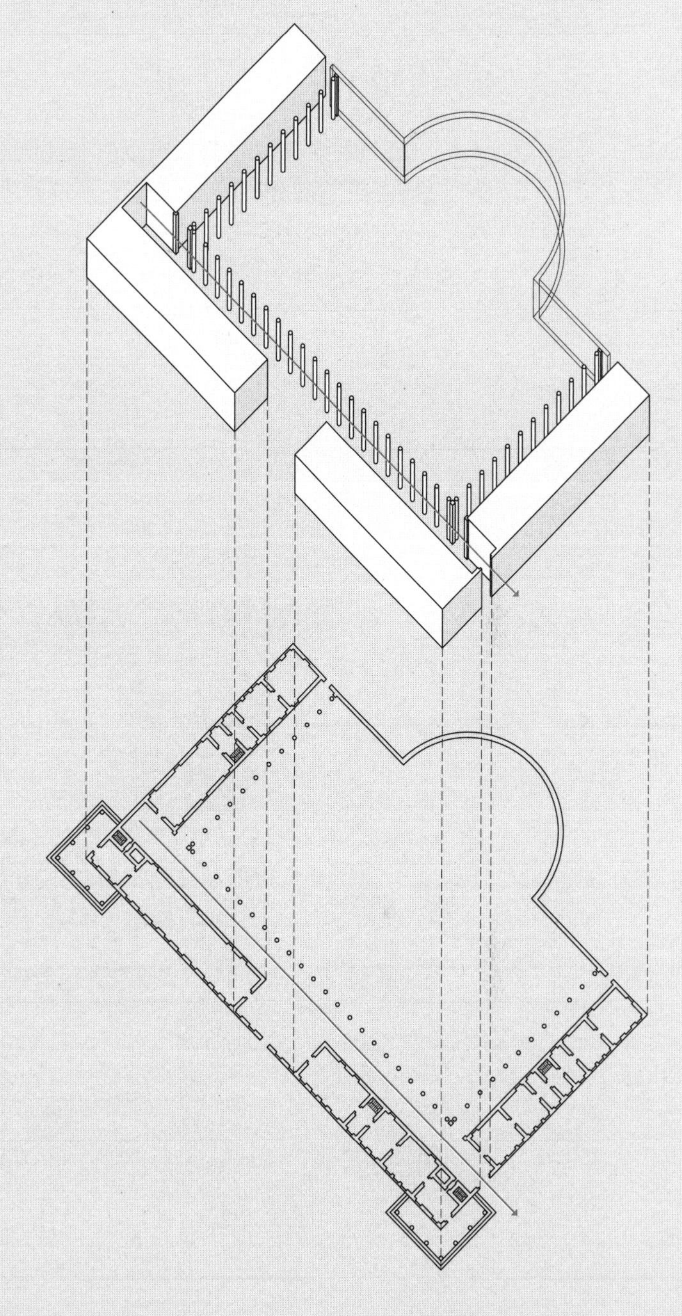

图 19.18　**雷佩塔别墅图解。一个封闭的谷仓臂与开敞的谷仓臂相对，进一步激活了雷佩塔别墅**

萨雷戈别墅（圣索菲亚）

1565 年

圣索菲亚的萨雷戈别墅（图 20.1）标志着别墅主体的最终消失。连雷佩塔别墅中的转角塔楼都不复存在。别墅主体，或者说从入口到中央空间的典型序列的唯一痕迹就是在综合体正面的两部作为填充空间的椭圆形楼梯。别墅的其余部分是一个复杂的双层谷仓，它的三段式布局代表了最为纯熟的谷仓方案。与圆厅别墅的理想别墅类型相比，圣索菲亚的萨雷戈别墅是一个引人注目的、解体的虚拟别墅。

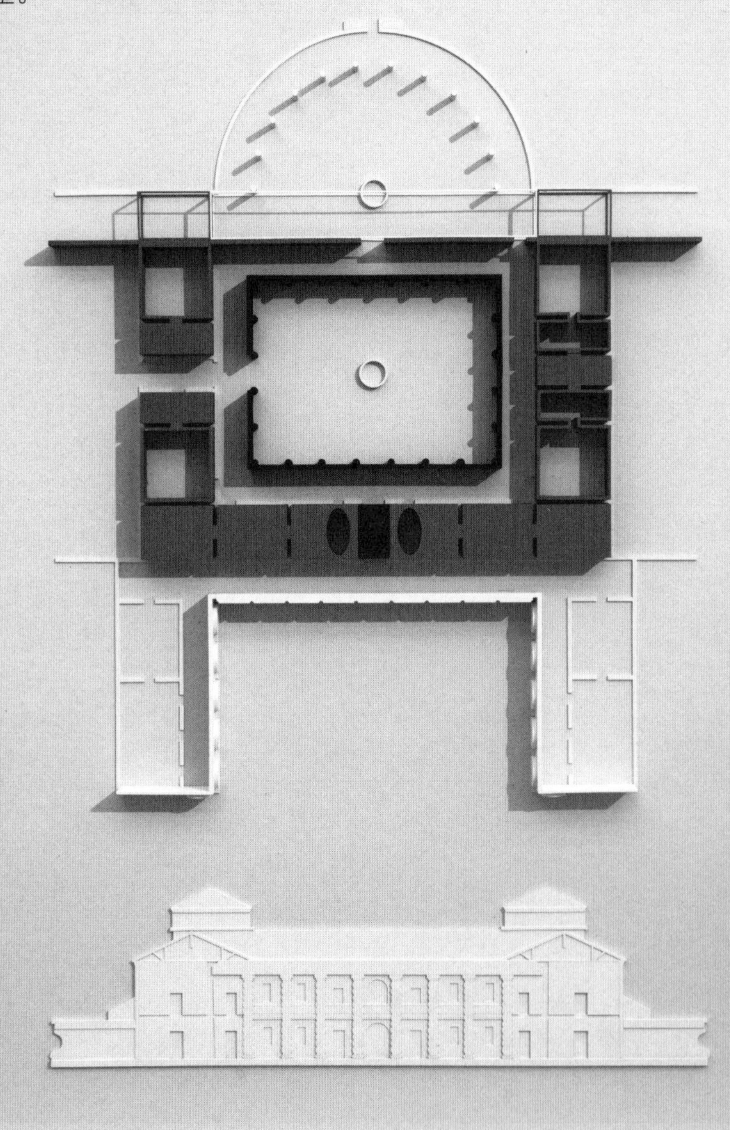

图 20.1 **萨雷戈别墅（圣索菲亚）的分析模型**

第 20 章

萨雷戈别墅，圣索菲亚，1565 年

Villa Sarego，Santa Sophia

圣索菲亚的萨雷戈别墅是谷仓系列项目中的最后一个，它完全可以被视为一系列加厚的墙体而不是一座建筑——三个庭院空间的正面和两侧各有一堵内含房间的“墙”（图 20.2）。平面图自身与帕拉第奥所绘的图拉真浴场（Baths of Trajan）相似，原因在于它也在一个带有半圆形后殿的正方形场地中放置了一个构造物，尽管此建筑主要还是由一系列敞廊构成的。在帕拉第奥所绘制的图中，对实际的别墅主体的标识少之又少，也没有多少对内外界限的表达。然而，圣索菲亚的萨雷戈别墅不是一个典型的谷仓项目，因为它并未在别墅主体建筑元素和外围建筑之间建立起任何明确的等级关系。另外，从圆厅别墅里双向对称的集中式平面，到塔宫这样打破集中式平面和对称轴线的项目，再到雷佩塔别墅和圣索菲亚别墅中几乎完全消解的别墅自身，可以追溯出一条别墅类型转变的线索。后两个项目把别墅类型在实体或者说空间层面上以及概念层面上都做了内外翻转。鉴于圣索菲亚的萨雷戈别墅和圆厅别墅几乎是同时设计的，而后者是帕拉第奥所有别墅中最古典的一个，因此很难分辨出究竟是哪一个定义了帕拉第奥作品的发展方向。有意思的是，理解这两个别墅的方式，也就是它们的虚拟图解，几乎是一致的。与此同时，帕拉第奥自己的图纸中呈现的实体证据却截然不同。对二者的比较展示了一种惊人的转变：从同质的理想别墅类型到虚拟别墅的异质空间的转变。

分析模型

从古典别墅体量到别墅体量消失的转变在圣索菲亚的萨雷戈别墅模型中尤为清晰，它几乎完全是由拉伸而成的墙体和线框体量表达的，表明多数空间在概念上都是活跃的。本可以被认为构成了前入口空间或者说门廊的建筑元素在这里实际上变成了别墅的前院，被表示为一堵连续的白墙 A。中央空间也就是别墅的主庭院也用类似的方式表示为一堵拉伸而成的墙，在这里是黑色的。唯一的实体体量在灰色的 B 层中，围绕着中央庭院。在别墅背面，中央庭院和半圆形敞厅之间的空间中有两个灰色线框体量 B 和一个白色线框体量 A。这三者都被认为是代表 B 和 A 空间的虚拟位置。

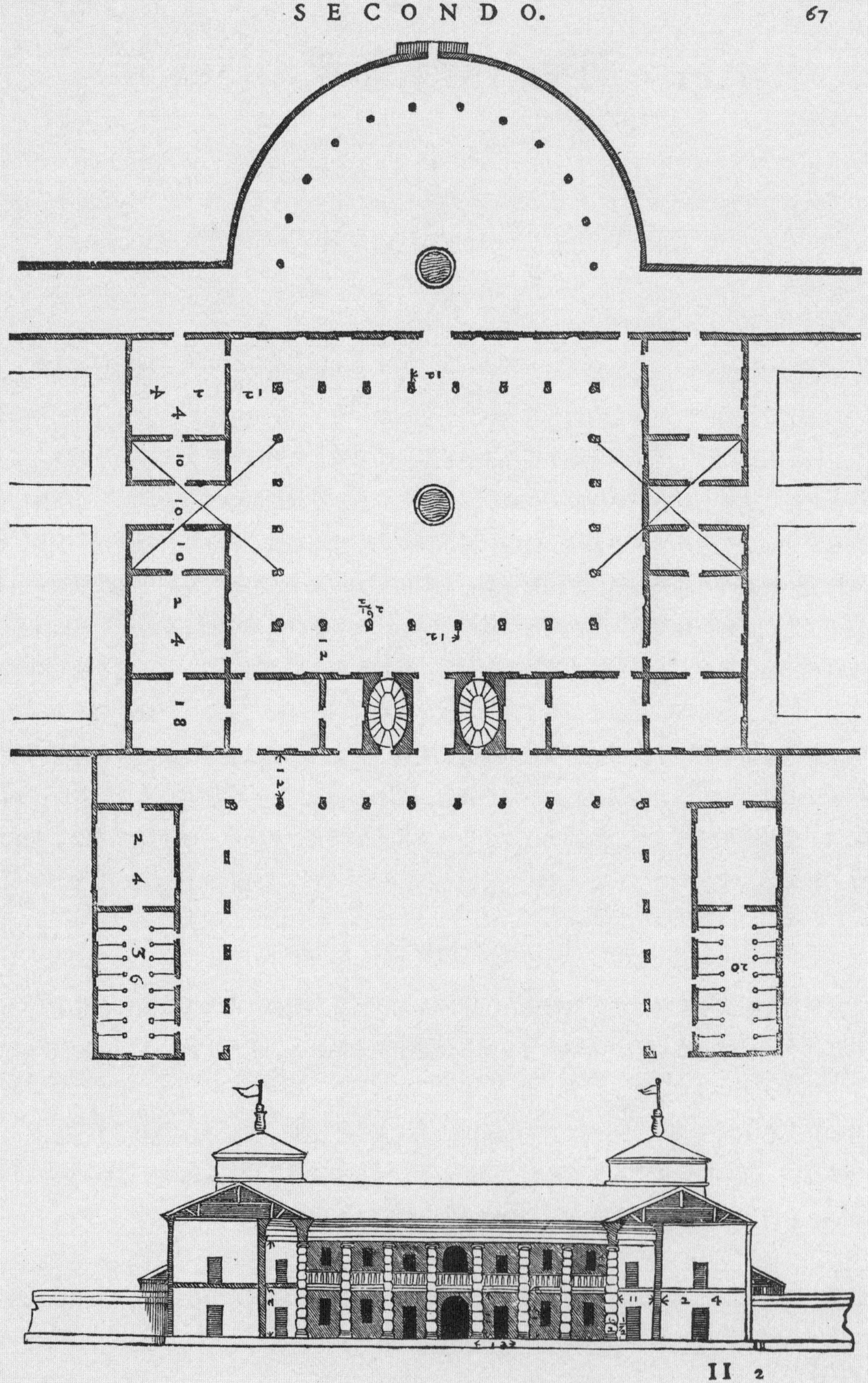

图 20.2 帕拉第奥，圣索菲亚别墅的平面图及立面图，《建筑四书》，1570 年

几何图解

理想正方形的几何抽象图解对解释圣索菲亚的萨雷戈别墅的构成部分能给出的帮助微乎其微。第一幅图解将中央庭院分离出来，但也标出了明显的不对称性（图 20.3）。第二幅图解包含了两个重合的正方形：从第一幅图解中得来的初始正方形和一个向半圆敞厅移动所得的正方形，这一图解再次体现了中央庭院的不对称（图 20.4）。第三幅图解展示了两个横向移动的正方形与初始正方形重合，当它们与中央庭院左右两边的花园边界对齐时，重合部分恰好界定了中央流线开间（其中包含两部椭圆楼梯）的尺寸（图 20.5）。第四幅图解展现了中央庭院正面横向元素的内缘与附着在背面半圆形敞厅外的楼梯之间的复杂关系，由两个正方形表示，其重合的部分定义了中央庭院背面的敞廊空间（图 20.6）。

理想图解与虚拟图解

之前别墅的所有元素都在圣索菲亚的萨雷戈别墅中出现了：一个带拱廊的内院、一个拱廊式半圆敞厅和谷仓翼部；但也有些东西消失了：别墅主体的中央体块，取而代之的是内院周围环绕着一个由若干房间构成的两层楼高的 U 形围裹层（envelope）。就这些没有整体的局部而言，有趣之处在于它们能够很容易被理解为具有理想别墅的 ABCBA 布局，尽管在别墅主体缺席的情况下，很难推想出一种理想别墅或者甚至是虚拟别墅的本质，就像在雷佩塔别墅里那样。但这里，甚至连雷佩塔别墅中那种角楼都不复存在。尽管如此，圣索菲亚的萨雷戈别墅正面的开敞拱廊可以被理解为 A，横向元素（包含作为填充结构的椭圆楼梯）是 B，中央带拱廊的庭院是 C（图 20.7）。当然，这就使得对带拱廊的半圆形敞厅的诠释变得开放了。从某种意义上说，半圆敞厅和花园墙之间的空间是 B 空间，敞厅本身是 A。但是整个后院可以被视为 B 空间，造成背面入口或者说 A 空间的缺失。

圣索菲亚的萨雷戈别墅中，前院的独特布局不仅具有创新性（innovative），更是具有发明性的（inventive）。应该说创新包含着对既有类型的改造，而发明则涉及对一种类型关系的完全改变。很重要的是，帕拉第奥在《建筑四书》中把自己的部分项目称为发明。圣索菲亚的萨雷戈别墅的主体被转化成两组互相挤压的庭院，包含一个前院、一个后院，及后部的一个半圆敞厅型的外院——三个庭院附带两个喷泉。本质上这个别墅是一系列环绕着外院的边缘房间。

基于填充结构的细节表达，这里帕拉第奥式的类型关系——ABCBA 的标识、门廊、过渡空间和主空间——看起来被内外翻转了。类似的内外反转的状况存在于塔宫，在那里，颠倒的填充结构使得内部和外部难以被界定。在圣索菲亚的萨雷戈别墅中对填充结构的表达出现在外院朝内的一面（图 20.8）。值得注意的是非传统的或者颠倒的空间序列：通常是门廊或 A 空间的元素成了圣索菲亚的萨雷戈别墅中的主庭院或者 C 空间。B 或者过渡空间的位置则成了唯一包含实际房间的场所。在从正面到背面的递进中，除了 B 空间之外没有其他实际的房间。在某种意义上，别墅被挤压成了一个大型的“垫层”（gasket）或者间隙空间，甚至体量都看似朝外翻转了（图 20.9）。内和外之间、建筑主体和外部空间之间的区分，都是帕拉第奥建筑项目中最独特也最令人困惑的状况。对柱子和开洞的奇特表述进一步消解了室内和室外、建筑物和非建筑物之间的差异。这座别墅似乎打破了所有与帕拉第奥有关的已知或者传统的等级关系。

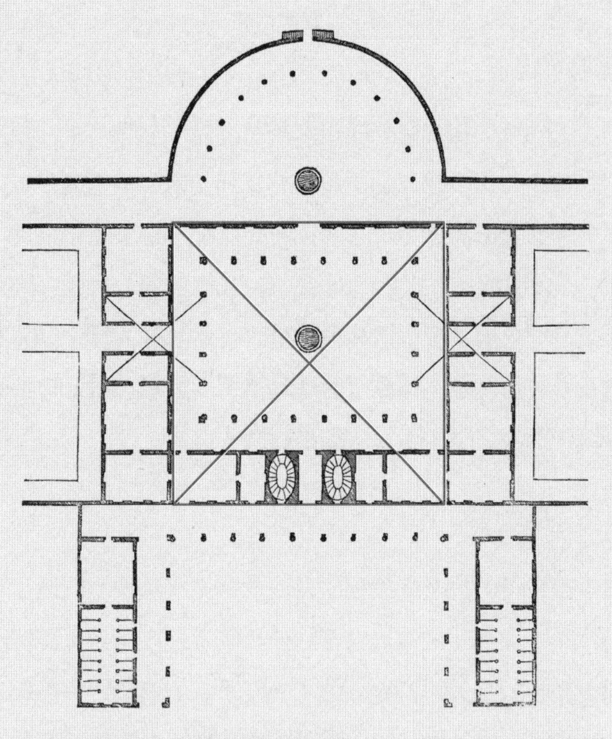

图 20.3　圣索菲亚的萨雷戈别墅几何图解。一个正方形将中央庭院分离出来，也标出了明显的不对称性

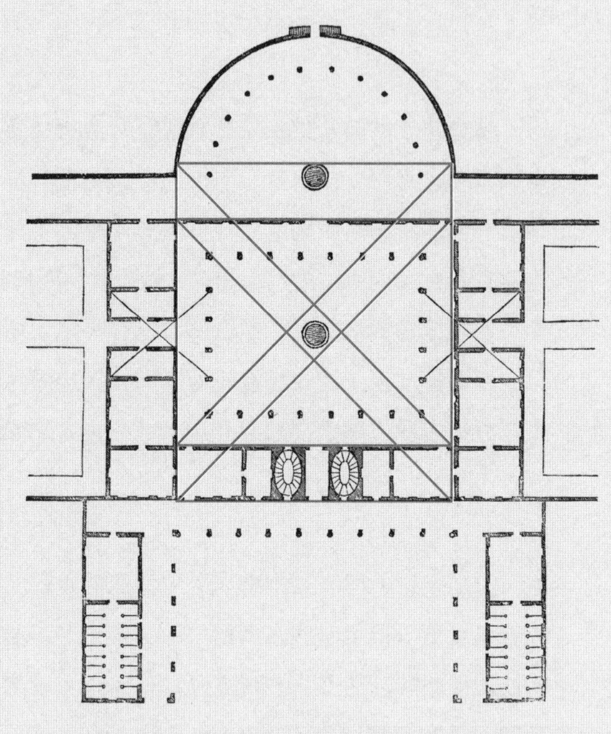

图 20.4　圣索菲亚的萨雷戈别墅几何图解。两个重合的正方形，分别是初始正方形和向半圆敞厅移动后所得的正方形，体现了中央庭院的不对称

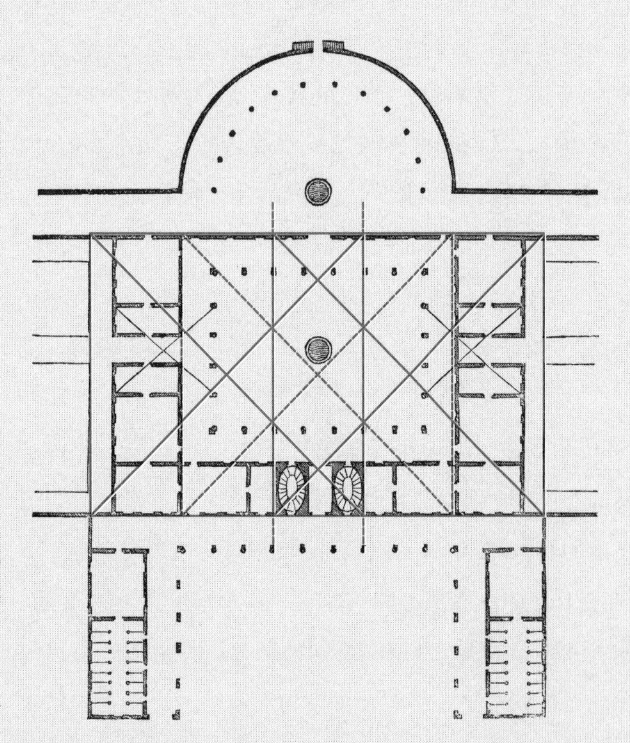

图 20.5　圣索菲亚的萨雷戈别墅几何图解。两个横向移动的正方形与初始正方形重合，当它们与中央庭院左右两边的花园边界对齐时，重合部分恰恰界定了中央流线开间（其中包含两部椭圆楼梯）的尺寸

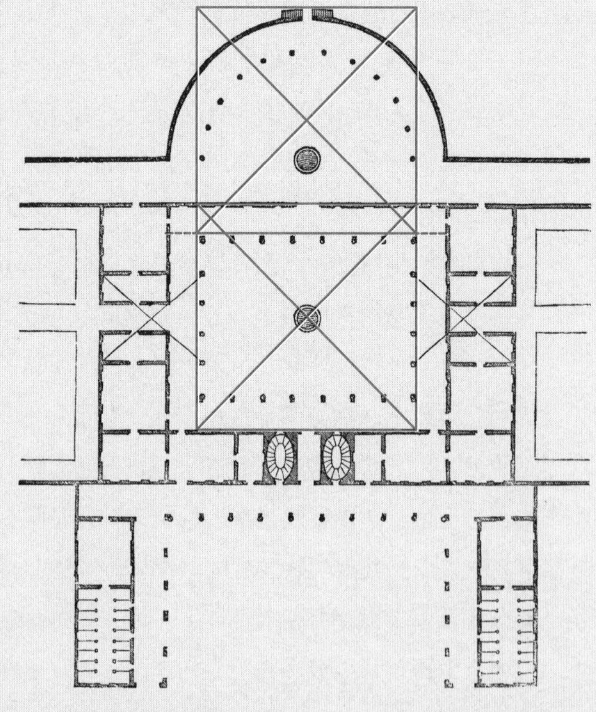

图 20.6　圣索菲亚的萨雷戈别墅几何图解。两个正方形展现了中央庭院正面横向元素的内缘与附着在背面半圆形敞厅外的楼梯之间的复杂关系，它们重合的部分定义了中央庭院背面的敞廊空间

圣索菲亚的萨雷戈别墅中只建造了一部分长廊，它 [柱子] 的石雕很不寻常，看起来像是一系列垒砌起来的扁平圆环。同样建成的还有一系列庭院空间，它们三段式的布局关系代表了最纯熟的谷仓方案。虽然可以假定中央正方形庭院是别墅的核心，但是除了两部楼梯以外，其他部分都由谷仓组成，产生了交替的、碎片化的解读和内部错位。前院比中庭大，暗示了前院向外扩张，或者中庭被压缩（图 20.10）。三段式布局中不完整的对称关系有几种可能的解读：一种是中央庭院背面缺少一个开间（图 20.11），另一种把中央庭院的背面墙视为一条对称轴，暗示别墅正在扩张成一个大型的矩形宫殿式建筑（图 20.12）。

除了别墅整个平面上呈现出碎片化状态，圣索菲亚的萨雷戈别墅还是对作为整体组成部分的柱子截面的细部表达研究得最为细致的项目之一。外缘的两个 L 形转角柱标记了正面的庭院。在侧边有一系列扁平的柱子，内缘的两个 L 形转角连接着圆柱。沿着前院的背面，有一系列附着于方柱上的圆柱（图 20.13）。柱和墙在这个作品中以各式各样的形式出现，对它们的研究构成了帕拉第奥项目演进过程中的一种独特探讨。

别墅立面上的柱子在帕拉第奥作品中也是独特的，因为它们清晰地传达了一种竖直向的挤压。它们在截面和立面上都是圆的；松饼状构件的堆叠形成了柱子（参见图 20.2）。在柱子截面和柱头之间是对材料的反常规使用：作为竖直元素的柱子被颠倒了，通常对柱子上竖直凹槽饰纹的强调在这里被导向了一系列横层。堆叠方式中的扁平和圆角处理与朱利奥・罗马诺在得特宫（Palazzo del Te，1524 年）对结构的处理相似。在得特宫中，柱子嵌入墙壁，但在圣索菲亚的萨雷戈别墅中，墙直接消失了，仅留下一个敞廊，其柱子在转角的处理方式近一步令人联想起奇耶里卡提宫的双层敞廊。类似的转角处理还出现于帕拉第奥在威尼斯的很多项目中，比如说，圆柱嵌入相邻的矩形转角。前院的内墙包含了一系列近似正方形的元素，而外墙是一系列内嵌的圆形元素。于是，帕拉第奥最终回到阿尔伯蒂把柱子作为一种装饰手段的想法，创造了使竖直面活跃起来的形象（figuration）。这里，局部自身的分解与整体的布局几乎达到了极限。

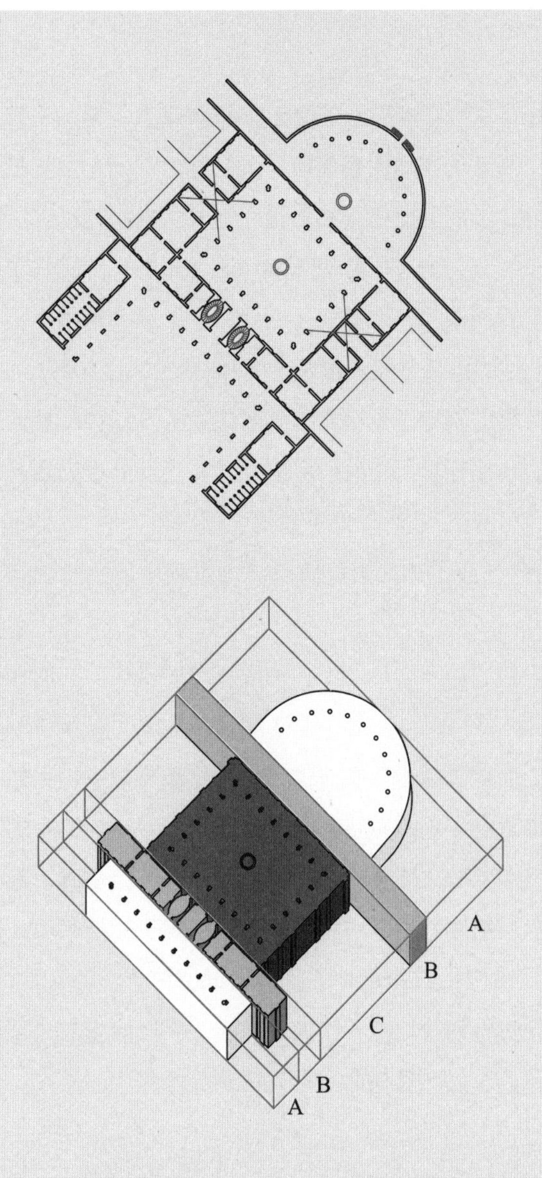

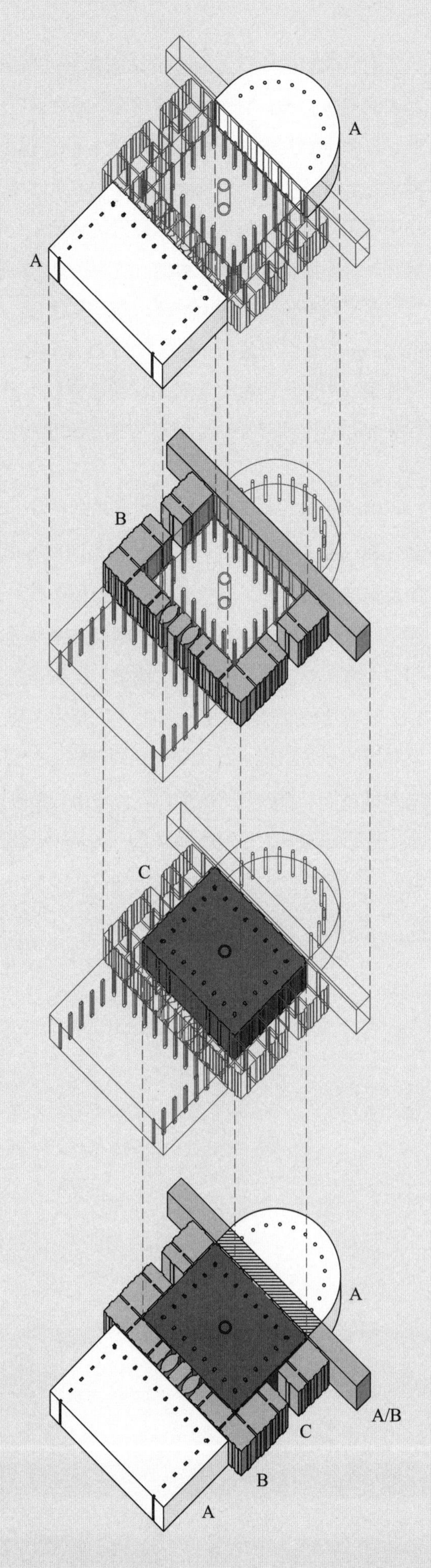

图 20.7　圣索菲亚的萨雷戈别墅图解。别墅正面的开敞拱廊可以被理解为 A，横向元素（包含作为填充结构的椭圆楼梯）是 B，中央带拱廊的庭院是 C，这就使得对带拱廊的半圆形敞厅的诠释变得开放了

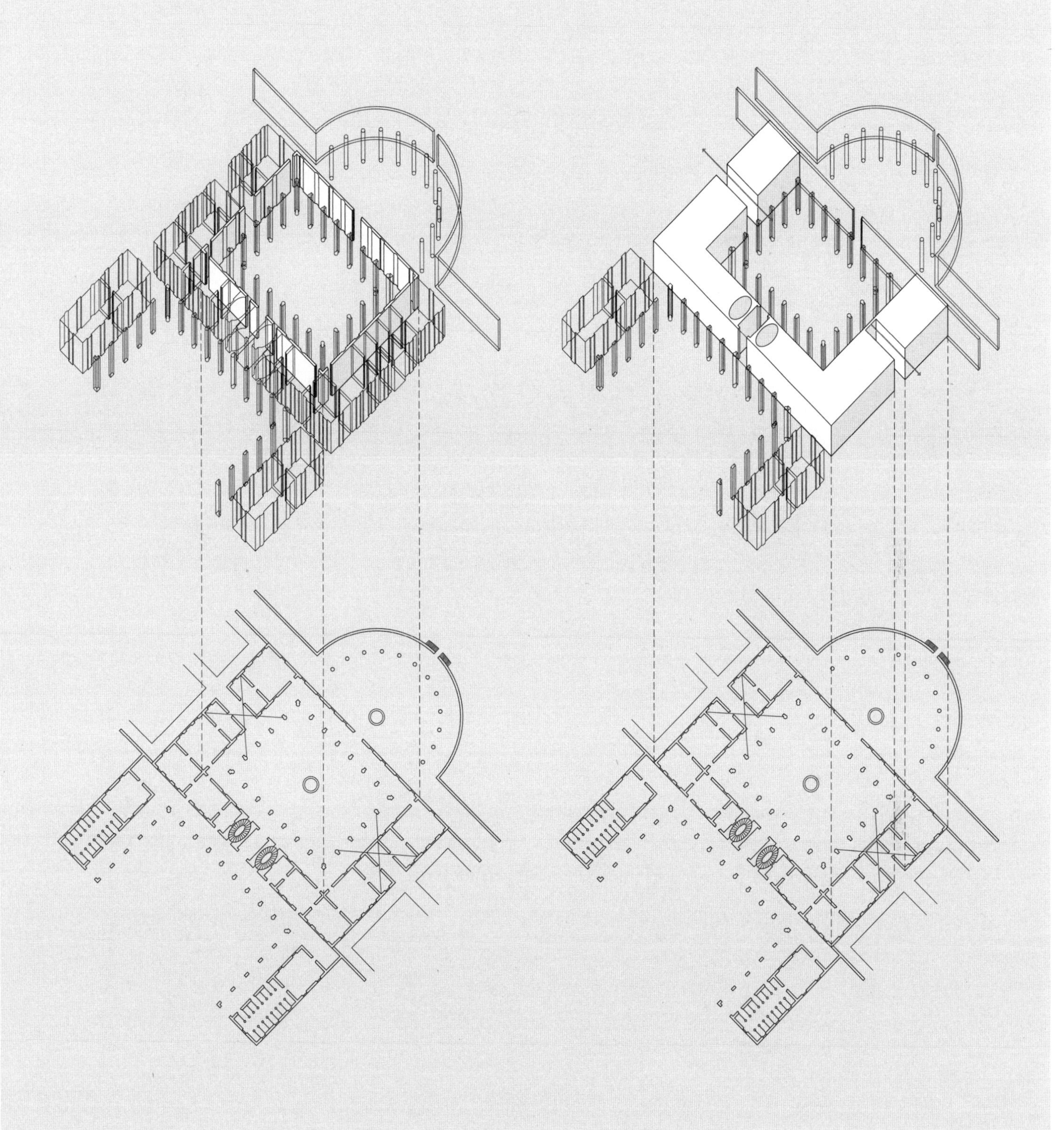

图 20.8　圣索菲亚的萨雷戈别墅图解。对填充结构的细节表达出现在外院朝内的一面

图 20.9　圣索菲亚的萨雷戈别墅图解。在某种意义上，别墅被挤压成了一个大型的“垫层”或者间隙空间，甚至体量都被朝外翻转了

图 20.10　圣索菲亚的萨雷戈别墅图解。前院比中庭大，暗示了前院向外扩张，或者中庭被压缩

图 20.11　圣索菲亚的萨雷戈别墅图解。对三段式布局中不完整对称关系的一种解读是中央庭院缺失了背面开间

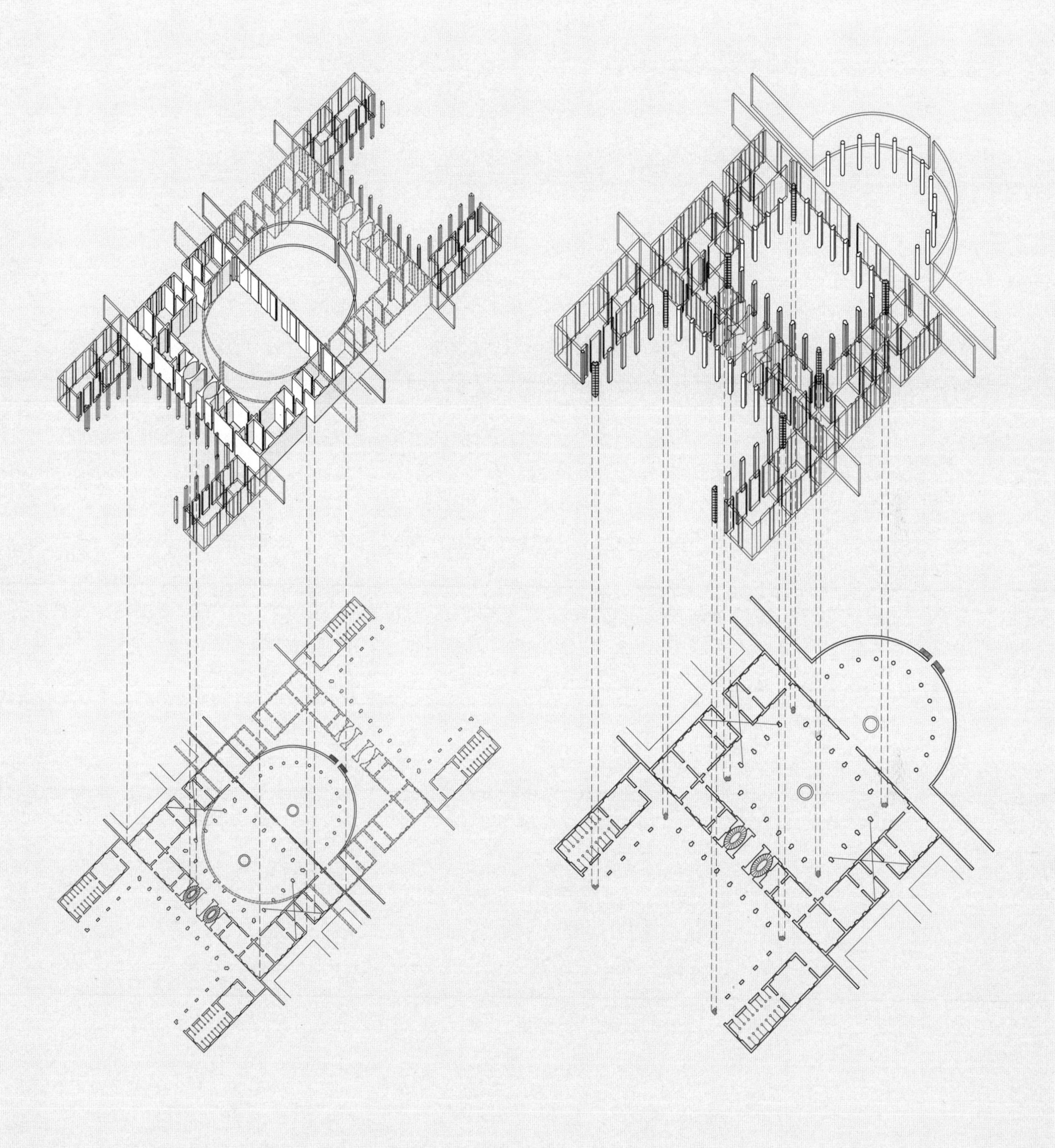

图 20.12　圣索菲亚的萨雷戈别墅图解。对三段式布局中不完整对称关系的一种解读是把中央庭院的背面墙视为一条对称轴，暗示别墅在向一个大型的矩形宫殿式建筑扩张

图 20.13　圣索菲亚的萨雷戈别墅图解。除了别墅整个平面上呈现出碎片化状态，别墅还是对作为整体组成部分的柱子截面的细部表达研究得最为细致的项目之一

插图来源

除图注中标明的以外，摄影作品和其他视觉材料来源如下。我们已尽一切努力提供完整和正确的出处说明；如有疏漏，请联系耶鲁大学出版社，以便在今后的版本中进行更正。除非另有说明，否则所有图片的版权均为彼得·埃森曼和马特·罗曼所有。

图 0.1—图 0.3：由作者提供。

图 1.1、图 2.1、图 3.1、图 4.1、图 5.1、图 6.1、图 7.1、图 8.1、图 9.1、图 10.1、图 11.1、图 12.1、图 13.1、图 14.1、图 15.1、图 16.1、图 17.1、图 18.1、图 19.1、图 20.1：由 William Sacco 拍摄（Yale Photo + Design，2012）。

图 1.2、图 2.2、图 3.2、图 4.2、图 5.2、图 6.2、图 7.2、图 8.2、图 9.2、图 10.2、图 11.2、图 12.2、图 13.2、图 14.2、图 15.2、图 16.2、图 17.2、图 18.2、图 19.2、图 20.2：出自安德烈亚·帕拉第奥《建筑四书》（1570 年），米兰 Hoepli 出版社 1990 年翻印版。